建筑文化研究

第3辑

南京大学建筑与城市规划学院
南京大学人文社会科学高级研究院

卷首语

建筑学的界限在哪里？这是每一个建筑研究者都需要问自己的问题。它的简单点的说法是：今天，对于建筑，我们应该研究什么？显然，对这一问题有了答案，我们才有可能不走前人路，继而有所创见。依然纠结于对建筑的自主性的强调和论证，未免显得多余。这已经是不争自明、人所共知的“真理”。无论是材料、技术、图绘工具，还是系统化程序，与设计相关的硬科学的快速发展，现在已经把专业无关者彻底清除在外。即使那些对建筑（包括对设计这一内核知识）所知甚多者，在复杂精密、越加庞大的建筑生产系统面前（只要不亲身融入其中），都只能是一声叹息。

那么，还是那个问题。作为一个“局外人”（相对于专业建筑设计者），对于建筑，我们能够谈点什么？做点什么？

《建筑文化研究》第二辑“威尼斯学派与城市”提出了一种可能性。也即，以多学科合作的方式，借助特定的观念工具，来研究建筑的社会内容。这一内容，其实就是建筑与人的（共生）关系。自古以来，学者们都对之乐而不疲。因为它既容易延伸出多项主题（哲学的、文学的、科学的），又易唤起大众的共鸣。尤其在文艺复兴之后，当建筑知识逐步进入学科化轨道之时，关于这一“关系”的思考也随之成为一个不断扩大的、开放的、超学科的领地。时至今日，虽然诸多因素（比如大都市）的出现使得该领地的外延发生急剧变化，而任何人可自由出入的特点却保留下来，甚至有了更迫切的需求。威尼斯学派的历史学家、哲学家、社会学家和建筑史学家的集体介入的模式就是一例。

《建筑文化研究》第三辑“波利菲洛之梦”提出的是另一种可能性——（还是）利用多学科的方式，来研究建筑（作为知识）的边界。换而言之，建筑，作为生产知识的机制，其界限在哪里？

这一可能性是由一本书引发的。《波利菲洛之寻爱绮梦》（简称《寻爱绮梦》），1499 年出版于威尼斯的爱情小说，其中包含了多种知识的交叉、叠合和相互渗透：建筑、绘画、植物、动物、历史、地理、数学和矿物。它是文艺复兴时期知识的想象性、混同性的一个重要表现。19 世纪末期，艺术史学家开始对其进行小有规模的专业研究。

逐渐，语言学、建筑、文学、考古、科学史（炼金术）等不同学科也纷纷介入，使得该书成为探讨学科的交叉关系、学科边界之极限的乐园。本辑以之做专题，目的正在于此。我们选择针对同一对象的不同学科的研究文章，组合在一起，希望能够显示出，在学科交叉中，知识的边界能够扩展（或者说模糊）到何种地步。

实际上，学科交叉，不是寻求知识合作，而是对不同知识类型施以撞击，从中聆听某种美妙的共鸣。这需要多种知识储备，有效的撞击方法，更需要一双能够聆听共鸣之微波的耳朵。聆听微波，不是单纯的寻找，而是一种主动引导。它通过恰当的方式，使或近或远的知识相互碰撞。当然，不同学科的知识能够共鸣，意味着它们之间的平等——探讨建筑作为知识的界限，首要的一点是去掉心理上的优越感（简言之，建筑中心论）。另外，这也意味着不同知识本身存在着某种共鸣的频道。

这一共鸣在《寻爱绮梦》中已多次出现。在这本共467页的罗曼司小说里，建筑描写有200页。它们常常超出场景的意义，成为男主角爱的对象。在追求意中人的过程中，他会不由自主地长时间驻足于路途偶遇的古迹、神庙、金字塔，忘掉了原始目的。类似的移情别恋还出现在游行、碑文和宴会上（它们占据了该书剩下的100多页）。这些都是知识们（建筑、音乐、诗文、金饰和食品）共鸣的结果——它们让男主角常常陷入“晕眩”的状态。得到关于它们的知识，而不是女主角，渐渐占据了男主角的脑海。在书的最后，这一点被戏谑性地道出：作者一本正经地告诫我们，追逐女性只不过是春梦一场，还不如学习和珍藏无穷无尽的知识来得有价值。

故事里，建筑、音乐、诗文、金饰和食品，都不是孤立地存在。在许多场景中，这些顶着最高级形容词的对象时常混在一起，让人目不暇接。它们作为知识是以联盟的方式出现，既平等，又可相互转化。而使之成为可能的是某种隐秘的力量法则的作用——主体的欲望、激情、幻想，诸如此类。套用福柯的说法，它们既推动了知识的活动，还是移动知识间的边界、破坏其界限的原动力。

对这一原动力的反复揭示，也是本辑的一个目标。因为，对知识的研究，最终仍会落回主体本身。无论我们要展示、促发的知识多么新颖和有趣，如果它不能让我们进入狂喜、沉思，或者痛苦、冥想等深度精神状态，换言之，如果它不能对我们的主体的改变有所促进（当然，这是一个漫长的过程），它就是无意义的。

本辑第一部分的主题为“波利菲洛之梦”。其中收纳了9篇研究文章和《寻爱绮梦》的一节选译。第一篇是我关于该书的若干语言（原文、法语和英语）的版本流变的综述文章。虽然限于资料未能将所有版本都纳入其中，但是我仍希望简略勾勒出该书500年历史的总体轮廓和若干重要的关节点。书的历史，是知识流传的历史，亦是知识变革的历史。追索这段历史，我们可以体察到书之生命的特殊动力，以及它与不同的“时代精神”间的复杂关联。

随后的8篇文章是对于《寻爱绮梦》的不同方向的研究。其中有两篇关于艺术史，一篇关于语言学，一篇关于历史（人名考证），三篇关于建筑。作者分别为艺术史学家与建筑史学家。虽然研究路数多种多样，但多少都和艺术史有着千丝万缕的瓜葛。尤其是当代艺术史多有涉及语言学、文学、考古、建筑史等其他知识范畴，它为《寻爱绮梦》的研究建立了一个重要的基础。

这里的几篇文章从艺术史开始（安东尼·布朗特和E.H.贡布里希），到建筑史结束（阿尔伯特·戈麦兹和里安娜·莱夫维尔）。排列顺序大体依照文章发表的时间而定，从1937年到2005年，其中跨越70年时间。这也是该书的研究从兴起到繁盛的一段历史周期。8篇文章自有专门指向，但不同学科基本上都有涉足。它们都在实践着知识的交叉和碰撞，最终的成果也遥相呼应，互为印证（或否定）。

1937年的布朗特的“《寻爱绮梦》在17世纪法国的影响”与1951年的贡布里希的“寻爱绮梦”都发表在瓦尔堡学院的刊物上（前者是瓦尔堡学院院刊，后者是瓦尔堡与考陶尔德研究院院刊），两位作者也是艺术史大家且作古已久。这两篇文章是他们关于《寻爱绮梦》的唯一研究，弥足珍贵。布朗特考察了该书在17世纪法国各个文化区域中的位置，以及多方向的影响。这些位置很微妙，这些影响很曲折。布朗特极为耐心地在绘画、文学、炼金术、考古学、建筑等多种领域清理出一个四通八达的隐蔽脉络。《寻爱绮梦》犹如一根丝线，将不同门类的艺术创作、知识实践缝合起来，拼接出一张特定时代、地点的文化图像。

贡布里希的文章具有鲜明的瓦尔堡学派的特征：精于象形文字和拉丁语；对各类典故了如指掌；醉心于神话世界和艺术创作之间的关联（隐喻、象征）；对历史事件的多角度还原；对假设（可能性与不可能性）的推敲；以及极端的博学。看上去他和布朗特思路相似——也在爬梳该书在文艺复兴时期的影响（涉及到文学、宗教、建筑、考古和绘画），实际上研究手法大相径庭。贡布里希从《寻爱绮梦》中截取两个片段（两张插图），以之为线索，研究它们与几件历史事件之间的关系：尤利乌斯二世与伯拉孟特在梵蒂冈教堂项目上的对抗；皮科在观景楼林苑的短暂居留；罗马诺在曼图瓦泰宫的壁画。贡布里希将这几个事件串联在一起，对“文艺复兴异教”的一般含义提出质疑。这篇文章有着概念式主题和问题设定，不同知识片段的交锋都指向对这一主题（以及问题）的若干假设（这是标准的贡布里希风格）的论证。

2000年发表于*JSAH*的罗斯玛丽·特里普的“《寻爱绮梦》，图像、文本和方言诗”和2003年发表于《文艺复兴季刊》的罗斯维塔·施特林的“《寻爱绮梦》中的建筑插图”代表了两个方向的研究：语言学；建筑。前者探讨了该书是如何用谐趣的方式将方言抒情诗的传统融入其插图与文本，进而通过暗喻和其他比喻的手法来刻画作者关于爱与美的执著热情。该文参考了1968年出版的一本重要著作——乔瓦尼·波齐和露西娅·恰波尼为《寻爱绮梦》所做的评注版。这是一项伟大的语言学研究，它奠定了该书研究谱系的全新基础。罗斯维塔·施特林的研究是建筑学式的。他一方面将该书的建筑插图建立起一个序列，考察它的内在逻辑和再现机制（透视、网格和幻觉空间）；另一方面重点分析维纳斯神庙与同时代的空间表现图之间的关系。虽然两篇文章各有取材领域，但是它们都不可避免地遇上系统化问题。前者将图像与文本分为两个独立系统，分析相互的动态关联；后者将建筑插图这一特殊系列，在纵向和横向上同时考察它的系统性（客体、技术、知识三位一体与自我完满）。系统性，除了意味着研究对象回到书的自身，也意味着方法进入到新理论的思考领域（以现代语言学为基础的）。这和相对传统的知识考古（20世纪初期的研究）以及问题式艺术史（30年代到60年代的瓦尔堡学派的研究）有了本质的不同。

戈麦兹的“《波利菲洛，或再访黑森林》导言”是其1995年出版的一本著作的导言。这篇文章相当难得，它从哲学角度探讨了《寻爱绮梦》对于当代建筑学的意义。人的存在与建筑的存在，在功能上的对位之外，还有什么更深层的必然关联？在现代科学出现危机、工具理性失败、现代主义遭受谴责之后，我们还能赋予建筑以什么新的伦理价值？在戈麦兹看来，这些问题并非旁观者的闲言碎语，而事关建筑学未来的命运。《寻爱绮梦》为这些问题提供了一个可能的答案。身体、欲望、直接经验、回忆、想象、爱和男女之性，这些元素在《寻爱绮梦》中和建筑（废墟、墓地、方尖碑和神庙）场景水乳交融，推动情节的发展。现在则需要被独立建构为建筑学的新的本体论基础。讨论伦理价值，而不落回到个体生命，将只会是空谈。当然，这些讨论并非针对已声名狼藉的技术理性——它仍然是建筑学内核的支撑。

“难解的寻爱绮梦及其复合密码”与“亦真亦幻的作者”是里安娜·莱夫维尔出

版于2005年的《阿尔伯蒂的波利菲洛》一书中的两章。这是建筑学者试图下潜至《寻爱绮梦》当代研究之海底的一次艰苦旅程。莱夫维尔在知识结构、语言、社交网络、事件经历各个方面为书的作者弗朗切斯科·科隆纳的身份归属做了一个推断——即建筑师、人文主义者阿尔伯蒂。这项工作的重点在于建筑。这是之前类似研究的一个较弱的环节。“亦真亦幻的作者”一文总结了几位意大利学者的人名“微观史学”的考证成果。虽然这些微观知识实践大多没有确切结论，但是却打开了朝向文艺复兴这一无比庞大复杂世界的几扇侧门。

本辑第一部分“波利菲洛之梦”的最后一篇是《寻爱绮梦》首节的选译。能够以中文的方式来展露这本梦幻之书的神秘面貌，实在有赖于1999年出版的英文译本。译者约瑟林·戈德温教授流畅、精炼的翻译可谓读者之福。

本辑第二、三部分为“林泉之梦：叙事、图像、身体实践”与“关键词”。三篇文章，都是关于中国古典建筑的研究。前两篇分别针对汉代宫苑和明代私家园林。后一篇是对两个古建筑的基本概念“营造／建筑”做了一番词语考古。这三篇文章在内容和方法上，都和第一部分（“波利菲洛之梦”）有着不少相似之处。

宫苑、园林大概是中国古代最具梦幻气息的建筑类型——抽象的生活内容（享乐、诗性和想象）与具体而微的物质小世界（堆山、叠石、筑木和理水）的结合。两者都相关于文学、绘画、音乐和器物。按照现在的说法，它们都很“跨学科”。无论是内向的迷离气氛，还是外向的趣味延伸，它们和波利菲洛的梦幻世界同出一辙。这两篇研究文章也和第一部分有所呼应。它们都涉及到多种知识，都有方法的嫁接，都有“身体”贯穿其中。萧玥的“曲池”一文专注于对两千年间（殷商至明清）宫苑水体空间的形态变异的描述。当然，空间形态的演变只是表面结构（正如图版所构成的序列），作者用心营造的是在诸多先秦、汉赋等古文献中的字词之变和实体空间之变两条轨线之间的回旋关系——它们都在人工之美和自然之美中寻找最恰当的平衡。这是一项词语考古和物质考古并行的研究。汉赋中层出不穷的鬼神兽怪和池苑盛事相得益彰，颇有《寻爱绮梦》中的古代世界的风貌。它们都是想象世界和物质世界的奇特融合。对当下的研究来说，以新的知识手段（方法）还原这一特殊氛围，正是一项不可回避的职责。鲁安东的“解析避居山水：文徵明1533年《拙政园图册》空间研究”一文在三个层面上（身体主题、知识交叉和方法嫁接）用力皆深。它和罗斯玛丽·特里普的“《寻爱绮梦》，图像、文本和方言诗”及罗斯维塔·施特林的“《寻爱绮梦》中的建筑插图”二文有着若干隐约的关联。尤其是后者，它们都将分析对象（一为书中建筑插图，一为《拙政园图册》）视作独立的系统来考察。

“关键词”部分诸葛净的“营造 / 建筑”一文的词语考古，也是方法嫁接的结果——作者参考了雷蒙德·威廉斯和艾得里安·福蒂的“词语”研究。它与里安娜·莱夫维尔的“亦真亦幻的作者”一文的“人名”考古亦有对应之意。两者都是纯历史范畴的考证，不涉及个体经验。

文献的爬梳，是知识的内部运动。它不指向外在的世界，只相关历史的迷雾。虽然对象纯粹，貌似自得其乐，但其中一样充满陷阱、迷宫，甚至黑暗森林。考证本身的艰难、枯燥自不必说，主题设定、方法运用更是其中关键。它们是构筑考证的立体空间的骨架（文献是一个匀质的基础平面）。这一立体空间可以使考证对象掀开面纱，也有可能使它重堕无底黑暗（“亦真亦幻的作者”一文所做的考证正是在这两者间摇摆）。略有偏差便劳而无功都为寻常之事。可以说，考证是知识运动的极端形态，它在漫无边际的知识碎片中寻找必然的逻辑和最终的“真相”。这正是历史的诱人之处。历史研究由此具有某种“真理”性——我们真的有可能倒转时间，回到过去。

“营造 / 建筑”一文的概念考古不是通常意义上的考证。它通过对营、造、建、筑四个字在中国古代（到近代）文献中的流变轨迹的追索，来论证中国现代建筑学科建立的因果脉络（偶然性与必然性的交汇）。这是一次对中国古代建筑词语进行知识化的努力——知识意味着结构化、逻辑化、系统化和主题导向，并且这些主题总是和当代文化问题（诸如民族运动之类）密切相关。我们从《寻爱绮梦》的版本谱系中看到“非知”向“知”的转化（参考“《寻爱绮梦》五百年”一文），在诸葛净的文中，我们同样看到中国建筑研究也在使“非知”（自然主义，就和中国的适应性建筑体系一样）走向“知”（学科性、意义，等等）。两项比较，相当有趣。当然，以“营造 / 建筑”一文作为本缉的结尾，其目的还在于为了说明，实际上，所有的知识活动都内含着某种“考证”的品质。

胡恒

2011 年 5 月 19 日

目录

波利菲洛之梦

林泉之梦：叙事、图像、身体实践

关键词

Contents

The Dream of Poliphilo

The Dream of Groves and Springs: narrative, image and embodied practice

Keywords

波利菲洛之梦

胡恒

《寻爱绮梦》五百年

《波利菲洛之寻爱绮梦》（*Hypnerotomachia Poliphili*，简称《寻爱绮梦》），是意大利文艺复兴时期的一本浪漫爱情小说。它延续的是中世纪传奇小说（如《玫瑰传奇》）和早一个世纪的薄伽丘（Boccaccio）的《爱之景》的田园牧歌式文学传统。该书 1499 年首次出版于威尼斯的阿尔蒂尼出版社。书的作者为弗朗切斯科·科隆纳（Francesco Colonna）。这显然是个化名。其真实身份难以考证。历代研究者们提出七八位可能的候选人，不过至今尚无定论。和作者一样，这本书也充满了神秘感——其中包含了托斯卡纳语、拉丁语、希腊语、希伯来语、阿拉伯语，以及迦勒底语（Chaldean）和象形文字。另外自创的语法、单词比比皆是，而无数的拼写错误更是常常让读者一头雾水，苦不堪言。

当然，这不是一项单纯的语言试验——尽管现在很多研究者将之比拟为《尤利西斯》。它是被称为“全才”的“文艺复兴人”所特有的野心之作。语言的密码术只是个幌子，极端复杂的语言构成所涵盖的无所不包的知识构成（植物、动物、矿物、技术工艺、数学、地理、历史和建筑）才是重点。两者相辅相成，使该书远远超越了文学的范畴，成为“15 世纪所有艺术、考古学和技术知识的百科全书”[1]。这是一种秘传的“百科全书”，因为过于晦涩，它长久以来只在人文主义者的小圈子和贵族阶层流传。这其实合乎出版资助人列奥纳多·格拉索（Leonardo Crasso）的初衷。他在第一版的献辞中写道：“本书是只有智慧者才能进入的神殿。这些情节不是写给普通人看的，也不是用于街头吟诵，其语言新奇且修辞丰富，因为它们源自哲学宝库和缪斯女神。”[2] 初版大约 50 年后陆陆续续有法、英语等译本出现。这些译本大多很不完整——节译、曲译者居多。直到 1999 年，为了纪念本书的 500 岁生日，泰晤士哈德逊出版社（Thames and Hudson）经过多年的筹划和精心准备才出版了第一个较为完善的英文译本。

尽管真容难识，但是并不妨碍其魅力的扩散（或许还有助于此）。从出生之日始，这本梦幻之书就在不同的方向上辐射着巨大的影响。影响的对象分为两类，一类是后来的艺术创作（文学、艺术和建筑），另一类是研究者。前者是艺术内在生命的传承，后者则确定了其作为知识的界限——我们能讨论它什么？能延伸出什么主题？能将其和哪些新知识联系起来？这一关系是书的另一种生命延续。

在文学上，虽然《寻爱绮梦》并不太受相近时代的青睐（拉伯雷［Rabelais］和卡斯蒂廖内［Baldassare Castiglione］对之颇有微词），但几乎后来以梦为名的小说都能从这本书上找到源头，其主人公波利菲洛的名字也出现在诸多意大利和法国的文学作品中。对之不屑的拉伯雷还在《巨人传》里摘抄了它的许多章节。其中的意义的揭示、场所的寻找、消失与再现等主题不断被翻新、继承。戴维·洛奇（David Lodge）的《小世界》就是一部现代版的《寻爱绮梦》。对于现代文学的研究者来说，《寻爱绮梦》更像一本超越时代的现代小说。一些评论家认为它还是乔伊斯（James Joyce）的《芬尼根守灵夜》的先驱——它们都是伟大的语言实验，对既有文学格式的拒斥。

在视觉艺术上，这本书的影响并不算太大。文艺复兴和巴洛克时期的一些艺术家曾对其有所零星借鉴，比如丢勒（Dürer）、提香（Titian）、贝尼尼（Bernini）和普桑（Poussin）。17 世纪法国画家勒叙厄尔（Le Sueur）有 8 幅油画是以小说的情节为蓝本。就 172 幅木版画插图而言，首版和 1546 年法语版的木版画虽然各自达到同时代的书籍插图的顶峰，但是由于版画（尤其是木版画）在西方古典艺术中的位置不高，所以并未有太多影响，连画工和刻工的姓名都已不传。尽管如此，该书却引起艺术史学家们（尤其是瓦尔堡学派的学者）的广泛兴趣。关注点在于插图与文字叙述的反向关系、神话学与炼金术、象形文字与文艺复兴艺术等艺术史主题。阿比·瓦尔堡（Aby Warburg）在其博士论文里指出《寻爱绮梦》的某些插图与波提切利的绘画之间的相似。埃德加·温德（Edgar Wind）在其《文艺复兴的异教奥秘》一书里将波利菲洛解读为黑暗与绝望之王子的神秘讽喻。贡布里希（G. H. Gombrich）深入分析了《寻爱绮梦》对于理解伯拉孟特（Bramante）和尤利乌斯二世（Julius II）之间关系的重要性。扎克斯尔（F. Saxl）研究了《寻爱绮梦》对古代仪式的描写。安东尼·布朗特（Anthony Blunt）则在文学、艺术、建筑三个不同层面探讨了该书对 17 世纪法国文化的渗透。

在建筑上，该书的影响主要体现在法国和意大利的园林建筑设计中。书中波利菲洛对维纳斯岛的细致描绘激发了设计师的无穷灵感。而现实中的许多设计则直接模仿了书中的一些章节。比如伊斯特别墅（Villa d'Este）前院的睡神喷泉，波波利花园（Boboli Gardens）里的维纳斯神洞（Venus Grotto），波马索圣林（Sacred Wood Bomarzo）中庞大的雕像，以及凡尔赛宫（Versailles）的渠道和大理石柱廊。在许多意大利的府邸建筑（费拉拉和罗马）的室内都能看到该书关于抛光大理石、马赛克（或绘画）和金饰等描绘的反映。另外，18 世纪的法国建筑师布雷（Etienne-Louis Boullèe）设计的牛顿纪念堂的巨大球形建筑，以及列杜（Claude-Nicolas Ledoux）设计的理想城市中的庇护所，都能看到《寻爱绮梦》中对于球形房间描述的影子。

相对视觉形态的借鉴，波利菲洛式的梦幻颓废美学另有一种特殊的生命力。它在路德维希二世的天鹅堡和 19 世纪末的于斯曼（Huysmans）、王尔德（Wilde）、比亚兹莱（Beardsley）等人的创作中都有着遥远的回声。

对建筑理论来说，《寻爱绮梦》的意义更为深远。它和维特鲁威（Vitruvius）的《建筑十书》、阿尔伯蒂的《建筑论》的关系，从 17 世纪末开始就已经被注意。这也成为后来的理论家们反复讨论的问题。路易十四时期的皇家建筑学院院长弗朗索瓦·布隆代尔（François Blondel）将之列入研究建筑学最有用的两本业余参考书之一。同时期的费利比安（J.F.Félibien）在《论古代建筑和哥特式建筑》中对《寻爱绮梦》推崇备至，认为维特鲁威提供了艺术的力学研究，但是科隆纳才是复兴了古代精神。18 世纪意大利建筑理论家米里齐亚（Francesco Milizia）将本书的作者归为有史以来最伟大的建筑师。当代建筑史学家约翰·萨默森（John Smmerson）将该书与阿尔伯蒂进行了对照研究，认为他们代表了文艺复兴的两种对立原则：绝对真理的实行者与梦想家。而在一个较近的研究中（里安娜·莱夫维尔［Liane Lefaivre］的著作《阿尔伯蒂的波利菲洛：重识早期文艺复兴的建筑学中的身体》），《寻爱绮梦》的作者被归为阿尔伯蒂。

近些年来编辑的建筑理论读本无一例外都摘选了《寻爱绮梦》的一些章节。其中以 1978 年出版的由阿诺尔多·布鲁斯基（Arnaldo Bruschi）等意大利建筑史学家编辑的《文艺复兴建筑文献选》最具代表性。在这本理论视野非凡的文集中，《寻爱绮梦》的选篇占据着一个特殊的位置。它联系起由早期文艺复兴的阿尔伯蒂等人发起的“二次人文主义”（基于新柏拉图学派和毕达哥拉斯学派）向晚期文艺复兴的建筑理论家对神秘概念与中世纪传统的述求的转换。

关于《寻爱绮梦》的研究的范围已经越来越广（这里略过了规模庞大的语言学与哲学研究）。1999 年第一个完整的英译本面世，更推动了新一轮研究热潮。它不再只属于专业研究者的禁地，而进入到大学讲堂，成为一种公开化的知识。并且，它被流行文化迅速吸收——2007 年出版的畅销小说《四法则》以研究《寻爱绮梦》的学者生活为背景。正如书中的导言诗所言：“整个人间世事，都在黑暗的迷宫中彰显”。这本书，这个巨大的黑暗迷宫，也正在向我们慢慢打开。

当然，本文无意进入这一迷宫，尽管它如此具有诱惑力。本文仅希望简略地梳理出一个外在的轮廓——从1499年到1999年这五百年间，《寻爱绮梦》的几个重要译本的流变。这些残缺扭曲的译本对该书的传世起到不可忽略的作用（这是初版的三十几个副本无法做到的）。另外，这些译本自身也构成了一种特殊的历史，《寻爱绮梦》的出版史。书的历史，也是知识变迁的历史。这些译本串成一条长线，从中我们可以看到某种特定的知识形式（文艺复兴初期的“知识型”）在不同时代里的蜕变，也可以看到，这本书对于每一个读者的意义的变化。

1499年，初版

《寻爱绮梦》产生于世纪之交（1499年）。这是意大利文艺复兴的黄金时代，也是一个伟大的出版时代——对于建筑尤其如此。《寻爱绮梦》是继佛罗伦萨著名的阿拉曼诺出版社（Niccolo di Lorenzo Alemanno)出版的阿尔伯蒂的《建筑论》后的第二本大部头建筑出版物。随后，菲拉里特（Filarete)、马蒂尼（Franceseo di Giorgio Martini）等人的手稿，由乔康托修士（Fra Giocondo）、切萨里阿诺（Cesare Cesariano）等人编译的意大利版《建筑十书》纷纷面世。

《寻爱绮梦》的出版商是著名的人文主义者阿尔杜斯·马努蒂乌斯（Aldus Manutius）。他是皮科（Pico della Mirandola）和伊拉斯谟（Erasmus）的好友，也是希腊文化的狂热者。他的阿尔蒂尼出版社出版了大量的拉丁文、希腊文著作（它以1495 – 1498年间出版第一个完整的亚里士多德五卷希腊语版本而闻名）。其中有贺拉斯（Horace）、维吉尔（Virgil）等古典学者的著作，也有但丁（Dante）、彼特拉克（Petrarch）、本博（Bembo）等较近时代的学者的著作。《寻爱绮梦》是阿尔杜斯出版的第一部地方语言的作品。此书特地献给当时乌尔比诺公爵圭多巴尔多·达·蒙泰费尔特罗（Guidobaldo da Montefeltro），还纪念了列奥十世的门徒安德里亚·马罗尼·德·贝瑞契阿(Andrea Marone da Brescia)和著名的人文主义者乔凡尼·巴蒂斯塔·西塔(Giovan Battista Scita）。

书分上、下两卷，其中的故事其实并不复杂。正如标题所示:《波利菲洛之寻爱绮梦》（*Hypnerotomachia Poliphili*）取自希腊文，由“睡眠”（hypnos）、“爱”（eros）和“纷争”（mache）三个词组合而成。主人公波利菲洛（Poliphilo）向我们描述了一场绵绵春梦——追求女主角波莉亚（Polia），经历一系列磨难与考验后，最终得偿所愿。随即，梦醒了，故事结束。上卷以男主角的视角为主，充满了梦的混沌冗杂的味道。场景和事件没有明确的逻辑性，叙述方式也是随性所致。相比于上卷，下卷相当短小。女主角是主要的叙述者。这部分比较写实，出现了一些真实的地点和时间。这卷的写法类似于《十日谈》之类的方言文学。一般认为，下卷的写作时间早于上卷。

“爱”与“纷争”并非两种对立的戏剧性冲突元素。它们的含义相似（纷争是指为爱而内心纠结），且各有隐喻。“爱”，一方面指波利菲洛对波莉亚的爱，另一方面指他热爱所有的事物。在书中第272页，波利菲洛承认他爱许许多多的事物（正如他的名字所暗示的）。他钟情于建筑和花园；他喜欢在墓地闲逛，阅读墓志；他心仪雕塑和饰品；他对各种华衣美服有强烈兴趣，尤其是仙女穿的衣物；他酷爱音乐、仪式以及各种壮观场面。当然，他最爱的还是古迹。在梦中，波利菲洛一有机会就会连篇累牍地描绘那些宫殿、寺庙、神殿和剧场。对心爱的女人的情欲和对心爱之物的迷恋交叉跑动，且时时混在一处，难分彼此。在书的导言诗的结尾，两种欲望被分开，“波利菲洛的寻爱绮梦表明一切人类的事情都是浮云，还有许多其他事情值得学习和珍藏”。对知识（主要是古代世界）的热情压倒了身体的欲望。

“纷争”无关外在的暴力行为，它是爱的另一种表达。它指的是波利菲洛因爱而产生的内心冲动，以及对女主角的灼热追求。不过，它还有一个隐晦的层面。在书行将结束时，出现了几幅相当血腥的插图（虐杀、分尸、动物啃噬）。这是女主角在拒绝男主角的追求之后所作的一场噩梦中的场景。这是一个梦中梦，它是该书最为费解的一个场景，也是解读该书诸多秘密的重要关口。

无论是其时的意大利，或是该出版社，《寻爱绮梦》的制作规模和精美设计都相当罕见。它如同一件精美的艺术品，令所有得见芳容的人都啧啧称奇。此书为对开本，字体采用阿尔蒂尼出版社御用的刻字工弗朗切斯科·格里福（Francesco Griffo）所发明的阿尔蒂尼式的标准“罗马体”。这种字体是对古典时期的文字风格的再创造，深受同时代的人文主义者喜爱。它被保留下来作为一种标准的印刷体延用至今。装饰性的首位字母也是极尽精巧之能事。有些用阴影线装饰，有些则在字母上缠绕着优美的带状纹饰或卷曲的枝叶、花朵。另外，书中还包含了原始的希腊字体，一种最早的希伯来字体，甚至还出现了阿拉伯语——这在欧洲出版史上还是首次。

《寻爱绮梦》是阿尔蒂尼出版社唯一的一本插图书（它以出版平装学术书为主要经营路线）。它和1493年出版的有着373幅木版画的意大利版《圣经》并称为15世纪最后10年中威尼斯最好的两本插图书。172幅插图的描绘对象无所不包：建筑、人物、动物、山林风景、水池、废弃的城市、花瓶、服饰等等。画家的博学和具体而微的控制力令人赞叹。由于它对古代世界的还原的深入程度，这些插图也在无意间形成了雕版画中新的古典风格。

书中图与文的结合方式一直是研究者的兴趣中心。除去内容上的不对称关系所产生的阅读与想象的空间感，在视觉上，图与文也构成了一个完整的综合体。杯型文、倒锥文、两图夹文、跨页排版（文中写到的4个游行队伍，页面上就是4页连幅的排列），这些新奇的排版方式超越了时代，只在20世纪上半叶的先锋派的印刷品中才有所重现。

这样一本苦心孤诣的书，作者和赞助商都投入了巨资。资助人格拉索声称为此书花费了好几百个达克特（“ducat”是曾在欧洲许多国家通用的金币），在那个时代这算是一笔惊人的投资。但是该书并没有获得想象中的成功。它的销量非常差，几乎一个副本都没卖出去。一方面是因为战争的爆发（土耳其人击败了威尼斯人）导致经济不景气，出版业大受影响。另一个原因是书的定价过高（一个达克特，几乎等价于该出版社的一套五卷本的亚里士多德全集），算是当时最贵的出版物之一。所以，尽管其品质无人质疑，但是生不逢时，甫一面世，即遭乏人问津的窘境，相关的出版人也蒙受严重的经济损失。可以说，这本书以悲剧形式开场。

1546年、1600年，法语版

虽然出师不利，但是书仍逐渐得到认可。阿尔杜斯的儿子们在1545年重新编辑了这本书（该书的一些彩色插图版本或许来自这次重编），以扩大它的影响。而在法国，该书得到了它在意大利所没有的成功。并且，在很长一段时间里，法国人对之投入的热情（阅读、解读和研究）要大大超过意大利人。

文艺复兴初期，由于法国和意大利的关系非常密切，这本书在法国贵族圈子里颇为流行。酷爱意大利艺术的弗朗西斯一世拥有一本初版本，他的母亲还给了他一本1510年的手抄本作为结婚礼物。1546年，第一本法译版出现——《波利菲洛之梦》（*Le Songe de Poliphile*，Paris：Jacques Kerver），且在1553年和1561年以对开本再版。据说译者是一位佚名的马耳他爵士，由让·马丁（Jean Martin）校订。这个译本只有原文的大约四分之一，删减了和建筑无关的描述（开头的 300 个词汇被缩减成 12 个词，一句话），使得这本小说特别吸引对建筑感兴趣的读者。这是一个“建筑化”的版本。编者让·马丁是一位建筑学者，他在 1546 年完成维特鲁威的《建筑十书》的法译本，1553 年完成了阿尔伯蒂的《建筑论》的法文译本——它们都来自 Kerver 出版社。《波利菲洛之梦》的编订也基本在同一时间。可见，他是将该书和阿尔伯蒂等人的著作同等对待。

这一译本中的木版插画被全部重新雕刻。枫丹白露学派（School of Fontainebleau）的风格使得图像较之原版有不小的变化。线条更加复杂；人体更加修长（脸颊瘦削，很符合为爱伤情的主人公）；大量使用阴影以强调体量感；空间表现也更为纯熟。新版的画工也是匿名的，通常被认为是出自让·卡森（Jean Cousin）或是让·高戎（Jean Goujon）之手。和书的内容一样，这些图也被“建筑化”。法国人增添了 12 幅全新的建筑与花园的透视图，其中还包含了两个几何表现图：一个是迷宫式的花园，另一个是对一个凯旋门的比例系统的复杂分析——这张图与阿尔伯蒂的《建筑论》中的专业分析图非常类似。实际上，两本书的插图风格相当接近。

总的来说，这三个版本基本可算是《寻爱绮梦》的建筑版。文学色彩被减弱到一个很低的程度。原版的图文合一的版式（杯型体之类的）也被放弃，替换为很朴素的图文直接衔接的做法。每页都有注释，很像学术读物。这和马丁的阿尔伯蒂与维特鲁威的两个译本的版式基本相同（奇怪的是，阿尔伯蒂的书中倒是出现了一些局部的锥型文）。按照现在的标准来看，它们可算是一个系列丛书。

1600 年出现了一个名为 *Le Tableau des Riches Inventions* 的新版本。编者名叫贝鲁尔德·弗维尔（Béroalde de Verville）。新版本的插图、文字与马丁版大体相同，它似乎在 1657 年再版过。

这是一个“炼金术化”的版本。法国人对该书与炼金术的关系一直有着独特的兴趣。1546 年的版本中，马丁就在摘要中提到小说有可能包含炼金术的秘密。16 世纪的三个版本的法语编辑戈翁里（Gohorry）在 1553 年再版的拉丁文注释中肯定了此观点。1600 年的版本更是直接将《寻爱绮梦》与炼金术之间的联系放到书的主旨位置。

这个版本增加了两个东西：一张极其精致的卷首版画；一篇 19 页的冗长的“图解学汇编”（Recueil Stéganographique）。后者对这一卷首版画有详细描述：

底部中间是一片混沌，由象征爱的爱神木枝干支撑着，混沌中漂浮着太阳、月亮和行星，而中心位置有一个包含着水火两种元素的球形，从中探出命运之枝并一直延伸到顶部不死鸟的设计图像上。在底部左侧是从永恒之火中生出的生命之树，在它的上方是两个争斗中的撒旦吞噬着彼此。在相互毁灭对方之后，他们最终的联合体中出现了一种纯物质，并借由命运之枝，穿过一只四爪被切掉的狮子的血管，灌溉了树木；而幸福之鸟凤凰体内又长出蠕虫，它们精确地依据着由沙漏象征的时间慢慢生长。在其左爪中抓着象征丰饶的羊角，从中长出的一朵玫瑰落在一个伸出一段残枝的树桩上；而又一滴水也从中滴落，转变成青春之泉，由一位负责返老还童的守护神掌管。底部右边的角落有两个符号与整幅卷首页是独立开来的。低一点的人物形象代表炼金术的创始人，他的嘴中有一弯月牙，其尾部向上指着天空。他的脚上有个太阳，手中握着一本由水火两元素组成的“荣誉之书”，在他上方的是有着舌头和火翼的撒旦在水中游泳，象征着对立的熔合。[3]

这一张“炼金术”式的版画和长篇序言，与小说其实关系不大，放在书前也颇为古怪。这使得它成为《寻爱绮梦》最特殊的一个版本。弗维尔给这个译本取的标题为“Le Tableau des Riches Inventions Couvertes du voile des feintes Amoureuses，qui sont representees dans le songe de Poliphile Desvoilees des ombres et subtilement exposees par Béroalde”（波利菲洛之梦描绘的多情面纱，遮住了富有新意的景象，贝鲁尔德巧妙地揭开了幻梦之影）。在此，该书第一次被当做一个待解之谜，而非一本普通的小说。弗维尔在书的前言中指出，书的作者是一个“推理哲学家……他的最终目的是要成为墨丘利神那样完美的智者”。编者将自己的名字放进标题，表明他自认为给出了解谜的答案。

弗维尔是一个传奇人物。其身份很多样：罗马天主教的神父，跨学科的多产作家（哲学、文学和神学），炼金术士。他是同时代的怀疑论者的精神领袖。1610年，他出版了一本小说《王子命运之旅》（*Voyage des Princes Fortunez*）。这是对《寻爱绮梦》的一次精心模仿。书中宣扬了一种放荡不羁的享乐主义生活，以及对神秘事物的热爱。在此，炼金术是和自由思想，以及享乐主义生活方式联系在一起的。它还导向了“波西米亚人”、“七星诗社”、“无政府主义”等团体和思想潮流。在当时的进步群体（无论是进步的天主教徒，还是进步的资产阶级科学家与作家）的眼里，弗维尔的怀疑论都是攻击的目标。而“炼金术”版的《寻爱绮梦》和《王子命运之旅》正是弗维尔反击的武器。

这也是宗教之战末期残留下的结果——各种信仰一团混乱。可见，“炼金术”版的《寻爱绮梦》不仅仅是关于该书的首度研究、解谜（其实这只是个幌子），它的真正目的还是关于某种特定人生观与道德标准的倡导。

1592年，英语版

相比于法文版的花样百出，英文版的《寻爱绮梦》就寒酸很多。在1999年的纪念版之前，只有一个译本——1592年的《梦中爱的纷争》（*Hypnerotomachia The Strife of Love in a Dream*，London：Simon Waterson）。同年曾再版过一次。署名为缩略字母“R. D.”，大概是罗伯特·达林顿男爵（Sir Robert Dallington）。前言中他把译作献给菲利普·西德尼（Philip Sidney），但是西德尼1586年就去世了，去世前又把书推荐给赞助人——艾塞克斯的伯爵罗伯特·德弗罗（Robert Devereux）。

在开始翻译之前，达林顿曾雄心勃勃地试图作出一个完美的英译本，但是很快这个念头就被打消。这项工作过于艰难，以至于他在原文五分之二的地方就停下脚步。这恰好止于书中最精妙的插图——第195页的献祭普利阿普斯（Sacrifice to Priapus）。1999年的英文译者对此感叹到，这一“戛然而止，让无数想挑战重塑此画的英国雕刻师唏嘘不已。此后四百年，英国读者只能满足于不全的翻译，毫不知情的读者则把它当做完整版的《寻爱绮梦》”[4]。

英译本的残篇只算是原版的一个开头——女主角波莉亚还未现身。除去故事不完整，文字翻译也是错误百出。第一句话就有严重的失误。另外，插图也遭大量删除。重新翻刻的那些图出自庸人之手，相当粗糙。从学术的角度来说，这是个几被遗忘的版本。

尽管有诸多缺陷，这个版本仍有其特殊价值。“业余翻译家”达林顿是一位廷臣和作家。他更重要的身份是旅行家。16世纪末与17世纪初，对英格兰的知识精英而言，是一个旅行的时代。[5]达林顿对意大利和法国倾慕不已，多次游览——同行者曾有年轻的建筑学家伊戈尔·琼斯（Inigo Jones）。他还写过几本旅游手册（1605年写了一篇关于托斯卡纳的游记）。他所翻译的《梦中爱的纷争》可看做是对古罗马世界的一个幻想式的介绍。

另外，16世纪末也正是英语文学发展的巅峰期——戏剧与抒情诗都达到前所未有的高度。所以，虽然《梦中爱的纷争》在知识传输上无所作为，但是它仍算是伊丽莎白时代精巧迷人的散文体的杰出案例。有的评论家认为达林顿的文体虽然在具体的翻译中错误多多，但是它“恰到好处地捕捉到了原文中错格、断裂的结构特征”。[6] 阴差阳错，这个版本可算是《寻爱绮梦》的旅游文学版。

1883 年，法语全译本

1804 年，勒格朗（Legrand）用意译的方式为《寻爱绮梦》出了一个法文新版。此举大获成功，以至于 1811 年被博多尼（Bodoni）再版。这是 16 世纪以来的第二次《寻爱绮梦》的热潮。18 世纪中期是英国人与法国人的考古黄金时期，借启蒙思想的东风，建筑学者、人文学者无不以探访希腊、罗马的古代遗址为重要使命。一直到 19 世纪初，这段时间里出版的大批古代建筑遗迹的著作形成了一个独立且全新的领域——考古学。在安东尼・布朗特看来，《寻爱绮梦》也由此成为了考古学的对象。

1883 年，第一部完整的法译版终于出现（Francesco Colonna, *Le Songe de Poliphile*, Paris: Isidore Liseux）。克劳德・波普林（Claude Popelin）应画家古斯塔夫・波普林（Gustave Popelin）的要求译出，它于 1994 年再版。这个博学精深的译本是一件功德之作。波普林除去翻译精当之外，还增加了大量的学术性评论。之前的译本中的注释只是对于书中所提及的生僻术语作含义上的解释，比如那些罗马神的背景故事，诸如此类。现在的学术评论则有着研究性的价值。

波普林在评论中指出该书在学术水平上和第一代人文主义者相当；猜测阿尔伯蒂可能是作者的老师，且是罗马古迹知识的“学术顾问”，至少作者读过阿尔伯蒂的《建筑论》（这一观点现在已是学界共识）；他还对某些插图作出图像学的解释，比如原书第 26 页的方尖碑顶上的仙女，可能来自于维特鲁威的《建筑十书》中所提到的雅典的一个塔楼的顶部饰品，原书第 38 页的大象方尖碑或许可以追溯到罗马晚期西西里岛的一个广场喷泉——这些已经属于历史考证的研究范畴了。虽然很多评论现在已被新的研究推翻，但是其学术先行者的意义是毋庸置疑的。

1968 年，原文评注版

20 世纪中期开始，关于《寻爱绮梦》出现了一批极为重要的研究著作。这些著作不是讨论该书与其他学科或知识的关系，而是关于书之自身的研究。这个文学史上最大的谜团，浑浑噩噩地度过了将近 500 年，现在才以较为清晰的面貌出现。

1968 年，乔瓦尼·波齐（Giovanni Pozzi）和露西娅·恰波尼（Lucia A. Ciapponi）的评注版（Francesco Colonna, *Hypnerotomachia Poliphili*, 2 vols., Padua: Editrice Antenore) 出版。1980 年加上全新的前言和参考文献再版。1959 年卡塞拉（Maria Teresa Casella) 和波齐还出版了两卷有关科隆纳生平和作品的参考书籍（*Francesco Colonna. Biografia e opera*. Vol. I: Biografia [by M. T. Casella]; Vol. II: Opere [by G. Pozzi], Padua: Editrice Antenore）。1983 年，卡尔韦西（Maurizio Calvesi）在罗马出版了 *II Sogno di Polifilo Prenestino*。沉默了将近 500 年的意大利学者终于集体爆发。他们以一系列著作和论文在若干个层面（语言学、文本与图像的关系、知识考古、作者溯源）上为该书的研究奠定了新的基础。

首先是语言学研究。波齐主持的评注版和卡塞拉主持的考据版都把关于原版《寻爱绮梦》的语言学研究放到首位。这是显示出该书真正面貌的第一步，而这一工作除了意大利学者，无人能够承担。

语言的解码分为词汇考据与断句两个部分。波齐和恰波尼在评注版里增加了一个难字汇编——收罗了 5200 多个单词翻译成意大利语。因为这些书中使用的词汇在任何意大利语辞典里都查不到。它们是拉丁文、意大利各种方言、希腊语之间的混乱杂交。卡塞拉和波齐将这种“类词典性”称为“对来自最遥远的拉丁文地区的最精美词语的执著追求”。当然，词汇的主干是拉丁语。通常是以之为主，结合意大利语词尾。或者反过来，意大利语词加上拉丁语前后词缀，创造出新的副词、动词、形容词、小称（diminutives）和辩论词（argumentatives）。这些组合完全是随心所欲，且都来自作者的层出不穷的奇思妙想和语言上的创造力。书中另有些词汇源于希腊语，这是书中词语中最难理解的一部分。希伯来语只出现在两处碑铭中；只有一个碑铭上有一些阿拉伯文。

相比词汇组合之莫测，断句更有无穷变化。卡塞拉与波齐认为这些语句“由无数并列句所组成，”这些并列句来自一种“语言上的平衡概念”，这一概念不仅在语义上，而且在节奏上控制着语句。作者还使用拉丁语式的句子结构来使情况更为复杂。拉丁语式句子结构的次序不是通常的主 - 谓 - 补，这使得对文章的理解倍加困难。另外，书中一些其他的技巧——各种直接短语和间接短语的拼接、外来主语的突然引入，以及在同一语句中不同语法结构之间的转变等等——常常产生出一种不合逻辑的、错格的复合结构。卡塞拉与波齐将之比作一面藤蔓交错的墙体，而不是逻辑性的分支结构体系。

图像与文本的关系是《寻爱绮梦》研究的新品种。波齐对两者之间的不一致性（分离、互补和错动）的深入辨析，为我们理解该书提供了新的思路。一般来说，图片是对文字叙述的补充，或者视觉化的再现。但是波齐却证明，书中有些插图起着和文字平行的作用——文字功能在于描述，图像功能在于叙述。比如在波利菲洛第一次和波莉亚相遇时，文字描述杂乱地纠结于波莉亚的衣服、配饰、曲线、胸部、头颈、牙齿和双唇——让人强烈地体会到波利菲洛意乱情迷的谵妄状态。而这里的插图却没有给出一幅对应的关于波莉亚的描绘。图中波利菲洛在前景，远处是波莉亚（只有个大概的轮廓），两人呈 45 度角，中间是个葡萄藤架。这个藤架在书中只一笔带过，而在画中却是描绘的重点——极其细致。波齐认为这个藤架将男女主角隔开，从而制造出男主角未得以满足的欲望沟壑。它不是将文字描述的内容图像化，而是用视觉的方式再现文字描述所传达出的情绪。两者的相互作用，使得读者能够深度认同男主角的精神状态。

1546 年的法文版插图的改动，说明了它的图像处理是与文字描述相贴合的。增加的图（两张建筑图）在文中都有相应的文字上的详尽描述，调整过的图也在有意无意间削弱文字与原图所共同创造的想象空间。比如，前者的葡萄藤架图，法文版的图将男主角布袍下勃起的位置悄悄去掉了。

相比语言学和图文关系，知识考古的问题涉及到的领域无所不包。波普林在 1883 年开始的知识考古，在此已然蔚为大观。这里，建筑博物学是主体。书中建筑与远古（希腊、罗马、埃及）的关系得到更为细致的考证，焦点仍然集中在阿尔伯蒂的《建筑论》上。两者的关系，波普林只是大体作了一些推测。波齐和卡塞拉则找到 97 处相似点——包括阿尔伯蒂和科隆纳共同犯下的错误，而且书中有一段居然完整抄袭自《建筑论》。另外，植物学、占星术、炼金术、矿物学、象形文字、地理学、医学、古典仪式、神话学各方面的知识的古代谱系都基本被梳理出来，该书百科全书式的知识结构被彻底分解。现在的问题是，谁有这样的能力写出这本书？

一般来说，作者的身份来自一份 1512 年的手抄本的一个注释。它指出，书的 38 个章节首字母组成一句藏头诗“POLIAM FRATER FRANCISCUS COLUMNA PERAMAVIT”（Fra Francesco Colonna loved Polia exceedingly，弗朗切斯科·科隆纳兄弟疯狂地爱着波莉亚）”。一直到 19 世纪末，这个科隆纳到底何许人也并没有人追究，而这成为现代学者们的共同学术难题。几乎每个《寻爱绮梦》的研究者都会提出自己的答案：无论是威尼斯修道士，还是罗马贵族，或者是某位匿名的名人（阿尔伯蒂、洛伦佐·美第奇）。时至今日，这已不再是一项单纯的考证了。科隆纳真实身份的揭秘已经不重要。重要的是，文艺复兴的若干黑暗角落在这些刨根溯源的考证工作中被挖了出来。

1999年，英文全译版

这个姗姗来迟的全译本，与1592年达林顿爵士的节译本足足相距400年。终于，约瑟林·戈德温（Joscelyn Godwin）教授流畅、精炼、准确的翻译使得每一个普通读者，都能够走到足够近的距离来认识这本书的全貌。

这项规模庞大的翻译工程是为该书的500岁生日和1999年泰晤士哈德逊出版社的50岁生日双重献礼。当然世纪之交本身也另有一番意义。泰晤士哈德逊出版社的创始人非常喜欢《寻爱绮梦》，其出版社标识（两只海豚）也来自阿尔蒂尼出版社的海豚与锚的经典图标。这一纪念版堪称巨制（笔者有幸拥有一本），尺度巨大，白色封皮，装帧印刷精美，饶有古意，手感上佳。这个译本恢复了1499年原版的版式，除了文字换成英文外，其他基本与原版同出一辙（第一版的图片，图片的位置，图片和文字的关系，杯型文、锥型文等等全部保留下来），甚至连泛黄的纸色都是一样。书中增加了一篇导言，以及书的末尾处的一幅塞西拉岛的详细平面图。2004年出版了一个简装普及版，普通开本，删除了部分图片，当然售价也低了不少。

译者戈德温是一位音乐学教授，精通17世纪哲学。其译者前言的内容相当丰富。他既向读者概述了书的叙事脉络、风格走向、各方面的影响、翻译中的困难，还简略总结了该书的研究状况。他感谢了波齐等人的研究工作，自承如果没有这几位意大利学者在《寻爱绮梦》上的学术成果，尤其是波齐对语言的分析、断句和文本的修正，以及对上卷的注释，想要翻译《寻爱绮梦》是一项不可能完成的任务。另外，有关建筑方面的知识，戈德温特别提到他所参考的多洛希亚·施密特（Dorothea Schmidt）所著的《〈波利菲洛之寻爱绮梦〉中的建筑术语研究：以维纳斯神庙为例》（*Untersuchungen zu den Architekturekphrasen in der-Hypnerotomachia Poliphili. Die Beschreibung des Venus-Tempels*，Frankfurt a. M.: R. G. Fischer, 1978）。

可见，这个译本的到来正是水到渠成——专业学者们提前清扫了几乎所有的语言障碍和知识难点，为译者铺开康庄大道。戈德温还将卡塞拉和波齐整理的科隆纳传记作了一个概述，放进其前言里，以供读者参考。这些，都不是多余的工作。

译者在前言里含蓄表达了这个译本有可能引发《寻爱绮梦》的新一轮热潮。事实证明了这一点。该译本的出现使得此书真正得以普及开来。

我们在这里简略地罗列了从 1499 年到 1999 年 500 年间《寻爱绮梦》的几个比较重要的版本：一个原始版、三个法文版、两个英文版、一个原文评注版。这里面还夹杂着一些不重要的再版。这当然不是《寻爱绮梦》的版本的全貌（我们略过德文版和西班牙文版），但是它们形成了该书的版本谱系（或历史）的几个关节点。而且，它们还将一个更大的历史背影勾勒出来——整体西方文化的历史变迁。从中我们可以看到的，既有该书知识形式的不同，接受方式的不同，还有它们与时代差异的一致性。

1499 年原版的知识形式（我们暂时借用一下福柯的“知识型”概念）是混杂、多样和不分类的，这与文艺复兴时期人文主义者们的知识兴趣相吻合。他们偏爱想象性多于实证性，偏爱瞬间理解（比如阿尔伯蒂的那只带翅膀的眼睛）甚于苦心求索，偏爱情感先导甚于理性客观。这些知识通常来源于两个途径：对那些从中世纪的修道院里收罗来的古代原典的阅读；以及对古代世界遗址的探访。对于他们来说，将这些千奇百怪、各门各类的知识合在一起，并非为了诞生一本包罗万象的百科全书，正如 200 多年后的那些法国的启蒙思想家们。知识不是用以教育和学习——它们只是廷臣和君主、教皇等人之间的游戏，而是用以创造出一个完整的古代世界。这个世界里的事物都是美的（科隆纳使用所有的形容词时都用上了最高级语态），甚至凶猛的野兽都是平静温和的。不分类的知识寄托的是一种无需区别对待的渴望与向往，和一种浓烈的爱。而这些爱之箭全部指向那个神奇的异教世界。并且，只有文学这种虚空的载体（尤其当它的主题是梦的时候），才能容纳如此之多的爱与向往，并且轻松地在对物的迷恋和对人的迷恋之间来回穿梭，让人也不觉突兀。

1546 年法语版（马丁版）的知识型是建筑。这是该书第一次在知识层面上被定向矫正——文字、插图和版式三方面都有大量修改。首度翻译就被建筑化，而离真身如此之远，确是贻害不浅。不过，我们应该将其看做是意大利文艺复兴建筑理论对法国的强势输出的一个小小证明。这一输出带有颇重的国家色彩——弗朗西斯一世与达·芬奇的终身友谊、弗朗西斯二世的妻子是美第奇家族的女儿（后来成为皇后，操控法国命运达 15 年）。这一输出是技术与艺术性的，与文学的关系不大。在出版形式上，书的性质也被归为与阿尔伯蒂等人的法译著作一类。

1600 年的弗维尔版的知识型是炼金术。当然，这只是伪装，其本质是道德宣言，对某种非主流的放荡生活的辩护。实际上，在一个已经建筑化的文学作品身上强加神秘兮兮的炼金术诠释，颇为勉强，没有多少说服力。但是它所暗自宣扬的享乐主义，倒是符合原书中明目张胆的异教信仰。放荡不羁、享乐主义、堕落消极、颓废美学、白日梦和无政府主义，这些词的含义差不太多。它们都是异教信仰的变体，为基督教文化所敌视。而正是它们组成了《寻爱绮梦》的一条最根本的生命线。该书在后世的不断复活，大抵起源于此。

1592 年的达林顿爵士版的知识型是旅游文学。如果说马丁版是对原版的整体缩水和定向矫正，那么达林顿版就是拦腰斩断且任意修辞。和莎士比亚同时代的达林顿显然注重的是优雅文体和浪漫情怀，书的题献对象菲利普・西德尼是当时“唯一投身于散文体虚构文学创作的杰出作家”。其《阿卡狄亚》（*Arcadia*）是英国文学史上第一部“田园传奇”，是“18 世纪之前发表的英国最重要的、最富于独创性的散文体虚构作品”。[7] 在英国文学史上，西德尼相当重要。他和约翰・黎里（John Lyly）一同见证了 16 世纪下半叶“英语作为文学语言的地位得以确立”。在文体上，黎里的“尤弗伊斯文体”与“西德尼文体”同样讲究文辞的绮丽与繁复。尤其后者，虽然其“风格不是完美的，却是合适的，一种简约的风格完全装不下那种内容——他的修辞可以称作‘功能性’的”。[8] 可见，无论是内容还是文体，达林顿版的《寻爱绮梦》都有着独特的时代特征——和其题献者所代表的当时英国文学的某种风向颇为一致。它们都是“散文体虚构文学”和“田园传奇”的结合。不过，这个译本毕竟只是个遣兴之作（它更希望成为一本称职的旅游导读手册），无法真正完全转化原书博大精深的知识世界。而且，以伊丽莎白时代的严苛的道德观来看，这些局部内容已经相当骇人（译者用缩写署名正因为此）。所以，它在原书一半处就戛然而止也很正常——也恰好应和了西德尼 32 岁的猝死。

1883 年的波普林版为法文版画下一个句号。其知识型是（知识）考古。这也是第一本正面对待原书复杂知识构成的译作。从 18 世纪中期的启蒙运动以及百科全书时代开始，经过 100 多年，各种自然学科的条分缕析的知识储备与分类已经相当成熟（考古学也在其中），这为此初级考据版的进行提供了条件。另外，译者波普林身处巴黎的先锋艺术家圈子（德彪西等人），这也给其工作打上精英文化的烙印——该译本并非普及读物，而和初版的“秘传”性一脉相承。

1968 年的波齐版是语言学版和高级知识考古版，其知识型体现在注释上（正文为该书原文）。它把该书看做是一个巨大的系统，其中有很多小系统——语言的、文字的、图像的、建筑的、物件的、神话的和科学的——这些小系统各成一体，且有着千丝万缕的纠葛。波齐对这些系统中的能指（符号）与所指（意义）的关系有所深入辨析。这是一种水平剖面的研究，在语言学、图像和文字关系方面成果斐然。这些研究无疑和当代语言学转向，以及 60 年代风行一时的结构主义思潮有莫大的关联。比如，波齐在图像研究中大量运用“隐喻”和“转喻”这两个经典的现代语言学概念。他对图文之间的错动、不对称关系的探讨，也很类似语言学理论中对“能指”与“所指”概念的滑移关系的定义。而在垂直方向的知识谱系的回溯上，波齐版也做到某种程度的极限。在对科隆纳这一名字所做的艰苦卓绝的考证中，文艺复兴时期的家族史研究打开了新的空间，增加了新的内容。

一本书，多种译本，若干知识型。换言之，这一版本的谱系也是知识型的谱系。它们表明了该书与特定时代的知识型的关系，而这一关系也意味着它对不同时代的意义。延伸而来，我们也需要思考它对于当下的意义。

纵观这一谱系，版本（或知识型）的流变，实际上有其内在规则：它以一个由多元欲望交织的“想象的统一体”（渴求“所有”知识）为开端。随之，通过译者（他们的身份极其关键），这一“统一体”被分解、重新编码成不同方向的知识型——建筑、炼金术、旅游文学、考古、精英读物、现代考据学和流行文学——1883 年是一个分界线。之前的版本基本上都是一种单向的知识分解，也即对初版的前知识状态进行强行规训，例如马丁的建筑版和达林顿的旅游文学版。书本身的价值并没有得到全面评估，只是因为其中的部分内容与时下的需要（学科的建构或流行的风尚）有所应和，才被选择性地吸收和转化。这种转化常常很粗糙、生硬，且对原书的本来面貌有着重大的伤害。但是，从另一方面来看，正是依赖这种曲解的方式，该书才能为人所知，流传下来。可以说，这也是生存的一种代价。

1883 年之后的版本摆脱了其他学科（或知识型）的影响。它开始回到对自身原初形态的清理之中。1968 年的波齐版是一个自我知识建构的极致之作。单向的知识线条被系统化，经过严密的科学式整理，和各项知识传统建立起垂直与水平的联系。这一系统研究是对知识史的重新梳理。当然，该知识史不仅仅是对有所关联的不同知识进行历时排列，检验它们的同构性和递进关系，追溯它们那并不特别重要的源头。一个更为重要的工作是，它要在知识与知识的转化中，知识与非知识（简称“非知”）的转化中，去寻找某些一贯的动力机制。正是这些动力机制，而非单纯的外在环境的变化，推动了书的流变、知识型的流变和知识史的流变。尤其是“非知”与知识之间的转化，是《寻爱绮梦》原版与诸多译本的关系的要点所在，也是动力机制集中体现的地方。这些“非知”，不仅是一般意义上的前知识形式的知识、未分类的知识和尚未学科化的知识，比如《寻爱绮梦》从普林尼的《自然史》的角角落落里搜寻出的冷僻词汇，它还是关于知识的想象与渴望。它具有一种无法克制的越过经验边界的癖好。而且，它关心的不是对于世界能够了解多少，而是主体和世界的关系能够有多少。

世界，在此有多重含义。它既是大自然的世界，也指历史的世界。另外，在两者之上还有个众神的世界——它统摄了其下的两种现实世界。《寻爱绮梦》用“非知”（无穷无尽的未分类的知识片段）建构起两层现实世界。书以大自然的世界开始（黑森林），以众神的世界结束（仙女们围观听完波莉亚的故事，飞天而去）。主体所遭遇的历史世界贯穿于其间。无论是自然世界还是历史世界，主体在面对时，无一例外产生晕眩之感：黑森林与棕榈丛、狼、打磨光洁的纪念碑、奢华的服饰、饕餮大餐、游行队伍和神庙——就像组织这两种世界的那些非常识性的知识和语言让读者晕眩（那些知识的出处过于模糊，那些词汇的组合过于写意），这些世界本身亦散发着令人晕眩的光芒。晕眩，就是“非知”的表现形式。而诸神的世界的存在，就在于它能够调节这一晕眩，使随时都会倒下的主人公冷静下来，回到现实，以继续故事的发展。在一次次的晕眩中，仍然坚持不懈地追逐那飘渺的女神（实际上她只是一个幻觉、空无的符号），这就是主体与世界建立联系的方式。

可见，“非知”所推动的，不是对“知”（和“知”的规则）的认知，而是对多样世界的全面探索，是对自身狂喜的追求。“非知”、“晕眩”、“狂喜”，这就是《寻爱绮梦》所包含的知识史的起源。当然，它们也贯穿了该书的整个版本谱系——在其他语言的转译中（这是“非知”向“知识”的不同性质的转化），它们被不断抚平、消解。比如1592年的英文版和1546年的法文版，在语言的转变（这是至关重要的，因为在某种程度上，语言结构决定了思维结构的方式）、内容的删减、插图的修改中，消失掉的不是故事的情节和冗长的描绘，而是“晕眩”与“狂喜”。知识型在不同译本中的确立——建筑、旅游文学、炼金术等等——意味着书被强加上某种可理解性。与此同时，一个必然的步骤是，知识的归类和规训（换言之，学科化）悄悄地侵吞着“非知”的空间。

这就是版本转化的内涵所在了，它甚至在书的标题的变化中也直接反映出来。《波利菲洛之寻爱绮梦》（*Hypnerotomachia Poliphili*）的关键词“Hypnerotomachia ”是三个希腊词的组合——“睡眠”（hypnos）、“爱”（eros）和“纷争”（mache），这表明了若干精神空间（潜意识、两种基本情感）的叠加。它们之间的界限模糊、内容杂处、相互渗透，缝合于其间的是主体的多种欲望流。它们（性之欲、死之欲）使得叠合在一起的精神空间充满能量、生动活泼。这正是“非知”的合适居所——在这一复合的精神空间中，所有知识都越过自己的界限，和其他知识融合在一起，构成一个灿烂的、令人“晕眩”的世界。所以，爱与梦幻，并非单纯的书的叙事主题和形式轮廓，它们还是“非知”的守护者。英文标题《梦中爱的纷争》（*The Strife of Love in a Dream*）和法文标题《波利菲洛之梦》（*Le Songe de Poliphile*）都对“Hypnerotomachia ”混沌、运动的状况进行了分拆、线性简化。无论是《梦中爱的纷争》，还是《波利菲洛之梦》，都一看即知为普通的田园抒情小说，毫无原文引人遐想的迷思。弗维尔版的超长标题“Le Tableau des Riches Inventions Couvertes du voile des feintes Amoureuses，qui sont representees dans le songe de Poliphile Desvoilees des ombres et subtilement exposees par Béroalde.”（波利菲洛之梦描绘的多情面纱，遮住了富有新意的景象，贝鲁尔德巧妙地揭开了幻梦之影）倒是略微触及到“Hypnerotomachia ”的神秘内核。但它将方向导向有化学味道的炼金术，却是过于简单。

虽然“爱与梦幻”作为“非知”之守护者的功能，在不同的译本中逐渐丧失，但是它在新一轮的知识史编撰的起点处——也即波齐的评注版——得以回归。当然，回归的不是静态的避难所，而是一种全新的营造。它使消亡的“非知”以主动建构的方式重新显现。

波齐的评注版对知识史的编撰，是一种诠释术的狂欢。现代语言学、图像学、知识考古学、微观史学轮番上场，创造出一系列知识的小世界。这些小世界不是对现存的知识的收罗整理，而是利用某些新生的理论（和相关的概念）来催化知识之间的关系，进而产生新的知识空间。比如现代语言学的能指与所指、隐喻与换喻等概念组，被嫁接到图像与文本的关系研究上，使得我们对阅读原书另增一条理解路标——图像与文本相分离，且两者的功能常常互换，图像起叙述作用，文字反而起图像应该起到的描述作用。波齐还在诠释过程中参考了某些古老的诠释术（1766 年出版的《拉奥孔》中的莱辛的诗歌与视觉艺术各司其职的理论）。这一对诠释技术自身的历史追溯，也是知识史编撰的一条内在线索。诠释术的独立建构，正是“非知”产生的一个前提。

在新的诠释技术的运转下，这些新的知识空间（新的小世界）都能够自成一体，完全自足。比如卡塞拉对书的署名作者科隆纳的传记整理，有关这个名字的一切都被详尽挖掘（这是一个极端艰辛的工作）。虽然这份研究资料并不能说绝对精确，但是它展现出一个世界——用一个人的一生连缀起意大利文艺复兴中的94年（他出生于1433年，死于1527年）的历史。而且，这并不是一个普通人（他是威尼斯多明我会的修士、帕多瓦大学神学学士、教员、威尼斯圣乔瓦尼与保罗教堂的修士、修道院院长、疑似杀人犯），只是在文艺复兴过于纷繁精彩的大世界中被忽视掉了。所以，对这一名字的考证，已然不是考据工作，它是微观史学的一次实践。[9] 这一传记重建了一个完整的精神史——我们对文艺复兴人的日常生活、宗教生活、文化生活，以及它与历史事件之间的关系有了新的认识。如果说“非知”在1499年的《寻爱绮梦》中意味着对知识界线的毫不在意，对无限世界的向往，对认知世界方式的试验，对自身狂喜的追求。那么，500年后的“非知”在波齐的评注版里则意味着对知识关系的重新洗牌和极限推导，也即，对知识小世界的建造。外在的视觉奇观所导致的狂喜，已经被求索于新的知识关系的痛苦所取代——这不是在有限的已知之外寻找无限的未知，而是在足够多的已知中创造新知。

在卡塞拉和波齐对威尼斯的科隆纳梳理出一个人生小世界之后，卡尔韦西又挖掘出罗马贵族科隆纳。这涉及到一个更为庞大的知识谱系。卡尔韦西将之放入深不可测的教皇及贵族圈与人文主义者之间的错综复杂的关系之中。那个威尼斯修士所遭遇到的个人仇杀、教职之争升级为罗马贵族所卷入的皇族的对抗、阴谋、宗教之战、人文主义与反人文主义之战。卡尔韦西在这个诡谲百倍的世界中寻找科隆纳的知识百科全书的新的可能性。这显然符合“从个体行为出发，重构社会聚合（或分裂）的模式”，“考察多元的、有弹性的社会认同是如何在复杂的关系网络中建构的”[10] 等微观史学的方法原则。美国学者莱夫维尔在其《阿尔伯蒂的寻爱绮梦》一书中比较了卡塞拉和卡尔韦西的两个科隆纳，甄别了各自可能性的短长，进而提出阿尔伯蒂的候选资格。知识关系的新解，在此已经逐层挑战人类思考的极限。

关于诠释术，现在哲学、史学、文学批评、艺术史等诸多理论已经提供了大量的工具。在波齐版中，我们已经看到其中一些工具对《寻爱绮梦》的深度介入。它们使诠释本身脱离对象，成为一个独立的知识营造领域。前文所说的微观史学的多番介入，以一个半虚构的人名为切入点，以个体的历史行动者的“现实生活”为线索，将其涉及到的多层社会关系（无一遗漏地收集其中）串联起来，条分缕析地考察这一庞杂的经验领域与《寻爱绮梦》之间的生产关系。无论答案有否，研究本身已然蔚为大观——它甚至导向一本通俗小说（《四法则》）。在书中，两位作者选取了卡尔韦西的推断（科隆纳为罗马贵族），增加了一些寻宝探秘之类的噱头，演绎出一个类似《达·芬奇密码》的推理悬疑的情节。

这就是《寻爱绮梦》在今天对于我们的意义了。实际上，可以（或必须）被改变，就是其命运之所在。这也是该书的神秘内核（“非知”）的存在方式——它不可能以静态的方式被接受。和200年后的法国的《百科全书》相比，其中的差别很明显，后者的目的在于为知识确立选择标准，驱除“非知”，获得知识（此刻它意味着光明）。与此截然相反的是，《寻爱绮梦》中的“非知”，它无需理解，只需体验；它是创造的起源，而非终点。在1883年前，它处于被动变形的状况，虽然不无遗憾，但也可说暗合其存在之道。在1883年之后，我们拥有更好的改变它的方式——诠释术的锻造。这是一种主动的改变，亦是一件痛苦的工作：繁琐、细致、毫无先例。并且它还需要充分的想象力，有着突破一切知识界限的本能冲动。新的、或许还未定型的理论是必不可少的，只有它们才能有效地敲击、撞击这本梦幻之书，也只有这样，诠释工作才不会陷入先在的理论预设和概念轨道。

这已经不仅仅是对于新的知识关系、知识空间的创造，还是关于主体的创造。当然，主体的创造和瓦解是钱币的正反两面。这一工作可能劳而无功，可能略有火花，也可能成果斐然，一切都未知（这令我们想到《四法则》中那些花去一生研究它，最终疯狂而死的教授们，这是对认知主体的摧毁）。而正是在这种茫然晦暗的前景中，那些美妙的、神秘的知识纤维、知识褶子和知识孔洞才会一点一点向我们显露出来。

胡恒：南京大学建筑与城市规划学院副教授

注释：

1. Liane Lefaivre, *Leon Battista Alberti's Hypnerotomachia Poliphili: Re-Cognizing the Architectural Body in the Early Italian Renaissance* ,The MIT Press, 2005, p.43.

2. Ibid., p.80.

3. Anthony Blunt, "The Hypnerotomachia Poliphili in 17 Century France", *Journal of the Warburg Institute*, 1937. p.124.

4. Francesco Colonna, *Hypnrotomachia Poliphili: the strife of love in a dream*, Translated by Joscelyn Godwin, London: Thames and Hudson, 1999.

5. 罗伯特·默顿（Robert Merton）在《十七世纪英格兰的科学、技术与社会》一书中，总结出1600年知识精英们的兴趣首选就是旅行。参见罗伯特·默顿：《十七世纪英格兰的科学、技术与社会》，范岱年等译，北京：商务印书馆，2007年，第33页。

6. Liane Lefaivre, *Leon Battista Alberti's Hypnerotomachia Poliphili: Re-Cognizing the Architectural Body in the Early Italian Renaissance* , p.86.

7. 参见曹波：《人性的推求：18世纪英国小说研究》，北京：光明日报出版社，2009年，第17页。

8. 同上，第18页。

9. 对意大利的那些微观史学家们（比如卡罗·金兹堡[Carlo Ginzburg]）来说，从社会网络的角度把握个体，从个体的角度理解社会，是当代史学的必然的方法路径。并且，切入社会网络的点就在于“人名”。“人名”就是“指南”：他们首先寻找在教会文献、财产登记、行政记录等档案中出现的人名，收集普通人在不同档案中留下的各种痕迹，然后通过将这些碎片拼凑在一起，重绘出这个人的肖像。金兹堡和波尼（Poni）在“人名与游戏”一文中写道：“人名交汇复又分开的线条，创造出一张密密织就的网，为观察者提供了个体置身于其中的社会关系网络的图像。”见彼得·伯克：《法国史学革命：年鉴学派，1929－1989》，刘永华译，北京大学出版社，2006年，第xix页。在对科隆纳的考古研究中，波齐、卡塞拉、卡尔韦西等意大利学者明显从金兹堡的微观史学理论中获得灵感。

10. 彼得·伯克：《法国史学革命：年鉴学派，1929－1989》，刘永华译，北京大学出版社，2006年，第xxi页。

弗朗切斯科·科隆纳，《寻爱绮梦》1499年版封面

安东尼·布朗特

《寻爱绮梦》在 17 世纪法国的影响

有些书籍拥有精良的印刷，并配以最美的插图，《寻爱绮梦》正是这样一本书。上个世纪的学生在阅读此书时，几乎每个人的注意力都会转向其木版插画，而对正文内容一览而过；甚至连那些关注文字的人通常也只是关心印刷的质量，却并非想了解作者要说什么。然而，这本书却属文艺复兴时期威尼斯最奇特的出版物，也是我们研究 15 世纪末人的精神状态最具启示性的文献之一。

这本书由阿尔杜斯·马努蒂乌斯（Aldus Manutius）于 1499 年在威尼斯首次出版。虽然作者没有署上自己的名字，但他的身份基本上被确认为是威尼斯圣保罗修道院的一位名叫弗朗切斯科·科隆纳（Francesco Colonna）的多米尼加僧侣。[1] 这本书采用的是传统中世纪式的传奇文学，如《玫瑰传奇》（*Roman de la Rose*）这样的文学体裁，而它更直接的来源是薄迦丘（Boccaccio）的《爱之景》（*Amorosa Visione*）。[2] 小说讲述了波利菲洛（Poliphilo）的一段游历梦境，但爱情的主题被隐含在寓言中，并在其间穿插了对男主人公所遇到的各式建筑的长篇描述。这些内容不仅是小说重要的组成部分，也是木刻插图的重要对象之一。

从目前的观点来看，这本书最重要的一个方面就是它对古代文化所表现出的热忱态度。各种形式的古物在书中随处可见。古代仪式被详细地描述；人物姓名源自不纯正的希腊语，而实际的文字更是夹杂了意大利语、拉丁文和希腊语的不规范产物；所有建筑物均是古典风格，并缀有铭文，作者还对其进行了冗长的分析和翻译。作者希望重现某种古代氛围的意图非常明显，但他对此的态度却很特别。不同于 15 世纪早期的佛罗伦萨人，他对考古学并不热衷，对古代进行重建的方式也异于他们，他采取的是更紧密地结合中世纪基督教象征主义的方式。例如，他在描述维纳斯神庙——波利菲洛最终与他的爱人波莉亚（Polia）结合之处——的仪式时，这个异教仪式中却混杂着基督教的元素，那些出席仪式的人甚至在每个祷告结束之时都要说一声“Cusisia”。[3] 科隆纳一直试图将这些基督教元素世俗化，而他对古代独特的，即介绍这些中世纪文化细节方面的方式，震撼了一位佛罗伦萨的人文主义者——阿尔伯蒂（Alberti）。

但是，科隆纳和阿尔伯蒂这一类佛罗伦萨人文主义者的观念在更重要的含义上是截然不同的。在阿尔伯蒂看来，古人是他的指引者，他可以从他们身上学到很多处理公共和私人生活中有用的知识。但对科隆纳来说，古代是供他幻想，任他随心所欲的一个世界；它是现实生活的替代品，而不是引导者。他的方式是依靠感觉和想象，而非理智。[4] 小说的副标题就已经暗含了他的这种观念："Ubi humana omnia non nisi somnium esse ostendit（寻爱绮梦）。"在科隆纳看来，白日做梦才是人生中最重要的部分。

他对古代的这种情感在仪式的描述中表现得尤为明显，[5] 而从他反复描写古代建筑的热情中我们也能体察到相同的情绪，这些建筑对他而言是一种梦想存在的象征。他不厌其烦地叙述建筑物各个细部的尺寸，但显然带给读者的只是难以形容的壮观印象，于科学精神却无任何益处，职业建筑师们也无法从中得到任何可用的素材。

在男主人公沿途所发现的各种建筑物的装饰中有许多象形文字，书中常在木版插画中作以图示，后来这些象形文字也成为此书最广泛的研究方向之一。曾有人认为，在这些象形文字中隐藏着炼金术的秘密。科隆纳不太可能真的打算隐藏此意图，而且后人努力寻找的证据也无法令人信服，但正如我们下文所见，小说与炼金术之间的联系却持续了很长一段时间。

这部古怪的小说在意大利有了稍许名气之后，于 1545 年在威尼斯再版。但在法国，它受到了更为热烈的欢迎，主要是因为让·马丁（Jean Martin）在 1546 年所出版的法语译本（后来又于 1553 年和 1561 年再版）。该译本以 *Le Songe de Poliphile*（译注：《波利菲洛之梦》，后文以《梦》简称法语译本，以区别意文原版）为题，并在意大利文的原版基础上新增了一套版画插图，表现为法国枫丹白露学派的手法主义风格。

这部小说对 16 世纪的法国影响深远，[6] 但通常认为，这种影响仅止于 1600 年。而本文要证明的是情况并非如此，一直到 17 世纪，此书还在被广泛传阅。因为除了马丁出版的三个版本之外，1600 年还出现了一个名为 *Le Tableau des Riches Inventions* 的新译本，因而在此期间，法国人其实是相当容易接触到此书的。新版本的译者名叫贝鲁尔德·弗维尔（Béroalde de Verville），此人与《梦》之间的联系将于后文专门讨论。新版本与马丁的版本共用了相同的插图图版，而且似乎在 1657 年再版过。[7] 此外，这本书还被列入 17 世纪的一些参考文献中，像索雷尔（Sorel）、德维迪耶（Du Verdier）和拉克鲁瓦·迪迈内（La Croix du Maine）等人的书中均有提及。

科隆纳，《波利菲洛之梦》1546 年法译本中的两座建筑

如果我们从以下几个方面来思考《波利菲洛之梦》在 17 世纪的影响，可能较为适宜。这本书在 Précieux（译注：才女，特指 17 世纪法国上层社会举止谈吐高雅的女子）阶层中广为流传，一方面是因书中的象形文字，她们可借用于箴言和寓意画；或是通过一些田园小说作家得知此书，如拉封丹（La Fontaine）似乎曾借此参照过。此外，它也常被索雷尔之类的讽刺小说家们提及，目的是为了模仿讽刺附庸风雅、矫揉造作的社会。再者，一些书谈及《梦》的时候，总是会以明确或暗示性的方式将其与炼金术联系在一起。最后，它对视觉艺术产生了一些影响，有时会被建筑理论家提到。它似乎曾是一个园林设计的灵感来源，而且也是勒叙厄尔（Le Sueur）一系列挂毯设计的源头。

*

对于偏爱精致小巧的益智游戏的才女们来说，箴言或寓意画，以及离合诗是她们最喜欢的一种消遣方式。索梅兹（Somaize）在《女雅士大辞典》（*Dictionnaire des Précieuses*，1661 年）中提到当时任何一位自认为与众不同的才女都有自己的箴言，而索雷尔的《游戏之屋》（*Maison des Jeux*，1665 年）和《高雅的消遣》（*Récréations Galantes*，1671 年）则告诉我们附庸风雅的社会对不同类型的游戏有多么的重视。这正是才女阶层整体目标的特点，也是格言在 17 世纪早期所蕴含的社会意义。因为才女是贵族阶层的代表，由于亨利四世（Henry IV）和他的继任者黎赛留（Richelieu）等人的政策，这个阶层发现他们被剥夺了所有参与积极活动的资格。为了弥补在政治上的过于软弱，这种游手好闲、无所事事致使这些贵族尝试为自己创造出一种代替积极活动的社会生活模式，并将其发展到极致。结果，这种“经修饰后的生活方式”在以谈话取代行动的17世纪的沙龙生活中表现得最为完美，并且发展到这样一种状态，即成为了一份全职工作。

箴言显然就是适合这样一个社会的娱乐形式。勒穆瓦纳（Le Moine）在他的《箴言艺术》（*Art des Devises*，发表于1666年）中称赞它的简洁和精确性，进而补充其性质道："n'est precieuse qu'ou elle est contrainte（除非受到限制，不然它就不是高雅的）。""它是简短的，"耶佩尔·布贡（Ie Père Bouhours）在《阿里斯特和欧仁》（*Ariste et Eugène*，1671年）中是这样谈论箴言的："它总结事物，它采撷大自然之稀见者，艺术中最奇特者，历史中最重要之事件，以及最为精美的文字。箴言没有繁复的内容和意义。它所展示的仅仅是本质，它以本质滋养自己。"[8]换言之，一项适合一群人寻求聪明才智，又不至于太过严肃的活动，箴言符合所有条件。作为手法主义的一种文化形式，它在16世纪末的意大利开始流行，在接下来的一个世纪又在法国继续受到欢迎，意大利的贵族在反宗教改革期间奠定了其文化基础后，法国贵族接过了接力棒。[9]

德扎科尔（Des Accords）在他的《杂文》（*Bigarrures*，1583年首印，后于17世纪再版）中提到《梦》这本书。巴耶（A. Baillet）在他的《隐匿的作者》（*Auteurs Déguisés*，1690年），诺代（Naudé）在《路易十一史记》（*Addition à l'Histoire de Louys XI*，1630年）中都谈到科隆纳将自己的姓名隐藏在《寻爱绮梦》每一章节的首字母中。拉伯雷（Rabelais）则因其象形文字谈到此小说的名字，[10]但他们之间的关系并不仅限于此，因为拉伯雷《巨人传》的第五卷几乎一字不差地从中照搬了很多章节，而第四卷中的很多思想明显也是从中得来，尽管它们已经被完全融入了拉伯雷自己的纲要中。[11]第五卷对神瓶大殿（*Temple de la Dive Bouteille*）的描述（第35章及之后）几乎完全照搬了《寻爱绮梦》中的文字。

相比而言，《梦》作为一部田园传奇的影响力却不大。17世纪初有两三本出版小说的主人公都叫波利菲洛，尽管这个名字很有可能是借自科隆纳，但却没有进一步证据显示它们之间的模仿关系。[12]更有趣的是，一本题为《迪弗雷和帕尔费的爱情》（*Du Vray et Parfaict Amour*）的小说，出版于1599年（1612年再版），作者马丁·菲莫（Martin Fumée）自称是翻译自雅典的古希腊著作，但事实上完全是他自己的作品。这部传奇小说和《寻爱绮梦》一样，都对在寻找女主角途中的建筑进行了不恰当的冗长描述。例如，书中对阿蒙神庙的描述占去了50多页的篇幅，而且这些充斥着高度专业术语的描述对所有建筑细节和尺寸大小无一遗漏。成堆的数字和考古学术语压得读者喘不过气来。这是菲莫有意离题的极端例子，而在大堆建筑描述剩下的些许间隙之间，作者又浓墨重彩地描述了凯旋和宗教仪式。所有这些都很符合“科隆纳精神”，只是缺乏了点想象力。和《梦》一样，这本书对描绘古代地方特色充满热情，但也同样表现出古典主义与天主教之间的紧密联系。比如，尽管有些怀疑，但仍相信此书属于古书的休伊特（Huet）注意到，雅典娜神庙的祭祀们同一所现代修道院神父的生活居然是一样的。[13]综上所述，这本书直接遵循了《梦》的传统，值得注意的是弗朗索瓦·布隆代尔（François Blondel）的援引，他将后者列入研究建筑学最有用的两本业余参考书之一。[14]

相比而言，拉封丹对《寻爱绮梦》的使用情况更为清楚。他对此书相当熟悉，因为在《沃克斯之梦》（*Songe de Vaux*，约1659年）的绪言中，他援引其作为对自己描述梦这一形式的使用证明。虽然现在存留下来的作品片段无法证实是对科隆纳的模仿，但他的另一部早期作品《丘比特与普绪克的爱情》（*Les Amours de Psyché et de Cupidon*，1669年），与《寻爱绮梦》的相似度更高。这篇混合散文和诗歌体的传奇小说的意图从未被彻底解释清楚过。小说主旨是由阿普列乌斯（Apuleius）讲述的有关丘比特和普绪克的故事，拉封丹添加了很多内容导致这个神话故事更像一部心理小说。但是整个爱情故事却设置在与阿普列乌斯毫无关系的背景下，并由对凡尔赛各个园林建筑，尤其是忒提斯山洞（Grotte de Thétis）的长篇描述构成。这些描述可能仅仅被当做作家点缀故事的华丽修饰，同时也用来取悦国王。但是拉封丹对建筑的描写贯穿了小说始末，他花了8页篇幅介绍丘比特的宫殿，对维纳斯神庙的描述又占了4页。在对丘比特宫殿的描述中，他借鉴了《解放了的耶路撒冷》（*Gerusalemme Liberata*）中对阿尔米达宫殿和《阿马迪斯·德高勒》（*Amadis de Gaule*）中对阿波罗宫殿的描写，读者可以通过这些原型想象出一幅完整的画面，但是由于前者的描写[15]过于简短，以至于我们找不到与拉封丹的文字太多相似之处；而后者的细节描写虽然更为详尽，但两者的写作手法却又完全不同。《阿马迪斯·德高勒》的作者同阿普列乌斯一样，对宫殿丰富的建筑材料非常感兴趣，他陶醉在以奇珍异石装饰而成的细节中。[16]这跟拉封丹的意图背道而驰，他并不强调对建筑这一部分的细节描写。[17]

描述男女主角的宫殿是旧式传奇和史诗的传统写作手法，这种手法在17世纪得到延续，例如奥诺雷·德于尔费（Honoré d'Urfé）的《阿斯特雷》（*Astrée*）。但拉封丹的小说和传统完全是两码事。整个故事的发展搭建在一个描述建筑的框架上，这种描述依然和小说主题形成强有力的对抗。从这种形式上来看，《丘比特与普绪克的爱情》非常接近《梦》，尽管我们无法提供任何直接抄袭的证据，但似乎也找不到比《梦》——

以这种方式讲述故事的小说更明显的来源了。我们已经知道拉封丹熟悉这部小说，另一个事实也让这两者之间的关系更加确凿无疑。小说的开头描写了四个去过凡尔赛并讨论在那所见所闻的好朋友，四人中的一个既是丘比特和普绪喀故事中的主角，又承担叙述者的身份，这个完全代表塔勒芒·德雷奥（Tallemant des Réaux）身份的人名叫波利菲洛。[18]让人难以置信的是既然他写的小说和自己熟悉的《梦》是如此相像，那么拉封丹为小说主角选择了这个名字，难道仅仅只是出于巧合吗？[19]

事实上，拉封丹本人在此阶段的人生也受到了《梦》的影响。当时他加入了一个团体，该团体在投石党运动（Fronde）后以不同方式继续典雅的传统。富凯（Fouquet）在沃克斯建立的庭院主要是源自朗布依耶的府邸（Hôtel de Rambouillet），在她之后更有名的才女，如史居里小姐（Mlle de Scudéry）都曾是它的成员。在为富凯工作时，拉封丹成为了沃克斯典雅社会中的一员，他早期很多尝试性的诗歌作品是模仿瓦图贺（Voiture）之类的典雅派作家。而《梦》这部小说一直被认为与17世纪初的典雅倾向紧密相关，因此他受其影响是很自然的事。《沃克斯之梦》实际上一开始是为富凯而作，尽管《丘比特与普绪克的爱情》的写作日期在后，但仍属于拉封丹还没有完全摆脱典雅倾向的时期。

索雷尔在其讽刺小说中表明的态度决定了《梦》和典雅派文学的关系。在《荒唐的牧羊人》（*Le Berger Extravagant*，1627—1628年）中，他直接攻击它啰嗦、卖弄学问，以及满纸的胡说八道。[20]小说的副标题名为“反传奇”（*L'Anti-Roman*），目的就是为了嘲讽典雅派小说家们的矫揉造作、装腔作势。索雷尔是在这座“典雅学校”度过学徒生涯的作家之一，因此他了解有关沙龙的一切方式。但在本质上他从来就不是一个“典雅派”，后来他在尖锐的讽刺作品系列中释放了自己对才智游戏所有虚伪花招的真实感受。《荒唐的牧羊人》一如他众多的其他作品，再次证实了这个结论，而将《梦》列入所要攻击的小说名单中正是说明他将其归入奥诺雷·德于尔费的《阿斯特雷》或贡博（Gombauld）的《恩底弥翁》（*Endymion*）之流的骑士传奇劣作。这也是该小说被认为与典雅文学潮流联系如此紧密的原因。

1666年，费尔蒂埃（Furetière）出版的《市民故事》（*Roman Bourgeois*），与索雷尔式的法国讽刺小说传统一脉相承。[21]在这本小说的第二部分，作者用一长篇罗列了自己死后一个名叫米托菲拉克特（Mythophilacte）的作家所写的书。[22]费尔蒂埃对这份名单中的每一本书都做出了讽刺评论，他攻击的目标常常针对的是属于典雅品味的文学作品。首当其冲的便是模仿《阿马迪斯·德高勒》的作品，然后是长篇骑士传奇小说，接着就是矫揉造作和空洞的爱情诗。其他一些具有贵族倾向的文学作品，尽管和典雅派没有直接关系也受到了攻击，包括一些放荡诗人的作品。

一批提到《梦》的书可能就在此行列中，如相关段落提到："丹麦人奥吉尔（Ogier le Danois）的带插图的书对道德感、寓言、神秘学、难解的谜语进行了阐述。他对书中包含的种种事物都进行了质疑和探讨。它对哲人石的秘密的揭露，比之《波利菲洛之梦》、*I' Argenis*、*Le losmopolite* 等书都更为清楚。献给那些小房子的管理员先生们。"[23] 费尔蒂埃攻击的主要是有关炼金术的书籍，由此也将我们带入 17 世纪经常和《梦》联系在一起的其他领域。

*

在 16 世纪，人们认为《梦》中抽象的象形文字隐含着炼金术的秘密。在 1546 年版本的前言中，马丁简述了小说摘要之后写道："它提出了关于小说包含炼金术秘密的猜想。您可以相信，这里头藏了好些东西，它们被合法地揭露出来。"提出了关于小说包含炼金术秘密的猜想。[24] 戈翁里（Gohorry）在 1553 年再版的拉丁文注释中肯定了此观点，并声称科隆纳将哲人石的知识隐藏在小说的寓意画中，而且他在《危泉集》（*Livre de la Fontaine Perilleuse*，1572 年）的前言和评论中再次提到这个观点。一直到 17 世纪，这种联系还是会被经常提及。索雷尔就在他的《法语丛书》（*Bibliothèque Française*）[25] 中如此说道："化学家们相信（在此）遇见了他们的哲人石的秘密，"皮埃尔·博雷尔（Pierre Borel）在他的《化学书目》（*Bibliotheca Chemica*）中将其描述为"chimique，sous allégorie（以寓意方式的化学）"。

《寻爱绮梦》与化学之间的联系最好证明是弗维尔在 1600 年出版的那个版本。他对此书唯一感兴趣的就是这个部分，并直接体现在了他给这个译本取的标题全名上："Le Tableau des Riches Inventions Couvertes du voile des feintes Amoureuses，qui sont representees dans le songe de Poliphile Desvoilees des ombres et subtilement exposees par Beroalde。"（波利菲洛之梦描绘的多情面纱，遮住了富有新意的景象，贝鲁尔德巧妙地解开了幻梦之影。）在前言中，他谈到科隆纳是"一个思辨型的哲学家，有着求知精神，有着超越了超验性的精神。他的脑袋充满了奇妙美丽的丰富想象，完全不同于一般人。"

这个版本最有趣的部分是它的卷首版画（PI. 13d），弗维尔自信从《梦》中获悉了炼金术的秘密，并将之象征性地绘于此页。这位译者还特意添加了一篇冗长的"图解学汇编”（Recueil Stéganographique），以文字的方式来解读这些符号。因此，这个版本的卷首和说明对理解《梦》似乎并无太大帮助，倒更像是对炼金术基础理论的简明阐述，[26]其本身意义不大，而且作为序言显得尤为古怪，尤其是对一部爱情传奇小说而言。

弗维尔本人是一位杰出人士。他出生于1558年，是一个新教牧师的儿子，长大后成为了一位罗马天主教的神父，但他明显对自己的宗教信仰不太感兴趣。作为一个跨越多学科的多产作家，他似乎致力于16世纪那些伟大的人文主义者曾获得的渊博知识。而在今天，他却因一本名为《成功之法》（*Le Moyen de Parvenir*，约1610年）的小说集为人知晓。这本文集中大多是些放荡不羁的文字，虽然以匿名方式出版，但一般被认作是他的作品。他也写了一系列诸如《道德对话录》（*Dialogue de la Vertu*，1584年）之类的一般哲学的论文，以及一些以明确或隐晦方式谈到炼金术的著作，像《哲人石研究》（*Recherches de la Pierre Philosophale*）等，并以《精神感知》（*Les Appréhensions Spirituelles*，1584年）为题出版了合集。在讨论超自然学科炼金术的书籍中，他最重要的一本书《王子命运之旅》（*Voyage des Princes Fortunez*，1610年），在某种意义上说，也是《寻爱绮梦》的一本仿书，至少单就故事和隐义混淆在一起这点而言。[27]这是一个借鉴意大利小说的冒险故事，[28]书中贯穿始末的人物至少合乎弗维尔对《寻爱绮梦》的看法，诚如前言中他对《王子命运之旅》的描述：“这本以暗语写的书躲在爱情对话的可笑面具之后，作品里头那些最为精妙的文字便成为科学界中最有好奇心者所探索的秘密。”

弗维尔同时也在学习炼金术，当然这一追求是永无止境的。虽然偶有布鲁诺（Bruno）、伽利略（Galileo）等被教会判罪的事件发生，但当时由老帕斯卡（Pascal）这样的人所负责的严谨的科学部门和宗教之间的关系相当亲密和谐，而炼金术却常被认作是对立阵营的，且和自由思想联系在一起。然而，这种自由思想并不是由沙朗（Charron）这样的哲学家推行的严谨的禁欲主义，而是单纯放荡、自我放纵的享乐主义。

以弗维尔为例，他的一些著作是很严谨的。《论美德》（*De la Vertu*，1584年）、《论雅爱》（*De L'Honneste Amour*）和《论优雅》（*De la bonne Grace*，1602年），这三部对话体都是以冷静的口吻谈论社会美德。但与此同时，他显而易见又创作了通篇充斥着愤世嫉俗和放荡不羁文字的《成功之法》，并在17世纪初被布吕内蒂埃（Brunetière）当做怀疑论者的“圣经”引用。[29]弗维尔也和一个团体联系起来，德波特（Desportes）和泰奥菲勒（Théophile）也属于这个圈子。以社会学而言，这个圈子是宗教之战末期遗留下来的物质精神一团混乱的产物。它的成员都是一些“波希米亚人”——这些人从不

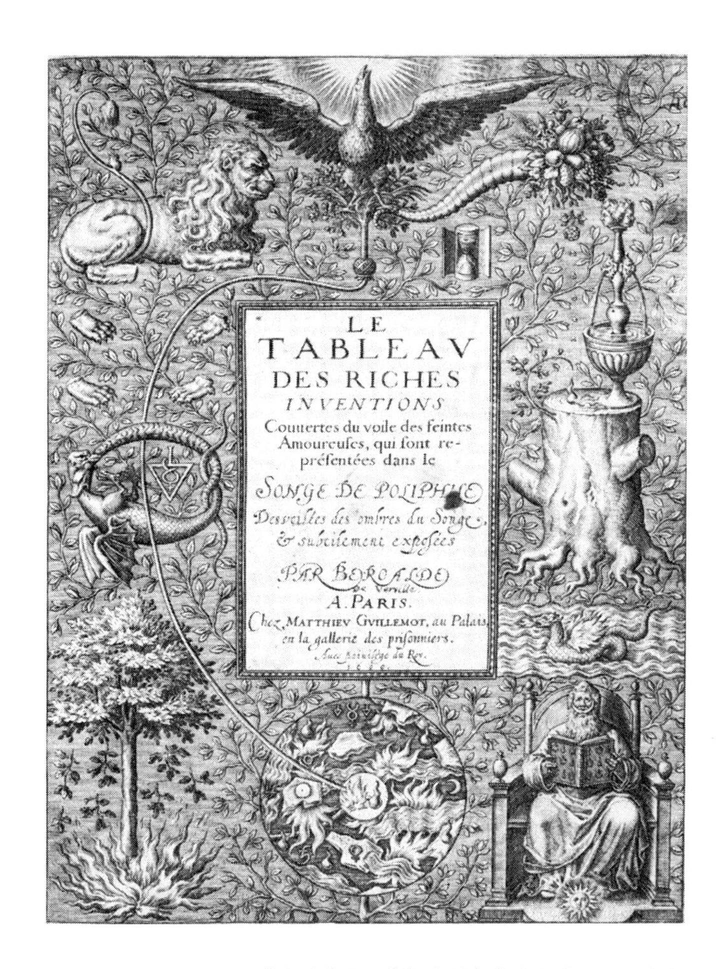

《波利菲洛之梦》法译本卷首版画，1600 年版

幸的世界中摆脱出来，从此只相信一种信念，即否认一切积极的生活行为准则。而他们在文学方面似乎也像是上个世纪的遗物，七星诗社（Pléiade）曾坚持的自由不羁，现在堕落成为无政府状态。尤其是在被巴黎完全遗忘很久以后（当时被一种新兴的理性古典主义取而代之），它们依然在各省之间风行。

当我们尝试为弗维尔以及他所代表的这种炼金术定位时，就会发现他所属的团体遭到了当时所有进步作家的攻击。怀疑论者是进步的天主教徒加拉塞（Garasse）或圣弗朗索瓦·德萨勒（St. François de Sales）等人攻击的主要对象[30]，也是资产阶级讽刺作家索雷尔等人的讽刺对象，后者曾在《弗朗的滑稽史》（*La Vraie Histoire comique de Francion*，1623年）中描述过他们。而且索雷尔还在《法语丛书》中攻击过弗维尔，他把《王子命运之旅》视作《梦》的模仿产物而加入其中："我们在他身上看到的是某种简单且极为无趣的东西。"[31]费尔蒂埃在《市民故事》中表达了同样的观点。前面我们曾提过他将一本认为和《梦》一样神秘莫测的书放入米托菲拉克特的作品目录，尤其是他把此书献给疯人院的看护。他是唯一一个以理智和常识的名义攻击这个团体的异想天开和矫揉造作文化的人。

*

前文已述，布隆代尔将《梦》列入对建筑师具有参考价值的书籍之一。另一个提

芒萨尔设计的凡尔赛柱廊（1684—1687年）

到此书的建筑理论家是费利比安（J.F.Félibien），他是传记作家的儿子，一个建筑学院的文书。费利比安无疑是受到布隆代尔的暗示，后者既是他的朋友，又是同一家学院的校长。在古今之争中，布隆代尔是古代一方的强硬支持者；费利比安像大多数的学院派一样，和他站在同一阵营，并发表了几本小册子为自己的观点辩护。他在其中一本《论古代建筑和哥特式建筑》（*Dissertation touchant l' architecture antique et l' architecture gothique*，出版于 1699 年）中谈到了《梦》。他对此书的钦佩之情异乎寻常的强烈，完全将它看做是古代艺术的信息来源。他认为维特鲁威（Vitruvius）提供了艺术的力学研究，但是科隆纳才是复兴了古代精神，而且他的那些描述都是以古代建筑为基础，因此即使是与古希腊和古罗马真正的建筑相比，也毫不逊色。[32] 这种不加批判是当时古今之争中崇古派的一种典型态度，他们否决对手以人类理性的标准来评判古代作品。对费利比安而言，任何旨在提供文物资料的作品，即便事实上可能只是幻想之作，也是值得尊重的。《梦》在法国当时所处的地位尤为重要，以至于他将其称作：“一本让今天的每个人开启智慧的书。”[33]

而《梦》很可能对 17 世纪法国的园林建筑产生了一些实际的影响。现代学术界权威普遍都援引其作为了解文艺复兴期间意大利园林的最早史料之一，同样也是研究法国这一领域的重要资料。

这种应用的一个真实案例就是凡尔赛宫建于 1684 到 1687 年间的柱廊（Colonnade），设计师是芒萨尔（J.H.Mansart）。实际上，这座柱廊并非是模仿《梦》中的建筑物，看上去倒更像是以科隆纳的文字描述和小说法文版中插图的两座建筑外形为依据，将两者合二为一的一件作品。柱廊的总体设计是一座露天、中心空置的环形拱廊，[34] 这种设计在当时似乎就显得非常独特，后来的确也从未普及。[35] 另一方面，它与埃勒泰瑞里达女王（Queen Eleutherillida）所有的一座花园十分相似，那座花园种满了小型灌木和盆栽柏木。[36]

然而在细节上，它更接近于《梦》在后面描述的另一座建筑，即塞西拉（Cythera）岛上的柱廊（Peristyle）。埃勒泰瑞里达女王花园的拱廊主要由玻璃组成，但凡尔赛柱廊的材质和西泰尔岛柱廊一样，主要是昂贵的大理石混料，当然文字所描述的建筑比现实中的自然更加奢华。[37] 两者在装饰处理上也十分相似。在芒萨尔的第一方案中，柱廊的柱子之间安插了神话和牧歌中的人物形象，[38] 他舍弃了向来受欢迎的花瓶样式，这些花瓶曾出现在西泰尔岛柱廊同样的位置上。后者沿着廊檐顶端栽有一排修剪过的灌木，而在凡尔赛柱廊同样的位置上排列的是大理石花瓶，尾端连着凤梨。从灌木到花瓶的转变，即柱子间的花瓶和喷泉取代西泰尔岛柱廊中的被修剪的灌木的事实，才是路易十四世的皇家花园应有的样子，因为当时各种自然元素都被尽可能地缩减了。凡尔赛和西泰尔岛的柱廊还有其他一些共同特征，比如都是爱奥尼亚柱式，阶梯都从里面延伸下来，柱廊外部有格构，在西泰尔岛柱廊中那只能算是填充柱子空隙低处的格构墙的延伸部分。[39] 所有这些相似之处，再联系上柱廊的稀有设计，又无其他借鉴来源，所有这一切都可以证实之前的假设，至少是让这种假设成为可能，即芒萨尔在设计时，借鉴了《梦》的版画和描述文字。[40]

在 17 世纪的绘画史中，只有一例采用了《梦》的例子，但因其颇有趣味性值得我们详细论述。

1637 年，武埃（Vouet）接到一项委托任务，要以小说为蓝本绘制一系列的挂毯设计。由于某些未知原因，武埃并没有将这些设计坚持下去，却把这项委托转让给他的学生勒叙厄尔。[41] 后者在帆布上画了 8 幅作品，后来复制应用于挂毯上。[42]

这个系列的其中一幅绘画长久以来一直存于鲁昂博物馆（museum at Rouen），[43] 但现在很可能又发现了其他两幅的下落，一幅在第戎市的马格宁博物馆（Musée Magnin），[44] 另一幅存于维也纳的切宁美术馆（Czernin Collection）。[45]

鲁昂的藏画展现的是波利菲洛参见埃勒泰瑞里达女王的场景。[46] 这一幕发生在一间带拱顶装饰的大厅，这个大厅的风格既不同于文字描述，与书中的版画插图也无相似之处，倒更接近于勒叙厄尔所处时代的法国建筑。构图的中心位置，皇后坐在悬挂着庄重华盖的宝座上。波利菲洛以一种令人吃惊的诚服姿态跪在她的面前，或坐或站的女神们围绕在他们周围，而最前景的三人形成一组，就像手法主义中陪衬人物所惯用的那种构图一样。

马格宁博物馆的藏画则表现了波利菲洛与代表五种感官的女神沐浴的画面。这些感官形象正如下文所述是可辨认的。在前景右下角的位置坐着的是视觉（Sight），她手持一面镜子。而左下角的位置是一组三人群像，带着诗琴的代表听觉（Hearing），旁边手持一个盛酒或水的花瓶的是味觉（Taste）女神，第三个头带鲜花的女神则象征着嗅觉（Smell），她上方还有两个飞翔着的小天使正在洒落更多的鲜花。[47] 构图中心是两位站在水中的女神，代表的是触觉（Touch），因为她们正在相互抚摸。尽管小说中只提到了五位，但第六位女神却以这种方式在油画中呈现，她们两个取代了单独代表触觉的女神阿菲厄（Aphae）。小说作者花了较长篇幅描写浴室和一座撒尿小男孩的喷泉，紧接着又描述了这个情景，勒叙厄尔正是选择了此刻进行他的绘画创作："Acoé[48] 微笑着对我说道，波利菲洛，拿着这个水晶盘；给我带一些干净的水回来。不管你听到什么，都要想着让他们高兴，为他们服务。在那里碰到什么都不要有什么其他的想法。……我将脚伸进水里，温度很舒服，我靠近了点，好让自己接近下落的水。这个小男孩雕塑突然朝我的脸直直地喷出水来，这一股水注如此清冷，如此有力，使我整个人向后倒去……”[49]

在这幅画中，勒叙厄尔再一次没有完全依据文本提供的细节和《梦》的版画。在书中，浴室被描绘成一个八边形、有屋顶但无窗户的房间。勒叙厄尔却把它画成了圆形，而且如果我们依据投射在墙壁上的阴影来判断，这个浴室必是露天的；无论如何，人们本希望在浴室，如小说中提到的那座浴室中所保有的任何个人隐私，都会因墙上这么大的空窗而被完全暴露。事实上，画家让这个浴室看上去更像是埃勒泰瑞里达女王的拱廊花园。

切宁的藏画则展现了小说后面的一个情节。波利菲洛在两位女神陪伴下，来到三扇分别标有 Gloria Dei（神之荣耀）、Gloria Mundi（世间荣华）和 Mater Amoris（爱之源泉）的门前。他先被前两扇门后出现的不讨喜的主妇吓阻后，对出现在第三扇门后，由6位随从陪伴的女神菲图罗尼亚（Philtronia）一见倾心。眼见此景，为了能让波利菲洛选择更难的路线，罗基斯迪卡（Logistica）掷下她唱歌伴奏的诗琴，试图做最后一次努

勒叙厄尔，取自《波利菲洛之梦》的场景

勒叙厄尔，取自《波利菲洛之梦》的场景

力。诗琴被摔成碎片，满地皆是。但最后她怒气冲冲地拂袖而去，而波利菲洛在塞利米亚（Thelemia）的鼓励下，留在了菲图罗尼亚她们身边。

至于这幅作品中的这些形象，勒叙厄尔完全遵循了故事本身。波利菲洛由泰莱米亚陪伴站在右侧，（而另一侧）菲图罗尼亚和六位女神正从阶梯上缓缓而下。前景的地上躺着罗吉斯特卡摔碎的诗琴，而远处正好可以看到她消失的背影。艺术家截取的是文章结尾处的情景，但他又有自己的考量。科隆纳明确提到，门是镶嵌在一块岩石中的“sans aucun art，ny ornament quelconque，mais toutes moisies et vermoulues par antiquité”（没有任何人工痕迹，也没有任何装饰，只是完全发霉腐烂的文物），但勒叙厄尔依据他所处时代的古典品味，将石头变成了一座古典宫殿，甚至没再费事画出其他两扇门。

很明确这三幅作品同属于一个独立系列。所有三幅画的风格统一，其间出现的波利菲洛的人物形象具有相同的衣着和发式。而且其中两幅，即在第戎和切宁的藏画中女王宫殿的部分建筑背景都是相同的。

同样确定的是，它们就是马里耶特提到的那些画。鲁昂藏画的真实性从未被怀疑过，而且这些画也十分符合马里耶特的描述。他首次提到这些草图在绘制时，勒叙厄尔依然在学习武埃的风格。我们在作品中也可以发现这点。所有的作品风格都表明了与武埃密不可分的联系，其中一幅甚至一直被当做是他的作品。扬起的绸缎与其说是勾勒，不如说是很好地隐藏了衣下的形体，这些都极符合这位大师的风格。而其中的建筑背景在武埃的作品中甚至能找到极类似的对应物。如切宁藏画中的建筑和一幅以他的设计图制作的《耶夷达》(*Jephtha*)挂毯中的建筑非常接近。[50]唯一不同之处只是在中间添加了拱门，这一部分的设计显得比其他地方笨拙很多。而且，这种建筑的独特风格属于武埃工作室的共有产物，因为它也出现在了拉伊雷（La Hire）的作品，如卢浮宫《圣彼得救治伤病》(*St. Peter Healing the Sick*)的草图中。

我们对这组挂毯的情况几乎一无所知，但它们似乎是由巴黎哥白林挂毯厂（Gobelins）的亚历山大·科马（Alexandre Comans）编制的。[51]达塞尔（Darcel）可能见过三张根据勒叙厄尔的草图制作的挂毯，但就可确定的情况来看它们并不属于那组织品。[52]其中一张挂毯表现的是鲁昂藏画中的场景。第二张则几乎完全再现了切宁那幅帆布油画中的情景。[53]第三张展现的是波利菲洛和波莉亚在一个果园中，女神们正在采花的画面。这是《梦》第一卷最末尾的一个场景，也是弗维尔译本第131页b插图中的内容。因此我们应该能够辨别出勒叙厄尔绘制的8幅油画中的另外那4幅，虽然无论如何，我们也无法推断出艺术家是怎样处理这第四幅作品的，因为根据前面所述，他一般不会完全依据插图的提示来进行创作。

遵循自己的绘画风格，勒叙厄尔完全没有意愿要去模仿《寻爱绮梦》任何版本的版画插图。如果我们把他对埃勒泰瑞里达女王接见波利菲洛那个场景的处理方式和插图相比较，它们之间的差异是显而易见的。勒叙厄尔的画面缺乏一种嬉戏幽默的基调，而那正是意大利原版插画的魅力所在，他也没有仿照法文译本插图那种矫揉造作的优雅。通过这些对比，他几近自负地想要避免任何不得体的过错。于是，插画中生动不对称的构图让位于一种几乎僵硬的平衡设计，15世纪精致的装饰镶板和奇异的宝座则被古典壁柱和圆柱取代。这些人像比例更符合古典晚期雕塑的标准，但他们所具有的柔若无骨的形体却是武埃工作室的特色，经常出现在他们的作品中。

这些设计草图可以看做是这个工作室30年代的典型作品，也可以同武埃本人为维德维尔宫所作的壁画，或他的一些挂毯草图等等设计归为一类。武埃在那些作品中表现的正是上面所提到的那种古典主义，而且他的绘画主题也来自于古代的文学作品。但这里尤其要注意的是古典著作才是他经常的创作来源。通常他借鉴的是诗歌和流传的寓言故事，而非古代哲学家或历史学家的著作。除此之外，他还创作了一些令人愉悦的装饰设计，这些作品以轻松愉快，而非明晰理性著称。

想要了解勒叙厄尔对这两种古典主题运用上的差别，只需对比一下《寻爱绮梦》的设计和之后关于历史题材的绘画作品，比如他为一位中产阶级顾客维多·德格拉蒙（Vedeau de Grammont）所作的一幅描绘达吕斯·伊斯塔皮斯（Darius Histaspus）打开尼库特丽丝（Nicotris）之墓的作品。在这幅画中，艺术家想要表现的严肃性是显而易见的。整个故事的寓意被提升了。尼库特丽丝是巴比伦的女王，她在自己墓碑上的碑文中告诉继任者们，她的墓中藏匿着巨大的宝藏，但只有在极度危难的时刻才能打开使用。达吕斯为了财富，第一个打开了坟墓，可除了女王的尸体和一段铭文之外，他却一无所获，那段铭文上写道："如果你不是一个贪得无厌的人，就不会来打扰死者的安宁。"勒叙厄尔处理这个主题的方式是力求最清晰地表达出它的寓意。画面呈现的不再是一种令人愉悦的装饰风格，反而到处都显得硬邦邦的，这是画家有意为之。此外，他把注意力尤

勒叙厄尔，
《达吕斯·伊斯塔皮斯打开尼库特丽丝之墓》

《寻爱绮梦》插图（左，意大利原版，1499 年；右，法文译本，1546 年）

其集中在两件事情上：表现出每个人物的情绪，以及创造出与这个古老故事相契合的基调。现在他对建筑背景的处理转向了严谨的考古学态度，画面中的每个建筑部分都在故事中具有特定的作用，而不仅仅只是为了一种赏心悦目的装饰效果。勒叙厄尔将这个古代故事作为一种解决现代社会问题的说教工具来使用，而不仅仅旨在创作一幅激动人心、满足幻想之作。他的态度更接近于文艺复兴早期佛罗伦萨的人文主义者，或文艺复兴盛期的罗马人，而不是像科隆纳那样的威尼斯人。他借古是为了理性主义的目的。

在批评家们谈到《梦》的草图之后，对勒叙厄尔的批评暗示了这种变化："在这些作品的背后，我们看到一个新的男人走出来。他具有天才的力量，使他很早就能感受、思索绘画，思索绘画具有的伟大与崇高，以及我们称之为的纯粹性。他的思想是与时俱进的"[54]

我们在另一种模式中也可以看出这种变化，只要对比一下他之后的绘画作品和仅有的几幅被明确划入这一时期的作品，如在卢浮宫的群像画，这幅画的作者多年来一直被认为是武埃，现在确定是勒叙厄尔，但他在创作此画时也一定是完全属于"武埃风格"的阶段。作品描绘的是阿内·德·尚布尔（Anne de Chambré）的一些朋友，"王子贵族和军事部门的财务官员。"[55] 但不确定尚布尔本人是否在内，其中可以辨别的包括勒叙厄尔本人，他把自己放在背景中的画架前，以及作曲家和诗琴乐手丹尼斯·罗戈蒂埃（Denis Gaultier），他在艺术家身旁弹奏着自己的乐器。在他旁边坐着的男人手持一副圆规，可能是个数学家或建筑师。而在"数学家"身后的两个人，其中那个几乎完全隐入阴影的男人，很明显在把一碗水果递给另一个人。在前景左侧坐着的一个身着仿古长袍，正与格雷伊猎犬玩耍的人，与画面另一侧身着铠甲，手持一面步兵团旗帜的男人相对应。根据吉耶对这幅画的描述，[56]每个人物都带有的象征符号说明他独特的爱好或职业，但是几乎可以肯定，除此之外这幅画还有一层更深的象征意义。因为，这五种形象的属性似乎和五个感官相联系：艺术家的素描簿表示视觉，诗琴代表听觉，水果表示味觉，狗代表嗅觉，而紧握旗帜的男人代表触觉。如果这种象征意义是有意为之的话，那么这幅绘画恰如其分地总结了尚布尔所属的这个“伊壁鸠鲁团体”秉持的观念，那就是将艺术、感官享受和军人荣誉视作生活中的重要组成部分来追求。就其构图而言，这是一幅大气的佳作，而在具体绘制上它又属于那种柔和的，能引发更多美感的波希米亚式肖像，这种肖像画起源于卡拉瓦乔（Caravaggio），后被瓦朗坦（Valentin）和武埃在法国推广开来。

这幅画与勒叙厄尔的后期作品，如《达柳斯》（*Darius*），甚至是与描绘圣布吕诺生平的系列肖像（绘制于 1645 年到 1648 年间）都相差甚远，也就是说，仅在这幅群像画的 5 年后，他在处理宗教题材时就已经开始采用新的理性主义的绘画方式。

勒叙厄尔和普桑两人之间的交往，很有可能对这种变化产生过影响，普桑在 1641—1642 年期间曾在巴黎待过。但是人们对这种交往是否存在通常持否认态度，现在瓦尔特·弗里德兰德（Walter Friedlaender）彻底解决了这个问题，他确定勒叙厄尔的《圣家族》（*Holy Family*，一共有两个版本，现分别存于尚蒂伊市和帕夫洛夫斯克市的国立美术馆）的构图正是基于普桑的一幅素描（现存于温莎市）。[57]如果说完全是因为普桑的影响才使勒叙厄尔转变了自己的画风，这种说法可能有点夸大其词，但是这位年长的画家本人也是从早期的浪漫主义手法转变为后来的理性主义风格，他无疑激励了朝这个方向努力的年轻人。

这种变化本身就说明了普桑和勒叙厄尔的相似之处，同样也最适合用来分析他对古典遗物的态度。只要对比两幅作品，如绘于 1633 年的《博士来拜》（*Adoration of the Magi*，现存德累斯顿市）和在 50 年代末为德蒙莫尔（Mme de Montmort）绘制的《圣家族在埃及》（*Holy Family in Egypt*，爱尔米塔什艺术博物馆），我们就可以看到普桑的改变有多大。前者的背景是一座废墟的神庙，无疑象征了基督教诞生后异教的衰亡，但它最主要的目的是提供了一个风景如画的场景。而在后一幅画中，一切都变了。我们从普桑提到这幅作品的信件中了解到，他煞费苦心力求每个细节考据正确，虽然最终的效果在我们看来显得很幼稚，也“非埃及”，但从他的处理中也可以发现普桑查阅了最好

勒叙厄尔，象征五种感官的群像画，卢浮宫

的资料，尤其是他以帕莱斯特里纳（Palestrina）的罗马镶嵌图案来表现埃及风情。事实上，他这里使用的是纯粹的考古学方法，而且他是如此尊重古迹，以至于做出任何与自己所了解的事实相悖的变动，甚至都会觉得是在犯罪。与这种考古学的态度相伴的是一种严谨理性地处理构图和风格问题的方式。没有了早期鲜明、动荡的绘画风格，但在感觉上还没完全疏离巴洛克风格，画中的每条轮廓线都是以一种数学精神（几乎都能看到直尺和圆规的痕迹），经过深思熟虑或谨慎思考后才最终下笔的。一部像《寻爱绮梦》那样的传奇小说对于一个具有这种艺术观念的画家来说，很难产生实质性的帮助，除非他能从中找到一些在其他地方所没有的关于古老建筑的描写。[58]

*

让我们来总结一下《寻爱绮梦》和 17 世纪法国的联系。首先通过田园传奇和对格言的偏爱，它与才女阶层联系了起来。之后，小说中虚构的建筑描述又对典雅风格晚期拉封丹的小说《丘比特与普绪克的爱情》和凡尔赛的园林艺术产生过影响。而它与炼金术之间的联系从 16 世纪开始，延续到下个世纪一直吸引着那些对秘术和色情文学感兴趣的人，也曾被 17 世纪早期的浪漫主义画家们借鉴过；最终似乎还被古今之争中的崇古派加以利用。

现在种种上下文都可以进一步串联起来。法国在 17 世纪的文化主流是崇尚古代文化，但是对古典著作，不同的作家有各自不同的利用方式。这个时期的古典作家们共同提倡的是像高乃依（Corneille）、帕斯卡他们吸收了大量鼓励人们注重严谨德行的人生观的古典理念。他们的灵感多来自于斯多葛学派的禁欲主义（Stoics），当时这种学说由迪韦尔（Du Vair）等人在法国普及开来；古代的历史故事对他们而言，至少也具有清楚、提升道德品质的作用。他们是以一种严谨的理性主义精神来学习古代文化，并从中吸取到适合自身的理性观念。

其他作家，尤其是典雅派的传奇小说家，却是以一种完全不同的方式看待它。他们对古代的世界其实并不感兴趣，他们所在乎的是它们与众不同的一面，并想汲取这些元素。对他们来说，古代世界是一种理想化的存在，让自己暂时可以逃离开单调无趣的现实生活。他们对古代的哲学体系毫无兴趣，但对能构造一个诗情画意的天堂的素材饶有兴趣。奥维德（Ovid）和阿普列乌斯是他们的最爱，通过阅读这些作品，他们的头脑中会引发出各种奇思妙想，理性的教条主义却没有这种作用。[59]

这两种对待古代文化的态度其实就是对待日常生活的两种态度。理性主义者，17 世纪重视德教的古典主义者通常属于这样一个阶层，他们一边向上层阶级靠拢，一边又在因中央集权制而日趋衰退的贫困贵族阶层的基础上建立起来。马勒布（Malherbe）和高乃依因袭的就是资产阶级的传统，因此常遭到过时的贵族阶层的非难。而另一方面，前文中谈到的典雅风格恰恰是当时贵族倾向采取的文学形式，以想象和别出心裁的复杂文句，而非任何理性哲学形式为表现手段。

至于《寻爱绮梦》的影响力，值得注意的是，它总是和后者的古典类型联系在一起。我们从未发现高乃依或和他同一类的古典作家谈到过这部小说，不过它的确对他们毫无帮助。这是由《寻爱绮梦》自身的特征所决定的。但对 17 世纪的贵族作家而言，这本书却能满足他们所需的一切特质。它充满了奇妙的描述、迷人的爱情故事，具备搭建一个理想的梦幻国度的所有元素。它也掺杂了必要的色情内容，文中可以发现大量明确表示性行为的象征手法。[60]

比起 15 世纪佛罗伦萨严谨的人文主义，科隆纳等人所表现的这种威尼斯的人文主义可能更容易被 17 世纪的贵族作家理解和接受。威尼斯人对古代文化的热情绝不逊色于佛罗伦萨人，但他们对理性的兴趣却没有对想象的那么浓厚。比起古代的哲学系统，他们更关心的是古代的神话和诗意的幻想。而且，在科隆纳的观点中许多方面都属于半中世纪式的，整个神秘的基督教氛围对于 17 世纪的贵族作家而言更具吸引力，他们渴望中世纪更甚于追求佛罗伦萨严谨的理性主义。

*

从已经谈到的《寻爱绮梦》和 17 世纪法国文化之间的联系中，我们可以推断出一些笼统的结论。这部小说的影响提醒我们，这个世纪的法国作家是多么频繁地从意大利文化中寻求灵感。即使是在处理古典主题时，他们也更倾向于以意大利作家为媒介来获得所需的信息和观点，我们绝对有理由相信他们之中几乎没有什么出众的古典学者。当然拉辛(Racine)总是被作为特例提到，他曾就学于詹森派的玻特·诺亚尔教会学校(Petites Ecoles de Port Royal)，精通于古希腊文学。

《寻爱绮梦》在法国的影响也让我们注意到一个总是值得再三强调的事实，即 17 世纪的古典主义，同其他各个时期一样，不能不加区别地认为那就是一种思想模式，事实上它仅仅只是一个习惯用语，不同的作家和艺术家都能用其表达各自不同，甚至相反的观点。

本文的意图是要说明《寻爱绮梦》在 17 世纪的法国仍然被人阅读并牢记。而且我们没有理由认为这种影响在下个世纪中就完全消失了。克罗迪斯·波普林（Claudius Popelin）在他出版的小说中提到一本译著（他在英国见过手稿），由埃利·理查德（Elie Richard）作于 1703 年。此外，勒迪沙（Le Du Chat）在他出版的拉伯雷作品（1732 年）中也详细谈过此书，马尔尚在他的《历史辞典》（1758 年）中专为其写了一长篇庞杂博学的文章。我们在 18 世纪的艺术作品中也能找到它，布沙东（Bouchardon）一幅素描作品的题材就取自于它。[61] 甚至在 19 世纪之初，我们还能偶然看见它的踪影。勒格朗(Legrand)采取意译方式的版本(巴黎，1804 年)大获成功，以至于 7 年后被博多尼(Bodoni)再版，而夏尔·诺迪埃（Charles Nodier）将科隆纳作为他最后的《中篇小说》（*Nouvelle*）的主题。但就这个意义来说，《寻爱绮梦》进入了一个新的阶段。它不再是出于直接利用或愉悦目的来阅读的一本书，而是成为了一个考古学的对象，博物馆的标本。

安东尼·布朗特：英国艺术史学家

（译者：陆艳艳）

注释：

1. 这一直是被广泛接受的观点，但最近 A. Khomentovskaia 在一系列文章中对此表示出质疑（*Felice Feliciano da Verona comme l'auteur de* “*l' Hypnerotomachia Poliphilus*”，Bibliofilia，1935 年，第 I54 页，等等）。就本文的研究目的而言，无论作者是已经被普遍接受的科隆纳，还是上述文章的作者所认为的考古学家 Felice Feliciano，其实都不重要。而且 Khomentovskaia 也并未自称解决了这一问题，他只是把支持候选人 Feliciano 的理由提出来而已。

2. 有关《寻爱绮梦》的意大利文学源头详见 Fabbrini，*lndagini sul Polifio*，Giornale Storico della Letteratura ltaliana，XXXV，1900 年。

3. Zabughin，*Storia del Rinaseimento Cristiano in Italia*（米兰，1924 年），第 I60—162 页，分析了《寻爱绮梦》中对基督教象征手法的使用。

4. 典型的一个例子是当波利菲洛由仙女引领面对三扇门的选择时，他拒绝进入那两扇标示 Gloria Dei 和 Gloria Mundi 的门，而愿意接受示有 Mater Amoris 的门。女神 Logistica 愤怒地离开了他，但另一位女神 Thelemia 则鼓励他的决定。

5. 对《寻爱绮梦》中所描述的古代仪式的研究，见 F. Saxl 在 *Lisener* 发表的一篇评论，1936 年，第 1065 页。

6. 见 Dorez，*Des Origines et de la Diffusion du Songe de Poliphile*，Revue des Bibliothèques，1896 年，第 239 页等。Dorez 证明拉伯雷使用过这部小说，Francis I 拥有过一份小说副本。它也影响过书籍彩饰，几个印刷商采用的商标源于它。Fillon 表明它也作用于雕塑，可能还影响过陶器制作（*Le Songe de Poliphile*，Gazette des Beaux-Arts，1879 年，2nd period，Vol. XX，第 71 页）。Schneider 在 Fillon 的名单上增加了其他例子，但他的描述过于含糊，以至于让人很难相信，觉得更像是巧合（*Le Songe de Poliphile*，Etudes Italiennes，1920 年）。《寻爱绮梦》在法国的普遍影响的研究可见于 Ferdinando Neri 在 *L' Ambroslano* 上发表的一篇文章（1926 年 7 月 19 日），但他也只是把早期学者说的话做个总结而已。

7. Prosper Marchand 在他的 *Dictionnaire Historique*（sub voce Colonna）中提到这次重印，Pollak 也承认它的存在（*Der heutige Stand der Poliphilusfrage*，Kunstchronik，1911—1912 年，第 437 页）。但除此之外，再没被任何人提过；另一方面，Lachèvre 谈到 1606 年的再版（Lachèvre，*Le Libertinage au l7e siècle*，巴黎，1914 年，iv，第 106 页）。

8. 箴言在法国的重要性在 Mario Praz 所著的 *Studi sul Concettismo*（米兰，1934 年）中已有详尽讨论，这些引文均出自此书。

9. 但寓言画并不仅仅只用于这些轻浮无意义的文字游戏。至少它也频频出现在 17 世纪的宗教作品中，且常用于教学，尤其受到一些基督教徒的偏爱。在这两种情况中，人们都将它作为一种传播真理的工具，以及一种能够启发想象，加强记忆的手段。正因如此，反宗教改革者，尤其是基督教徒们自然会采用这种方式努力使他们的宗教传播得更广，接受起来也更容易。

10. 《巨人传》（*Gargantua et Pantagruel*），第九章。

11. 见 Sainéan，*Problèmes Littéraires du Seizième Siècle*，附录 I。

12. 这些小说名称如下：Du Souhait 的 *Les Amours de Poliphile et de Mellonimphe*，里昂，1599 年；S.D.L.G.C. 的 *Histoire Ionique des Vertueuses et fideles Amours de Poliphile Pyrenoise et de Damis Clazomenien*，巴黎，1602 年。详见 Reynier，*Le Roman Sentimental avant l'Astrée*，巴黎，1908 年，第 372、376 页。

13. *De l'Origine des Romans*，1671 年，第 29 页。

14. 在他的 *Savot's Architecture Française* 第二版的注释中，1685 年，第 351 页。

15. 见第 16 卷。

16. 见第四卷，第 2 章。

17. 例如，在介绍维纳斯神庙末尾处，他说："L'architecture du tabernacle n'téoit guère puls ornée que celle du temple。"

18. 见 Demeure，*Les Quatre Amis de Psyché*，Mercure de France，XV，I，1928 年，第 331 页。德默雷并没有完全确定这一身份的鉴定，但是大英博物馆的 Ladborough 博士有未发表材料基本能够无可争议地证实他的假设。

19. Demeure 隐晦地暗示拉封丹可能直接借用《梦》中的人名（同上书，第 340 页，注释 6），但并没说他借鉴了其他任何方式。

20. *Remarques sur le dixième livre*。有趣的是，《寻爱绮梦》自出版之日起，就与啰嗦的、卖弄学问的对话联系在了一起。Castiglione 在 *Cortegiano* 的第三卷中提到此书时说："gia ho conosciuti alcuni, che scrivendo，et parlando à donne, usallo sempre parole di Poliphilo：e tanto stanno in su la sottilità della rethorica, che qulle si difidano di se stesse：et si tengon per ignorantissime, et par loro un'hora miii' anni finit quel regionamento。"（奥尔戴恩校订，1545 年）

21. 小说第一部分有个角色名叫波利菲洛，Demeure 认为费尔蒂埃从科隆纳那里借用了名字（同上书，第 340 页，注释 6）。也许情况的确如此，但这个角色是女人（被认为描写的是 Ninon de Lenclos），而且似乎和《梦》的男主角毫无相似之处。

22. 还不确定费尔蒂埃是否打算用米托菲拉克特代表任何一个特殊人物，但是有讨论认为他身上混合了拍马谄媚者 Montmaur 和诗人 Maillet 的特征。

23. 巴黎，1868 年，Vol. II，第 99 页，对"昨天，今天和明天"同样的提示已经在 1584 年的一部作品 *Les Apprèhensions Spirituelles* 中找到，在献给弗维尔的四行诗中：

En sentences，en vers，en secrets，en discours，

Non obscur，non monteur，non trompeur，non menteur，

Tu es，deviens，tu fus et tu seras toujours

Philosophe，Poète，Alchémiste，Orateur.

在弗维尔的题名中也可见到："Le Moyen de Parvenir：ceuvre contenant la raison de tout ce qui a esté, est，et scra"。（约 1610 年）有关弗维尔的内容详见下文。

24. Marcel 坚持这与建筑描写有关（*Jean Martin*，第 75 页），但显然这个观点很难成立。

为什么后者会被描绘成 cachées（隐匿）？

25. 1664 年版本，第 154 页。

26. 卷首的象征符号如《图解学汇编》中所描述的那样：底部中间是一片混沌，由象征爱的爱神木枝干支撑着，混沌中漂浮着太阳、月亮和行星，而中心位置有一个包含着水火两种元素的球形，从中探出命运之枝并一直延伸到顶部不死鸟的设计图像上。在底部左侧是从永恒之火中生出的生命之树，在它的上方是两个争斗中的撒旦吞噬着彼此。在相互毁灭对方之后，他们最终的联合体中出现了一种纯物质，并借由命运之枝，穿过一只四爪被切掉的狮子的血管，灌溉了树木；而幸福之鸟凤凰体内又长出蠕虫，它们精确地依据着由沙漏象征的时间慢慢生长。在其左爪中抓着象征丰饶的羊角，从中长出的一朵玫瑰落在一个伸出一段残枝的树桩上；而又一滴水也从中滴落，转变成青春之泉，由一位负责返老还童的守护神掌管。

底部右边的角落有两个符号与整幅卷首页是独立开来的。低一点的人物形象代表炼金术的创始人，他的嘴中有一弯月牙，其尾部向上指着天空。他的脚上有个太阳，手中握着一本由水火两元素组成的“荣誉之书”，在他上方的是有着舌头和火翼的撒旦 Orthomander 在水中游泳，象征着对立的熔合。

27. Vordemann 坚持认为《王子命运之旅》中隐藏的含义并不是特指炼金术，而是当时的习惯使然。（*Quellenschriftem zu dem Roman “Le Voyage des Princes Fortunez” von Béroalde de Verville*，哥廷根，1932 年）

28. 原创作品是 Christoforo Armeno 的 *Peregrinaggio di tre giovani*，*figliuoli del Re di Serandippo*，威尼斯，1557 年。这本小说也被认为是部来自波斯的译作，但它也很可能是阿默努的原创作品。（见 Vordemann，同上书）

29. 这是 17 世纪的教徒在情感上出现的一种典型的心理分裂，即使是像瑞典女王 Christina 这样的极端反改革者也不例外。根据 Saumaise 所言，她由衷欣赏 *Moyen de Parvenir* 中的自由章节，以至于强令宫廷侍女在 Saumaise 面前，或任何地方大声朗读给她听。（见 La Monnoye，*Ménagiana*，1715 年，Vol. IV，第 315 页）

30. 布吕内蒂埃，同上书，Vol. II，第 7、8 章节；及 Strowski，*Pascal et son Temps*（巴黎，1907—1909 年），第 3 章。加拉塞攻击炼金术士是一种危险的无神论者。（*Doctrine Curieuse*，巴黎，1624 年，第 296 页）

31. 引言部分。

32. André Félibien，*Entretiens sur les Vies et les Ouvrages des plus excellens Peintres*，Trévouvx，1725 年，Vol. V，第 236 页。

33. 出处同上，第 232 页

34. Girardon雕刻表现的“普若瑟比娜之掳”(Rape of Proserpine)群像直到1699年才放置在那。

35. 关于这种装饰的使用还有其他的例子，我仅能引用勒马西的一例（Seine et Oise），而且它的时间似乎太过靠后，还有在帕夫洛夫斯克由 Cameron 设计的一座纯文艺复兴形式的建筑，年代在 1780 年到 1786 年之间。

36. 比起所描述的文字，芒萨尔依靠更多的似乎是插图，因为没有任何明确文字表明花园是圆形的。而且文字描述的花园似乎比插图上的那座更复杂一点，且与凡尔赛柱廊的相似度也更低。所以他必是借鉴了法文版本，因为意大利版本中没有这些插图。

37. 对西泰尔岛柱廊的描述如下（采用了弗维尔的译本，第109页）："Les stylopodes ou piedestals,avec la muraiIle d'entre deux,sont d'Albastre，et les colonnes de pierres differentes,assorties de deux cn deux. Celles qui soustiennent la porte. sont de Calcedoine,les deux suivantes de Jayet, deux d'Agathe. deux de Jaspe. deux de pierre d'Azur,deux de Prasme d'Esmeraude：et ainsi par ordre diversifiecs en couleurs，et taillees en toute perfection de l'art，selon les mesures convenables. Elles sont de facon Ionique. Leurs bases et chapitaux de fin or，et pareillement Ia frize,qui est cyzelee à beau fueillagcs antiques. Entre deux colonnes，sur le plan de la basse muraille,sont assis des vases de mesmes pierres que les colonnes, toutesfois distinguez de sorte que si les colonnes sont de Jaspe,le vase est d'Agathe，ou autre diverse matiere。"

38. 见Nolhac，*Histoire du Château de Versailles*，Versailles sous Louis XIV，II，第92页。

39. 对西泰尔岛柱廊这个格构的描述如下："Au sortir de ces jardins Ion rencontre un beau Peristyle，c'est à dire closture de colonnes，assises sur piedestals,continuez l'un à l'autre par le moyen d'une petite muraille, faite à claires voyes, de plusieurs fueillages，entre-las，et autres tailles, d'invention gentille。"而凡尔赛柱廊的格构在19世纪被毁，直到最近才被重新修复。

40. 凡尔赛和西泰尔岛的柱廊建筑类型很可能要追溯到古罗马时期围绕一个中心祭坛的环形无顶神殿，一般认为它是露天式的。柱廊是这种建筑类型较著名的一个例子，因这些建筑极为稀少，所以芒萨尔利用的来源无疑极有可能就是很容易接触到的《梦》。

41. Graul（Thieme-Becker，*sub voce* Le Sueur）谈到过这个问题，但我没有发现较信服的内容，我能找到的最早的参考来自Vitet在*Revue des Deux Mondes*上的文章（XXVII，1841年，第36页）。Nicolle给出的日期是1636年，但没提供证据（*Gazette des Beaux-Arts*，1931年，第102页）。而大多数早期作家仅仅只是陈述了勒叙厄尔还在学习武埃风格的时候就做了这些设计，但没有给出任何明确的时间，或提到这项委托最初是武埃接的。

42. 费利比安根本没有提到这些绘画。Florent le Comte列出了这些建筑，而Guillet de Saint Georges提到了其中一些细节。Gaylus补充说他的一位"très-éclairé dans l'art"朋友（后来证实是Mariette）在少年时曾见过它们。他的描述如下：Ils étoient peints fort clairs, d'une manière peut-ětre un peu trop vague，et…ils paroissoient faits de pratique，mais…leur principal mérite consistoit dans l'agrément des sujets et la facon dont ils étoient traités。"（*Mèmoires inédits sur la vie et les ouvrages des membres de l'Academie Royale de Peinture et de Sculpture*，Vol. I，第149页）一些专家认为作品有2幅而不是8幅，但下文出现的证据表明他们是错的。

43. 经过1801年的Robit拍卖，以及1802年的Helslenter拍卖后，鲁昂博物馆于1867年获得这件作品。据说是来自尚特鲁宫（Chateau de Chanteloup）。最后，Rouchès在*Bulletin des Mus é es de France*（1935年，第92页）中对其进行了详尽的描述，其尺寸为0.95×1.35米。两

边都被裁剪过，如果我们想象一下完整的构图，其宽度大概同马格宁博物馆的那幅差不多。根据Landon所言，它在17世纪时曾被Daret雕刻成版画，但这幅版画下落不明。Dussieux记录了这幅绘画的两张素描，其中一张由Chennevières从Reiset那买走，另一张则属于Boilly（*Archives de l'art français*，Vol. II，第107页）。但它们的下落现在也都无法追查了。

44. 1932年时，这幅画展示在柏林顿馆（Burlington House）的法国艺术展区，它以目录最末的136号出现，作者被归于武埃，标示为“Le Bain”（沐浴）。尺寸为1.95×1.58米。

45. 传统上认为这幅画的作者是勒叙厄尔。有关它的描述见最近由Karl Wilczek出版的切宁馆藏目录，承蒙他的帮助才让我了解此画的一些细节。它的尺寸是1.05×0.965米，而且因为它很显然没有被剪切过，我们因此得以假设有些油画是长方形的，而有些可能是正方形，大概是为了适应特定房间的墙壁。切宁的这幅画作为收藏品第一次被提到是在1808年。因此，*Plutarque Français*（1845年，Vol. IV，第80页）中所提到的，与当时已成为维也纳Graf Fries馆藏的作品决不可能是同一件；因为，根据Frimmel所述（他没有提到这幅画），来自这个馆藏的拍卖是在此后才开始的（*Lexikon der Wiener Gemaldesammlungen*，Vol. I，第408页等）。因此，Fries的藏画也许不是鲁昂或第戎的那两幅，或者可能是一幅全然不同而现在已经丢失了的画。

46. 这个场景在弗维尔译本的第32页中有描述。

47. 在文本中，她的象征是一盒药膏。

48. 指听力女神。

49. 见弗维尔译本的第27页。撒尿小男孩的主题在文艺复兴期间的艺术中被频繁使用。似乎源自一个古典原型，罗浮宫的一座浮雕是其代表（Reinach，*Répertoire des Statues*，I，第30页）。作为一种喷泉样式它到处可见，尤其在北方国家，以及意大利，比如维多利亚与阿尔伯特博物馆的一尊青铜材质的雕像，以及维罗纳朱斯蒂花园石窟中的雕像。在《寻爱绮梦》中它出现在上文所描述的喷泉中，又出现在弗维尔译本第61页的木版画上。提香在普拉多的作品《酒神的狂欢》（*Bacchanal*）中也有这种喷泉，普桑曾在布里奇沃特众议院（Bridgewater House）的作品《摩西敲击石头》（*Moses striking the rock*）中曾借用过；在属于Frederick Cavendish-Bentinck的那幅《酒神的狂欢》中又借用了一次，但这幅被归为普桑的作品实际的作者更有可能是Castiglione；Bourdon在布达佩斯（Budapest）的一幅《巴库斯和克瑞斯》（*Bacchus and Ceres*）中也借用过。Annibale Carracci在*Diverse figure…disegnate di penna nell'hore di ricreatione*（罗马，1646年）中几乎以相同的态度介绍了这个男孩，书中的插图由Guillain所作，其人物形象与79版画相似，但是以自然主义，而非古典主义为表现手法。在Maratta的一幅《达娜厄》（*Danae*）中也出现了类似的形象，但已不再具有生理教化功能。

50. 见Fenailles，*Etat Général des Tapisseries de la Manufacture des Gobelins*，Vol. V，第312页。

51. Guillet说它们由拉普朗什（La Planche）和科马在哥白林共同制作（见Dussieux，同上书，第4页）。Florent le Comte简要地提到过这些设计是“M. de Comanse”所做。Caylus则说：“la manufacture royale des Gobelins les exécuta en tapisserire（皇家哥白林挂毯厂制作了这批挂毯）。”Dussieux在一条注解中对Guillet的说法进行了补充（可惜在他生前*Mémoires*的最后一版遗漏了），

Guillet 提到工匠是勒内的儿子拉斐尔·德拉普朗什和马克的儿子亚历山大·科马，他们经营一家在左岸法布街（Faubourg St. Germain）的工厂。这些说法一团杂乱。Guillet 的观点不可能是正确的，因为拉普朗什和科马两个家族最初共同经营的哥白林挂毯厂，大约在 1627 年就拆伙了，即在这些设计制作的 10 年前，当时勒叙厄尔只有 10 岁。Caylus 评论的则不太可能是最初的那批挂毯，因为皇家工厂直到 1662 年才始建，在这些草图订购的 25 年后。而 Dussieux 所言更不可信。第一，他错把拉斐尔·德拉普朗什当做勒内的儿子，但他其实是弗朗索瓦的儿子。第二，拉斐尔·德拉普朗什和亚历山大·科马从来没有一起工作过，因为亚历山大·科马直到 1643 年才从他父亲那里接任工厂，那是在两家拆伙的 16 年后。第三，科马家族中没有成员与左岸的法布街那家工厂有关，因为那是由拉斐尔·德拉普朗什创立，并完全由他自己和家族经营。

对这些自相矛盾的叙述产生的问题，最好的解决办法就是把哥白林挂毯厂的亚历山大·科马当做这些挂毯的制作者。这既让 Guillet 的说法顺理成章，因为这家工厂由两家联合经营多年，所以即便当时拉普朗什已经离开，他也很有可能认为是“La Planche et Comans”（拉普朗什和科马）。在这个理论基础上，Le Comte 的说法也能够成立，而 Caylus 的评论在此前提下也得到了解释，因为皇家工厂的前身就是科马的工厂，是它的直接延续。但 Dussieux 的说法始终无法合理解释。

52. 见 Ephrussi 在《对 <波利菲洛之梦> 的研究》（*Etude sur le Songe de Poliphile*）中引用的信件（Bulletin du Bibliophile，1887 年）。Fenailles 声称达塞尔已经找到三幅原创草图（*Etat Général des Tapisseries de la Manufacture des Gobelins*，V，第 269 页），但他弄错了。而 Marcel 则错在其他方面，他说在鲁昂博物馆的是一张挂毯而不是一幅画（*Jean Martin*，巴黎，1927 年，第 80 页）。根据达塞尔所言，他见过的挂毯上有一个复杂的，由一只鸢（fleur-de-lys）与字母 P 组成的商标（这通常是帕里斯的商标），以及某些早期博韦（Beauvains）产品中出现的一条蛇的标记。如果这种描述是正确的话，那就不可能是由科马编制的那组原件，因为他与博韦毫无关系。但又很难认定这种描述是正确的，因为一幅挂毯不可能同时在巴黎和博韦编制。M. Alfassa 提醒我，达塞尔有可能把字母 P 看成了 B。因为博韦的商标经常在两个 B 之间插只鸢，而且在 1664 年到 1684 年间的博韦产品上（当时管理工厂的是 Hinart），这个标记就是和蛇标连在一起的。Bouchès 假设它们是由博韦编制，但这件事仍然是迷雾重重，因为没有证据显示博韦在 Hinart 时期曾仿制过帕里斯的挂毯。（同上书）

53. 达塞尔把它描述成埃勒泰瑞里达女王接见波利菲洛的情景，但我怀疑他是把它和波利菲洛与菲图罗尼亚女神聊天的情景混淆了，就是我已经描述过的那幅切宁藏画的主题。

54. Caylus，*Mémoires Inédits*，I，第 150 页。

55. 见 J. Cordey，*La Rhétorique des Dieux*，Gazette des Beaux-Arts，1929 年，I，第 35 页。根据 Cordey 所言，尚布尔是一个社团成员之一，Ninon de Lenclos 的父亲也曾属于这个团体。

56. *Mémoires Inédits*，vol. I，第 170 页。

57. 见 *Catalogue of the Massimi Collection of drawings at Windsor*，Burlington Magazine，1929 年，第 257 页。

58. Schneider 试图证明普桑在他的一些画中直接运用过《寻爱绮梦》（*Etudes Italiennes*

1920 年）。但是他所发现的相似性太过普遍，以至于除了某种精神上的相似外无法证明任何事。即使如此，还有一个更好的例子，即一幅“女神被森林之神惊吓”的画（有两个版本，一幅在国立美术馆，另一幅属于苏黎世的 Thalberg 博士）十分接近于弗维尔译本中第 22 页的版画。但因为这个主题很寻常，所以比起《寻爱绮梦》，普桑更有可能是受到一些古代雕像或提香的灵感启发。Panofsky 认为在华莱士收藏中心的《随音乐节拍起舞》（*Ballo della Vita Humana*）画中吹肥皂泡的孩子可能源于《寻爱绮梦》（*in Philosophy and History*，*Essays presented to Ernst Cassirer*，牛津，1936 年，第 241 页），但在处理虚无主题（Vanitas theme）时这是一个常见的细节，因此也不能够充分证明这种借鉴。

59. 索雷尔攻击古代作家，尤其是奥维德，称他们诗中异想天开的故事完全不合乎理性。他认识到这些寓言和他攻击的矫揉造作小说中的虚假的浪漫主义之间存在的联系。

60. 比较西泰尔岛上维纳斯神庙仪式的描述，特别是波利菲洛用丘比特递给自己的箭将上面写有“IMHN”的面纱划破的那段章节（弗维尔译本，第 125 页）。但是这类象征对于才女文雅的谈话来说太过粗俗，她们追求的是一种温文尔雅的爱情，对她们来说爱情是在休息室中进行的复杂游戏。如果我们将科隆纳的象征和一个典雅派设计，如 Mlle de Scudery 在 *Clélie*（1654—1660 年）中描写的“爱情航海图”（*Carte de Tendre*）进行对比，就会发现两者明显的区别。后者是一项从新的友谊到恋爱之乡的计划，旅行者要到达目的地可能要经过三条航线，即估算航程（*Estime*）、勘测寻求（*Reconnaissance*）和爱恋（*Inclination*）。首先他要穿过“情书村”、“尊重乡”等，但有陷入“冷淡湖”的危险；然后他要越过“小殷勤”和“诚挚”，但必须要躲开“恶感海”；爱恋河能直线到达恋爱之乡，但它可能会汹涌地流入危险的海洋。典雅派的爱情观念正如这幅“爱情航海图”所示，比科隆纳的表现得更加文雅，也没有那么多强烈的情欲。

61. *Inventaire général des Dessins du Louvre*，I，第 740 号。Weisbach 在 *Franzosische Malerei des 17ten Jahrhunderts* 提到。

E. H. 贡布里希

寻爱绮梦

I

伯拉孟特和《波利菲洛之寻爱绮梦》

当卡尔·吉洛（Karl Giehlow）在撰写关于文艺复兴时期的象形文字研究的经典性论文时，他似乎没有注意到瓦萨里在伯拉孟特（Bramante）传记中的一段话。[1] 这段话告诉我们，伯拉孟特打算用一段象形文字铭文来装饰那座“观景楼”（Belvedere），这段象形文字将显示该楼的奠基者和建筑者的名字。但是尤利乌斯二世（Julius Ⅱ）不许他这样做。

伯拉孟特别出心裁，打算在观景楼外立面的中楣上按古代象形文字风格刻上一些字母，表示教皇和他本人的名字，这是为了显示他的独创性。他是这样开始的：“Julio Ⅱ, Pont.Max.”（尤利乌斯二世，大教皇），他制作了一个尤利乌斯·凯撒（Julius Caesar）的侧面头像和一座双拱桥，以表示“Julio Ⅱ, Pont.”（Pont，亦有桥的意思——译注），还有一个马克西姆斯游艺场（Circus Maximus）上的方尖塔以表示“Max.”（大）。这时教皇笑了，让他做成古代风格的字母，约一臂高，这些字母现在还在那儿，教皇认为他那个傻主意是从维泰尔博（Viterbo）大门上抄袭来的。一位名叫马埃斯特罗·弗朗切斯科（Maestro Francesco）的建筑师在那大门的额枋上刻下了代表自己名字的图像：一位圣芳济（Francesco）教士、一个拱（arco）、一个屋顶（tetto）和一座塔（torre）。根据他自己的解释，这些东西表示“Maestro Francesco Architettore”（建筑师马埃斯特罗·弗朗切斯科）。[2]

在大约60年后，瓦萨里记录这件事时，看来忽视了它的某些含义。人们已从《波利菲洛之寻爱绮梦》（*Hypnerotomachia Poliphili*）[3] 中“译解”出的那段颇为矫饰的象形文字铭文，使人想起了伯拉孟特打算装饰的中楣。那段象形文字可解读为 Divo Julio Caesari simper Augusto totius orbis gubernatori ob anim clementiam et liberalitatem Aegyptii communi aere s.erexere（献给神圣的尤利乌斯·凯撒，永恒的奥古斯都，全世界的统治者，以志其仁惠宽宏的品质，埃及人以公众的费用建立了我）。图中的眼睛代表 *divus*（神圣），麦穗代表 *Julius*（尤利乌斯），刀代表 *Caesar*（凯撒），圆圈代表 *semper*（永恒），链枷代表 *Augusto*（奥古斯都）[4] 等等。这两段铭文之间的相似不太可能是偶然的。[5]

尤利乌斯二世为什么要反对呢？他难道不知道这些象形文字周围的那层神秘气氛吗？难道他真的把这种方法与拉伯雷（Rabelais）后来嘲笑的那些字谜和伪善手法混为一谈了吗？[6] 确实可能有原因导致这种混淆，因为吉洛已经证明，当时的象形文字热在很大程度上依靠了中世纪的象征理论的遗产。更何况伯拉孟特提议的铭文有些缺陷（如双拱桥代表 *Secundus Pontifex*［第二教皇］），招致了教皇的嘲笑。然而，由于尤利乌斯二世引用了维泰尔博地方的一个例子作为愚蠢地运用象形文字的警例，所以他反对这种游戏可能出于另一个原因，因为维泰尔博在象形文字研究的这段历史中起了有趣的作用，那个镇里的一位爱国主义史学家、维泰尔博的乔万尼·南尼修士（Fra Giovanni Nanni da Viterbo）试图证实，他的家乡是文明的摇篮，他正是以尤利乌斯二世嘲笑的这种方

DIVO IVLIO CAESARI SEMP. AVG. TOTIVS ORB.
GVBERNAT. OB ANIMI CLEMENT. ET LIBERALI
TATE AEGYPTII COMMVNI AERE. S. EREXERE.

神圣的尤利乌斯，出自《寻爱绮梦》，1499 年，第 6 页反面

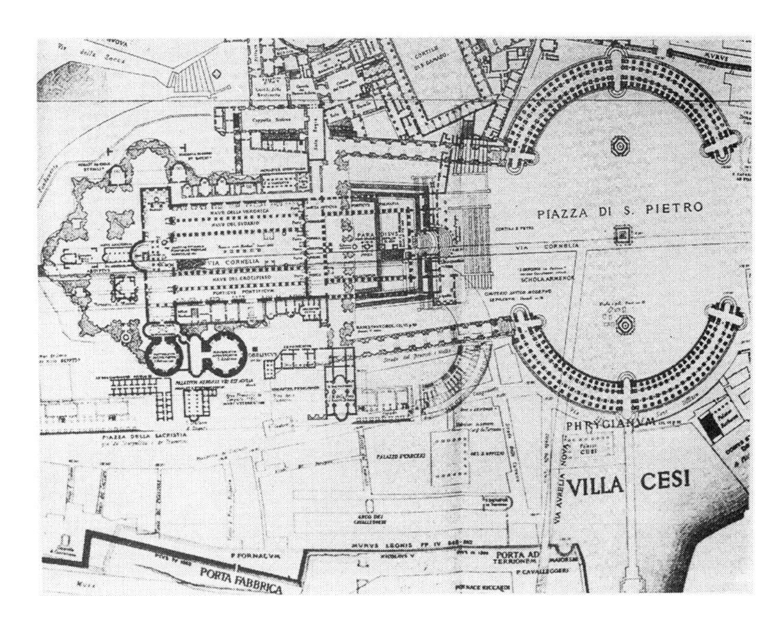

梵蒂冈地区图的局部，图中显示了方尖塔原来的位置。根据兰贯尼

式来误读、并在必要时捏造古代纪念物的。[7] 而且，正是这位奇怪的学者为平图里基奥（Pinturicchio）作于梵蒂冈的博尔贾宫室（Appartmento Borgia）的湿壁画提供了一种“埃及学”方案的灵感。[8] 根据当时的证据，尤利乌斯是因为看到他憎恨的前任的徽志符号才离开这些房间，搬到梵蒂冈的另一间屋子——从而导致拉斐尔创作了签字厅系列壁画[9]。因此，他完全有理由拒绝让伯拉孟特用源于维泰尔博的方法来荣耀自己的名字。[10]

要不是有一篇记录从更高的层次上描述了伯拉孟特和尤利乌斯二世之间就同一问题发生的另一场冲突，我们这样猜测也许会显得毫无根据。很能说明问题的是，这场争论的报告出自另一位维泰尔博的学者，伟大的奥古斯丁会会长（General of the Augustines）、维泰尔博的埃吉迪奥（Egidlio da Viterbo），他可能是被那位声誉不太好的同胞引导到东方研究上去的。[11] 埃吉迪奥在《二十个世纪的历史》（*Historia viginti seculorum*）中讲到了伯拉孟特的另一个被尤利乌斯二世阻挠了的计划。[12] 伯拉孟特建议，把圣彼得教堂的中轴线从原来的东西走向改成南北走向，因为这样一来著名的梵蒂冈方尖塔[13] 就正好位于教堂门前。伯拉孟特甚至建议，为了这样安排，把使徒墓（the tomb of the Apostle，这座古代的巴西利卡式教堂［Basilica］就建在这一墓上）迁走，可见他把这一安排看得十分重要。为了反驳这位教皇的异议，他强调，尤利乌斯建的这座神殿的前院如果有尤利乌斯·凯撒的纪念性建筑作标志，那该是多么合适，而且，到教堂里来的人如果第一眼就看到这座激动人心的大型纪念碑并因此而得到心理调整，这将加强教堂的宗教气氛；如果他们一开始就被这座纪念碑镇住，就会更虔诚地拜倒在祭坛前。[14]而且，移走墓四周的泥土——这一点也不会破坏墓地——比迁移方尖塔要容易得多。[15]然而，尤利乌斯二世坚决不改。他不允许谁动一动使徒墓。伯拉孟特关心的是方尖塔，而教皇本人始终把神圣的东西看得比异教的东西重要，把宗教看得比华丽重要。

在这个例子中，教皇的异议几乎无需说明，倒是伯拉孟特的坚持已见提出了一个历史的问题，他提出这个大胆计划仅仅是由于他对从尤利乌斯·凯撒到尤利乌斯二世这种象形文字暗示的热情吗？维泰尔博的埃吉迪奥的说明暗示了另一种解释。在伯拉孟特看来，方尖塔是一种宗教象征，配得上耸立于基督教中最神圣教堂的前庭，只有对着这个象征沉思，朝拜者的心灵才能得到适当的调整并对等待着他去发现的神秘作出反应。这种观念又一次强烈地让人想起《寻爱绮梦》的气氛，它具有围绕在埃及人的智慧象征周围的宗教敬畏感以及通过方尖塔和神圣建筑所标示的入会步骤。实际上，当科隆纳在描述他梦见的一种幻觉建筑时，他引用了梵蒂冈方尖塔：

马尔腾·赫姆斯克尔克
显示梵蒂冈方尖碑最初位置的素描

这样一座高高的方尖塔，我真不知还有什么别的像它一样：不是梵蒂冈的那座，不是亚历山大的那座，也不是巴比伦人造的那座。我神情恍惚地站着并凝视着它，因为它本身包含着这么多令人惊叹之处。更何况它那巨大的体积，令人惊讶的丰富细节，以及建筑师的杰出技巧、精工细作和异常的努力。多么大胆的创造力！这需要怎样的人类力量、艺术、技巧以及怎样令人难以置信的工程才能使这座与天比肩的巨大重物耸入云霄……[16]

看来，科隆纳这部奇特的传奇不仅为伯拉孟特打算用于观景楼上的那句铭文提供了一些 *Capriccio*（随想），而且，伯拉孟特的整个建筑观都受此影响。假如他关于把圣彼得教堂掉转 90 度的方案得了宠，他可能真的会建一个建筑群，让人们“di stupore insensato”（神情恍惚）。因为那样就能使方尖塔立于这座庞大的教堂前面，几乎——就算不是完全——与观景楼的主轴线相一致。[17] R. 维特科威尔（R.Wittkower）[18] 和 J. 艾克曼（J.Ackerman）[19] 的研究从一个新的角度揭示了伯拉孟特的“*ultima maniera*”（基本手法），使圣彼得教堂中心化的方案不仅仅是一种美学操演，而且还有象征目的。观景楼也不仅是一座文艺复兴宫殿，还重新唤起了古罗马的荣耀。我们讨论的这两段偶遇的历史记录片段适合于伯拉孟特的这幅新画面。

在这个无情的设计者和 *rovinante*（破坏者）形象背后，我们现在隐约地看见了一位来自意大利北部 *ambiente*（环境）中的乌托邦式梦想者，这就是伯拉孟特。他希望根据弗朗切斯科·科隆纳充满神秘幻想的图像，把这座基督教世界的首都变成一座古典风格的城市。[20]

Ⅱ
作为维纳斯林苑的观景楼花园

穿过伯拉孟特设计的 *exedra*（会客室，J. 艾克曼对它的古典特征作过分析[21]），参观观景楼的游人便来到一座摆满古典雕像的小花园，这座花园在 10 世纪的绘画中还可以看见。米凯利斯（Michaelis）等考古学家成功地运用同时代人的描述和绘画，重建了这批独特藏品的积累过程和安排布置，并对其作品给出了鉴定。[22] 可是，认为这座著名的（伯拉孟特在尤利乌斯治下设计的）小林苑只不过是一座古典遗物博物馆的中心的想

弗兰恰比乔，西塞罗的胜利

海因德里希·凡·克莱夫，梵蒂冈景色，细部

法对吗？它是否同样为了有意识地唤起古典的气氛（这显然是伯拉孟特的目标）？它是否也证实了《寻爱绮梦》的影响？

至少有一篇当时的描述（它至今一直被考古学家们所忽视）暗示了这种解释。的确，它的作者不是一位公正而超然的观者，也不是一位普通的游览者，而是著名的康科迪亚公爵（Count of Concordia）的那位不得志的侄子乔万尼·弗朗切斯科·皮科·德拉·米兰多拉（Giovanni Francesco Pico della Mirandola）。他和叔父一样，也是一位新柏拉图神秘主义者和萨沃纳罗拉的热情追随者。[23] 在历史上，这位小皮科主要作为一篇有胆量的演说“*de reformandis moribus*”（垂死的改革）的作者而为人知，这篇演说于1517年，也就是宗教改革的那一年，当着教皇列奥十世（Leo X）的面发表。[24] 不过他反对 *Curia*（教廷）的态度早在这之前便已形成。在1520年，他甚至支持了树立一位与亚历山大六世（Alexander Ⅵ）相对抗的教皇这项异想天开的冒险计划。[25] 1512年，动乱的政治生涯的变迁迫使乔万尼·弗朗切斯科来到罗马。他当时已被他的几个兄弟剥夺了在米兰多拉的领地。一年以前在他戏剧性地包围并征服了这座城堡之后，尤利乌斯二世把城堡的钥匙交给了他，可他后来又把这座城堡丢给了贾尼亚科博·特里武尔齐（Gianiacobo Trivulzi）。在这些令人焦急的谈判日子里，他一定在这间教皇宫邸度过了许多小时，陈述、请求、等待。我们可以推断，在这些紧张的时刻，观景楼花园里的那些神像可能看上去具有一种不可思议的生命，像是摆在祭坛上的偶像——但他毕竟不愿向它们献祭。特别是被教皇新近才放入花园的维纳斯和丘比特群像——丰饶维纳斯（Venus Felix）[26]——在他眼里成了罗马城一切令他厌恶的道德腐败的象征和体现。因此，他创作了一首灵魂的争斗（Psychomachia）的诗篇《被逐的维纳斯和丘比特》（*De Venere et Cupidine expellendis*）。它使人想起了曼泰尼亚所画的米涅耳瓦，在那幅画里，她正把维纳斯及其所代表的一系列邪恶赶进沼泽地。[27] 这首诗的罗马版（1512年8月）中还有一封他写给友人利利乌斯·吉拉尔都斯（Lilius Gyraldus）的信，这封信从意外的角度向友人展示了观景楼花园：

利利乌斯，你知道空虚轻浮的古人的两位神明维纳斯和丘比特吗？它们最近从罗马废墟当中被发现，并为教皇尤利乌斯二世所获。他把它们置于芬芳怡人的柑橘林苑中，林苑以燧石铺路，中央耸立着蓝台伯河（Blue Tiber）的巨像。园子里的其他地方到处摆放着古典雕像，每座雕像都配有一个小祭坛。一边是特洛伊的拉奥孔，按维吉尔描述的样子雕刻，另一边你看到带着箭筒的阿波罗像，是荷马所描绘的样子。在一个角落里你

丰饶维纳斯　　阿尼阿德涅

还可以看到克莉奥帕特拉（Cleopatra）的雕像，她已被蛇咬，清水从她的乳房流出，就像从古代导水管中流出一样，落入一口古典的大理石石棺上，那上面记载着图拉真皇帝（Emperor Trajan）的功绩。[28]

这段文字的纯考古学价值不大，因为直到尤利乌斯二世教皇的后期，皮科列举的所有纪念性作品还摆在观景楼花园。然后，对“克莉奥帕特拉”（其实那是阿尼阿德涅[Ariadne]）的描述的确揭示出，作为这座喷泉水槽的石棺被认为再现了图拉真皇帝生涯的场景。这个石棺也出现于弗朗西斯科·达·荷兰达（Francisco da Hollanda）的一幅素描中，只不过其中的边缘装饰变成了主要的浮雕图案。

更有趣的问题是喷泉群像的总体安排。皮科的描述强烈地暗示着《寻爱绮梦》中的一段话。在那段话中，科隆纳描述了一位“非常美丽的水仙女宁芙，她舒适地睡在一块展开的布上……压在身子下面的手臂向后缩着，另一只手放在颊下，支撑着头……她的乳房（几乎像处女一样）中右边的那个流出一道非常清新的水，左边的乳房流出的是温暖的汁液。这两股液体像瀑布一样泻入一口斑岩水槽中。”[29]但是，如果皮科能想到“古代的导水管”，伯拉孟特难道不可能受到对这段描述的记忆的引导吗？

皮科在信中接着写道：

我常常转向这座林苑，不是为了沉思哲学问题，我过去经常在悬铃木树的阴影下和奔流在多彩的卵石上的伊利苏斯泉（Ilissus）的潺潺流水边这样做；更不是为了祈祷或献祭牛羊，就像无数的宗教仪式的追随者所做的那样，而是为了考虑严肃的事情，与和平和战争有关的问题，考虑我在长期的流放之后如何重新掌权，统治领地。在我最渴望的东西没能立即得到之时……开始从事某种值得人去做并超然于动物之上的事情，看来有助于逃避因无聊而产生的麻木。[30]

罗马的山丘上，特别是梵蒂冈城里，似乎到处都有猛兽出没，这是一种不为过去的伟大动物学家所知的、凶猛无比的动物。他在维纳斯和丘比特林苑（Venereo cupidineoque nemori）里被这些猛兽困扰着，于是，他创作了那首有关逐出这两位神的诗——不是从林苑中逐出，因为他没这个力量，而是从这些野兽的心里逐出。因为这些猛兽曾经是人，而且能够重新恢复人的状态，就像阿普列乌斯的《金驴记》中卢修斯在吃下了玫瑰花之后重现人形一样。难怪它们有这么多，因为周围有无数的喀耳刻（Circes）和塞壬（Sirens）[31]。

那首附有诗的信理所当然被人遗忘了，因为它只不过是对柏拉图式的爱情这类程式

一位罗马将军和野蛮人。石棺浮雕，公元二世纪

化主题的模仿，或者是对源于卢克莱修和奥维德并在一篇虔诚地提倡基督教贞洁的文章中达到巅峰的 *remedia amoris*［爱情疗愈］的模仿。[32] 只是他给吉拉尔都斯的信（这封信在同一首诗的斯特拉斯堡版中被删除了[33]）才使这首诗有了主题的改变。因为这封信暗示，梵蒂冈山丘上的维纳斯在皮科看来是个邪恶之物。我们也许应该把这种解释仅仅看成是萨沃纳罗拉式偏见的表示。但是，这位科学家那双被批判性敌意磨亮了的眼睛难道不可能看得更深吗？难道我们能排除这样的可能性：伯拉孟特实际上试图在观景楼这座巨大的结构背后建一座异教的林苑？他可能受到过《寻爱绮梦》那种暧昧的宗教信仰及其关于"圣维纳斯"（Sancta Venere）的言论的影响，也未可知。

恐怕这个问题不可能有现成的答案。我们再也不能够心安理得地使用"文艺复兴的异教"这个术语，因为我们已经知道了这个问题的极大复杂性和微妙性，假如一位现代的皮科写了一首厄洛斯从皮卡迪利广场被逐出的诗，20世纪的每一个伦敦人都能理解它。但是，难道伦敦人因此就变成了异教徒吗？大战结束后厄洛斯被搬回原地时出现的欢欣场面可能暗示一种答案，而问卷调查又可能得出另一种答案。厄洛斯已经变成了一个象征，成了各种情感的焦点，在平常时刻，这些情感本来不会表露得那么明确[34]。也许上面那个问题的答案也得顺着类似的方向去找。现存的大批史料表明，在伯拉孟特的环境中，维纳斯形象确实变成了这样一个象征，它不是某种信仰的结晶点，而是一种非信仰态度的游戏性悬念。这些史料证明，这个圈子的成员对维纳斯雕像的兴趣不是纯考古学方面的兴趣。从这个意义上说，皮科那段描述的含义为另一封著名的信所证实，这就是本博当着伯拉孟特继任者拉斐尔的面写给红衣教主比别纳（Cardinal Bibbiena）的信。

拉斐尔打算在比别纳的浴室里放一尊维纳斯的小雕像，但是置像的壁龛不合适，于是他鼓励本博向比别纳请求贷款造这座壁龛。本博写信说，他想把这尊维纳斯像放在他的书房里，"置于她的父亲朱庇特和她兄弟墨丘利之间"——

> 这样我就可以每天愉快地盯着她，而你却不能，因为你总是忙个不停……因此，亲爱的先生，别拒绝赐予我这一恩惠……我期待着爵爷您的肯定答复。我已经做好了准备，而且在我的卧室里布置好了一个角落，我将把这座维纳斯放在那儿……[35]

不过，有一种 *moresca*（摩尔舞）可能为皮科主张把维纳斯从梵蒂冈城驱逐出去提供了最有力的理由，那种舞蹈于1521年表演于列奥十世面前，在混乱的狂欢世界中，古老

弗朗西斯科·达·荷兰达，《阿尼阿德涅》的素描

的关于灵魂争斗的主题被颠倒了过来：开始是8位隐士袭击丘比特并且缴了他的械，就像皮科会督促他们去做的那样，后来维纳斯出场，把隐士们击败并脱去他们的法衣。[36]

教皇哈德良六世（Pope Hadrian VI）在两年后进入梵蒂冈。他在经过观景楼的拉奥孔群像时，说它是 *sunt idola antiquorum*（古代的偶像）[37]，这使得古典作品的爱好者大为惊愕，不久之后，拉斐尔的学生朱利奥·罗马诺（Giulio Romano）便离开了罗马，到曼图亚的费德里戈·贡扎加（Federico Gonzaga）宫廷寻求保护。贡扎加本人也曾作为受尤利乌斯二世宠爱的人质在其门下度过了性格成型期。在贡扎加的宫廷里，为维纳斯建圣殿的想法得以保存下来，也就是在这项工程中，《寻爱绮梦》的记忆得以延续。

III
朱利奥·罗马诺和赛巴斯蒂亚诺·德尔·皮翁博

在《寻爱绮梦》接近收尾处，那些爱好者们发现自己处于一座献给维纳斯的神圣林苑之中。它的中央有一座石棺或水槽，上面的大理石浮雕记载了同一地点上发生的一件事：正在玫瑰房中洗浴的维纳斯光着脚跑去帮助正受到嫉妒成性的马尔斯攻击的阿多尼斯（Adonis）；她一脚踩在了玫瑰刺上，鲜血直流。丘比特用一只贝壳把血收集起来。我们现在看到的红玫瑰就是被这血染红的。科隆纳的这个故事一定是取自古希腊的一本修辞学教科书，即阿夫托尼乌斯（Aphthonius）的“修辞导论”（Progymnasmata），该书把这个故事作为简述的例证。[38]科隆纳这本传奇的阿尔蒂尼版（Aldine edition）中那幅图解这一纪念物的木刻是文艺复兴图像志研究者所熟悉的。他们认为它可能是提香的所谓神圣的爱和世俗的爱（Sacred and Profane Love）中大理石水槽上那些浮雕的来源。[39]但是在当时，并不是只有提香一人把这幅木刻上的蹩脚的再现转译成真正古典风格的画。朱利奥·罗马诺在泰宫的普绪克厅的一面墙上也画了同一场景。在左边，我们看到维纳斯在洗浴，和她一块洗浴的可能是阿多尼斯，虽然人们通常把他当成马尔斯，在画的右边我们看见马尔斯在追阿多尼斯，维纳斯正急忙跑上去把马尔斯拉住。一旦我们知道了这篇原典，我们就可以很容易认出，丘比特是在指着地上那枝马上就要刺破维纳斯脚板的玫瑰。科隆纳假如看到了在他的书出版约30年之后出现的对这个故事的粗俗图解，真不知会怎么说。然而，认为维纳斯神龛得之于这部寓意性传奇的精神，这一观点肯定是订制普绪刻厅壁画的那些人心里想到过的。[40]

阿多尼斯纪念碑
出自《寻爱绮梦》的木刻插图
1944 年

赛巴斯蒂亚诺（Sebastiano）在乌菲齐宫画的那幅著名的画把阿多尼斯之死的故事和阿夫托尼乌斯书中的这段插曲结合了起来：我们看见在画的前景上，从维纳斯脚下流出的血正在把玫瑰染红。[41]

E. H. 贡布里希：英国艺术史学家

（译者：范景中）

朱利奥·罗马诺，画有《维纳斯和马尔斯》的普绪克厅的墙面

塞巴斯蒂亚诺·德尔·皮翁博，阿多尼斯之死

注释：

1. Karl Giehlow, “Die Hieroglyphenkunde des Humanismus in der Allegorie der Renaissance”，载 *Jahrbuch der Kunsthistorischen*，第XXXⅡ卷，1915 年。

2. 原文如下：“Entrò Bramante in capriccio di fare in Belvedere in un fregio nella facciata di fuori alcune lettere a guisa di jeroglifi antichi, per dimostrare maggiormente l'ingegno ch'aveva, e per mettere il nome di quell pontefice e'l suo; e aveva cosi cominciato: Julio II pont. Maximo, ed aveva fatto fare una testa in profile di Julio Ceasre, e con dua archi un ponte che diceva: Julio IIpont., ed una aguglia del circolo Massimo, per Max.Di che il papa si rise, e gli fece fare le lettere d'un braccio che si sono oggi alla antica, dicendo che l'aveva cacata questa scioccheria da Viterbo sopra una porta, dove un maestro Francesco architettore messe il suo nome in uno architrave intagliato cosi, che face un San Fracesco, un arco, un tetto, ed una torre, che rilevando diceva a modo suo:Maestro Francesco Architettore。”见 *Vasari*, Milanesi 评注本，IV，第 158 页。1550 年第一版中没有这一段文字。

3. Aldus1499 年的初版重印于 1904 年，在伦敦出版。

4. *Hypnerotomachia*，fol.p.vi, 反面；Giehlow， 见前引文，第 54 页。

5. 已有确凿材料证实，在伯拉孟特时的罗马对象形文字研究极感兴趣。参见 Giehlow， 见前引书，第 97 页。

6. Mario Praz, *Studies in Seventeenth-Century Imagery*，瓦尔堡研究院研究丛书，第 3 种（伦敦，1939 年），第 192 页。

7. Giehlow，见前引文，第 40 页起。根据 *Vasari*（Milane；评注本，前注引书），这位 Francesco Architettore 可能就是 Piergrancesco da Viterbo, 但没有证据证实这一猜测。

8. Giehlow， 见前引文，第 43 页起，以及 F. Saxl，*Lectures*，（伦敦，1957 年），第一卷，第 186—188 页。

9. Paride de Grassis 的日记，参见 V. Golzio, *Raffaello nei documenti, nell testimonianze dei contemporanei e nella letteratura del suo seclo*。（梵蒂冈城，1936 年），第 14 页。

10. 这位主教在任职不久就命人把刚刚发现的一座方尖碑重新覆盖起来，也可能是出于同一种厌恶。参见 Giehlow，见前引文，第 98 页。

11. 参见 Giehlow，见前引文，第 97 页和第 115 页起。

12. L. Pastor， *History of the Popes*，第 VI 卷（伦敦，1898 年），第 479 页和第 655 页。

13. 关于这座“凯撒的方尖碑”在象形文字研究中的作用，参见 Giehlow，见前引文，第 33 页起和第 54 页。

14. Eigidio da Viterbo, *Historia Viginti secolorum*，Cod.C.，18，19，罗马，Biblioteca Angelica，fol.245， 原 文 如 下：“ad religionem facere ut templum ingressurus facturusque rem sacram non nisi commotus attonitusque novae molis aspectu ingrediatur,… animos quoque affectum experts immotos

perstare, affectu concitos facile se ad templa arasque prosternere。”（这段话重印于 Pastor，见前引书，第 III 卷附录中。）

15. 在伯拉孟特去世之前，对这一问题的争论便已结束，在 Sistus V 手下，这一建议终于被采纳。参见 Schuller-piroli,*2000 Jahre st Peter*（奥尔腾，1950 年），第 499 页和第 617 页起，以及图版第 505 页和 506 页。另参见 B.Dibner, *Moving the Obelischi di Roma*（罗马，1965 年）。

16. 原文：“Il quale altissimo Obeliso minma fede ancora ad me non si lassa havere, che unaltro conformitate monstrasse, ne similitudine. Non gia il Vaticanio. Non il alexandrino. Non gli Babylionici Teniva in se tanta cumulatione di miraveglia, che io di stupore insensate stava alla sua consifderatione. Et ultra molto piu la immensitate dillopera, et lo excesso dilla subtigliecia dil opulente et acutissimo ingiegnio, et dilla magna cura, et exquisite diligentia dil Architecto. Cum quale temerario dunque invento di arte? Cum quale virtute et humane forcie, et ordine, et incredible impensa cum coelestae aemulatione tanto nellaire tale pondo suggesto riportare?…”见前引书，folb, 正面。

17. Franciabigio 在卡亚诺的波焦别墅（Poggia a Cajano）作的湿壁画《西塞罗的胜利》中，在一幢巨大的中心建筑前面，耸立着一座位置相似、但又略微偏过一边的方尖碑。据说 Giovio 参与了这些壁画方案的设计，所以，至少可以认为他与伯拉孟特的计划有直接联系。

18. R.Wittkower, *Architectural Principles in the Age of Humanism*, 瓦尔堡研究院研究丛书，第 19 种（伦敦，1949 年），特别是第 23 页起。

19. J.S.Ackerman, “The Belvedere as a classical villa”, 载 *Journal of the Warburg and Courtauld Institutes*, 14, 1951 年, 第 70—91 页, 以及 *The Cortile del Belvedere*(梵蒂冈, 1954 年)。

20. 如果进一步研究这一关系，那么不仅要对《寻爱绮梦》的木刻画和伯拉孟特的建筑作一详细的比较，而且还将提出这样一个问题：是这些木刻插图影响了伯拉孟特还是伯拉孟特影响了这些插图?

21. Ackerman, 同前注引书。

22. A.Michaelis, “Geschichte des Statuenhofes im Vaticanischen Belvedere”，载 *Jahrbuch des Kaiserlich deutschen archaologischen Instituts*, 第 V 卷，1980 年。J.Klaczko, *JulesII*（巴黎，1898 年），P.G.Hubner, *Le statue di Roma*，第一卷（莱比锡，1912）。最近 E.Tormo 为重现这些雕像摆设的人提供了一个新的重要帮助，见他的 *Os Desenhas das antigualhas que vio Francisco d''Ollanda, Pintor Portugues*（马德里，1940 年）。Hans Henruk Brummer 在 *The Statue Court in the Vatican Belvedere*（梵蒂冈眺望楼中的雕像庭院）（斯德哥尔摩，1970 年）中对这篇文章进行了批评讨论。

23. 参见 G. Tiraboschi，*Biblioteca Modenese* Ⅳ（摩德纳，1783 年），第 108—122 页。另见 Gertrude Bramlette Richards, *Gianfraneesco Pico dellaMirandola*。这是康奈尔大学图书馆中一份打字稿论文。Press no.T.1915 年，R.515。

24. L.Pastor, *History of Popes*, 第Ⅶ卷（伦敦，1908 年），第 5 页起，第Ⅷ卷第 406 页起。

25. L.Pastor，同上注，第 V 卷，1898 年，第 216 页。

26. W. Amelung. *Die Skulpturen des Vaticanischen Musseums*（柏林，1908 年），no.42，第 112—115 页。

27. 小皮科可能知道这幅画，因为 1506 年他在曼图亚。参见 A.Schin，*Gianfrancesco Pico della Mirandola und die Entdeckung Amerikas*（柏林，1929 年），第 12 页。

28. G. F Pico della Mirandola，*De Venere et Cupidin expellendis*（罗马，1513 年 12 月）。瓦尔堡研究院有这一珍贵的版本。原文如下：

Nostin Lili Venerum atque Cupidinem vanae illius Deos vetustatis?Eos lulius secundus Pont. Max. aceersivit e romanis ruinis，ante paululum erutos, collocavitque in nemore citriorum illo odoratissimo constrato silice, cuius in meditullio Caerulei quoque Thybridis est imago colossea. Omni autem ex parte antiquae Imaagines，suis quaeque arulis super impositae Hinc pergamei Laocoontis exculptum uti est a Vergilio proditum simulacrum. Inde pharetrati visitur species Apollinis，qualis apud homerum expressa est， sed et quodam in angulo spectrum demorsae ab aspide Cleopatrae：cuius quasi de mammis destillat fons vetustorum instar aqueductuum，excipiturque antiquo inquod relata sunt Traiani Principis facinora quaepiam marmoreo sepulchro…” Fol.b.iv 正反面。

29. *Hypnerotomachia*，同前引书，fol.d viii，正反面。原文：

“Laquale bellissima Nympha dormendo giacea commodamente sopra'uno explicato panno…ritracto il subiecto brachio cum la soluta mano sotto la guancia il capo ociosamente appodiava...Per le papule (quale di virguncule) dille mammille dilla quale，scaturiva uno filo di aqua freschissima dalla dextera. Et dalla sinistra saliva fervida. Il lapso dambe due cadeva in uno vaso porphyritico，”等等。

30. 同 前 注 引 书，fols b.iv，r—v， 原 文：“Ad hunc ego lucum saepe cum diverterem，non philosophandi grafia，ut olim sub umbra platani propter Ilissum ad quae murmur coloratos lapillos inter strepentis，minus aut adorandi aut mactandi pecudes ergo，ut vani culto，res titus consuevere，sed causa negotiorum，et vel pacem，vel arma tractandi，quibus tandem in patriam ditionem iterum exul，iterum redux fierem. Non visum est mihi ex re fore inutili ut otio torporem，quin ita subito quod malebam non prestaretur, …excudere igitur vel exordiri aliquod placuit opus，aut homine dignum，aut supra brutum。”

31. 关于皮科所谓欲望具有“使人变兽”的力量这一概念的哲学背景，参见 H. Caplan，*Gianfrancesco Pico della Mirandola on the Imagination*，康奈尔研究丛书，第 XVI 卷（纽黑文，1930 年），特别是第 45 页。我非常感谢 H.C.Talbot 博士在翻译皮科信件方面对我的帮助和指导。

32. 这个主题已经由 Giovanni Francesco 的叔叔即（大皮科）讨论过，后来，他还一直对此感兴趣。参见 H.Caplan，同前引书，第 74 页。

33. 这一版中还附有一封给 Konrad Peutinger 的信：“Argumentum praebuit carmini， antiquum Veneris et Cupidinis simulacrum；uti in epistola ad Lilium non paucis retuli。Sed sane eo in simulacro simul et artificis ingenium licebat suspicere：et simul admirari vanae superstitionis tenebras verae luce religionis ita fugatas，ut nec ipsorum Deorum imagines nisi truncae， fractae， et pene prorsus

evanidae spectarentur。”

（这首诗是看到古代的“维纳斯和丘比特”雕像后有感而作的，我在给 Gyraldus 的信中已详细地解释了这一点。确实，在这尊雕像中，我们既可以感受到制作者的天赋，同时又可以想一想，虚假迷信的乌云如何被真正的宗教驱散。现在，这些神明的形象最多只能看到碎片，而且几乎失去了生气）。因此，梵蒂冈的维纳斯雕像在这里变成了被打破的偶像的乏味象征。人们可以先不管曼泰尼亚的《灵魂的争斗》而去想想“逃亡埃及”的传统再现，在这些再现中，当基督一家通过时，异教的雕像便从柱子上掉下来。异教神的“虚荣”是皮科经常讨论的另一个主题，他对古代恶魔信仰的真实性深信不疑。参见本书“象征的图像”中“隆像和异兆”一节。他对 venus felix 的双重解释——认为她既是一个使人变兽的恶魔又是一个已经消失的神——与这种态度是一致的。

34. 见本书。“导言：图像学的目的和范围”，第 1 页 起。

35. *Lettere di M. Pietro Bembo*（罗马，1548 年），第 I 卷，第 90 页起。所署日期是：1516 年 4 月 25 日。这封信常常被收入别的集子，如 Golzio，见前引书，第 44—45 页。原文如下：Che me la vagheggero ogni giorno molto piu saporitamente，che Voi far non potrete per le contivue occupatione vostre…Deh，Monsig. mio caro，non mi negate questa gratia… Aspetto buona risposta da V.S.，et ho gia apparecchiato et adornato quella parte，e canto del mio cametino，dove ho a riporre la Venerina…”

36. L.Pastor，同前注引书，第Ⅷ卷，伦敦，1908 年，第 176 页。作者强调假如不是得到同时代人 Baldassare Castiglione 写的一封信的证实，这个故事将很难令人相信。虽然 E.Walser 在 *Gesammelte Studien zur Geistesgechichte der Renaissance*（巴勒，1932 年，第 114 页起）中正确地指出，我们不应该把狂欢节的演唱和象征符号中习惯化的特许看成是这个时代的观念的征象，但是这种特许的表现形式仍然具有心理学的意义。

37. 参见 G.Negri 在 1523 年 3 月 17 日写的信：“Et essendoli ancora mostrato in Belvedere il laocoonte per una cosa eccellente et mirabile dissesunt idola antiquorum”，*Letter di Principi,etc*（威尼斯 1581 年）第 113 页。L.Pastor，同前引书，第Ⅺ卷，（伦敦，1910 年），第 73 页。到了 16 世纪中叶，这种观点占了上风；这些“偶像”被用幕帐盖了起来。Michaelis，同前引书，第 517 页。

38. 在科隆纳的时代，这本书尚未印行，但对两篇原典进行比较之后可以明显看出科隆纳对这本书的依赖。我引用 Ray Nadeau 在 *Speech Monographs*，19（安阿伯，1952 年）中的英译文：“惊叹玫瑰之美的人请想一想阿芙罗狄特的不幸。这位女神爱上了阿多尼斯，可是战神阿瑞斯又爱上了她。换句话说，阿芙罗狄特对阿多尼斯的感情就像阿瑞斯对她的感情。战神爱上了这位女神，而女神却在追凡人。虽然所追的对象等级不同，但热烈的程度是一样的。嫉妒成性的阿瑞斯想除掉阿多尼斯，因为他相信，阿多尼斯之死将使他自己的爱情得到解脱。因此，阿瑞斯向情敌进攻了，但阿芙罗狄特得知了他的行动，正赶来相救。她在忙乱中踩进了玫瑰园，被玫瑰刺穿了脚掌。伤口里流出来的血把玫瑰的颜色染成了现在人们所熟悉的样子。就这样，原来是白色的玫瑰有了现在的颜色。”科隆纳在前述引书，fol.z vi，正反页上写道：“Et in questo loco etiam similmente

la Sancta Venere uscendo di questo fonte nuda，in quelli rosarii lancinovi la divina Sura，per soccorrere quello dal zelotypo Marte verberato”（裸着身子从这一泉水中浮现的神圣的维纳斯也正是从这里赶去帮助被嫉妒成性的马尔斯毒打的他，正是在那些玫瑰丛里她刺伤了自己的圣脚……）。

39. W.Friedlander，“La tintura delle rose”，载*The Art Bulletin*，第XX卷，第3期，第320—324页。

40. 关于对这座房间及其系列湿壁画的详细描述，参见Frederick Hartt，*Giulio Romano*，2卷本（纽黑文，1958年）。

41. 关于日期和以前的参考书目，见Leopold Dussler，*Sebastiano del Piombo*（巴尔，1942年），第34页。这位作者的描述为图像志和形式欣赏之间的相互依赖性提供了一个检验案例。他没有注意到关于玫瑰的这段故事，所以他批评维纳斯的姿势破坏了得体原则。

罗斯玛丽·特里普

《寻爱绮梦》，图像、文本和方言诗 *

巴尔达萨雷·卡斯蒂廖内（Baldassare Castiglione）所著的《廷臣论》①（*Book of the Courtier*）以1507年的乌尔比诺（Urbino）为背景，描写了一场宫廷内关于廷臣的理想形象的讨论，书的第三卷讨论了理想的廷臣是怎样追求所爱女士的。其中一位讨论者，朱利亚诺·蒂·美第奇（Magnifico Giuliano de'Medici）说到："我知道一些人在写信追求女性或当面表白的时候会用'波利菲洛语'，他们过度沉迷于精巧的修辞，结果适得其反，给人以无知愚昧之感，女性避之不及。"[1]这段话经常被引用作为当时讽刺批判《寻爱绮梦》[2]的证据。同时，这段话也指向了书中最明显却又尚未得到充分认识的方面：修辞和爱——本文的两大主题。

1499年11月，阿尔杜斯·马努蒂乌斯在威尼斯出版了《寻爱绮梦》。阿尔杜斯专门出版古拉丁语、古希腊语以及同时期的相关著作。而《寻爱绮梦》，是阿尔杜斯出版的第一部地方语言的作品，完整保留了原书的171幅木版画，可谓是当时插图最多的书籍之一。由于此书是特地献给当时乌尔比诺公爵圭多巴尔多·达·蒙泰费尔特罗（Guidobaldo da Montefeltro）的，所以面向的读者也是和他一样的人物——受过良好的人文主义科学教育，和意大利宫廷关系密切。[3]《寻爱绮梦》描述了主人公波利菲洛的经历并配有图解，波利菲洛在梦中之梦，不断寻找着他的爱人——波莉亚。在他寻找过程中，遇到古代建筑、雕塑、拉丁和古希腊铭文、象形文字和神话寓言中的人物。

一直以来，研究重点都放在作者弗朗切斯科·科隆纳（书中的每一章的第一个字母组成了一首藏头诗）的身份，[4]以及把书作为作者所处文化的产物，不管是威尼斯－多米尼加（Venetian-Dominican）文化还是罗马贵族（Roman-noble）文化。[5]此方面的研究，

---

①《廷臣论》中作者描写了一场虚拟的宫廷讨论，乌尔比诺的宫廷权贵、作者和四个著名的文人讨论了理想廷臣的肖像。讨论涉及理想廷臣的内涵和外延、宫廷贵妇的举止和风度以及廷臣和君主之间的关系等。

在很大程度上让我们了解了作者的教育背景，尤其是他对古希腊和拉丁文学的修养。较新的研究出版物，包括新版的附有意大利译文翻译和评注的《寻爱绮梦》以及《寻爱绮梦》的英文译本，都加深了我们对作者的认识。[6] 这些研究通常都把《寻爱绮梦》看做人文主义知识的综述本，更确切地说，是关于哲学的论文，文中简单明了的图像描述了梦中的快乐故事，文章所要传达的道德和伦理意义深藏于作者华丽精巧的散文叙述之中，从而把不具备这类学识的读者拒之门外。[7] 人们很少把《寻爱绮梦》看成方言文学和虚拟故事。两个版本的评注版本都指出了《寻爱绮梦》中使用了彼特拉克的写作主题，文本中使用了典故。然而这些特点的意义被大大低估了。有作者认为这些只不过证明了作者的罗马人身份，书中暗含了科隆纳的先人赞助诗人的纪念。[8]

对作者身份的强调让人们忽视了研究此书早期在意大利的接受程度。[9] 艺术史研究，一直专注于《寻爱绮梦》中插图的绘画和文学源头，尤其是描绘建筑纪念物和雕塑的插图，显示了科隆纳对维特鲁威和阿尔伯蒂著作也有研究。[10] 有些书籍讨论、描述、解释了彼特拉克的诗歌（《凯旋》[*Triumphs*]）和《寻爱绮梦》中图像之间的关系。[11] 关于《寻爱绮梦》的学术研究，注意到了书中文本和图像的关联，大都认为木版画是科隆纳的原创，而文本和图像之间的差异被认定为是工匠对科隆纳本意的曲解或是工匠擅自做了渲染。[12]

本文所要阐述的观点基于两个假设之上。第一，根据文本中语言学上的证据，作者威尼斯的弗朗切斯科·科隆纳是一位多米尼加的文法家。不过，这个假设对本文对《寻爱绮梦》的解释并没有决定性的影响。[13] 第二，木版画的内容反映了作者的真正意图。绝对不是小看古希腊和古罗马文化对作者成书的影响，而是本文更倾向于把《寻爱绮梦》视为方言文学传统的产物。对彼特拉克诗歌（方言文学传统的一个方面）的研究，有助于我们结合 16 世纪最初 10 年的背景来理解当时人们对《寻爱绮梦》的接受程度。同时也是仔细阅读下文列举的文本和图像的基础。重点是这两幅木版画（图 1 和图 2）是怎样和相应的文本精妙地结合，向读者展示作者的喜怒哀乐，这正如方言抒情诗起到的作用一样。一幅木版画使读者和主人公产生了情感共鸣。另一幅木版画，严格控制着读者和波利菲洛之间的距离，体现出了和文本结合后的张力。两幅木版画中都表现了波利菲洛和波莉亚（波利菲洛魂牵梦绕追逐的对象，也就是故事的女主人公）最初的相遇。

乔凡尼·波齐（Giovanni Pozzi）一直都对《寻爱绮梦》中图像和文本之间的关系有广泛深入的研究，他认为木版画既有描述功能又有叙述功能。[14] 他指出，这些图像有叙述功能，用来连接重要的情节。由于科隆纳的语言精巧生动却又令人费解，这样就有利于读者理清作者的叙述。这一功能是通过把木版画嵌入所对应的章节里，即把表现一个场景的木版画与描述同一个场景的文字叙述放在一起来实现的。波齐的这一观点适用于对多个连续事件组成的情节的描写，例如神庙仪式的描写。书中描写神庙仪式的文本中间会插入木版画，并且插图上下就是相同场景的文字叙述，如图 3 所示，插图描绘了女祭司和她的助手们正在列队行进，图的下方的文字就描述了这一场景，一一介绍了她们携带的物件。[15] 本文研究了波齐用来佐证自己论文的木版画例子，旨在证明文本和图像之间有着更加复杂的关系。本文重点放在木版画表现主题的文学传统渊源，而非单纯考虑其独立功能（当然历史上很少有把木版画看成是独立的个体）。对《寻爱绮梦》来说，爱者（波利菲洛）和被爱者（波莉亚）的相遇就是意大利方言文学中的爱情故事和抒情诗的中心话题。

对《寻爱绮梦》的传统艺术历史研究一直受到限制，很大程度上由于其语言晦涩难懂。科隆纳的词汇结合了拉丁语、希腊语和意大利语各种方言，并且根据拉丁文法成文。[16] 通过把意大利语词加上拉丁语前后词缀，或是把拉丁词加上意大利语的词缀，创造出新的副词、动词、形容词、小称（diminutives）①和辩论词（argumentatives）。[17] 不管是当时还是现在的读者，读《寻爱绮梦》时都疲于解读其独特语言，而忽视了文本字里行间的意思，忽视了句与句之间的结构，从而不能抓住重点。

虽然 15 世纪末依然没有对方言的专门研究，也没有方言语法或方言字典出版，然而并不能就此断言那些用批判的眼光阅读拉丁和希腊典籍的人彻底忽略了方言作品。相反，15 世纪语言没有一个统一标准，非托斯卡纳人可以而且的确阅读托斯卡纳文学作品，承认托斯卡纳语是和他们所用的书写方言不同的语言。《寻爱绮梦》的读者尤其如此，正如出版商格拉索（Leonardo Grasso）写的题献书信所言："本书的神奇之处在于：虽然此书用我们的语言（意大利的地方语言）成书，但如果要深知其意就必须对希腊语和拉丁语有着不输于托斯卡纳语和各种方言的驾驭能力。"[18] 当时为人熟知的托斯卡纳语作品出自于但丁（Dante）、薄伽丘（Boccaccio）和彼特拉克。彼特拉克最出名的作品

---

① 指通过"截头去尾加音变"获得名字的"小称、昵称"。比如 Elizabeth，就有许多的"小称、昵称"：Elisa、Alice、Alizon……取自 Elizabeth 中的 Eliza，是"截头"；Becky, Bessy ,Betty ……等等，取自 Elizabeth 中的 beth，是"截尾"，再稍加变换，力求读起来动听，这就是"小称、昵称"。——译者引自：http://www.douban.com/group/topic/2369626/，2010-8-23。

ſpirante diceua, chel riſonauano per ſotto quella uirdura gli amoroſi ſo-
ſpiri, iformati dentro il riſeruabile & acceſo core. Ne piu præſto in queſta
angonia agitato, & per queſto modo abſorto eſſendo, che inaduertente al
fine di quella floribonda copertura perueni, & riguardando una innume
roſa turba di iuuentude promiſcua celebremente feſtigiante mi apparue,
Cum ſonore uoce, & cum melodie di uarii ſoni, Cum uenuſti & ludibon
di tripudii & plauſi, Et cum molta & iocundiſſima lætitia, In una ampliſ
ſima planitie agminatamente ſolatiantiſe. Dique per queſta tale & grata
nouitate inuaſo ſopra ſedendo admiratiuo, di piu oltra procedere, trapen
ſoſo io ſteti.

Et ecco una come inſigne & feſtiua Nympha dindi cum la ſua arden-
te facola in mano deſpartitoſi da quelli, uerſo me dirigendo tendeua gli
uirginei paſſi, Onde manifeſtamente uedendo, che lei era una uera & rea-
le puella non me moſſi, ma læto laſpectai. Et quiui cum puellare prom-
ptitudine, & cum modeſto acceſſo, & cum ſtellāte uolto, pur obuio ad me
gia mai approximata, & ſurridendo uene, Cum tale præſentia & uenuſta
elegantia

图 1. 弗朗切斯科 · 科隆纳，《寻爱绮梦》（威尼斯，1499）

Et poſtala nella ſua, ſtrengerla ſentiua tra calda neue, & in fra coagulo lacteo. Et parue ad me ímo cuſi era de attingere & attrectare pur altro che coſa di códitione humana. La onde poſcia che cuſi facto hebbi, ireſtai tuto agitato & concuſſo, & ſuſpicoſo, non ítédando le coſe inuiſitate ad gli mortali. Ne ancora che dindi ne doueſſe ſequire, cum plebeo habito pan noſo, & cũ iſciochi & uulgari coſtumi, difforme allei iſtimantime inepto & diſſimile di tale cóſortio, & illicito eſſere mortali & terrogenio tale delitie fruire. Per laq̃le cagióe arroſſciata la facia, tutto diuerecũda admiratióe reimpleto, al quáto della mia imitate cõdolédomi, ſectario ſuo me expoſi.

Vltimaméte pur nó cum integro & tutto riuocato animo ícominciai de riducere gli pauidi & pturbati ſpiriti, Suadédomi meritaméte beatiſſimo exito eſſere appreſſo tale belliſſimo & diuo obiecto, & in cuſi facto loco. Laſpecto præſtabile della quale ualida uirtute harebbe hauuto di trahere & di tranſmigrare le perdute alme fora delle æterne flamme, & de ridure gli corpi icópacti negli monuméti al ſuo cõiuncto, Et bacho harebbe neglecto la iclyta temulétia di Gaurano, Fauſiano, & Falerno, & Puci-

图 2. 弗朗切斯科・科隆纳，《寻爱绮梦》（威尼斯，1499）

Et ecco cum summa ueneratione maturatamente, Vna portaua cum registrato processo el rituale libro, de uilluto debitamente inuestito, de seta Cyanea, di circulissime unione, In forma de una uolante columbina nobilmente di tomentata ritramatura, cú ansulette doro. Insignite ciascuna de esse de Pancarpie nel uenusto capo. Vnaltra portoui due subtilissime suffubule leriate, & dui Tutuli purpurei. La tertia hauea el sancto murie in uno uaso aureo. La quarta teniua el secespito cum oblongo manubrio eburneo, rotondo & solido, iuncto nel capulo cum argento & oro & chiouato di ramo Cyprio, & uno ancora præfericulo. La quinta era gerula de una iacynthina. Lepista oculissima di fontanale aqua piena. La sexta baiulaua una aurea Mitra, cum richissimi Lennisci de penduli, per tutto ornata copiosamente de pretiose & fulgentissime gemme, Tutte queste una sacerdotula cereoferaria præcedeua, cum uno Cereo nunque accenso, de candida, purgatissima, & uirgine materia. Queste delicate uirgine ad fare le cose sacre & diuine edocte, & ad gli ministerii scrupulose, piu che la Hetrusca disciplina perite, & ad gli sacrosancti sacrificii, cum prisco instituto apte & obseruantissime, Alla pontificia Antistite, cum obstinata religione riuerente, se appræsentorono.

图 3. 弗朗切斯科·科隆纳，《寻爱绮梦》（威尼斯，1499）

就是《歌集》（*Canzoniere*）和《凯旋》（*Triumphs*），从 1475 年开始，大量出版了附有评注的《歌集》和《凯旋》，还有很多保存至今的彼特拉克手稿的复印件。[19] 给《歌集》写评注的是人文主义学家菲莱佛（Francesco Filelfo，1398—1481），他认为方言不需要也不值得研究。在解释彼特拉克的诗和鉴定其诗中神话和历史典故时他只字不提彼特拉克诗的风格。[20]《寻爱绮梦》出版后两年，1501 年 7 月《弗朗切斯科・彼特拉克的方言作品》（*Le cose volgari de messer Francesco Petrarcha*）出版，在阿尔蒂尼（Aldine）出版的彼特拉克的《诗作》（*Rime*）（又称《歌本》）和《凯旋》，由威尼斯贵族人文主义者本博（Pietro Bembo）编辑，显示了其倾向于研究方言的语言。不过，此版本并不是根据彼特拉克的亲笔手稿编纂出的最初版本（第一版在 1472 年出版于帕多瓦），本博做了一些修订：纠正拼写，加入标点，重排诗歌的（《歌集》）和《凯旋》）顺序，使得此版本的彼特拉克显著不同于在此之前的 22 个版本。[21] 然而本博并没有撰写相关评论，1505 年阿尔杜斯出版了本博用 14 世纪托斯卡纳语写成的讨论爱的本质的对话形式的论文——《阿索拉尼》（*Gli Asolani*）。[22] 书中，彼特拉克的诗风作为对方言诗的模仿范本呈现给贵族的人文主义者。本博本意是希望此书能作为方言改革的范本，复兴他所认为的方言文学黄金时期的风格。[23] 描绘三位廷臣——佩罗蒂诺（Perottino）、吉斯蒙多（Gismondo）和拉威埃罗（Laviello）——之间虚构的辩论时，本博比较了三种不同的方言诗的风格（三种风格分别代表了三种不同的爱的概念），三种文学模仿的风格，同时也是三种文学解释的风格（如博尔佐尼 [Lina Bolzoni] 所主张的）。[24] 本博从 1510 年代开始就明确致力于拉丁西塞罗主义（Ciceronianism）和托斯卡纳方言，所以他可能不是解释科隆纳作品的适当媒介，因为他俩的文风迥异。然而本博自 1496 年就开始撰写《阿索拉尼》（虽然其出版年代迟于《寻爱绮梦》好几年），在那时，本博和科隆纳都参与了方言文学的文化大潮，承认方言有它自己的形式和惯用法，而风格还未成为人们争论的话题。[25] 本博并没有从彼特拉克的诗作中得出新的结论，而是追求已存的彼特拉克诗歌创作方法的纯粹完美化，当时一些宫廷诗人（而今被认为是意大利文学史上无足轻重的人物）创作的十四行诗的手稿和出版诗集中都能找到彼特拉克的创作方法。[26] 1505 年出版的《阿索拉尼》可以看做是对 15 世纪末和 16 世纪初诗歌创作状况的描述——当时人们都遵循彼特拉克的诗歌创作方法。[27]

由于科隆纳创作灵感的源泉，尤其是薄伽丘、彼特拉克和但丁都对方言运用独树一帜，所以许多学者看不起科隆纳的方言主题的使用，认为其方言是模仿前人，毫无新意，老旧落俗。[28] 但是如果我们思考科隆纳是怎样活用前人的智慧，就会对《寻爱绮梦》从文化角度做出更准确的解释。大量参考他人文献，取其论题之长处，科隆纳更多的是超越而非简单模仿，也不是要和前人辩论什么。[29] 科隆纳展示了他对文学传统的渊博知识和驾驭能力，他用文学传统作为自己小说的原始材料，而不是利用它们超越文学前辈。读者也参与到科隆纳设置的游戏当中，兴致勃勃地寻找书中的图画和文本的原始资料。[30] 除了发现科隆纳书中对应的文学传统主题，受过修辞理论和实践教育的读者还可以找到科隆纳为了达到写作效果而使用的特别技巧。这些技巧的运用知识出现在作为修辞模仿范本的拉丁修辞专著中，例如西塞罗的《论题篇》（*De inventione*），昆体良（Quintilian）的《雄辩术原理》（*Institutio oratoria*）和《赫拉纽姆修辞学》（*Rhetorica ad Herennium*, 后来此书被认定为是西塞罗所著的实用手册）。[31]

《寻爱绮梦》写到大约三分之一时，描写了波莉亚和波利菲洛的第一次见面，这段描写就是作者的一个活用。遇见了五个感官女神，遇到了宽容（Liberality）、[32] 意志（Will）和理智（Reason）女神之后，波利菲洛遇到了一位仙女——就是后来的波莉亚。波利菲洛是在藤架的一端看见正在另一端的波莉亚的（图 1），之后就用文字描绘了波莉亚的容貌。这种文字描写手法在文学史上由来已久。此手法属于一种叫“肖像描写”（effictio）的修辞手法，《赫拉纽姆修辞学》中定义其为“用清晰的文字重现描摹某人的体态特征，让其易于辨认，”书中举的例子也相当详尽：“矮胖的驼背男人，满头白色的卷发，蓝灰色的眼睛，下颚上还有一道很深的疤痕。”[33] 在古代，肖像描写通常用于意在表现词藻的修辞之中，不过有时候外貌描写也会出现在诗歌中。[34] 中世纪修辞学家把这种描绘手法用于诗歌（西方一般用诗歌），由此规范了一种典型的肖像描写法。按照这种描写方法，诗人（写入诗中）的个人经历是经过理想观念净化的。[35] 普罗旺斯和意大利的诗人和作家，包括彼特拉克和薄伽丘，都使用这种新的文学肖像描写惯用手法，拉丁散文爱情故事，例如教皇庇护二世（Enea Silvio Piccolomini）所著的《鸳鸯艳记》（*Historia de duobus amantibus*）也使用了相同手法。[36] 作家创造了描写所爱之人外貌的金科玉律：描写人物的典型特征（金发、黑眼睛、白皙的肌肤），从头到脚依次描述，比喻性地展示心爱的人美丽耀眼的特征。[37]《阿索拉尼》对肖像描写的重视更加巩固了肖像描写作为方言文学一种主要传统的地位。第二卷中，吉斯蒙多为了表达爱的喜悦，在散文中采用了装饰性的、薄伽丘式的方式，角度集中地描绘了见到他的挚爱所产生的视觉愉悦。[38] 第三卷中，拉威埃罗批评吉斯蒙多只关注感官描写，也批判了强调外在美忽视内在美的诗歌风格。相应的，拉威埃罗描写挚爱只是局限于合组歌（*canzone*）。[39] 文学中描绘挚爱的方法可以和绘画进行类比：16 世纪早期不胜枚举的佚名女士的画像中的人物特征都符合诗歌中美的标准。[40]

《寻爱绮梦》中描写波莉亚的灵感源于薄伽丘的《佛罗伦萨女神们的喜剧》，后改名为《亚梅托的女神们》（*Commendia delle Ninfe Fiorentine* [*Ameto*]）的第九卷和十二卷，此书是一部牧歌式传奇，用散文体和诗体写成。正如波齐和其他人所指出的，科隆纳实际上创造了一个女人，而她是薄伽丘所描写女神们的混合体。[41] 书中描绘波莉亚所配的木版画，左上角是音乐师（版画前的文本中已描述）。波利菲洛从长满茉莉花的藤架的一端看到了这些音乐家，欣赏着她们的乐曲。插图的下方描绘了一个场景："我看见她们中的一位女神手持火把离开队伍，迈着婀娜的步伐向我走来，她是多么与众不同，令人愉快，当我确认她不是女神而是凡人的时候，我无法挪动步伐，傻傻地看着她向我走来。"[42] 然后波利菲洛大赞其美丽，她的美带给波利菲洛的震撼远大于该尼墨得斯（Ganymede）①给朱庇特（Jove）、普绪克（Psyche）②给丘比特（Cupid）、维纳斯（Venus）给战神马尔斯（Mars）③、阿多尼斯（Adonis）④给维纳斯的震撼。波莉亚是如此的美丽以至于波利菲洛怀疑波莉亚是女神而非凡人，确认了真实性之后，波利菲洛等待着波莉亚的靠近。中世纪论著中所说的描写人物方法（彼特拉克、薄伽丘、庇护二世和本博都用过这种方法）就是把所爱人的美从头到脚描写一遍，而科隆纳描写波莉亚的方法却很随意、杂乱，时而描写波莉亚外貌美，时而描写她华丽的服饰和装饰。他写道："我的女神，耀眼得像阳光，她婀娜的神圣的娇小身体上罩着用绿色丝绸织成的柔软垂感的衣服。"[43] 接着波利菲洛细致描写了她佩戴的珠宝装饰，还通过其服饰的形状揣测波莉亚的身形曲线，尤其是她的胸部（是从薄伽丘那借鉴来的主题）。[44] 描写完了波莉亚的服装和装饰后，波利菲洛转而描写她的手臂、双手、指甲、透明的衣袖和绣花的衣边。虽

---

①该尼墨得斯：特洛斯国王的英俊儿子，受到朱庇特（即宙斯）的喜爱，被化身为鹰的朱庇特掳走，将他带到天上为诸神斟酒。

②普绪克：希腊著名的神话人物，她外表和心灵美丽无双，当丘比特见到她时，一见钟情地爱上了她，并娶她为妻。

③马尔斯：他是宙斯与赫拉的儿子，司职战争，形象英俊，性格好斗，是力量与权力的象征，维纳斯的情人。

④阿多尼斯：古希腊美男子，拥有惊世的容颜，维纳斯一见倾心爱上了他。

然波莉亚的服装类似于古代服饰，尤其是系带的方法，波利菲洛把它比作维纳斯时期的风格，但是她的衣着同时也是现代的，因为她的内衣被称作贴身女背心（*camisia*）①，或者同意的拉丁文词“*interula*”。[45] 科隆纳描写波莉亚服饰的绣花边的时候，提到了当时威尼斯服饰的一个细节，“衣边都镶有小巧轻薄的金吊坠，松散地悬挂着，许多地方都装饰优美得无与伦比。”[46] 话锋一转，回到了波莉亚的装饰上，镶嵌了三个珍珠的发夹，纯金的项圈，还描写了装饰物和她脖颈、服装、胸部之间的空间关系。作者的注意力不停地在天然的和雕饰的、真实的和比喻的（文字）之间转换：“如前文所说，外衣下她穿着的手艺最精湛的、质地最轻薄的白丝绸褶皱束腰内衣，包住了她精致的身体，就像鲜艳的玫瑰。她丰腴迷人的胸部，非常养眼，效果胜于疲于逃跑的鹿看到了清凉的小溪。”[47] 随后（作者的）注意力暂时转向波莉亚的衣袖，又转向其胸部，写道，“最令人兴奋的事情莫过于偷偷盯着她轻柔外衣下隆起的乳头。我很肯定造物主费尽心思，倾注所有的感情创造了这么完美的作品，冒着失去尊严的危险，精雕细琢，使其最大程度地给人赏心悦目之感。”[48] 作者又描写了波莉亚的颈前部，以及佩戴的项链和制成项链的珠宝。视线移至波莉亚的头部，她的头发像微微发着红光的黄金，长度及膝，头上戴着紫罗兰花环，散发着阵阵香气。注意力又转向她的脸，眉毛乌黑，弯弯的，黑色的眼睛，脸色红润像破晓时分塞浦路斯水晶花瓶中害羞的玫瑰。她的双唇“饱满，涂着紫色的口红”，象牙色的牙齿“排列相当整齐，爱神在每颗牙齿上都撒上了永恒的香气”。[49] 波利菲洛随后更正了自己的描述，指出波莉亚的牙齿是牛奶白。然后又一次更正了，说牙齿更像一排闪耀的珍珠，这也是唯一一次用珠宝作比喻的描写。这章其余的部分都是描写波利菲洛对于他所见的情感反应：“我贪婪的轻率的眼睛就是罪恶和不安分的骚动之根源，而且我感觉我受伤的心灵正在挣扎，在和邪恶的思想斗争着。”[50] 感官享受驱使波利菲洛的眼睛在波莉亚的脸部和身上游走。通过拟人修辞手法（*conformatio*），用波利菲洛的欲望和眼睛来赞扬波莉亚的头发、脸庞、眼睛和胸部，最后说道，“要是我们能完全揭示她的美就好了”。[51] 关于波莉亚的美，波利菲洛把他无法满足的欲望比作一直都饱受饥饿之苦的人。[52]

所有彼特拉克式诗歌都是选择性的描写和比喻所爱人的某些部分，[53] 科隆纳则用这

① “Camisia”源自古普罗旺斯语。根据上下文，“Camisia”应该也是当时意大利语中的用法。

种方法达到自己特殊的目的。让人迷惑的肖像描写和令人迷糊的波利菲洛之梦平分秋色。从波莉亚身上一个部分转向另一个部分的描写，更像是随意却有序的观看而不是对所见事物流水账式的杂乱无章的描述。因此这种描写是对所见的事物的即时语言描述而非对过去经验的文学再现。[54] 然而，虽然科隆纳做了详尽的描写，但是在波莉亚本身和她所佩戴的饰品中不停转换的角度造成阅读的不连贯。无序的肖像描写造成了读者对波利菲洛的情感认同，感受到他无法满足的视觉和欲望，木版画通过独特的设计构图从视觉上加强了读者的感受。木版画呈现了波利菲洛对波莉亚走过藤架漫长的等待，重现了肖像描写的效果。视觉上，鲜花覆盖的藤架在空间上分开了男女主人公；藤架下的长椅垂直于波莉亚所在的平面，强调了波莉亚就是波利菲洛视线的焦点。然而插图的展示和相应的文本解释都证明视觉描写绝对不是直线型的、有序的。之前习惯于借助木版画来理解文章的读者读到这里就碰到了困难。这幅木版画独具匠心地从背后左侧四分之三角度表现了波利菲洛全神贯注、满怀期待地盯着波莉亚，暗示波利菲洛此时的着迷，邀请读者如临其境，却又让读者无法真正踏入书中的世界。[55] 波莉亚的形象在远处的背景中，读者只能对她的特征和外貌有一个粗略的印象。而文本描述则有选择性地描写了波莉亚的特点，来帮助读者理解。本章的开头，波利菲洛看见远处一个模糊的、弱小的身躯在唱歌、跳舞，还玩着乐器。然而，文本描述并不连贯，从来不让读者在脑中对波莉亚的整体形象有一个全面的呈现。[56] 无论是文本还是版画都没有给读者一幅完整的波莉亚画像，而作者对波莉亚胸部、头发和嘴的强调让读者产生了要一窥究竟的欲望。科隆纳华丽精美的语言更加削减了传统用于展现美的诗意化隐喻的暗指能力。波莉亚的牙齿似珍珠而她就戴着珍珠，她的头发似黄金而她的衣服就装饰了黄金。科隆纳的语言呈现了波利亚的形态，并且提供了波莉亚珠宝和服饰的详细描述。类似的，木板也呈现了当时的情形，（但读者能直接看到的）不是波莉亚而是藤架。对藤架圆柱、支撑横梁和上面盛开的花的区分进一步模糊了波莉亚的形象，使读者更加无法看清波莉亚的全貌。在本章开头作者概要地提到，藤架妨碍了观察者的视线，而藤架是此木版画中最清晰的物体。

波齐把这幅特别的木版画作为他论文中的论据，证明《寻爱绮梦》中的人物图像总是起着叙述作用，而且这些形象从来不用来描述，起描述功能的只有文字。[57] 由于缺乏描述性特征读者没有办法合成波莉亚的整体形象，波齐把图像的这一“缺点”归结于作者牺牲视觉描述来成全文字描述。这幅版画就是用来阐述波莉亚走近波利菲洛这一场景的。波齐还引用了《寻爱绮梦》中对波莉亚的文字描述，认为这种描述属于传统肖像描写手法的范畴，但同时他也指出此描述离奇的长，而且很少或几乎没有运用合乎法典的隐喻方式。[58] 根据波齐的分析，科隆纳通篇都强调人造物（artificial objects）①的描述直接导致了他独特的肖像描写的结构和内容。[59] 意大利语翻译和评注版本的一位编辑曾解释了文本和视觉的不一致性——文章中只是简单介绍了藤架，而艺术上版画作者则细致地把它展示在读者眼前。[60] 确切地说，为了让读者切身感受到波利菲洛梦中所受的迷茫之苦，科隆纳刻意谨慎地构思了他的肖像描写手法；文本和木版画相结合的设计让读者同时感受到波利菲洛视觉上的受挫和不满足及其深切的渴望。[61] 这一系列的情感都是方言抒情诗传统的一部分。彼特拉克的《歌集》就充满了失望和情感转移；男主人公既无法和所爱的人结合，又无法将彼此忘怀。他近乎发狂地反复表达着失望和郁闷，希望借由文学再现之手弥补不能得到劳拉（Laura）②的不满，用诗完整记录下他的经历，于是《歌集》中充斥着劳拉的美。

接下来的一章作者继续叙述了波利菲洛的所见，章节的第四页又配了一幅木版画（图2）。画的背景依然是有藤架的花园，但是男女主人公相见了并且手挽着手。波莉亚的轮廓清晰了：版画中能清楚看到波莉亚的胸部和腹部。此时波莉亚之前零碎的美合成了整体，“绝对完美的结合”，并引用前人描写完美结合的主题——古希腊画家宙克西斯（Zeuxis）还有克罗托纳（Crotona）年轻貌美的少女③，然而作者指出如果这些艺术家看见波莉亚的话就绝对不会用其他模特。[62] 细心的读者会发现，在这里出现的波利菲洛和在《寻爱绮梦》全书第一幅图（图4）中出现的波利菲洛有形式上的相似，图4描绘了波利菲洛在第一个梦境里穿过“黑暗森林”（拉丁语为“silva obscura”），这地方让人想起但丁《神曲》中《地狱篇》（*Inferno*）开篇的类似场景。然而这两幅版画恰恰构成了主题对照（antithesis）或者称对立（contrapposto④）。[63] 对比这两幅画可以发现波

①指波莉亚的服饰和装饰。

②彼特拉克在法国圣基亚拉教堂邂逅了劳拉，一见钟情，陆续写了许多十四行诗表达爱慕之情。1348年劳拉因病去世，彼特拉克痛苦不堪，写诗怀念，后来结集为《歌集》。

③宙克西斯当时要画一幅《海伦》画像，他召集了全城最年轻美貌的少女，从每一个美丽少女中挑选其最美的特征加以描绘，以描绘最美的《海伦》。

④ Contrapposto：是视觉艺术的术语，通常描述一种站姿，肩膀和胳膊扭转，偏离躯干正轴，与臀部和腿不处在同一平面上，用一条腿支撑身体重量。这给人以轻松和较不僵硬的感觉。当一条腿将要从静止变为运动时，它同样可以表现出蕴含的紧张感。引自：http://baike.baidu.com/view/1094556，2010-8-24。

利菲洛从一个文学创作主题转到了另一个主题，从可怕的地方（locus horribilis）到了宜人的地方（locus amoenus）。[64]宜人的地方是指心爱的人出现的任何地方，当然这地方通常是花园，下一章就详细描述了波莉亚出现的花园。花园中郁郁葱葱的树林在图 2 中就只剩下零星的几颗小树，而狂野的大自然则被藤架的支柱所取代，支柱上装饰着科林斯式的柱头。波莉亚和科林斯柱头的同时呈现让读者想到几个章节之前所写的内容；按照科林斯的规矩，柱头形状模仿了莨苕叶的形状，同时又如少女婀娜的身姿，正如维特鲁威①在第四书中所描述的一样。[65]版画下紧接着的文本写道："我把我的手放在她的手中，紧紧扣住，她的手感觉就像被凝乳包裹着的炙热的雪。"[66]

描写波莉亚手的短语"炙热的雪"运用了对照隐喻法（antithetical metaphor），正如科隆纳的读者能洞察到的，这种修辞是彼特拉克式诗词的最基本的修饰方法。[67]彼特拉克自己在诗 157 中用这种比喻形容劳拉："金丝一般的秀发，白玉无瑕的容颜"。[68]彼特拉克反复使用这个比喻，有时在一首诗中使用两次，如在诗 30 中火和雪就出现了两次：8—9 行，作者为了表达不可能："亦或我的心得到安慰，双眼不再流泪 / 雪在火中燃烧，烈火冻结成冰"。[69] 31—33 行，作者又用它们描写自己的感情状态："阳光下的白雪，它都使我融化 / 变成一条泪河，亦或泪河的形成"。[70]

彼特拉克在诗中不厌其烦地反复使用冰与火的对比，每次的使用都经过了精心的设计，用来描绘他炙热的情感，然而在不断经历相思之苦时，作者又感到他配不上劳拉，他为他对劳拉肉体上的幻想感到羞耻。彼特拉克一直都在爱的喜悦和劳拉看不起他的失望中挣扎。《阿索拉尼》的第二卷研究了这种爱情诗的传统隐喻对照法。吉斯蒙多讨论了表达爱意者的情感，在第一卷中他批判了佩罗蒂诺的夸张语言，因为这种写法只会让男主人公看起来很可怜，让爱成为一种痛苦。[71]然而，随即吉斯蒙多又为诗的创造性进行辩解：

我又能说些什么呢？不用我说，大家都知道，陷入爱情的人会把事实夸张无数倍，诉诸笔端的主题让人摸不着头脑，所写的内容自相矛盾毫无自然之感，他们使用夸张的

①维特鲁威是公元 1 世纪初一位罗马工程师，总结了当时的建筑经验后写成《建筑十书》，共十篇，《建筑十书》是西方古代保留至今唯一最完整的古典建筑典籍，书中记载了大量建筑实践经验，阐述了建筑科学的基本理论。

能力和诗人相比有过之而无不及。[72]

接着他又借冰与火这两个特别的隐喻进行讨论：

陷入爱河的人通常会说一些悲伤的故事，但和那些真正经历痛苦的人不一样，实际上他们根本没有经历过这些缠绵悱恻的爱情。但是这些故事丰富了白纸黑字的作品。通过多彩的颜色改变作品的韵律，“爱”在读者看来更加迷人。因此，佩罗蒂诺竭力用火来强调当爱来临时的惊喜，难道火这个比喻就没有充满我的或是其他任何一个因爱而喜悦的人的文笔之中吗？然而，作品中不仅大量使用火这个比喻，还使用了冰，还有其他各种相对立的事物，难道相对于人的内心而言，这些截然不同的事物不是更容易同时出现于文本中吗？[73]

吉斯蒙多别具心裁地用对照方法（白纸黑字－彩色）为修辞手法正名，他认可了对照这种手法，作家可以通过使用对照来呈现鲜活的事物，达到和绘画一样的效果。

在《寻爱绮梦》这一章接下来的部分中，科隆纳进一步阐述了波利菲洛经历的冰与火（源于彼特拉克的对照手法）的考验，波利菲洛一直在矛盾的情感中徘徊不定。最初，波利菲洛和波莉亚在一起感到很愉快，但是不久波利菲洛就产生了一种自卑感，感到自己配不上波莉亚。波利菲洛把他身上又粗又破的衣服和波莉亚华丽的服装相比（薄伽丘在《亚梅托的女神们》中反复用到的主题）。[74]之后一页写道，波利菲洛本来大赞波莉亚并渴望拥有她，然而他卑微的地位让他对自己、对自己产生的欲望感到羞耻。[75]随后的两页纸都是波利菲洛的内心独白：

我感到我的心受到了伤害，不经意间心中满溢了强烈的感情，疯狂的想法，我爱波莉亚，但满脑子都是要占有她，心中的伤口无法愈合，反而越来越撕裂，越来越痛苦。几乎就要鼓起勇气向波莉亚表达我卑微脆弱的灵魂，向她说出我热忱的爱，跟她说我想让她属于我。完全被欲望冲昏头脑的我，再也没有理由不对波莉亚采取侵略性的接近方式，再也无法克制时刻都在侵蚀我的炙热的爱意，再也无法不大声说出我的情感：哦，我美丽的女神，不管是谁，请不要用你手中神圣的火把将我灼伤，吞噬我受伤的灵魂：而今我已彻底被这突如其来的炙热的爱情之火融化，灵魂告诉我，锋利的爱神丘比特之

Per laquale cosa, principiai poscia ragioneuolmente suspicare & credere peruenuto nella uastissima Hercynia silua. Et quiui altro non essere che latibuli de nocente fere, & cauernicole de noxii animali & de seuiente belue. Et percio cum maximo terriculo dubitaua, di essere sencia alcuna defensa, & sencia auederme dilaniato da setoso & dentato Apro, Quale Charidemo, ouero da furente, & famato Vro, Ouero da sibillante serpe & da fremendi lupi incursanti miseramente dimembrabondo lurcare uedesse le carne mie. Dicio dubitãdo ispagurito, Iui proposi (damnata qualunque pigredine) piu non dimorare, & de trouare exito & euadere gli occorrenti pericoli, & de solicitare gli gia sospesi & disordinati passi, spesse fiate negli radiconi da terra scoperti cespitãdo, de qui, & de li peruagabondo errante, hora ad lato dextro, & mo al sinistro, tal hora retrogrado, & tal fiata antigrado, inscio & oue non sapendo meare, peruenuto in Salto & dumeto & senticoso loco tutto granfiato dalle frasche, & da spinosi prunuli, & da lintractabile fructo la facia offensa. Et per gli mucronati cardeti, & altri spini lacerata la toga & ritinuta impediua pigritando la tentata fuga. Oltra questo non uedendo delle amaestreuole pedate indicio alcuno, ne tritulo di semita, non mediocremente diffuso & dubioso, piu solicitamente acceleraua. Si che per gli celeri passi, si per el meridionale æsto quale per el moto corporale facto calido, tutto de sudore humefacto el fredo

图 4. 弗朗切斯科 · 科隆纳，《寻爱绮梦》（威尼斯，1499）

箭射中了我。告诉她，为了抑制住我爱情的火焰，为了不让自己一天比一天更加爱她，我一直都受着煎熬，为了隐藏我这疯狂的不灭的爱，我已经承受了太多，快要崩溃了，然而我还是坚持着，等待着。我仔细思考我所有的强烈而真挚的兴奋感、可怕的想法以及肉体上疯狂的欲望，再看看我，衣衫褴褛，上面还留有穿越森林时被苍耳属植物的刺勾出的洞。[76]

木版画的内容表现出了波利菲洛矛盾冲突的感情，表现出了其两面性和分裂性。波利菲洛的手势暗示他为他“低贱的布料袍子”（plebeo habito pannoso）感到羞耻和尴尬。[77] 他的手势还表现了他对波莉亚“热忱的爱和占有欲”、“深藏的爱情火焰”和“疯狂的不灭的爱”。文本描述从波利菲洛的思想转到他身上的物——托加袍（toga），在木版画里波利菲洛的形象通过托加袍显现出来。如果读者还没有意识到这幅插画中的波利菲洛和在黑暗森林中的波利菲洛（图 4）的形象描写的相似之处，那么森林这个词的出现就能唤起读者对前面描写和相应插图的记忆。于是，读者就会翻回前页去看波利菲洛和波莉亚牵手的木版插画（图 2），仔细研究一番，然后发现波利菲洛右手摆放的位置，意识到波利菲洛勃起了。

后来的文本证实了读者视觉上的怀疑。插画和文本都用到森林是借鉴了彼特拉克用场所来隐喻性欲的方法，因为场所通常与野蛮和兽性相联系。此含义源于《伊尼特》（*Aeneid*）①第六卷，彼特拉克作品的评注者菲莱佛和当代学者都承认了这个比喻的涵义。[78] 细心的读者也许会发现波利菲洛对波莉亚的呼语②，以“哦，我的女神”开始，和他早前看见触觉女神阿菲厄时的爆发很相似。波利菲洛抱怨阿菲厄和她的同伴用歌声使他产生了肉体的欲望：

“哦，我，”我说，“以你们所臣服的神性，我祈求你们，不要在我难以置信的欲火上再加上火热的烙印，堆积上柯巴脂和脂松火把，不要在我易燃的心上撒上更多的树脂，不要让我爆发，我求求你们。也因此，我无法克制地迷失了自己也毁了我自己。”[79]

①《伊尼特》：古罗马最伟大诗人维吉尔最重要的史诗作品。

②呼语：在演说或诗歌等形式中对某人（常为死者或不在场者），或对拟人的事物所说的话。

彼特拉克的《歌集》是关于爱情的，从一开始肉体上的爱到最后变成了柏拉图的精神之爱。然而，科隆纳虽模仿彼特拉克却强调了肉体之爱，（描写肉体之爱）成为诗的重要部分。不论是在文本中还是图像中，波利菲洛都丝毫没有表现出一点精神之爱。波利菲洛的思想冲突也许在现代人看来很滑稽。也许对于那时的读者来说也很好笑，因为菲莱佛评价《歌集》的第 1 和第 9 首诗时对彼特拉克的爱是否真的转化为了精神上的纯爱表示了怀疑。[80] 虽然自从 1545 年《寻爱绮梦》初版就被认为是专门反彼特拉克的著作，但是这是否准确还有待商榷。书中其他的木版画——尤其是一些被删减的祭祀普利阿普斯（Priapus）[①] 的图像，以及沉睡女神的喷泉（图 5），长久以来都被认为是书中以图像为中心的情色内容的典型。[81] 然而，波利菲洛和波莉亚携手而行的木版画，虽然文本已经把其中的含义表达得很清楚了，但是至今也没有人说它是情色内容。[82] 研究 16 世纪出版的法语译本中相同的段落，我们发现法语译本呈现了《寻爱绮梦》中文本和图像之间的相互联系。法国译者大量削减了原书中大段对波利菲洛的情感描写，相应的木版画（图 6）也有改动，在原作基础上改变了波利菲洛手摆放的位置。毫无疑问，法国译者的改动是建立在认为木版画仅仅只是对事件的图解基础之上，而且精简的法文译本的确强调了原书的叙述性写作。1499 年出版的《寻爱绮梦》是面向学识渊博的人，书中情色内容的呈现相比于面向更广泛读者的方言作品更加微妙复杂，科隆纳的读者可能已经发现薄伽丘的《十日谈》（*Decameron*，威尼斯，1942）第一版无删节版中有露骨的性图像。

除了对照以外，图像和文本的关系还包含了其他修辞手法。波利菲洛的勃起并没有被直白地描述而是使用了换喻法（*denominatio*），这种修辞法被定义为“用一个和实体很相似或很易让人产生联想的形象，表达了原实体的本意却不用指名道姓”。[83] 隐喻（*translatio*）则是用来避免淫秽之词，前面引用的原文以及原书的整个章节都使用了各种同义词。隐喻大量使用在两处：波莉亚手持的火把，是爱的象征，是爱情诗中的必备词汇。[84] 隐喻在章节最初的概要中就有使用：“其中最美的女神走近波利菲洛，左手持火把，右手牵着波利菲洛的手，邀请波利菲洛与其同行，波利菲洛被这位优雅少女的甜蜜爱意彻底融化，感到自己的情感爆发。”[85] 表现波利菲洛勃起和波莉亚的火把的木版

---

①普利阿普斯：希腊神话中男性生殖神。

插画，重申了隐喻的内容，用一系列动作连接了图像和隐喻：波莉亚手持火把，波利菲洛牵着波莉亚的手，让人感到“炙热的雪”和“凝乳”，波利菲洛同时手持着火把隐喻的对象以及波莉亚的手。波利菲洛揉搓着攥着他托加袍的布料，好像感到很羞愧，想极力隐藏，但是与此同时他的动作也暗示了他兴奋起来了。除了直白地使用一些形容词，如“隐藏”、“隐蔽”以外，科隆纳写作从一开始就把意思蕴含到修辞中，尤其是隐喻、直喻（*imago*）、比较（*similitudo*）和迂说法（*circumitio*）。文章反复、精巧的语言通过“强调”来体现重点。[86] 之所以加上引号是因为这种修辞方法与它当代的意义完全是两码事，《赫拉纽姆修辞学》一书中定义“强调”（significatio）是指“一种修辞，让人们猜测的空间远大于所能确定的部分”；这种修辞有两大表现方式：夸张和歧义。[87] 波利菲洛的手势是强调，愈遮掩愈欲盖弥彰，因此也是文本中的隐喻，表现了波利菲洛之手与文本之间的关系。

波齐认为这幅波利菲洛和波莉亚在一起的木版画是图像叙述的好例子，其文本描述和插画描绘相一致。[88] 然而，波莉亚抓住波利菲洛的手这一动作在文本中出现了两次，第一次是在木版画出现的前一页：

她，雪白的左臂紧贴着她如雪的胸部，手持燃烧光亮的火把，火把略高出她的头部，略微向后倾，有着金丝一样的秀发，手持着火把如茎般细长的一端，她的右臂比希腊神话人物珀罗普斯（Pelops）①的象牙手臂更加亮白，能清晰地看到上手臂纤细的静脉和贵要静脉，就像干净的纸草上画出的檀香木纹路一样。她把右臂伸向我，当她精美的右手认真地抓住我的左手，脸上带着明媚的笑容，微笑的肉桂色的双唇，浅浅的酒窝，用她那华丽的语言令人愉快地、亲切地说到：“哦，波利菲洛，到我这来，不要犹豫。”我感觉我灵魂出窍，神智不由我做主，同时很惊奇她怎么会知道我的名字，我浑身上下都燃烧着炙热的爱情的火焰，让我感到羞愧，我无法说话，又惊恐又羞愧。脑子一片空白，不知道要对她说什么，不知怎么回答才是正确的，也不知道怎么向眼前这位神圣的少女表示尊敬，所以我只能是向她伸出我低贱的和她不相配的手（使用了“强调”修辞法）。[89]

---

①珀罗普斯：希腊神话人物，其父亲坦塔洛斯杀了他宴请诸神，除了农业女神食用了一块肩胛骨外，其他众神都看穿了伎俩，而珀罗普斯被众神复活。失去的肩胛骨被象牙补好。

这段文本之后就是木版插画，所以会推测文本是为了木版画的出现而设计的。然而，文本中不寻常的两个动作相叠加暗示了读者插画也有两方面要关注。一眼看上去，插画表现了上文中波莉亚牵波利菲洛手这一动作。但是，插图后的文本精确描述了波利菲洛的思想和感情，读到此读者会重新翻到插图页，注意到插图也表现了波利菲洛的情感：欲望和羞愧。

图 1 和图 2 在波齐看来大不相同。从描述方面来说，它们都展现了和读者交流的波利菲洛的感情世界并且激起了读者的认同感，而不单单只是把动作图像化。然而，我们还得时刻考虑到插画所在文本的文学体裁，这对理解也很重要。方言抒情诗是一种重点在于描述而不是叙述的诗体，而叙述是叙事诗的领域。[90] 另外，波齐认为科隆纳把文本和图像相结合是建立在文本和图像各司其职的基础之上的；为了证明自己的观点，波齐指出语言源于声音，是一种即时表达的媒介，而图像是视觉的，是一种空间的表达。[91] 波齐在这里隐晦地引用了莱辛（Gotthold Lessing）的论文《拉奥孔：或称画与诗的界限》（*Laocoön: oder Über die Grenzen der Maleri und Poesie*），这个引证有致命的弱点：《拉奥孔》出版于 1766 年，和《寻爱绮梦》完全不是一个时代的产物；另外，正如米切尔（W.J.T Mitchell）所指出的，莱辛对于诗歌与视觉艺术各司其职的理论暗含了隐晦的价值判断。[92] 莱辛的处方——诗歌（作为时间媒介）的角色就是讲述事件，绘画和雕塑（作为空间媒介）的角色就是表现外形——是基于他本人坚信这样的角色分配是最容易实现的，所以这些艺术的功能角色是“自然”的。不论怎样描述 15 或 16 世纪意大利艺术和文学，用最简便原则描述也好，或是说用最简单易行的方法解决艺术问题也好，绝对不会有一丝的批判概念在里面。[93] 其实，当时艺术和文艺作品创作都认为有困难要去解决是最自然不过的；而艺术家和作家的价值所在就是尽量用最简便的方法解决困难。[94] 那时图像和文本的作用也没有明确的区分。西摩尼德斯（Simonides）①的名言——诗是有声之画，而画是无言之诗。列奥纳多·达·芬奇（1452—1519）在其所写的《绘画论》（*libro di pittura*）中辩论说诗与画的目的都是为了描述。[95]《寻爱绮梦》中的插图可以放在各个时期的概念中理解。人们重视复杂性；书中的木版画，不是单一行使一个固定的“自然”功能，相反，它既可以叙述也可以描述。

---

①西摩尼德斯：希腊抒情诗人，有“希腊的伏尔泰”之称。

Per laquale coſa io non ſaperei definire, ſila diuturna & tanta acre ſe-
te pridiana tolerata ad bere trahendo me prouocaſſe, ouero il belliſſimo
ſuſcitabulo dello inſtruméto. La frigiditate dil quale, inditio mi dede che
la petra mentiua. Circuncirca dunque di queſto placido loco, & per gli
loquaci riuuli fioriuano il Vaticinio, Lilii conuallii, & la floréte Lyſima
chia, & il odoroſo Calamo, & la Cedouaria, Apio, & hydrolapato, & di
aſſai altre appretiate herbe aquicole & nobili fiori, Et il canaliculo poſcia

图 5. 弗朗切斯科·科隆纳，《寻爱绮梦》（威尼斯，1499）

Zeuſis l'euſt veu alors qu'il feit l'image de Venus,a mon iugement il l'euſt priſe pour ſon exemple pardeſſus toutes les pucelles d'Agrigēte,voire de tout le monde vniuerſel,la iugeant accomplie en toute perfection de beaulté.Ie perdy en la contemplant,le ſens,l'eſprit,l'entendemēt,& la cognoiſſance totale : & ne ſceu autre choſe faire ſinon luy preſenter mō cueur tout ouuert:duquel elle a depuis faict ſon propre heritage, & d'icelluy diſpoſé a ſon plaiſir, y eliſant ſa demeure perpetuele:& depuis eſt deuenu carquois des fleches de Cupido,& la boutique ou il forge & trempe ſes dardz acerez.Ie ſentoie mon cueur battre inceſſammēt dedans ma poictrine comme vn tabourin enroué.Or non obſtant que par ſon regard gracieux elle me ſemblaſt Polia de moy tant deſiree,ſi eſt ce que l'habit eſtrange qu'elle auoit, & le lieu qui m'eſtoit incongneu, me tindrent longuement en doubte.Elle portoit la main ſeneſtre appuyee ſur ſa poictrine,& tenoit vn flambeau ardant,paſſant vn peu plus hault que ſa teſte:& quand elle fut pres de moy,eſtendit le bras droict plus blanc que Lys,auquel apparoiſſoiēt les veines comme petites lingnes de vermillon tirees ſur papier blanc : & en prenant de ſa main droite la mienne gauche,me va dire:Poliphile mon pair vien preſentement auec moy,& n'en faiz aucune difficulté.A ce mot ie me ſenty troubler tous les eſpritz,& quaſi conuertir en pierre, m'eſmerueillant comment elle pouoit ſauoir mon nom.I'eſtoie, en bōne foy,tout embrazé d'vne ardeur amoureuſe:& ma voix retenue de peur & de vergongne,ne permettoit que luy peuſſe reſpondre:& par ainſi ne ſauoie bonnemēt comme l'honnorer:parquoy ſans plus ie luy tendy la main,indigne(ce me ſembloit)de toucher a la ſienne.

图 6. 弗朗切斯科·科隆纳，《寻爱绮梦》（巴黎，1554）

上文所说的修辞方法的形象化，从另一个层面支持了一些学者总结出的两点：一是科隆纳实际上对图像和文字进行了批判性的对照（paragone）；二是作者来自科隆纳所在的威尼托区（Veneto）。波齐曾分析了《寻爱绮梦》中另一种出色的图像－文本的结合：象形文字和图画诗。[96] 波齐的理论是科隆纳将图像和文本的功能对调，让图像来叙述，让文本来描述。在这一理论基础上，最近帕特里夏·福尔蒂尼·布朗（Patricia Fortini Brown）把科隆纳对建筑的文本描述和视觉描述定义为对“传统”对照（paragone）概念的颠覆。[97] 然而，上文已经说明了，《寻爱绮梦》在最初写作和传播的时候，文字和图像的功能并没有严格的区分，所以科隆纳把文学和视觉相结合的方法绝对不是像人们所说的那么简单。科隆纳对传统肖像描写方式的使用更加让人确信他是威尼斯人：他的肖像描写是对彼特拉克诗歌的文化共鸣，而且解释了在威尼托（比在罗马和佛罗伦萨更风行）女子半身像的发展和风靡。乔尔乔内（Giorgione）、提香（Titian）、帕尔马·韦基奥（Palma Vecchio）和巴尔托洛梅奥·韦内托（Bartolomeo Veneto）（图 7）就创作了这么一系列作品，试图匹敌甚至超越诗歌描写挚爱所产生的效果；人们认为这些作品并不是某一个体女性的肖像画。[98]

科隆纳视觉－文学相结合的方法作为一个整体，尤其是他对方言诗传统手法别出心裁的运用完全符合修辞得体的原则：主题（res）和形式（verba）之间的关系。[99] 科隆纳的主题和主题的展示方式之间有某种联系。在《寻爱绮梦》以梦作为背景的框架下，科隆纳不论在视觉上还是在文本上都改变了抒情诗和浪漫文学的传统和惯用写作法，让读者对自己熟悉的东西产生陌生感，产生疑惑，就好像置身于梦境中一样模糊。如前文论述的，科隆纳特别使用了文学用典和带修辞色彩的图解（rhetorical figures）来达到这种效果，其中一些就用到了各种比喻（trope），昆体良定义其为“舍弃一个词或词组的本意而赋予其新的含义的艺术手法。”[100] 使用带修辞色彩的图解并非仅仅是为了装饰；作者坚信一些特定的词汇只要精心编排措辞就会促使读者或听者在脑海中产生栩栩如生的图像。[101] 了解这点是理解《寻爱绮梦》的基石，正如其献词中所说：“书中有很多本身非常艰涩难懂的东西，读者仿佛置身于布满各种类型花卉的美丽花园，分辨不清；但是通过优美的散文向读者解释，让人产生一种愉悦感，通过图解（figures）和图像（images），读者可以知晓并重现真相”。[102] 对格拉西（Grassi）来说，图解并不是图像的同义词，也绝不仅仅是象征性的符号：图解是功能介于文字和视觉图像之间的媒介形式。《寻爱绮梦》中图解的使用加强了文字和图像的使用效果。

讨论至此我们知道《寻爱绮梦》中，作者在文字的本意和寓意之间玩游戏，而且彻底改变或者颠覆了文学的传统主题。这些特点还体现在另一本方言文学作品——《十日谈》上。传统上，大家公认科隆纳从薄伽丘的其他著作（《菲亚梅塔的哀歌》（*Fiammetta*）、《亚梅托的女神们》（*Ameto*）、《菲洛柯洛》（*Filocolo*）、《大鸦》（*Corbaccio*））中汲取灵感，而《十日谈》中只有纳斯塔焦·德·奥内斯蒂（Nastagio degli Onesti）的故事（第五天第八个故事）被认为是科隆纳创作的源泉之一。[103] 虽然长久以来人们都认为《十日谈》是现实主义文学作品，但是有几位学者从语言学和修辞学的角度研究《十日谈》：短篇小说，如齐马（Zima）（第三天第五个故事）和奇波拉修士（Fra Cipolla）（第六天第二个故事），是怎样利用或颠覆文学和修辞学传统的内在可能性的。[104] 在另外一些故事中，如卡泰琳娜（Caterina）和里恰尔多（Ricciardo）的爱情故事（第五天第四个故事），爱情诗中隐喻性的语言对情节发展有着举足轻重的作用，而且这些语言的意义在字面意思和比喻义之间不断转换，“夜莺”（nightingale）一词就是典型的例子，不仅掩盖了故事中的情色内容，这一词本身也具有幽默的效果。[105] 类似的，年轻女子阿莉贝克（Alibech）和鲁斯蒂科（Rustico）修士（第三天第十个故事）讽刺挖苦了基督教传统寓意语言中隐含的情色内容。[106] 甚至连乡下农民的家庭用具，薄伽丘也开发出了它们的隐含意义，如佩罗内拉（Peronella）（第七天第二个故事）中的木酒桶，关于贝尔科洛蕾（Belcolore）的短篇小说（第八天第二个故事）中的石臼和杵子等。[107] 1492 年出版的《十日谈》对以上谈到的故事都配有相应的插图，使得薄伽丘通过隐喻避免淫秽的目的破灭，因为这些插图清楚明白地表现出语言所要掩盖的东西。这种文字游戏不是方言文学的专利；本博年轻时用拉丁文写了一首诗叫《普利阿普斯》（*Priapus*），描写了一种叫做“menta pusilla”的植物的外形和品性。[108] 科隆纳的创造性和薄伽丘相比不相上下，但是科隆纳的语言绝非模仿沿袭，通过《寻爱绮梦》，科隆纳使自己的语言自成一派，整篇文字显示了探索语言表达可能性的极大兴趣，而语言正是出版商阿尔杜斯·马努蒂乌斯及其人文主义圈子的兴趣所在。[109] 1492 年插图版本的《十日谈》，文本隐藏意义，图像揭示含意，这点是作为作者的薄伽丘从来不敢尝试的。[110]

本文所举的例子向大家展示了弗朗切斯科·科隆纳，一个文法家和修辞家，是怎样创造性地使用意大利方言爱情诗的传统写法的。重新思考《寻爱绮梦》和方言文化、人文主义之间的关联，仔细阅读文本并且细致观察插图，我们能够发现至今尚未被发觉的文本和图像之间的微妙联系。木版插画的题材特点被定义为“简单”、“古典”，这导

图7. 巴尔托洛梅奥·韦内齐亚诺(Bartolomeo Veneziano),《女子画像》(*Portrait of a Woman*)，大约创作于1504年。

致了人们误解其在本质上仅仅是简单的插图。也就导致一直以来人们的兴趣都在于解图——只是寻找其文本或是图片根源，通常这些研究也只是用来争论科隆纳到底是罗马人还是维也纳人。[111] 艺术史学研究，从藏书和美学的角度认为此书是奇书邪说，它们给《寻爱绮梦》贴上了艺术作品的标签，而且还将其看做是最新潮的情书（avant la lettre）——书中结合属于不同类型插图的图像创造视觉形象，精心挑选的图像造就了一场视觉盛宴，是一件与其阅读不如膜拜的作品。[112] 另一个更加富有成效的研究方法考虑到了文学传统和文学－文化惯例，因为这些木版插画本来就是文本中的一部分；但是，虽然插画很美而且质量高，人们不应当把木版插画当做是“能够独立存在的艺术图像”。[113] 然而，把文学－修辞方法的模仿作为切入口，研究科隆纳图像和文本的表达更加有说服力。阅读《寻爱绮梦》的时候，如果眼睛和头脑能够同时协调感受到书中精妙的修辞，现代的读者会发现，正如卡斯蒂廖内及其同代人所感受到的，读《寻爱绮梦》是一种娱乐而非读天书。

罗斯玛丽·特里普：美国艺术史学家，自由学者

（译者：孙陈）

注释：

* 本文整理了 1998 年 6 月在佛罗伦萨的斯佩尔曼别墅（Villa Spelman）举行的研讨会上展示的资料，这栋建筑就是约翰霍普金斯大学（Johns Hopkins University）致力于意大利研究的查尔斯辛格尔顿中心（The Charles S. Singleton Center）。我要感谢伊丽莎白（Elizabeth Cropper），谢谢她宝贵的意见，谢谢她支持我把会议上的资料出版。除了要感谢《文艺复兴（季刊）》的两位匿名读者，我还要感谢以下几位，他们在我写作过程中一直都阅读拙文并持续给予我帮助和建议：埃琳娜（Elena Calvillo），查尔斯（Charles Dempsey），弗朗塞斯（Frances Gage），梅根（Megan Holmes），以及沃尔特（Walter S. Melion）。同时要感谢赛迪和路易罗斯基金（Sadie and Louis Roth Fellowships）提供的关于《寻爱绮梦》的照片及研究资金。乔瓦尼·波齐（Giovanni Pozzi）和露西娅·恰波尼（Lucia A. Ciapponi）于 1980 年所著的评述版本是本文的主要参考书籍。除了特别注释以外，所有《寻爱绮梦》的文字和其他意大利文本都是本人自己所翻译。虽然约瑟林·戈德温（Joscelyn Godwin）翻译的版本堪称是最完整的版本，但是和本文相关的一些文本，他和我的翻译还是有一些本质性的差异。我的翻译尽量贴近原文结构，所以有时候会有一些不完整句。波齐和恰波尼在评论中也说到，有时一个主句的分句会在另一个主句中结句。我翻译时也遵循了这一指导方向。

1. 参见：Castiglione, 275，此书写于 1508—1516 年，于 1528 年出版。

2. Painter, 6; Mancini, 29; and most recently Griggs, 17.

3. 参见：Oettinger, 15—46，书中讨论了圭多巴尔多和威尼斯的外交，以及《寻爱绮梦》等其他献给他的书籍。

4. 藏头诗是这样的："POLIAM FRATER FRANCISCUS COLUMNA PERAMAVIT"（Fra Francesco Colonna loved Polia exceedingly）。（弗朗切斯科·科隆纳兄弟疯狂地爱着波莉亚）

5. 参见：Casella and Pozzi, 2: 11—149，书中开启了对弗朗切斯科·科隆纳兄弟（约 1433—1529）身份的考证；也可参考有波齐和恰波尼评注的版本（Colonna, 1980）。另参见：Calvesi, 1996, 33—258，书中进一步考证了作者身份是罗马贵族（约 1453—1517）；Stewering，162—245，书中认为作者是尼科洛（Niccolo Lelio Cosmico，1428—1500），一个特雷维索 - 帕多瓦（Trevisan-Paduan）地区的文人。这很大程度上可能是因为尼科洛和特雷维索的主教特奥多罗（Teodoro Lelli，死于 1466 年）之间有亲属关系，他们的姓氏很接近（Lelio-Lelli）。《寻爱绮梦》中波莉亚曾提到主教是她的亲戚（Colonna, 1980, 1: 379）。

6. Colonna, 1998: 2 and Colonna, 1999.

7. 参见：Gabriele and Ariani in Colonna, 1998: 2, ix-lix, esp. xxii and cviii，书中把《寻爱绮梦》解读为一本描写灵魂从肉欲到智慧之旅的哲学寓言。斯图尔林（Stewering）认为书中对建筑的再现和作者在帕多瓦大学学的亚里士多德哲学有关，而尼科洛（Niccolo Lelio Cosmico）正好是在帕多瓦大学念的书。

8. Calvesi, 1984.

9. 通过研究有读书注解的书来分析 16 世纪意大利读者对《寻爱绮梦》的接受程度的两位研究者分别是富马加利（Fumagalli, 1992）和施蒂歇尔（Stichel）。而波利齐（Polizzi）以及海厄特（Hieatt）和普雷斯科特（Prescott）研究了 16 世纪《寻爱绮梦》法文和英文译本在英国和法国艺术家与建筑师中间的接受度及其受到的批判。

10. Huper, Wilk, Schmidt, and Stewering.

11. 关于彼特拉克的《凯旋》和《寻爱绮梦》，参见：Gabriele in Colonna, 1998, 2: 793—795；和 Pozzi in Colonna, 1980, 2: 137, note 3。

12. 木版画的图纸并没有流传下来。根据版画的风格，有些作者认为这些木版画图纸的创作者是贝内代托·博尔东（Benedetto Bordon），帕多瓦一个专门为书籍配画的人。关于博尔东这个书籍木版画的设计者最近的研究参看阿姆斯特朗（Armstrong）。参见：Donati, 1950 和 Gabriele in Colonna, 1998, 2: xcviii-ciii，书中关于文本、图像和工艺水平之间的差别。另参见：Giehlow, 46—77，书中认为《寻爱绮梦》的象形文字出自于乌尔巴诺（Urbano da Bolzano）或是瓦莱里亚诺（Valeriano）之手，一个圣方济会的（Franciscan）修道士。另参见：Dempsey, 1985, 354，书中讨论了《寻爱绮梦》中一段和象形文字碑铭不符的文本描述以及这些碑文的正解。他得出一个结论：一定是别人（很有可能是乌尔巴诺兄弟）给科隆纳提供了象形文字的图片和解释。

13. Casella and Pozzi 2: 11—31; Pozzi in Colonna, 1980, 2: 10*—11*, 13—18; Mancini, 29—48.

14. Pozzi, 1981; Pozzi in Colonna, 1980, 2: 12—13, Pozzi, 1993, 127. This is accepted by Oettinger，79—80.

15. Colonna, 1980, 1: 209 [n8r].（中括号中的数字和字母是 1499 年版《寻爱绮梦》书页上的签名。）

16. 关于科隆纳的语法和拼写参看：Casella and Pozzi, 2: 78—126；Mancini, 36—39. 关于他引用的文章参见：Casella and Pozzi, 2:128—149；关于阿普琉斯（Apuleius）参见：Fumagalli, 1984。

17. 参见：Gnoli, 272—274；Pozzi in Colonna, 1980, 2: 11—13；Brown, 211；Agamben, 470—474 和 Godwin in Colonna, 1999, ix—x，书中讨论了《寻爱绮梦》中语言和关于拉丁语与方言风格的争论（关于语言的问题）之间的关系。关于阿普琉斯主义和《寻爱绮梦》，参见：Gnoli, 272—276，Raimondi, 263—293；Dionisotti, 1968, 80—82，和 D'Amico, 367—369。

18. Colonna, 1980: 1 ix [α]: Res una in eo miranda est, quod, cum nostrari lingua loquatur, non minus ad eum cognoscendum opus sit graeca et romana quam tusca et vernacular.

19. 关于在威尼斯和北意大利薄伽丘、彼特拉克和但丁书籍的出版参见：Richardson, 31—39。

20. 关于评论参见：Dionisotti, 1974, 83—87 和 Richardson, 32—36。这些评注都出现在 1475—1476 年在博洛尼亚出版的版本中，之后到 1501 年的时段内又出版了 16 个版本，除了其中两个版本没有收录评注以外，其他的 14 个都收录了评注。菲莱佛最初是于 15 世纪 40 年代为了米兰的公爵——菲利波·马里亚·维斯孔蒂（Filippo Maria Visconti）写的评注。但是他只写了前面的 136 首诗的评注，由吉罗拉莫（Girolamo Squarzafico）为 1484 年的威尼斯版本写评注时补充完整。《凯旋》的评注是贝尔纳多（Bernardo Illicino or Lapini）——一位锡耶纳（Sienese）的内科医生于1470年为费拉拉（Ferrara）公爵博尔索·德伊斯特（Borso d'Este）所写。

21. 关于这个版本参见：Clough, 47—80 和 Szépe, 1998, 196—198。关于本博的修订参见：Richardson, 49—52，书中通常是修正和原手稿不一致的拼法和韵律。

22. 《阿索拉尼》是献给费拉拉公爵夫人卢克雷蒂亚·博尔贾（Lucretia Borgia）的。此书的修辞和方言的结构参见：Berra, 190—287。

23. McLaughlin, 267.

24. Bolzoni, 534—538.

25. 关于《阿索拉尼》的写作时间参见：Berra, 12—13。书中本博并没有明确表述他是给读者一个模仿的榜样，但是在1510年代用薄伽丘式托斯卡纳语写的《论俗语》（*Prose della volgar lingua*，出版于1525年）中本博就表明了态度。

26. 关于15世纪宫廷方言文学参见：Folena; Medin, 421—465；Rossi, 104—124。

27. 本博于1530年大范围修改了《阿索拉尼》反映了他对新柏拉图主义（Neoplatonism）的反对，因为新柏拉图主义和他当时的文学模仿理论，和他高级教士的地位不相容，而且当时社会的道德风气已经接受了爱情诗。关于这些修改参见：Floriani, and Berra, 296—326。

28. 参见：Pepelin in Colonna, 1883, clxxviii-clxxxi；Ephrussi, 16；Pozzi in Colonna, 1980, 2: 19, 113，和 Griggs, 38。书中认为科隆纳的方言风格使用是失败的，是无心之施的仿讽。

29. 参见：Pigman, 23，书中研究了模仿是为了超越。他把这个归结于一些作者明确声称其写作目的就是要超越其模仿对象。另参见：Pozzi, in Colonna, 1980, 2:18，书中认为使用薄伽丘书籍、《神曲》和《凯旋》中的一些主题是受到了要超越前人的欲望的驱使。参见：Conte，30—31，书中解释文章是怎样通过用典来构建读者的期望的；36—37，书中区别了用典和模仿。

30. 参见：Bolzoni, 535—536，书中提出本博通过佩罗蒂诺（Perottino）这个角色，让读者用相同的方法去读注释72和73中引用的文本。参见：Javitch and Jossa, 125—174，书中研究了《疯狂的奥兰多》（*Orlando Furioso*，1516年初版）中这种作者创造性的模仿和读者主动性的接受。

31. 虽然西塞罗的演说并没有用于教学，但是读过西塞罗的人很多；同时代很多修辞学作品都融合了昆体良和西塞罗作品中的很多概念。参见：Grendler, 207—234，书中有关于大学预科的修辞教育；214—215，书中讨论了《赫拉纽姆修辞学》。

32. 也叫自由意志（Free Will）；问题出在人物的名字——Eleuterilyda，来自希腊语 ζλετερα，意为自由。参见：Pozzi, in Colonna, 1980, 2: 53, 97，书中认定这位女神是自由意志，根据是为《寻爱绮梦》写方言前言的无名作者认定她是"libero arbitrio"（即自由意志）（xii）。然而，在"Ariani, in Colonna, 1998, 2:494, (note 1 to p. 5) and 2:674, note 3"中，作者转而指出了她在文本中的特征，认为这位女王和她的领土都是教育人们要宽容（liberality），正是依靠宽容波利菲洛战胜了自由意志。

33. [Cicero], IV, xlix 63: Effictio est cum exprimatur atque effingitur verbis corporis cuispiam forma quoad satis sit ad intellegendum, hoc modo: 'Hunc, iudices, dico, rubrum, brevem, incurvum,

canum, subscrispum, caesium, cui sane magna esta in mento cicatrix.’

34. 本文的一位匿名读者好心地指出拉丁诗词里也有对女性形象的描写。他指出了两个例子，都是出自奥维德（Ovid）：《爱情三论》（*Amores*）对科琳娜（Corinna）的描写，第一卷第五首18—22 页；和《变形记》（*Metamorphoses*）对达芙妮（Daphne）的描写，第一卷，497—502 页。

35. 关于方言文学的肖像描写的诗学参见：Renier, 105—147；Boyde, 290—291；Crooper, 1976；Pozzi, 1979；Dempsey, 1992, 54—56。

36. 《鸳鸯艳记》第 30 版出版于 1483—1500 年。关于卢克雷蒂亚（Lucretia）参见庇护二世《回忆录》29—30 页。

37. 参见：Geoffery of Vinsauf, lines 598-—599, in Faral, 215。另参见：Pozzi, 1979，书中分析了肖像描写中隐喻的功能。

38. Bembo, 156—157, lines 30—57.

39. Bembo, 326, lines 61-63: “Gigli, caltha, viole, acantho et rose / Et rubini et zaphiri et perle et oro / Scopro, s’io miro nel bel vostro volto.” (Lilies, marigold, violet, acanthus, and rose / And rubies and sapphires and pearl and gold / I discover, if I look at your beautiful face.)

40. Pozzi, 1979, 22—26; Crooper, 1986.

41. 《佛罗伦萨女神们的喜剧》（后改名为《亚梅托的女神们》）写于 1341—1342 年，1500 年前印刷过两次。参见：Pozzi in Colonna, 1980, 2: 130—132，书中特别引用了相应的桥段。另参见：Renierm 146—147，和 Avesani, 438—440，书中讨论了波莉亚的肖像描写。

42. Colonna, 1980, 1: 134 [i3v]: Et ecco una come insigne et festiva nympha d’indi cum la sua ardente facola in mano, desparticosi da quelli, verso me dirigendo tendeva gli virginei passi, onde, manifestamente vedendo che lei era una vera et reale puella, non me mossi, ma laeto l’aspectai.

43. Ibid., 135 [i4r]: Vestiva dunque questa elioida nympha el virgineo et divo corpusculo di subtilissimo panno di verde seta textile.

44. Pozzi in Colonna, 1980, 2: 130, note 7.

45. Ibid., 136 [i4r]: “una bombicina interula…la quale camisia.”

46. Ibid., 136 [i4v]: cum minutissimi stralleti di bractea d’oro, instabili pendenti, in molti lochi venustissimamente dispensati. 参见：卡尔帕乔（Vittore Carpaccio）的画《两位威尼斯女子》（*Two Venetian Ladies*），画中展示了威尼斯女子长裙领口的缝边，大约创作于 1495 年，收藏在威尼斯的柯瑞博物馆（Museo Correr)。

47. Ibid., Di sotto questo indumento, di sopra e dicto, copriva el suo tenuissimo suparo incrispulato, di seta candida di minutissino lavorio, il quale tegeva quella pretiosa carne, quale purpurante rose,nel discrime del suo spatioso et delitioso pecto, agli ochii mei piu grato che al fesso et profugato cervo gli freschi rivi. 参见：Ariani and Gabriele in Colonna, 1998: 2, 161，书中把“purpurante”译成“purpuree”；Godwin in Colonna, 1999, 144，书中把其译成“crimson”。一本拉丁语辞典中“purpureus”词条下相关的引申义中有“闪耀的”、“华丽的”和“美丽的”等涵义。

48. Ibid., 136 [i4v]: Da poscia, oltra tutte queste gratissime cose, dava pertinace opera cum furat<r>ini ed seduli risguardi in vagegiare volupticamente le contumace et tumidule papille, impatiente al suppresso del tenuissimo vestiti: quelle dunque non importunamente iudicai che tanta dignitate di spectatissima opera l'artifice solamente per se et per suo extreme oblecatmento cum omni diligentia haverle bellissime formate et coadunato quivi omni violentia di amore.

49. Ibid., 137-38, [i5r]: gli labelli della quale non tumidi, ma m<a>defacti et depicti de muricea tincture, tegevano la uniforme continuatione degli piccoli et elephantici denti, uno non sopra eminente all'altro, ma in ordine aequalmente dispositi, tra gli quali Amore una spirabile ridolentia indesinente componeva.

50. Ibid., 138 [i5v]: Et dici ò omni male exordio de tanta perturbativa et contentiosa commotione furono gli insaturi et infestissimi ochii mei, gli quali io sentiva de tanta et tale noxia lite nel tristo et vulnerato core interseminarii et siscitanti.

51. Ibid., Si almento tutto el potesiamo discoprire.

52. Ibid., 139 [i6r]: de tutti cupido, di niuno integramente rimane di l'ardente appetito contento, ma de bulimia infecto.

53. Examined in Vickers, 1981 and 1982.

54. 参见：Pozzi in Colonna, 1980, 2:14*。另参见：Pozzi, 1976, 492—493, 书中总的从句法的角度而非从肖像描写的角度讨论了这一特点。

55. 关于绘画中用背后侧面角度的人物让观看者产生移情作用参见：Koch, esp. 61—72。

56. 比较：Pelosi, 93—95，书中对波莉亚的描写的分析完全不受雷尼尔（Renier）、波齐（Pozzi, 1979）和克罗珀（Cropper, 1986）对肖像描写作为文学惯例的传统讨论的影响。但是她得出了错误的结论，认为无序的描写加强了描写的力量，使其与薄伽丘的图像相比更加显著，更加真实。

57. Pozzi, 1981, 77—78.

58. Pozzi, 1979, 16—17.

59. Pozzi in Colonna, 1980, 2:14*.

60. Gabriele in Colonna, 1998, 2:777.

61. 参见：Pozzi, 1993, 129，书中指出，相比之下，《寻爱绮梦》较后面的部分在展示一位女性的图像之前有大段的形象和服饰的描写 [330, x4v]。他把这两幅木版画具体的细节区别归因于后一幅是用于描述性的解释。然而，这幅版画实际上是普绪克的侍女们的综合体，而不是那个让波利菲洛燃起欲望的具体个体。由于是组合形象，所以这幅画可以称作是提炼物的视觉形象。

62. 参见：Colonna, 1980 1:139 [i6r]。另参见：Baxandall, 35—38，书中讨论了对西塞罗、薄伽丘和阿尔伯蒂故事的使用是作者文学模仿或艺术模仿的例证。

63. 关于意大利文艺复兴时期艺术理论和实践中的对照用法参见：Summers, 1077, esp. 339，和 Shearman, 83。

64. 参见：Pozzi in Colonna, 1980, 2:12*，书中认为《寻爱绮梦》中所有关于地点的文本描写不是可怕的地方就是宜人的地方。关于宜人的地方参见：Curtius, 195—200。

65. Colonna, 1980, 1:42 [c5v]: "che tali Callimacho Catategnos dal calatho sopra la sepulta virgine corinthia non vide il germinato acantho, ad exprimere il suo venusto ornato non fece." 参见：Pozzi, in Ibid., 2:80, note 2, 书中认定这段描写源于维特鲁威。

66. Colonna, 1980, 1:141 [i7r].

67. 关于彼特拉克使用的对照参见：Alonzo, 100—106; Herczeg；和 Mazzotta, 1993, 58—79。古代修辞学家（Quintilian, IX, iii81—86，和 [Cicero], IV, xv 21）并没有描述过对照隐喻；他们当时把对照（contentio or contrapositium）定义为一种对比的方式，和隐喻（translatio）相脱离，只是把一个词的意思转移到另一个词身上。

68. Petrarch, 1976, 302—303.

69. Ibid., 87—88.

70. Ibid.

71. Bembo, 135, lines 17—18: "Le quai se tanto di verit à havessono in s è , quanto elle hanno di vaghezza, io incontro di Perittino non parlerei." (If those things had in themselves as much truth as they do beauty, I would not dispute with Perottino.)

72. Ibid., lines 18—24: Hora che vi debbo io dire? Non sa egli per se stesso ciascuno di noi, sanza che io parli, che queste sono spwcialissime licenze, non meno de gli amani che de'poeti, infingere le cose molte volte troppo da ogni forma di verit à differenti et lontane? Dare occasiono alla penna ben unove, bene da veruno per adietro non intesem bene tra se stesse discordanti et alla natura medesima importabili ad essere sofferute giamai? 参见：Brown, 207，书中在她献给《寻爱绮梦》的一章节的开头引用了这段话的英文版本，用来展示威尼斯特有的唤起艺术古韵的方法。

73. Ibid., lines 38—47: E quali nello scrivere le pi ù volte quegli medesimi affetti facolleggiano chef anno e dolorosi, non perch è essi alcuno di que'miracoli pruovino in loro che e miseri et tristi dicono sovente di provare, ma fannolo per porgere diversi soggetti a gl'inchiostri, acci ò che cariando con questi colori le loro rime, l'amorosa pintura riesca a gli occhi de'riguardanti pi ù vaga. Perci ò che del fuoco, col quale s'affatica Perottino di rinforzare la maraviglia de gli amorosi avenimenti, quale mie carte, o di qualunque altro lieto amante che scriva, non son piene? n é pure di fuoco solamente, ma di ghiaccio insieme et di quelle cotante disaguaglianze, le quali pi ù di leggiero nelle rime s'accozzano che nel cuore?

74. Colonna, 1980, 1:141 [i6r] and 2:133.

75. Ibid., 1:142 [i7v]: "Et gi à quasi superato et vincto non mediocremente da incentive et interno appetito, tra me taciturnulo cogitando, variamente altercava: 'O foelicissimo sopra qualunche amatore chi dell'amore de questa fosse, se non in tutto, almeno alquanto participevole copulato!' Dopo, ad gli mei improbi desii improbando, opponeva decente: 'O me, a pena mi se darebbe ad credere che tale nymphe cum gli impair et terrestri.'" (And already almost overcome and conquered not moderately by instigative and internal appetite, silently thinking, thoughts among me variously altercated: "O most happy, above

any other lover, is he who will join to her in love, if not wholly, in least in a shared part.” Then, saying to my evil desires, disapproving, opposed: “O me hardly I give myself to believe that such nymphs would have deigned to be with such unequals and terrestrial beings.”)（我彻底被波莉亚征服，内心充满了对她的渴望，我沉默了，大脑里的各种想法在互相争吵着：“哦，这个感到世界上没人比他更幸福的人，他会得到波莉亚的爱情，和她结合吗？即使不能完全拥有波莉亚，至少能够分享到她一部分的爱。”随后有声音反驳我邪恶的欲望：“哦，我毫不怀疑这么一位女神是绝不会屈尊爱上你这么一个凡夫俗子的。”）

76. Ibid., 1:143—144 [i8r, i8v]: Et sentendo io el già concusso pecto dall’intime asperitate et tacitamente riempleto et compressamente stipato, et racolti in sé gli discoli pensieri et cum operoso amore pensando, se ampliava et augevase la non più risanabile piaga. Et restricti in me gli paulatini et pusilli spiriti, quasi auso me assicurava de manifestaregli, exprimendo gli mei intensi fervori et amorosi concepti, alhora, tutto perdutome in caeco desio, il perchè non valeva più io recusare ad gli incadenti accessorii et ad gli caustici ebullimenti resistere et vociferare cum incitata et piena cove et dire: ‘O delicate et diva damigella, qualunque sei, men che cusì valide facole usa ad arderme et di consumare el mio tristo core; hora mai per tuto arde da indesinente et stimoloso incendio et me per medio l’alma sento transfigure et penetrare uno pontuto et acutissimo et flammeo dardo.’ Et cusì dicendogli, di volere di discoprire il celato foco et minuire alquantulo la exacerbatione che io pativa, excessivamente ingravescente per stare occultata questa d’amore rabiosa et terrible inflammatione, ma patientemente io restai. Et per tale modo tutte queste fervide et grave agitatione et temerarii pensieri et lascivi et violenti appetiti io gli reglecteva, vedandome cum la mia toga sordido, la quale ancore gli harpaguli delle moredice lapule nella selva infixi rentineva. 参见：Pozzi in Colonna, 1980, 2:134, note 10，书中认为短语“me assicurava”是修饰短语“Et cusì dicendogli, di volere”的。

77. Ibid., 141 [i6v].

78. 参见：Durling, in Patrarch, 1976, 58, note to Poem 22，书中强调树林是性欲的隐喻，模仿了维吉尔（Virgil）的《伊尼特》第 6 卷。另参见：Filelfo, in Patrarch, 1497, fol. 12v，书中强调维吉尔是彼特拉克使用隐喻时的模仿对象。用树比喻性欲还出现在彼特拉克其他两首诗中：214, lines 21—23: “prima che medicine antiche o nove / saldin le piaghe ch’I presi in quell bosco / folto di spine,” and 237, lines 14—15: “ma sospirando andai matino et sera, / poi ch’Amor femmi un cittadin de’boschi.”

79. Colonna, 1980 1:79 [e8r]: “Heu me,” diss’io, “per quella divinitate a cui succumbendo servite, ve supplico, non agiungee face et non accumulate teda et resina al mio incredibile incendio, non picate più il mio arsibile core, non me fate ischiantare, ve prego. Imperochè non mediocremene me perdo e totalmente me strugo.”

80. Dionisotti, 1974, 80—81.

81. Colonna, 1980, 1:65, 189; Szépe, 1996, 377, 381; Brown, 216—218.

82. 参见：Donati, 1950, 129，书中比较了木版插画和波提切利（Botticelli）工作室的湿壁画（*Lorenzo Tornabuoni Presented to the Seven Liberal Arts*, formerly Florencem Villa Lemmi, now Paris, Louvre）的构图，由此证明了《寻爱绮梦》的作者是意大利中部或者是罗马人的身份。他认为波利菲洛的手势是刻木版画的艺术家对传说中科隆纳手稿绘画的误解。另参见：Steweing, 33—34，书中讨论了波利菲洛对波莉亚产生的欲望，但是她把这种欲望认定为爱和性的哲学化处理，并没有结合木版画讨论。

83. [Cicero], IV xxxii 43: Denominatio est quae ab rebus propinquis et finitimis trahit orationem qua posit intellegi res quae non suo vocabulo sit appellate. 和《寻爱绮梦》文化相近的一幅画，贝利尼（Giovanni Bellini）所画的《众神聚宴》（*Feast of the Gods*），创作于 1514 年，收藏在美国华盛顿国家画廊（Washington, D. C., National Gallery of Art），包含了类似的换喻表达。用普利阿普斯腹股沟处褶皱隆起的衣服和双腿之间的弦乐器（lira da braccio）来暗示他的生殖器。

84. 参见：Gabriele in Colonna, 1998, 2:778，书中总结了方言里经典的关于情色的象征符号。

85. Colonna, 1980, 1:139 [i6r]: La bellissima nympha ad Poliphilo perventa, cum una facola nella sinistra manu gerula et cum la solute presolo, lo invita cum essa andare, et quivi Polophilo incomincia, pi ù da dolce amore della elegante damigella concalfacto, gli sentimenti infiammarsene.

86. 参见：Boyde, 56—57，书中指出杰弗里（Geoffery of Vinsauf）把迂回说法、换喻都看成是强调的一种方式。

87. [Cicero], IV, liii 67: Significatio es res quae plus in suspicione relinquit quam positum est in oratione. 关于 16 世纪意大利绘画中的修辞方法参见：Pardo, esp. 8—90。

88. Pozzi, 1993, 131.

89. Colonna, 1980, 1:140 [n7r]: La quale, cum el niveo brachio della sinistra, al chioneo pecto appodiata gestava una accensa et lucente facola, oltra el dorato capo a;quanto eminente la extrema graciliscente parte de quella cum istringente pugno retinente, et porgendo accortamente el soluto brachio, candidissimo pi ù che mai fusse quello de Pelope, nel quale appariano la subtile cephalica et la basilica fibra, quale sandaline lineature tirate sopra al mundissimo papyro. Et cum la delicate dextra morigeratamente praehendendo la mia leva, cum dilatata et splendida fronte, et cum la ridente bocha cinnama fragrante et le afossate bucce, et cum la ornatissima loquela, blandicula piacevolmente dixe: 'O Polophile, par ad me securo veni et non haesitare unquantulo.' Io allhora sentivi gli spiriti mei stupefacti, mirabondo como ella el nome mio sapesse, et, tutte le parte interiore prosternate, d'una fervescente flamma amorosa circundarle et la voce occuparsi, tra timore serata et venerabile pudore. Et cus ì disavedutamente ignorava che dici ò a llei condignamente respondere valesse n é altramente reverire la diva virguncula, se non che io praestamente gli offeriti la indigna et disconvenevola mano.

90. Boyde, 288—299. 然而必须要指出，对美女的肖像描写主要是从意大利叙事诗爱情文学发展而来。主要的例子就是薄伽丘的《苔塞伊达》（*Teseida*）第 12 章中对女神埃米莉亚（Emilia）的描写，参见：Cropper, 1976, 387。

91. Colonna, 1980, 2:12*—13.*

92. Mitchell.

93. 参见：Gombrich, 96，书中认为最简法则是艺术创作世世代代放之四海而皆准的标准。

94. Summers, 1981, 177—185.

95. 16 世纪，达・芬奇的弟子梅尔齐（Francesco Melzi）把达・芬奇的论文手稿分类整理，但是既未完成也没出版。参见：Da Vinci, Chapter 20, lines 2—3, in Farago, 214: "La pittura è una poesia che si vede e non si sente, et la poesia è una pittura che si sente and non si vede." 此章节还比较了画和诗的描写效果。另参见：Lee, 56—60，书中讨论了达・芬奇的论著。

96. Pozzi in Colonna, 1980: 2.

97. Brown, 212, 216.

98. Pozzi, 1979, 22—30; Cropper, 1986, esp. 175—181.

99. 参见：Onians, 210—211，书中根据得体这一概念，研究了《寻爱绮梦》中描写的建筑。

100. Quintillian, VIII, vi, I: Tropus est verbi vel sermonis appropria significatione in alium virtute mutation. 参见：Ibid., IX, I, 5，书中罗列出它们分别是隐喻、提喻、换喻、换称（antonomasia）、拟声、转喻（metalepsis）、讽喻（allegory）、迂说法、词语误置（catachresis）和夸张。参见：Conte, 23—23, 55—56，书中讨论了比喻修辞和暗指的功能一致性。

101. Quintillian, VIII, v, 3; VIII, vi, 19 and IX, ii, 40.

102. Colonna, 1980, 1:ix [α]: Illud accedit, quod si quae res natura sua dfficiles essent, amoenitate quadam, tamquam reserato omnis generis florum viridario, oratione suavi declarantur et proferuntur figurisque et imaginibus oculis subiectae patent et referuntur. 参见：Ariani and Gabriele in Colonna, 1998, 2:6，二者都把"figuribus"翻译成"nei symboli"，另参见：Godwin in Colonna, 1999, 2，把"figuribus"翻译成"in illustrations"。

103. 参见：Popelin, in Colonna, 1883, clxxx，书中指出除了《亚梅托的女神们》，科隆纳大量使用了《菲亚梅塔的哀歌》、《菲洛柯洛》和《大鸦》中的很多元素；另参见：Ephrussi, 16，书中特别强调了《亚梅托的女神们》和《菲洛柯洛》的重要性。纳斯塔焦的故事是科隆纳创作的源泉的论点首次出现，参见：Popelin in Colonna, 1883, clxxxvi。参见 Pozzi and Casella, 2:313，书中讨论了科隆纳完全没有从《十日谈》中汲取元素。参见：Pozzi, in Colonna, 1980: 2,9*，书中讲到科隆纳有使用纳斯塔焦这个以结婚为结局的故事，证明了书的道德目标，另参见：2:17，书中认为拒绝使用短篇小说证明了科隆纳渴望追寻一个更上一层楼的文学传统。

104. 参见：Forni, 68; Marcus, 1—3；Mazzotta, 1986, 4—5，书中讨论了历史上对《十日谈》到底是现实主义作品还是自然主义作品的争议。另参见：Forni, 101—103，书中讨论了薄伽丘在齐马这个故事中使用了一人分饰多角的对白（*sermocinatio*），并且使用了但丁作品《新生》（*Vita nuova*）中的惯用手法，即女士对其仰慕者的恳求表示沉默促使了他进一步表达自己的爱慕之情。参见：Marcus, 64—47，书中分析了奇波拉兄弟的故事颠覆了神圣的演讲术的道德目的。另参见：Mazzotta, 1986, 65，书中认为薄伽丘写此故事的目的是讽刺。

105. Marcus, 56—58.

106. Mazzotta, 1986, 116—119.

107. 关于这些故事参见：Forni, 66, 71—74；关于薄伽丘创造性的使用参见 57—88.

108. 此短语是本博用作阴茎(mentula)的近义词。参见: Salemi, 89—91, 书中翻译了本博的诗，这首诗被认为是模仿古拉丁语诗集《普利阿普斯》，后人认为此诗集是维吉尔所著。

109. 参见: Lowry, 121—122, 书中推断说《寻爱绮梦》的语言学价值使得阿尔杜斯出版了此书，而这书在视觉上是淫秽的。

110. 然而贝尔纳多·多维齐（Bernardo Dovizi）（《廷臣》里参与讨论者中的一位）特别赞扬了《十日谈》文本的视觉效果。在讨论《廷臣》表示幽默的恰当方式时，多维齐指出《十日谈》中贝尔科洛蕾（Belcolore）和卡兰德里诺（Calendrino）的短篇故事的写作方式都是惹人发笑的手段。参见：Castiglione, 148—149。

111. Calvesi，1996，Donati，1975.

112. Szépe，1991，22，36—51；1996，370.

113. Szépe，1991，45.

罗斯维塔·施特林

《寻爱绮梦》中的建筑插图

《寻爱绮梦》这一书名按字面上的解释为《波利菲洛之寻爱绮梦》[1]，这本书由阿尔杜斯·马努蒂乌斯于1499年11月在威尼斯出版，至今已过去500年。有充分的理由可以证明它是文艺复兴时期最深奥难懂的文本之一，也是最好的意大利古版书之一[2]。

一个神秘的梦揭开了主人公波利菲洛为获得内心的渴望以及与喜爱的人波莉亚结合而进行的争斗。这两本书的第一本的写作风格极其晦涩，并包括一些关于建筑和风景的插图，它们在另一个层面上反映了波利菲洛和波莉亚的浪漫经历[3]。

书的作者据推测是弗朗切斯科·科隆纳[4]，他在叙述中将拉丁语、希腊语以及方言进行高度个人化的组合，表达了他关于道德和艺术的晦涩理论，其目标读者显然是学问渊博的人文主义者[5]。对于15世纪的学者来说，他们只注重文本的书写，而没有意识到要加入任何视觉要素，因此当他们看到手中的读物有多达172幅木版画插图时，必定惊奇万分，并且这些插图中的大多数都具有很高的艺术水平[6]。

虽然这些木版画的品质总是引来赞赏，但直到现在，对它们的研究还仅局限在归属问题上。从所有讨论的内容来看，这些建筑插图仅仅是作为“证据”，而它们自身的艺术价值被忽视了。

建筑插图的顺序和第一本书的文本之间的关系将是这篇文章要讨论的第一个主题[7]。所要指出的是这些丰富多变的插图是基于一种内在的视觉逻辑，并且它们以一种自主的、非语言的方式表现浪漫的旅程和作者的哲学思想。从这方面来看，以透视的方式呈现的马格纳门（Magna Porta）不仅仅是文本的解释性插图，还成为一种“象征形式”（图1）[8]。

在第二部分，本文首次分析了维纳斯神庙（Temple of Venus Physizoa），将它与同时代的空间表现图进行对比（图3）。这幅插图所具有的现代性使我们可以顺理成章地将波利菲洛的作者置身于绘画建筑师的行列。

图 1.《寻爱绮梦》，马格纳门（阶段 I）

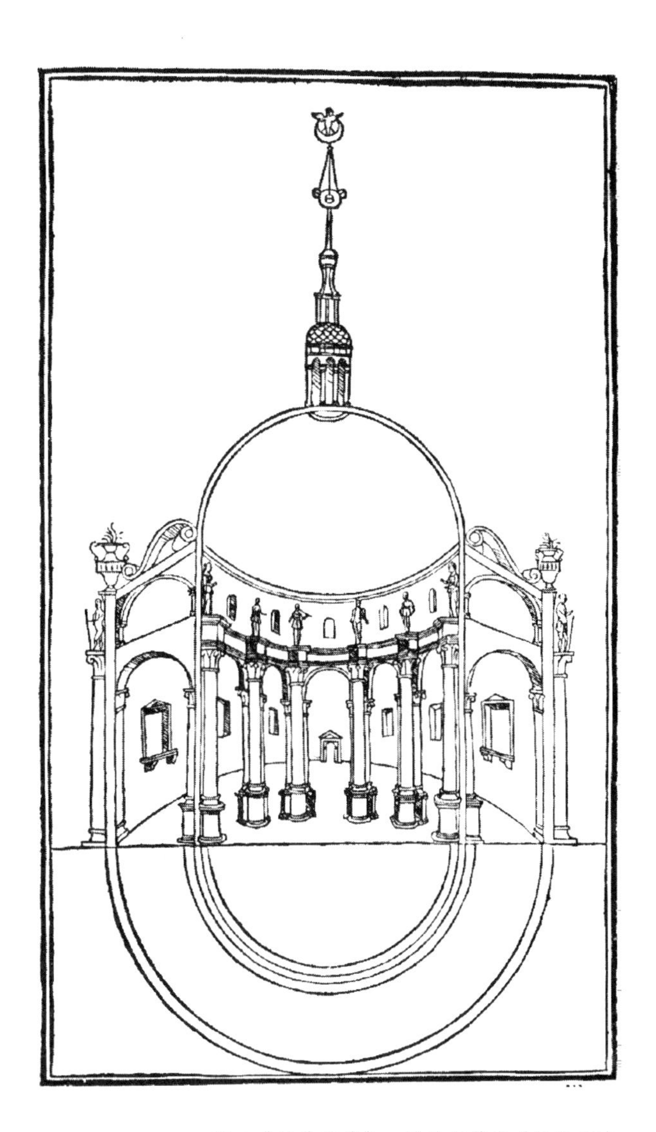

图 3.《寻爱绮梦》，维纳斯神庙（阶段 III）

故事

为了说明第一个主题，即关于这些不同的建筑插图的重要性，这里有必要将整个故事的浪漫经过作一简要回顾。波利菲洛在寻找波莉亚的过程中展开了一系列的冒险，这些冒险发生在梦之梦中。刚开始波利菲洛徘徊于黑暗、令人害怕的林中蜿蜒小径，接着被一种怪异的声音带领——来到了一个山谷，这里通向另一个山谷的路被一座巨大的金字塔挡住，金字塔的上面立着一座方尖碑[9]。在这个令人惊叹的但显然不带有任何伤害性的场景里，波利菲洛看到了野生的，但很平静的动物，还有之前的文明留下的废墟（如一座金字塔），它的前面是古代柱廊的残迹[10]。波利菲洛认真地研究了这座建筑，发现它是献给维纳斯（Venus）、奥马尔（Amor）和西贝勒（Cybele）三位神的[11]。突然他发现自己被一条令人厌恶的龙袭击，于是他逃到金字塔内部，结果这里变成一座迷宫[12]。发现自己再次处于黑暗蜿蜒的小道后，波利菲洛本以为自己离死不远了，但最终他还是成功地找到了出口[13]。

金字塔入口很明显，但波利菲洛在相反方向找到了出口——它被茂盛的植物所覆盖[14]。穿过这个出口，波利菲洛到了一个令人愉悦的地方（*locus amoenus*），一个自由意志的王国（Realm of Free Will），它以统治者埃莱乌泰里利达（Eleuterilyda）女王的名字命名。在这个迷人的场景中，他遇到了五位仙女，分别代表五种意识，其中三位分别叫冲动（Impluse）、幻想（Fantasy）和记忆（Momory），还有理性（Reason）女神和意志（Will）女神[15]。在一个八边形的浴室中，尴尬的波利菲洛与五位裸体（具有五种不同意识）的仙女一起沐浴，然后很荣幸被邀请参加在女王金碧辉煌的宫殿中举行的宴会，这时他的五种感官都受到强烈的刺激（图 2）[16]。女王了解了波利菲洛对波莉亚的渴望，命令理性和意志两位仙女引导这位情人到目标王国（Realm of Aim），这里是以她的妹妹特洛西亚（Telosia）命名的[17]。经过了两座人工花园，一座用于通行船只的水迷宫，以及一座简单的几何形纪念物，波利菲洛和两位仙女最终到达了目标王国的三座大门前[18]。

为了尽快决定是遵从上天的意志、人间的名利还是爱情，波利菲洛听取意志女神的建议，并且发现自己被充满爱意的女性所包围[19]。就在她们出现的时候，仙女离开了，这里的每一个地方都像自由意愿的王国一样令人愉快。过了一会儿，一位穿着华丽，佩戴着珍贵的珠宝的仙女出现了，并向波利菲洛走来，她提着一个聚宝盆般燃烧的火

图 2.《寻爱绮梦》，王座室（阶段 II）

炬[20]。接下来她会成为波利菲洛的伙伴和引导者。波利菲洛立刻爱上了她，这使他陷入了内心苦乐参半的痛苦挣扎中[21]。他们一起看到了四支凯旋队列，纪念朱庇特与四要素的结合，在一辆代表胜利的双轮敞篷马车上，乘坐着丰产天神和丰产女神，韦尔图努斯（Vertumnus）和波莫娜（Pomona），还有在普利阿普斯（Priapus）祭坛上的仪式，祭坛由四季的景物装饰[22]。最后，两个人来到了赋予生命的维纳斯神庙（图 3）。在这里举行的一个仪式中，波利菲洛遵循女祭司的吩咐，将仙女手中燃烧的火炬放在会堂中央的冷水盆里熄灭。这一举动使这位被仰慕的仙女内心发生了根本性的变化，变成了被渴望已久的波莉亚，她用甜蜜的吻向波利菲洛揭示了自己真实的身份[23]。接下来在神庙的圣所里举行的纪念奥马尔和维纳斯的仪式中，波利菲洛已经离开，这两个人穿着树皮，来到一个古城旁的海湾等待奥马尔，这个古城名叫 Polyandrion，到处都是神庙和坟墓。美丽的风景以及爱人的出现刺激着波利菲洛对波莉亚渴望已久的性欲，但波莉亚建议他去探访附近的 Polyandrion，她知道这座古城会投合他对古物的兴趣，而她自己一个人在岸边等待奥马尔的到来[24]。

波利菲洛一离开波莉亚，周围的自然景物就变成难以通行的石质地形，覆盖着蓟之类的令人厌恶的植物。而在 Polyandrion，除了一座埃及方尖碑和一座献给冥王的六角形神庙，这座城市所有的建筑和坟墓都已经变成废墟。一块坟墓上的铭文和马赛克上描绘的地狱的情景表明了那些幸福地陷入爱情的人的悲剧下场。当看到另一块马赛克上描绘着女阎罗肆意蹂躏少女的情节时，波利菲洛充满了恐惧，他想到他的波莉亚可能在他揣摩 Polyandrion 古迹的时候也被劫持[25]。

他急忙回到岸边，发现她安然无恙，不久之后就在奥马尔的引导下，他们一起上船向塞西拉（Cythera）驶去。这个圆形的岛布置着对称的花园和从中心放射开来的林荫道，是另一个令人愉悦的地方[26]。他们融入到奥马尔的凯旋行列之中，穿过圆形的围墙和一个圆形的剧场（图 4），最终到达位于塞西拉中心的维纳斯七角形喷泉（图 5）。爱神促成波利菲洛和波莉亚之间的爱情，且举行喜庆的仪式以示庆贺。在仪式中，人与人之间的互动以及带有强烈隐喻意义的喷泉建筑，通过艺术的形式反映了这两个人之间的性爱关系[27]。当寻求在维纳斯怀里安睡的马尔斯到达后，这对夫妇与几位代表婚姻美德的仙女离开圣所，来到阿多尼斯（Adonis）墓，在这里，波莉亚将从她的角度讲述这个爱情故事[28]。

哲学含义

《寻爱绮梦》的首版延续了但丁《神曲》的结构，共包括三个主要部分，或许是视作过去、现在和将来。在到达自由意愿王国前，波利菲洛只身一人，不是奔走于恐怖的环境，就是受到古代文明遗迹的引导——类似于但丁的炼狱，诗人在这里受到古代先人的指导。在波利菲洛旅途经过自由意愿王国时，他的觉察力和决断力被激发出来。当这位主人公一进入到目标王国，他便开始其未来的生活，塞西拉岛呈现出乌托邦的景象。在这最后的部分，波莉亚伴随在波利菲洛身边，她相当于但丁的贝亚特丽斯（Beatrice）[29]。

除此之外，还有更多的史诗影响过《寻爱绮梦》的作者。包括伯纳德斯 · 西尔韦斯特里斯（Bernardus Silvestris）的《宇宙通论》（*cosmographia*），阿拉尼斯 · 德 · 因苏丽斯（Alanus de Insulis）的 *De planctu naturae* 和 *Anticlaudianus*，纪尧姆 · 德 · 洛里斯

（Guillaume de Lorris）和让·德·默恩（Jean de Meung）[30]合作的《玫瑰传奇》。但这些书与《寻爱绮梦》本质的区别在于后者详细地描述了建筑和景观环境[31]，这些在视觉上精妙地表达了波利菲洛和波莉亚之间的关系。

在旅途中，波利菲洛遇到了各种景观，有些令人恐惧，也有些美好的地方。恐怖的地方（*loca terribilia*）不是没有人类居住，就是被野生动物栖息，然而在令人愉悦的地方，波利菲洛先有清秀的仙女陪伴，再有"貌似"仙女的波莉亚相随。并且这个区域还保留了古老的废墟或完整的建筑，后者由于奢华的建筑材料而闪耀着夺目的光彩。从第一本书文字中描述的不断变化的场景来看，整个过程可以大致分为5个阶段，依次是：（I）恐怖的地方（波利菲洛独自研究古老的金字塔）；（II）令人愉悦的地方（波利菲洛在自由意愿王国中与仙女们在一起）；（III）令人愉悦的地方（波利菲洛在目标王国与仙女波莉亚在一起）；（IV）恐怖的地方（波利菲洛独自在Polyandrion）；（V）令人愉

图4.《寻爱绮梦》，塞西拉剧场（阶段IV）

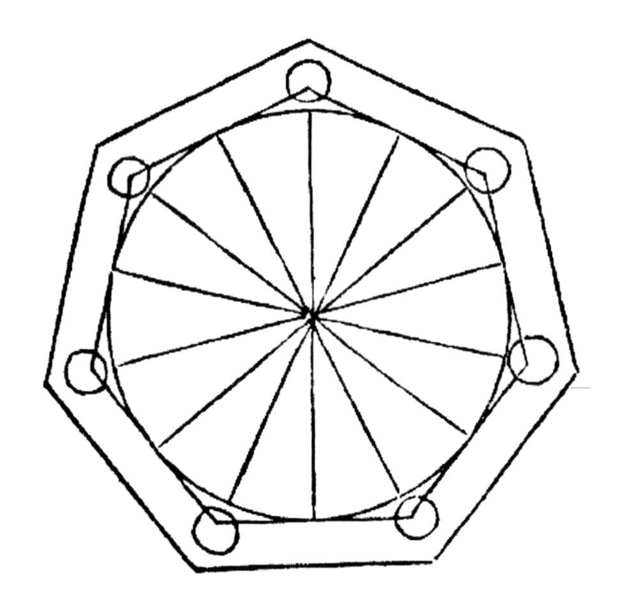

图 5.《寻爱绮梦》，塞西拉岛上的维纳斯喷泉

悦的地方（波利菲洛和波莉亚在塞西拉）[32]。

艺术理论和性别

文字叙述和图像（ecphrasis）两个层面各有自己概念上的根源，即思想和物质具有不同的性别，并且它们能建立起互补的、可繁衍的关系。亚里士多德对形式和物质的性融合（思想进入到人体）已经有过描述，他指出“……我们将物质视为渴望男人的女人或希望获得公平的无良之人”。[33] 对于片面地认为只有物质追求形式这一教条，《寻爱绮梦》的作者早于焦尔达诺·布鲁诺（Giordano Bruno）哲学[34]，就提出了自己的反对意见，他指出思想 / 形式和物质之间，或——在自然哲学的框架内——在思想化身的人（男性）和生命由物质组成的自然（女性）之间是相互作用的。

在恐怖的地方，自然不是将“她”自己展现为贫瘠、不友善的沙漠，就是呈现相反的状态，变成黑暗的森林，充满繁殖的气息。两种极端都会使人产生恐怖的感觉，然而介于她们之间的中间状态——自然像是取之不尽的，但又保持适度的繁殖能力——是令人感觉愉悦的[35]。波莉亚是波利菲洛梦中第一阶段出现的一个抽象概念，逐渐变成真正的爱人，最后真实地出现并为他生儿育女，她将自然积极的一面具体化，而波利菲洛在这条新的道路上逐渐被净化，呈现出未来之人的样子，他们可以与自然和谐相处。

自从尤利乌斯·冯·施洛瑟（Julius Von Schlosser）将15世纪的建筑理论家分成“纯理论家”和“浪漫主义者”后，艺术史家就开始争论，《寻爱绮梦》的作者应该属于哪一类[36]。然而，文本自身提供了足够的证据表明他两者都是，这使我们可以得出结论，这种显而易见的冲突，其根源已经在文本中具体化为两种相反的艺术原则之间的某种关系。比例的和谐是否比形式和材料的丰富性更重要，这样的问题是无关紧要的，因为作者并无意在它们之间建立等级制度。第一和第二阶段分别展示了这两种原则，然而，从第三个阶段开始，它们逐渐融合，直到与爱情故事同步到达完美和谐的阶段。

建筑的拟人化的思想是将人的比例作为美学标准的基础，相对地，在《寻爱绮梦》中，建筑理论寻求与人的品质进行融合：和谐的比例可以解释其原因，在《寻爱绮梦》中定义为男性的身体比例应该在理想的建筑中表现出来，而波利菲洛认识到女性生育这一特殊能力以及——作为大地母亲的化身——她能生产原材料用于不同的形式和特定的建筑[37]。

波利菲洛关于杰出建筑师的很多阐述（所有这些都在他书的第一部分里）之一是这样的：

> 然而……认真和勤奋的建筑师可能……根据不同的状况，在他的工作中增加或减少某些部分，同时总是保留完全不可或缺的部分，并且这部分能和谐地融入到整体中。这种必不可少的部分（我称之为建筑的本体）是最原初的意图、创造、预知和建筑师的权衡，并且被认真地检验和聚集，不带任何装饰物。这表明（如果我没错的话）他作为建筑师的杰出才能，因为接下来的装饰是一件简单的事，虽然装饰的作用是重要的……所以布局和杰出的创造在一些平庸的作品中被区分开来，而对于很多常有的或普遍的门外汉来说，他们可以去雕刻装饰物。并且这就是为什么工匠是建筑师的仆人[38]。

因此对于作者来说，将知识能力与道德行为联系起来，似乎在生物学上有着必要性，波利菲洛以阐述建筑师所需要的一连串美德来结束他的叙述。

相反，在第二阶段，波利菲洛对形式的丰富性、高度精选的材料和物体的精致程度极度推崇，好像这些是衡量理想建筑的唯一标准，而不是比例的和谐，甚至不是建筑师的创造性。与此同时，他描述的物体是一些“令人惊叹”的东西，比如结实的珊瑚树[39]。这种东西现在可能被看做是艺术家或工匠的作品，但是在《寻爱绮梦》中，它们代表一位技艺超群的“artificiosa natura”[40]的创造。这些物体具有吸引力，并能激发好奇心。

虽然，自然中取之不尽的资源允许她在连续的过程中拥有珍贵的材料和形式的多样性，正是这种不带任何目的的自发展示，阻止了她根据预设的计划而使自身抵达完美终点[41]。“坚定的目的”和“偶发的鲁莽”之间的敌对——比如马赛克上“无计划的描绘”[43]绝不是由精心切割的碎片组成的——在《寻爱绮梦》中是对自然进行艺术创造的特征。就像波利菲洛和波莉亚作为彼此的互补，自然也需要人类或建筑师的判断和知识来达到她完美的呈现[44]。反过来，人类也需要自然，在物质形式上来传达他的创作热情。

建筑插图

在第一阶段，波利菲洛对马格纳门（Magna Porta）（图 1）进行建筑分析时，通过 24 个规则的正方形网格这一几何形式，来提取每个建筑元素（图 6），每个方形框定的部分对于整个网格系统来说，就像墙壁座基前的护墙板跟整个大门的关系。虽然波利菲洛对这个网格作了解释说明，但 1499 年版本中的这幅木版画已经消失了。在 15 世纪晚期，网格与建筑画相结合被迅速地理解为一种理性推导对称形式（*symmetria*）的表现，[45]而波利菲洛的作者选择线性透视来充分地表现马格纳门[46]。这类插图——它在绘画艺术中将自己展现为一个复杂的系统，该系统在一种幻觉空间中决定了那些被描绘的物体之间的内部空间关系——在当前这个例子中，看来打算表达理性的特质，比如以对称性来看建筑。在插图中，这位艺术家并没有表现浮雕。按照波利菲洛所说的，它应该雕刻在古典柱式顶部的檐壁和墙壁座基前的方形构件上[47]，并且 1546 年法国版本的插图画家在他关于这座建筑的两幅作品中，其中一幅是对这方面的确切的说明（图 7）[48]。对于原版木版画中的遗漏，可能是艺术家无意识的决定，是为了强调男性的特质、对称和建筑中的理性体系，这反映了在《寻爱绮梦》中的不同阶段对男性和女性的表达各有侧重点。

马格纳门这张图的下半部分表现出强烈的进深效果，它引导观者的眼睛从建筑前面的地面向入口内部游离。所有的消失线相交在入口中心的一点上，在筒拱起脚处稍低的位置（图 8）。由于大门所有下半部分的构件——柱础，筒拱的镶板，入口处铸造的踢脚板——根据它们空间的关系，从透视的角度被缩短，从而被纳入到整体的线性透视中，

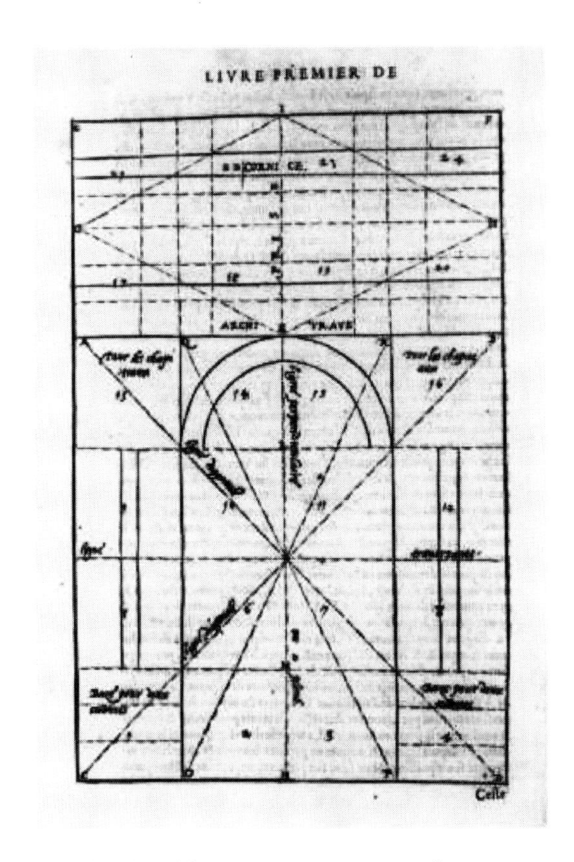

图 6.《寻爱绮梦》，1546 年，马格纳门，带网格

图 7.《寻爱绮梦》，1546 年，带有浮雕装饰的马格纳门

这种表现方式完美地吻合理想建筑对一种广泛的理性体系的要求。

埃莱乌泰里利达女王的王座室（图 2）对于观者来说，呈现的是完全不同的面貌。在这幅插图中，波利菲洛的作者再次重复了一些波利菲洛关于理想建筑的组成部分的说明。但是，由于这时已经进入到第二阶段，女性部分的细节描绘成为表现的焦点，意味着被视为女性的自然（除了净化事物的能力外还有的）取之不尽的特性和善于克制的品质[49]。

这幅图中只有很少的前景，主要表现了大厅墙上丰富的装饰。画面的中轴线上放着女皇的王座，两边对称放着凳子。科林斯柱式将墙面分成相同尺寸的镶板，并支撑着横梁，又在横梁之上放置着四个花瓶。根据波利菲洛的描述，细枝从花瓶里长出来，并缠绕在一起构成了天花板，但图上并没有表现出来[50]。从顶部和侧边都无法看到房间的界线。

图 8.《寻爱绮梦》，
带有消失线的马格纳门

除了檐壁和王座上的装饰沿着中轴线对称布置外，每块墙板上的花饰也围绕中间的环形饰物对称布置。两侧外端的墙板都在各自中轴线下垂的位置被截断，这使我们觉得作为建筑构件的墙板和装饰都在无限地延伸。轴线的主导性强调出王座的中心地位。这里少数按透视法缩短的线条没有像马格纳门的消失线那样汇聚于一点（图 8），而是交于中央垂直线上的几个点上，这必然使空间缺乏清晰的关系（图 9）。几乎平行的“消失”线由两侧凳子的支撑暗示出来，位于右边的“消失”线与左边对应的“消失”线在中间垂直线上相交成 90 度，所以相交的线形成等腰直角三角形，重点强调出面的效果。

这个房间明显是以二维的方式表现出来，而不是三维，其中我们所观察到的规律与线性透视所形成的效果有着本质的不同。这不是由观看者的位置关系决定的——比如在透视中那样——而是由插图内部的图案决定：王座室的高度和上面的圆形饰物是基准单元，它们决定了三个三角形的尺寸[51]。

对空间的忽视和对装饰的强调至少表明了波利菲洛所指出的建筑中的两点女性构件特征，它们区别于男性构件。依此类推，我们可以得出自然的能力不同于人类的能力的结论。就像在自然中经常可以找到的（比如在植物学）[52]，这里镜像的安排所形成的对称被善加采纳，用来表现自然的产物，尤其体现在依照原样绘制的花纹装饰之中。并且，对称暗示着无限延伸的可能性，这使它在表达自然取之不尽的特征时成为理想的表现方式。

同时，这种表现方式表明自然的规律性和可控制性，这体现在等腰三角形的参照单元和装饰上，这些装饰虽然奢华，但并没有影响作为建筑构件的墙体。但是，这里强调的与三维空间截然不同的表皮，最终揭示出了自然的局限性。从“人”的观点来看，它缺乏必要的理性能力来包容事物，这使它能将自己的产物依附于复杂的空间体系内。这种能力在马格纳门的描绘中展现出来（图1）。为了与文章的内容保持一致，描绘王座室的艺术家选择一种过时的表达方式，一种更成熟的所谓反透视的变体。这种描绘空间

图9.《寻爱绮梦》，带有“消失线”的王座室

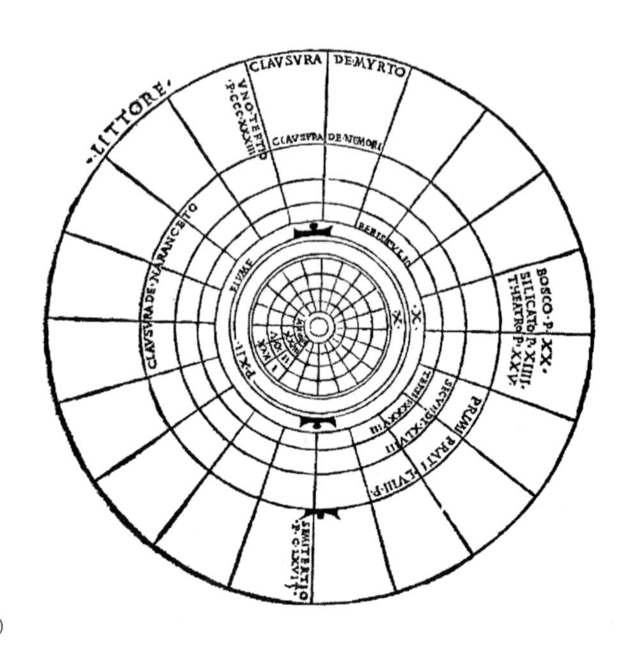

图 10.《寻爱绮梦》，
塞西拉岛（阶段 V）

的方式将观者排除在外[53]。相反，线性透视创造了立体效果，使空间具有进深，将中世纪的实体的和不透明的画面转变成一扇打开的窗户，观者可以通过它看到虚构的场景[54]。在马格纳门这幅插图中，所有的消失线交于中心的一点——虽然不可见——却决定了画面的整个结构。观看者的目光被引导到入口的内部，聚焦到画面中唯一的空间灭点。根据阿尔伯蒂的观点，这个中心点垂直地与观看者的中间视线相撞[55]，如果它被理解为是一个交点，而不是一个终点，那么从逻辑上来说，消失线应该在不可见的交点反方向重复。即消失线交于一点，从这点——至少可以想象到——又分开，形成另一个不可见的空间[56]。

对于线性透视有可能暗示出它自身之外的某些东西，当代艺术理论没有任何异议。然而，在《寻爱绮梦》中，波利菲洛从第一个阶段过渡到第二个阶段表明了与线性透视这种所谓的双重功能非常相似的特征：波利菲洛与龙进行搏斗，迫使他通过金字塔的内部，这一空间在版画中可以看见它的中心点（现在通常称为灭点）。波利菲洛必须在进入自由意愿王国前穿过这一地方，穿过金字塔背面的出口。根据波利菲洛所见的，建筑的这部分的外部被茂盛的植物所覆盖，与相对的入口处那种硬朗的线条形成对比[57]。

如果我们认可线性透视有可能表达出视线之外的一些东西，那么马格纳门这幅插图展现在观看者面前的就是两个场景：从可见的方面来看，一个虚构的场景在开放的透视空间中形成；另一方面，在象征的角度，另一个场景在中心点的后面展开，观看者只能对其进行猜测。在这种情况下，线性透视不仅象征着人类对理性秩序的掌握能力，同时也是指涉不可见的、视线之外的部分的一种艺术方式。两种理解方式对《寻爱绮梦》来说都是有效的，因为波利菲洛作为人类的化身一直通过波莉亚在寻求一种完满，而波莉亚的特征与他在本质上是相似的，只是功能和面貌不同。

然而从第一阶段到第二阶段的两幅插图分别表现了理想建筑的男性和女性构件，从第三阶段开始，建筑插图开始强调具有历史性的东西[58]。波利菲洛的旅途不仅描述了不断经历的场景，男、女性思想的最终结合，同时还追溯不同阶段（从史前到接近未来）内部和外部本质的发展[59]。

在分析维纳斯神庙的剖面（图 3）、塞西拉的平面和维纳斯喷泉（图 10，5）前，我们需要提到在《寻爱绮梦》的叙述中存在着某种方法论要素。作者将他所要呈现的乌托邦裹上梦境的外衣，他不仅在开始时就告诉读者波利菲洛正在入睡，并在梦中看到自己正在做梦，但从第三阶段开始，波利菲洛进入目标王国后，作者又采用文体上的技巧，将故事以梦的形式表达出来[60]。作者对维纳斯神庙、塞西拉岛和维纳斯喷泉三者建筑上的描绘在某种程度上是相似的，我们可以多次观察到从亲身体验到梦境的这种转变，后者类似于鸟瞰，与现实中存在的逻辑不一致。比如，波利菲洛在维纳斯喷泉的入口帘幕被掀开前就描述其内部的情况，这一刻，从主人公自身体验的角度是不可能看到的。这种从体验的角度到梦境的角度的转变仅发生在目标王国中，并且看起来像是某种面向未来将要出现的一种迹象[61]。在第四阶段，虽然还是在目标王国，作者却摒弃了梦境的角度，这一点具有重要的意义。波利菲洛只从亲身体验的角度描述 Polyandrion（图 11），因为这座充满废墟和坟墓的古城作为一个恐怖的地方，证明了倒退的状态是历史发展的“辩证”理念所必须有的。

维纳斯神庙的插图呈现的是它内部的情景（图 3）。剖切线将建筑对半切开，两边的灯柱处于空间的外部。由于忽略了铺地和穹顶上的装饰，所以，与墙体截然不同，建筑细部通过剖切线强调出来。半圆形柱子左右两边的三维柱子与走道外墙上对应的壁柱一起框定出室内空间。它们与地面的线条一起（地面的线把剖切面的所有线都交代出来），阻止了对观看者另一边空间的幻想[62]。它与马格纳门的插图不同，后者有杂草丛生的前景介于建筑和观看者之间，而神庙的剖面去除了任何对位于剖面“这边”的空间的幻想。

图 11.《寻爱绮梦》，Polyandrion（阶段 V）

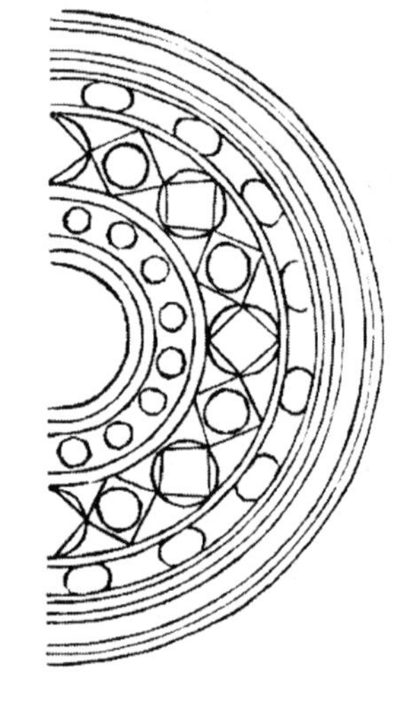

图 12.《寻爱绮梦》，
塞西拉岛局部（阶段 V）

塞西拉的平面和它的中心（图 10，5）包含的不是对空间幻想的暗示。如果一个人忽视了铭文中表明的塞西拉是一个孤立的岛，那么，这些图将会损失大量的感情成分。

虽然相对于透视图来说，平面图为一个复杂的系统提供了传递信息更好的途径，但这种优势是以牺牲表现单独细节为代价的。在第五阶段，波利菲洛全面的描述和对这个孤立的地带进行的零散描绘共同构成了读者对塞西拉的印象（比如，图 12 所示），因此读者可以逐渐从各个方面来想象这个岛的面貌。

对 Polyandrion 废墟的刻画（图 12）与塞西拉平面（图 10）的描绘是完全相反的。在这幅画中，废墟的不规则性通过艺术性的手法表现出来：植物和废墟残片上的细线，以及大海表面的线条，与不在阴影内、保存完好的呈规则状态的建筑形成鲜明的对比。废墟和岛屿都是人类和自然相互作用的结果，但与岛上人为的秩序相反，废墟的形态源自在人类活动基础之上的自然之偶发进程。

废墟的描绘给人的感觉与它作为一个恐怖之地的这层寓意是截然相反的，然而这种关系的转换在塞西拉的平面中表现出来：在这个平面中没有任何地方能产生令人愉快的感觉，它规则的形态中隐藏着塞西拉所包含的孤独感。不需要感悟，只要对平面进行批判性的、理智的观察，观看者就会产生这方面的想法。由于人类的知觉只有在规则的环境中才可以感知，可以推测，平面的规则形态使观看者对塞西拉岛的感观印象达到了最大值。虽然文字能力对于充分地理解整个平面是需要的，这并不意味着——就像第一眼可能看到的那样——思想超过物质，而是在思想和物质都处于它们最受关注的状态下取得平衡，这是完美和谐的状态。在叙述的高潮，波利菲洛将和他的爱人波莉亚在维纳斯喷泉旁举行的仪式中结合。波利菲洛对喷泉入口帘幕的毁坏（帘幕上刻着铭文YMHN［处女膜］），象征他与爱人的合体。同时在宏观的层面，喷泉建筑表明自身作为母体自然的子宫，孕育着万物[63]。波利菲洛破坏帘幕的寓意指向让·德·墨恩的《玫瑰传奇》里的内容，这里维纳斯和后来的爱人，攻击被可爱的玫瑰所围起来的城堡[64]。不像很多中世纪爱情故事的作者那样极力渲染[65]，波利菲洛的作者避开了从字面上描述场景，而只是提供一张简单的喷泉平面图（图5）。原因之一当然是作者希望避免在读者间引起强烈的反响，如果将极具性爱色彩的文章传递给读者，读者面对这些内容，很容易从一系列问题中注意到那些不受欢迎的部分[66]。另一个原因可能是一幅发生在目标王国的场景插图会弄混视觉上的逻辑，这一逻辑已经被用来表示建筑属于过去或未来的不同阶段。

空间想象被应用到《寻爱绮梦》的建筑插图中，用于表明过去和现在（阶段I和II）。但是为了表现出自然的特征，包括缺乏系统性，作者在第二阶段摒弃了线性透视的表现形式。两个阶段的建筑，作为现存的事物，都有叙述性的说明，而从第三阶段开始，所展示的插图需要观者更多的想象。这些木版画在视觉上向着美好的世界演变。除了第四阶段对Polyandrion废墟的描述，插图的描绘方式逐渐从知觉中抽象出来，尽管文本表现的变得更具感官愉悦性。因此描述的内容和视觉上呈现的东西是同步改变的，它们的关系变成一种逐渐增强的对比。

建筑呈现的顺序，表明了平面的插图（它和梦境的文字描述很类似）被用来暗示某种未来的理念。这解释了为什么波利菲洛的作者没有表现波利菲洛在描述马格纳门时所提到的建筑网格：因为平面在第一阶段就展现出来——类似于第五阶段描绘的维纳斯喷泉——将会破坏建筑插图序列中存在的内在逻辑[67]。

维纳斯神庙的剖面与同时代空间表现图之间的对比

《寻爱绮梦》中的系列建筑插图表明了与叙述过程相对应的视觉逻辑关系。据我所知，这是独一无二的。无可否认，同时代的建筑图包括了《寻爱绮梦》中所有插图的类型，但与《寻爱绮梦》不同的是，它们在给出事实后没有提供诠释结构。它们经常致力于表现一座已经存在的——通常是唯一的——建筑。相关的文字通常也只是简短的评论；另外对古迹和/或尺度的描述是例行公事。可以确定，《寻爱绮梦》的作者对古代事物的热情并不亚于同时代建筑师，他以古代建筑为模型，从而构建了自己的理想建筑。但是这些建筑不是服务于实用的目的，而是作为一种表现工具来传达文章所要揭示的哲学含义和乌托邦的思想。波利菲洛的作者能熟练地在图画这种媒介中表达他的思想，因此有时候故意冒险，在图像和文本之间制造差异。这样，他不仅利用了建筑师所运用的表现方式，还吸收了阿尔伯蒂提到的表现透视的真正的艺术手法[68]。

然而，在大约有1500幅木模版被普遍地用来描绘建筑后，16世纪意大利的文学艺术里，这种表现介质被绘画的形式所取代[69]。波利菲洛的插图作者无论如何是独立于后者的。但假使他运用同时代的艺术手法来描绘内部空间的话，显然会更得心应手。正交投影的方式尤其适合用来描绘空间，因为它不仅能表达出墙体的结构关系，还能刻画相应尺度的细部。大量的绘画表明这种真实的建筑表现方式在1499年《寻爱绮梦》面世的时候达到了顶峰[70]。

可以确定，波利菲洛的版画作者没有完全掌握正交投影的原理，但与列奥纳多·达·芬奇（Leonardo da Vinci）1490年对一座集中式建筑的研究或弗朗切斯科·迪·圣治·马蒂尼（Francesco di Giorgio Martini）在1477年到1487年间绘制的圣康斯坦齐亚（Santa Costanza）大教堂相比，他还是要熟悉一些[71]。列奥纳多在他的绘画中以鸟瞰角度表现了一座集中式建筑的剖面，可以看到内部的景象（图13）[72]。在被剖切掉的这一边，他绘制出了平面。某种程度上，他是用同一透视角度来表现室内和另外半边的平面，他确保了两边平面的统一性。

马蒂尼的圣康斯坦齐亚大教堂（图14）与维纳斯神庙不仅在布局上具有关联性，描绘的方式也极其相似[73]。为了帮助观者搞清楚完整的建筑，马蒂尼在剖面的旁边还绘制了圣康斯坦齐亚大教堂完整的平面。

维纳斯神庙的剖面里（见图 3）直接将集中式建筑的另一半平面抽象地表现出来，与列奥纳多的表现方式不同，与透视角度的剖面相连的平面正对着观看者，而不是与剖面同样的透视角度。有人可能会反驳，认为波利菲洛的版画作者只是对波利菲洛所描述的这座神庙的雨水排水系统感兴趣。但是，这种假设只是基于文本，在木版画中根本无法获得依据[74]。波利菲洛的版画作者当然不会忽视像神庙中心的水箱这样重要的细节以及它们的供水系统，因为他确实对描绘建筑的技术设施感兴趣。

关于“平面”的命题有两个重要的论点：“平面”的抽象形式和剖面的类型。两者都偏离对建筑精确的描绘，目标是在剖面和平面之间建立更多形式上的联系。这些转变可能是为了帮助观看者理解空间全新的表现方式。

抽象“平面”内圈的半圆（如果方向相反）与覆盖神庙的半圆形穹顶具有相同的半径。由于穹顶剖面是完整的圆穹顶的一半，尺寸 a 是固定的。而整个剖面与穹顶的宽度和高度存在关系，因此就不需要标示尺寸 a。深度也应该是相同的，但这无法测量，并且实际中由于缺乏阴影也无法表现出来。在展开的“平面”上，内圈的圆重复了穹顶的基本尺寸，穹顶的深度，并且穹顶所覆盖的空间深度也在宽度知道的情况下变得可以测量。

抽象平面的表现形式也许可以从穹顶的进深和穹顶覆盖下的空间进深之间的关系来获得解释。为了将这点更强烈地强调出来，并且帮助观者理解图形，波利菲洛的版画作者提供类似于柱础这样的平面细部，即内圆的里面两圈，它们的曲率与穹顶的曲率是一

图 13. 列奥纳多·达·芬奇，一座集中式建筑的研究，大西洋手稿

致的，用于联系上和下、平面和剖面。

剖面的剖切线经过建筑的中央显然是有意图的；然而，这还不能得出最终的结论：认为穹顶覆盖的空间内有10根柱子，在木版画中可以看到其中的6根，并且走道的两边外侧各有两根坚实的柱子，将建筑限定在边界内，展现在观看者的面前[75]。并且，它们要成为穹顶和地面之间的联系，因此它们融入到外墙，在平面中可以看到它们的轨迹曲线。与在剖面中的相比，外墙在平面中表现得更加清晰。

洛茨（Lotz）在他关于意大利建筑画中的空间的著名研究中，同样分析了前面提到的两幅画，如下面所述，他还运用Codex Coner笔记本（c.1515）中的例子，解释了这种"抽象基本线"的创新之处[76]：

Codex Coner中的绘图员……运用可以使人产生幻想的方法，尽其所能限制剖面之外的建筑部分的表现，然后运用抽象的基础线来表征这些存在的事物。这些线是建筑实际呈现的部分和纸面之间的界限。特别是，观看者在思想上被禁止进入基本线（表现为地面或铺地）下方的部分，这样就把它和自己较高的视点建立起联系了[77]。

甚至不是在洛茨研究范围内的这幅1499年的维纳斯神庙插图，也展现了这种抽象的基本线，这些线条将纸面上半部分的空间描绘与下半部分的内容显著地分开。洛茨认为这种基本线是抽象的，它的创造性运用从来不会被高估：与基本线相比，两根外侧的柱子所起的作用就像预想的那样，是作为空间的侧面框架，代表了一种具体的对应物。它们代表了空间的终止；基本线在逻辑上具有连续性，它以传统的描绘方式穿越整个缺口，并标识了一个转折点，即从清晰的实体到非具象物体的具体性（the concreteness of the nonobjective）。

从它们剖面的类型和取消墙体作为空间的物质限定符号两方面来看，维纳斯神庙的描绘与马蒂尼早期的表现图（图14）是有可比性的。至于抽象的基本线将成为伯拉孟特的"圆"的发展起点。将空间透视和附加的平面图进行组合也是有远见的，可以在伯拉孟特1503到1514年所谓的素描本中看到（图15）[78]。

波利菲洛的版画作者本来可以像马蒂尼所做的那样，在基本线下面的空白处提供补充信息——给出神庙更完整更精确的平面。而他选择以明智的，一种全新的方法来处理穹顶和它所覆盖的空间之间的交互作用。由于这个原因，他只需要画半个平面，并将这个平面直接与基本线建立联系，使神庙的墙体成为连续的整体。他对观看者提出了大量的要求，要求我们在画面的两部分之间建立联系，尽管空间的幻象是断裂的。通过这半个平面，观看者必须通过二维图像而实际上是三维的穹顶，逐渐建立起空间的概念。然而，这种有意识地减少具体内容（与列奥纳多的画形成对比）具有自身的优点，可以运用最少的手段成功地传达空间尺度的基本数据，就像运用了正交投影。波利菲洛的版画作者和观看者获得的抽象性在现代的透视图中几乎无法被充分理解[79]。我们的视觉经验已经被大大地扩展了，尤其是计算机的各种可能性的刺激[80]，而对于波利菲洛的年代，图像失真的意识是相当陌生的，轴测表现也未得到认识。

据我所知，莱夫维尔（Lefaivre）[81]是第一位将塞西拉岛的平面与阿尔伯蒂15世纪40年代的“*descriptio urbis romae*”建立联系的学者[82]。在这本书中阿尔伯蒂舍弃旧的制图法，运用圆形而不是矩形的坐标系统。所有记录的数据都从属于一套参考系统，类似于星盘的圆心。在1450—1452年间的“*Ludi rerum mathematicarum of c*”一文中，阿尔伯蒂介绍这种方法可以用于合适的空间，并说明如何展开对一座城镇或区域进行实际的调研[83]。

在他15世纪40年代的“*De statua*”中，阿尔伯蒂描述了一种测量工具，“fintorium”[84]，它可能会被看做是星盘的原型，并且揭示阿尔伯蒂的测量方法的真正创新所在：“fintorium”包括一个带有刻度的圆盘和末端带有箭头的旋转指针[85]。在使用这一工具时，人们需要考虑抽象的、纯粹需要想象的“中位线（median vertical）”，它相当于一座雕塑垂直的中轴线，所有的测量尺寸都以此为参照。在三维建构的雕塑中，它相当于一幅一点透视图中观看者的中心视线[86]。然而，这两种艺术风格重要的区别在于雕塑的中心轴和观看者之间无法建立关系，而绘画可以。同样的关系也适合运用阿尔伯蒂的创新方法获得的城市：就像运用“fintorium”一样，这种新方法保证了对城市里的墙体和其他特征准确的测量，并将测量结果投射到圆形的坐标网格中。准确的道路地图取代了鸟瞰的城镇平面。在这里，主客关系被打破，观看者通过抽象的手段获得精确的数据。

虽然塞西拉岛放射状的林荫道（图10）与阿尔伯蒂新的调研方法有着明显的相似性，但它们无法相提并论：前者是描述一个设计，其中每个单独的形式将自身导向内部边界，而后者是采用一种规则的参照系统来绘制一座已经存在的城市，当然这座城市的布局决不可能是规则的。然而，阿尔伯蒂的测量程序所引进的参考系统与维纳斯神庙的绘制具有相似性，后者带有抽象的趋势，为正交投影奠定基础。

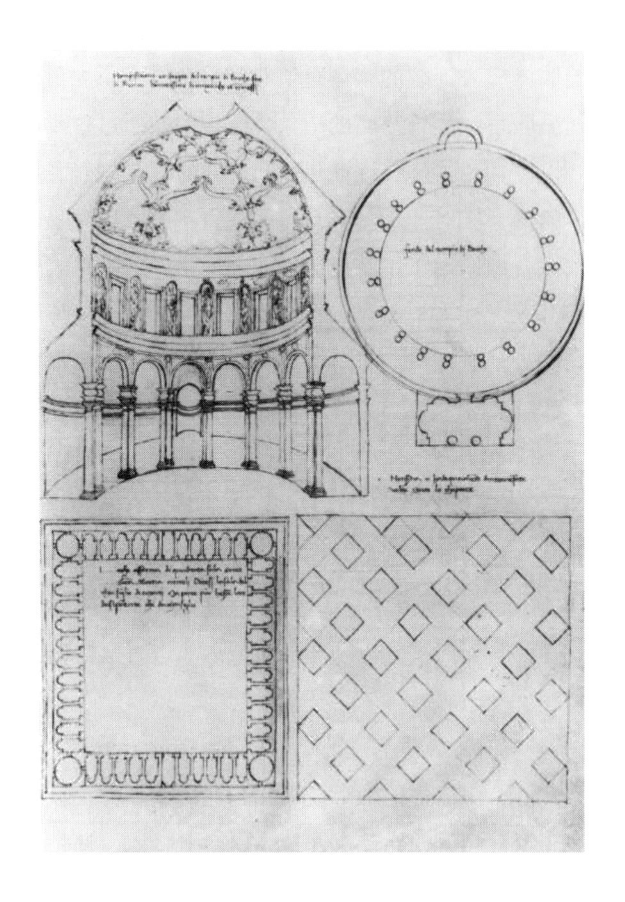

图 14. 弗朗切斯科・迪・马蒂尼，圣康斯坦齐亚大教堂

达・芬奇在 1502 年绘制的伊莫拉地图（Imola）被认为是运用阿尔伯蒂的方法测量城市，并留存至今的最古老的资料（图 16）[87]。阿尔伯蒂这位人文主义者在此半个世纪之前绘制的罗马城地图很不幸已经遗失。我们所能得到的关于它的信息来自“*descriptio urbis romae*”和“*Ludi rerum mathematicarum*”中的描述。至于莱夫维尔关于《寻爱绮梦》的贡献对阿尔伯蒂有过影响的说法是站不住脚的——不仅因为前者在时间上更靠后[88]。阿尔伯蒂开创性的测量手段有着参考作用这同样不能令人信服，因为他的论文“*Ludi rerum mathematicarum*”在当时非常著名。马蒂尼肯定曾经仔细地研究过这本著作。这可以从他 15 世纪 80 年代的建筑论著，Saluzziano 手抄本 148 页和 Ashburnbamiano 手抄本 361 页的早期版本中得到大量的证明[89]。他的圣康斯坦齐亚大教堂剖面也保存在 Saluzziano 手抄本中。这幅插图与《寻爱绮梦》中的插图确实非常接近，但这还是不能确认波利菲洛的版画作者属于那一时代的锡耶纳画派。这里提到的一致性只是为了提供

图 15.[伯拉孟特？]，古代室内透视及平面图，
伯拉孟特素描本

图 16. 列奥纳多 · 达 · 芬奇，伊莫拉地图，1502 年

更精确的时间框架，并强调阿尔伯蒂和《寻爱绮梦》的作者，或阿尔伯蒂和波利菲洛的版画作者之间的不同。从哲学角度看，《寻爱绮梦》的第一版本必定是如佛拉奎里（Fumaqulli）所说，在1488年之后[90]。对维纳斯神庙剖面的分析可以使我们将这本作品的时间清晰地定位在1499年版本之前的最后10年。

波利菲洛的版画作者非常自信地在他的建筑插图中忽略了绘画传统，这点可以从以下的事实中看出来，除了对维纳斯神庙进行开创性的描绘外，还使用过时的“反透视”（图2）来达到他的目的。除了变化显著之外，这个剖面尤其证明了波利菲洛的版画作者必定集中精力投入到研究空间表现这一当代问题中。我们或许应该就此将他与马蒂尼、达·芬奇以及拉斐尔一起归为画家建筑师这一群体中。

罗斯维塔·施特林：柏林洪堡大学艺术史学家

（译者：叶李洁）

注释：

1. 这本书在英语中更广为人知的名称是“*The Strife of Love in a Dream*”，这是 1592 年 Robert Dallington 爵士首次出版的英文译本（不完整）的书名；见 Francesco Colonna 著，Robert Dallington 译的 *Hypnerotomachia, the Strife of Love in a Dreame*（1592），其复本中有一篇 Lucy Gent 加入的序言（New York，1973）。当前的翻译遵从同一时代对这一名称的解释，在前言中加以说明：“…la quale opera per vocabulo graeco la chiama pugna d’amor in somno.” 见 Colonna，*Hypnerotomachia Poliphili*， Giovanni Pozzi 和 Lucia A. Ciapponi 的评论版以及评论的内容，2 vols.（Padua，1980），l：xii；在下文中会引用这个版本的内容，简称为“HP”，并标明页码，当参考评论时，编者也会被引注。另见最接近我们的一个版本，Francesco Colonna，*Hypnerotomachia Poliphili. Riproduzione dell’edizione aldina del 1499,introduzione, tradueine e commenso*，Marco Ariani 和 Mino Gabriele 编，2vols.（Milan，1998）。从内容来看，编者的工作无可指责，但我想指出一个严重的缺陷：出版社将这本期待已久的 *Hypnerotomachia* 的复本编排在很小的版面上，价格当然不贵，这很不幸地使读者对古版书产生了错误的印象。Gilles Polizzi 于 1546 年出了新的法语版：Francesco Colonna，*Le Songe de Poliphile.Traduction de I’Hypnerntomacbia Poliphili par Jean Martin*（Paris，Kerver,1546）。Présentation，translittération，notes，glossaire et index，ed. Gilles Polizzi（[Paris]，1994）。目前的研究包括我关于 Ph.D. 的学位论文中研究的一个方面，*Architektur and Natur in der “Hypnerntomacbia Poliphili”*（*Manutius*， *1499*）*und die zusebreibung des werks an niccola lelio casmico*（Ph.D. diss，University of Hamburg[Hamburg，1996]，65—74，280—283 n.104）。我想感谢 Horst Bredekamp、 Christof Thoenes、 Bettina Uppenkamp、 Stuart Lingo 和 Raymond Gannon，后两位还更正我的英语错误。我还要感谢 Pamela Selwyn，她翻译了论文的最后 5 页，并对我的英语进行最后的润色。

2. Giovanni Mardersteig 在 *Contributi alla storia del libro italiano,Miscellanea in onore di Lamberto Donati*（Florence，1969）的 221—242 页讲到，“Osservazioni tipografiche sul‘Polifilo’nelle edizioni del 1499 e 1545”，Dorothea Stichel 也指出，“Reading the *Hypnerotomachia Poliphili.* in the Cinquecento:Marginal Notes in a Copy at Modena，”见 *Aldus Manutius and Renaissance Culture, International Conference in Honor of Dr. Franklin Murphy*，*Venice and Flarence*，*14—17June*，*1994*， David S.Zeidberg 和 Fiorella Gioffredi Superbi 编（Florence，1998），217—236。

3. 短得多的第二本书是从情人（波莉亚）的角度来讲述这个故事。这一简单的叙述文本没有任何对艺术和自然的描绘；而它将故事从第一本书中没有具体年代的桃花源式的地点转移到特里维索（Treviso）这一意大利北部具有历史意义的城镇。虽然两本书的故事都以梦境这一主题进行结构组织，波利菲洛在第一本书的第一章进入梦乡，并在第二本书的结尾被推回到现实中，但还是有几个原因——主要是文献方面的——可以确定第二本书要早于第一本。Domenico Gnoli，“Il sogno di Polifilo,” *La Bibliofilia* 1（1899—1900):189—212，266—283，esp.195 and 197； Pozzi and Ciapponi, *Hypnerotomachia Poliphili*，4—8；Eduardo Fumagalli，review of Pozzi and Ciapponi，

Hypnerotomachia,Aevum 55(1981):571—583，esp.579—580，同上，“Francesco Colonna lettore di Apuleio e il problema della datazione dell'*Hypnerotomachia Poliphili*，”*Iralia Mediorvale e Umanistica* 27（1984）:233—267，Fumagalli（259—262）认为第一本书要追溯到1488年之后。不同的观点见Liane Lefaivre的*Lenn Batista Alberti's Hypnerntomacbia Poliphili. Re-Cognizing the Architectural Body in the Early Italian Renaissance*（Cambridge,Mass and London,1997），第10页中讲到“它完成的日期使它成为文艺复兴时期最早论著之一”。Lefaivre没有充分地讨论这部作品创作的时间，可能不少的原因是她希望将这一作品归功于Alberti。

4. *Hypnerntomacbia Poliphili*的作者至今未能得到确认。通常假设的Francesco Colonna是取自书中每一章节的开头字母进行组合得出的结果，他可能是威尼斯的多米尼加修士，或者是罗马著名的Colonna家族的一名成员。对于这种不同的身份，可以参见Piero Scapecehi在*RR.Roma nel Rinascimento*（1997）中的书评，128—131。我还将一位名为Niccolo Lelio Cosmicod的帕多瓦人文主义者纳入到讨论中；见Stewering,，*Architektur und natur*，159—245，同上，“Who wrote the Hypnerntomacbia Poliphili？ Aguments for a New Author，”这将会在M.Mosser、W.Oechslin和G.Polizzi合编的*La réception européenne du Sunge de Poliphile: literature, jardin a architetture. Die Hypnerotomachia Poliphili and ibre Rezeptian in Europa:literature, Gartenkunss und architecktur*（Actes du colloque de Mulhouse-Einsiedeln du ler au 4ème juillet 1999）中发表。

5. Carlo Dionisotti，*Gli umanisti e il volgare fra Quatro e Cinquecento*（Florence，1968），10，125—126；Mareo Mancini，“Intorno alla Lingua del Polifilo，”*RR.Roma nel Rinascimento*（1989）：29—49。

6. Anton Boschloo，“Images of the Gods in the Vernacular，”*Word & Image 4*（1988）：412—421；Boschloo比较了Ovid作品中的插图，指出流行文化和人文主义文化之间普遍的差异不是总能被调和的。从风格上来说，1497年*Metamorphases*中的插图与*Hypnerotomachia*的插图非常相似；见Giovanni Pozzi的“Il polifilo nella storia del libro veneziano，”收录在Rodolfo Pallucchini主编的*Giorgine e l'umanesimo veneciano*中，2vols（Florence，1981），1：71—107；以及Helena Katalin Szépe，“The 'Polifilo' and Other Aldines Reconsidered in the Context of the Production of Decorated Book in Venice”（Ph.D.diss，University of Michigan，1993），44—45。

7. 下面的这些木版画构成了这一组建筑插图，它们都属于*Hypnerotomachia*的第一本书：HP，18，47，90，127，199，232，245，305，345和353。由于在*Hypnerotomachia*中，建筑和雕塑之间的界限很模糊，另外一些木版画，比如两幅分别关于王座室横梁上（HP，89）和剧场横梁上（HP，344）的装饰插图也可以归到这组中。除了Polyandrion（图11）和通向目标王国的三开间门（HP.127），这里人是作为建筑尺度的参照物，这组里的其他插图都没有人物出现。另一组木版画（HP，241，295，302，311，313，315，317和318）描绘了更大建筑群中的建筑残片；它们没有边框，并分散在文本中。大量描绘雕塑或今天称之为艺术和工艺品的插图也属于这组，其特点是描述详尽。Szépe（“'polifilo' and Other Aldines，”157—163）提供了详细的木版画目录；她称这组为“ecphrastic images”。还有的木版画只是简单地描述叙述的地点，虽然其中一些插图（例如，HP，209）中的建筑部分可以被看做是行为的陪衬，这些插图将不列入讨论范围；Wolfgang Lotz在他的*Studies in Italian Renaissance Architecture*（James S. Ackerman、W. Chandler Kirwin和Henry A. Millon编[Cambridge,Mass and London，1977]）一书中，所写的名为“The Rendering of the Interior in Architectural Drawings of the Renaissance”（1—66，esp.13）的文章里讨论了波利菲洛的作者为什么没有为两个圆形的平面（图5，10）加上边框，见下面的注释67。

8. Erwin Panofsky，“Die Perspective als ‘Symbolische Form，’” *Vortrage der Bibliotlick warburg 1924—1925*（Leipzig，1927），Fritz Saxl编，258—331。我简单地提及Panofsky 1924/25年的著名论文。他向Ernst Cassirer借用了“symbolic form”一词。与将不同的阶段刻画成一个无所不包的客观化的知识历史进程不同，目前的分析将透视理解为绘画的形式，成为早期现代主义时期独特的表现形式，在这样的理解中，知识产物将自己具体化为与物质产品相反的角色，后者被描述时不使用透视。精神和物质产物的二元论，这两种不同的性别角色从亚里士多德开始就已经流传，它奠定了所有西方思想的基础，不受其历史影响的支配。关于symbolic form的概念，见Erwin Panofsky，*Perspective as Symbolic Form*[1924/25]，Christopher S. Wood译和序言（New York，1991），以及Joel Snyder在*Art Bulletin77*（1995）:337—340发表的评论；Ernst Cassirer在他的*Philosophic der Symbolistben Formen.Weseu Und Wirkung des Symbolbegriffs*（Darmstadt，1994，169—201）收录的“Der Begriff der Symbolischen Form in Alfbau der Geisteswissenschaften”[1921/22]一文。

9. HP，14—15。

10. HP，12—14。

11. HP，44。

12. HP，54。

13. HP，56—60。

14. HP，60。

15. HP，68，71，85—86，114。

16. HP，72—79，95—109，见Ludwig Schrader，*Sinne und Sinnesverknüpfungen.Studien und Materialien zur VorgesEbicbte der Synassbesie und zur Bewertung der Sinne in der italieniscbess，spaniscben und französischen Literatur*（Heideberg，1969）。

17. HP，114。

18. HP，115—123，126。

19. HP，127—133；也可以比较A.Kent Hieatt和Anne Lake Prescot的“Contemporizing Antiquity：The *Hypnerotomacbia* and its Afterlife in France，” *Word & Image 8*，no.4（1992）：291—321，esp.310—314。

20. HP，133—138。

21. HP，143—171，179—182；同样见Edaer Wind，*Pagan Mysterùs in the Renaissance*（London，1958），136。

22. HP，184—186，186—191；也可以比较 Wind，*Pagan Mysterùs*，139n.5，和 Pozzi，Ciapponi 的 *Hypnerotomachia*（见注释 1），136—137，n.3 到 p.150。

23. HP，212；“me stringendo amplexantime，mi dede collabellante uno morsicale et sorbiculoso basio，pieno di divino sucto……”对于神庙的描述，见 HP，190—208，215—217。

24. HP，268—319。

25. HP，236—267。相反，Lefaivre 在 *Re-Cognizing*（[见注释 3]，236 页）中断言“波利菲洛热爱建筑更甚于波莉亚……他难以抗拒地从约定见面的地点离开”。

26. HP，268—319。

27. HP，352—356，360—361。

28. HP，363—373。

29. Francesco Colonna “*Hypnerntomacbia Poliphili*”（*Venetiis*，*Aldo Manuzio*），*1499*，Peter Dronke 为本书写序言（Saragossa，1981），18—19 和 26。

30. 同上，55—56；Stewering，*Arcbitektur und Natur*（见注释 1），132—133，148—156；Stecen F.Kruger，“Dream Space and Masculinity，” *Word & image* 14（1998）：11—26。

31. Francesco Fabbrini，“Indagini sul Polofilo，” Giarnale storko della letteraturs italiana 35（1990）：1—33，esp.29—30。

32. Gerhard Goebel，Poeta Faber. Erdichtete Architecktur in der itulieniscben，spanischen und franzüsisechen Literature der Renaissance und des Barock（Heidelberg，1971），43—44，65—66；Stewering，*Arcbitektur und Natur*，“Schema I.” 18；还可以参见 Gilles Polizzi，“Le ‘poliphile’ ou l” Idée’du jardin：pour une analyse littéraire de l’esthetique colonienne，” *Word & image*14（1998）：61—81 和 67 的图 3，“Topographie schématique de la quēte de Poliphile”；可以肯定，Polizzi 将叙述分为五个阶段，但我所谓的阶段 I 在他的文章中被分为“区域 I（région I）”和“区域 II（région II）”，而 Polyandrion——我划分到阶段 IV——是 Polizzi 的“区域 IV（région IV）”的地点 8。

33. Aristotle，*Physics*，192a 20—25；引自 Aristotle 的 *The physics*，Philip H. Wieksteed 和 Francis M. Cornford 译，2vols。（London and Cambridge，1960—1963），1：95；还可以参见 August Brunner 在 *Scbalastik* 10（1935）：193—228 的“Der echte Gegensatz，die Gestalt und die Seinsstufe des Biologischen。” *Hypnerntomacbia* 的作者对这个定理很熟悉，它在 15 世纪广为人知；见 HP，104，以及 Pozzi 和 Ciapponi 的 *Hypnerntomacbia*，104n.5，114。

34. Stewering，*Arcbitektur und natur*，92—93，104。

35. Klaus Garber，*Der Iocus amoenus und der locus terribilis*（Cologne and Vienna，1974）。

36. Julius von Schlosser，*La lissérature artistique. Manuel des sources de l’bistaire de l’art moderne*，Jacques Chavy 译（Paris，1984），163—183。关于 *Hypnerntomacbia* 的作者，在建筑理论方面做过大量讨论，其结论性的成果见 Dotothea Schmidt 的 *Untersuchungen zu den Architkturkphasen in der Hypnerotomacbia Poliphili.Die Bescbreibung des Venses-Tempels*（Frankfurt arn Main，1978），141—146 和 nos.587—601；同样可以见 Arnaldo Bruschi 等合编的 *Seritti Rinascimentali di*

Arcbitettura([Milan, 1978]145—277, esp.154, 160和164—165）中Arnaldo Bruschi所写的“Francesco Colonna: *Hypnerntomacbia Poliphili*”。

37. 关于*Hypnerntomacbia*中建筑所具有的性爱的寓意，可以参见Goebel的*Poeta Faber*，60—61；George L.Hersey的*Pytbagorean palace:Magic and Architecture in the Italian Renaissance*（Ithaca and London，1976），100—102；Herbert Beck和Peter C.Bol合编的*Natur und Antike in der Renaissance, Exhibition Frankfurt/Main,Liebiegbaus*，*5 Dec.1985-2 March 1986*（Frankfert am Main，1985）的139—153，Horst Bredekamp所写的“Der‘Traum vom Liebeskampf’als Tor zur Antike，”Donald Keith Hedrick的“The Ideology of Ornament: Alberti and the Erotica of Renaissance Urban Design”，*Word & Image* 3，no.1（1987）：111—138，esp.114—119；Liane Lefaivre的“An Erotic Interference: The Unrecognized Hypnerotomachia Poliphili，”*Daidalos*4I（1991）：92—101；Stewering的*Architektur und Natur*，24—29，128—138；Lefaivre，*Re-Cognizing*（见注释3），234—251。

38. HP，35：“Niente di meno…il solerte architecto et industrioso…pole licentemente cum adicctione et detractione depolire l’opeta sua, sopra tutto il solido integro conservando et detractione depolire l’universo conciliato. Il quale solido chiamo tutto il corpo della fabrica che è il principale intento et inventione et praecogitato et symmetria dil’architecto, sencia gli accessorii bene examinato et conducto: indica（si non me fallo）la praestantia dil suo ingiegnio,perche, lo adornare poscia e cosa facile…Lo ordinate dunque et la praecipua inventione e participata ad gli rari,et ad gli ornamenti.Et pero gli manuali artifici sono dill’architecto ministry.”同样可以参见由Marie Sophie Huper对这段关于Magna porta的文字的英文翻译，出现在Carolyn Kolb Lewis的*The villa Giustinian at Roncade*（New York and London，1977）的264—269，还有Martine Furno的“L’orthographie del la *porta Triumphante* dans l’ *Hypnerotomachia Poliphili* de Francesco Colonna:un manifeste d’architecture moderne?”，*Melanger de l’Ecole Framcaise de Rome.Italic et Mediterranle*，106（1994）：473—516。

39. HP，103—104。

40. HP，114。

41. Horst Bredekamp，The lure of Antiquity and the Cult of the Machine:The Kunstkammer and the Evolution of Nature, Art and Technology，Allison Brown译（Princeton，N.J.，1995），67—69。

42. HP，90：“obstinato intento”和“temerario auso”。

43. HP，87：“…di uno praestanto phrygio…quale una vaga picturatura di petre fine,，incise acqualmente et a norma compaginate…”

44. Eugenio Battisti，“Natura Artficiosa to Natura Artificialis，”*The Italian Garden: First Dumbarton Oaks Culloquium on the History of Landscape Architecture*，David R.Coffin编，*The Italian Garden*：*First Dumbarton Oaks Colloquium on the History Architecture*（*24 April 1971*）（Washington. D.C，1972），1—37。

45. Gerda Soergel，*Untersucbungen über den theoretiscben Architekurentourf von 1450—1550 in*

Italian（Munich，1958），51。

46. 我赞同 Szépe 在"'Polifilo' and Other Aldines"（见注释 5）中 44—45 页的观点，她明确反对所有的木版画出自同一位作者；她在 *Hypnerntomacbia* 的木版画之间仔细地建构起不同的阶段。根据她的观点，除了一位或更多的将作者的手绘转化成印刷品的设计者外，应该还有木版画的操作者。尽管她做了区分，我还是希望将几幅木版画归为一位"Master of Polifili"，因为建筑的表现和一些叙述的插图（例如，HP，394，395，397）就有相当高的质量。

47. HP，40—43。

48. 比较 Pozzi 和 Ciapponi，*Hypnerotomachia*（见注释 1），79，图 8。这位意大利木版画艺术家忽略了 Magna porta 上的浮雕，他从来没有认真地描绘过建筑的细部，在山墙上可以看到卵锚饰和齿形饰。相反，这位法国版的插图强调浮雕的效果，从而简化建筑。我要感谢 Stuart Lingo 的这个发现。

49. 自然净化物质的能力在 *Hypnerotomachia* 的任何一幅版画中都没有表达出来。然而，这种能力在维纳斯神庙的仪式中被大量地描述；比较 Stewering,，Arcbitektur and nature，76—84。

50. HP，89—90。

51. 王座上的项链垂饰内切于外面的直角三角形，因此这个圆的线条与三角形的直边是相切的。这些侧边与中间较小的三角形的底边一样长。中间的三角形的侧边又与最小的三角形的底边相等。

52. Werner Hahn，*Symmetric als Entwicklungsprinsip in natur und Kunst*（Konigstein，1989)，20—24。

53. Panofsky, "Die Persektive als 'Symbolische Form'"（见注释 8），266—267 和图 4，以及 Samuel Y.Edgerton 的 *The Renaissance Rediscovery of Linear Perspective*（New York，1975），14—15 和图 I—5。

54. Gottfried Bnehm，*Studien zur Perspektiytät.Philosophie und Kunst in der Früben Neuzeit*（Heidelberg，1969），18—19，Alberti 将这幅平面图与一扇打开的窗户进行对比，见 *De Picture*，§19: "…quadrangulum rectorum angulorum inscribo， quod quidem mihi pro aperta finestra est…"，引自 Alberti 的"*On Painting*"和"*On Sculpture*"：拉丁文是"*De pictura*"和"*De statua*"，Cecil Grayson 编译（London，1972），54。

55. Alberti，*De pictura*，§8，"*On Painting*"和"*On Sculpture*"42。

56. Panofsky，"Die Perspektive als 'Symbolische Form'，"287—291; Alexander Perrig，"Masaccio's 'Trinita' und der Sinn der Zentralperspektive，" *Marburger Jabrbuch fur Kunsruissenschaft* 21(1986):11—43；Bredekamp，*Lure of Antiquity*（见注释 41），22—23，以及 Georges Didi-Huberman 的 *Fra Angelica Unähnlichkeit und Figuration*（Munich，1995），134—146。

57. HP，60; 见 Pozzi 和 Ciapponi 的 *Hypnerotomachia*，n.10 to p.60，91，以及 Goebel 的 *Poeta Faber*（见注释 32），47。

58. Bredekamp 解释了自然的历史进程的观念如何在 16 和 17 世纪的 Kunstkammer 被逐步建

立起来；参见他的 *Lure of Antiquity*,esp.7—9 和 75—76；*Hypnerotomachia* 虽然写于 15 世纪末，同样隐含着这样的观念；毫无疑问，自然科学家、艺术家和 Kunstkammer 的支持者，Bernard Palissy 都相当熟悉法语版的 *Hypnerotomachia* 绝不仅仅是一种巧合；见 Jean Ceard 的“Relire Bemard Palissy，” *Revue de Vart*75—78（1987）：77—83, 和 Gilles Polizzi 的“L’intégration du modéle: Le ‘poliphile’ et le discouts du jardin dans ‘La Recepte Veritable，’” 收录于 *Albineana 4.Aetes du colloque: Bernard Palissy* 1510—1590。*L’Ecrivain*，*le Riformé*， *le Céramiste*（Niort，1992），65—92。

59. 波利菲洛的旅程的第一阶段也许可以分为两部分。他第二次入睡前的经历可以被认为是史前阶段，因为在这段时间里，他迷失在黑暗的森林中，他既没有遇到野兽，也没有看到任何文明的迹象；第一阶段的第二部分是他到达被遗弃的金字塔之前，遇到了古代遗迹，可以将此看做是过去的历史。

60. Goebel，*Poeta Faber*（见注释 32），60，67；还可以参见 W.von Siebenthal 的 *Die Wissenschaft vons Trasum. Ergebuisse und Probleuse*（Berlin， Göttingen 和 Heidelberg，1953）。

61. Goebel 提出了另外一个观点，他认为在第一阶段同样可以观察到从游历的透视角度到梦境的鸟瞰角度的变化，就是在波利菲洛描述 Magna Porta 这一建筑的时候。*Poeta Faber*，67。

62. Lotz，“Rendering of the Interior”（见注释 7），201—202。

63. Stewering，*Arcbitektur und natur*，128—147。

64. Dronke，*Francesco Colonna*（见注释 29），62—65。

65. Suzanne Lewis， “Images of Opening, Penetration and Closure in the Roman de la Rose，” *Word & Image*8， no.3（1992）：215—243。

66. Gnoli， “*Il sogno di Polifilo*”（见注释 3），211—212。

67. 不管原因是什么，有一幅建筑插图是不能被归入连续的视觉逻辑中的。*Hypnerotomachia* 的文本只在两个地方明确地对一幅说明性的建筑插图进行暗示。除了前面提到的第一阶段中没有展示的 Magna Porta 的网格，在第五阶段，波利菲洛描述了一幅剧场插图（图 4）。为什么版画画家在这个特殊的例子中紧跟作者的指示我们无从知晓，但可以确定的是这是 1499 年的意大利版中，唯一一幅没有吻合这一系列建筑插图的逻辑性画。对于这一观点，反对的人可能会引用 Cythera 上表现喷泉和一个柱廊的木版画。但是这两幅木版画应该与 Cythera 上细部的描绘联系起来考虑，比如对花床的描绘（图 12），因此与剧场的表现不同，所有这些插图都没有被框定，并散落在文字中。更重要的是，波利菲洛的版画家没有限定圆形或七边形的平面，因为外框将会在平面周围产生多余的三角形空隙。像 Polyandrion 里的一幅马赛克插图上的三角壁中的花形装饰与平面一起必定会给观看者制造一些迷惑，因为这种装饰出现在场景中，将会破坏抽象的平面图作为令人愉悦的地方的意义。

68. Alberti，*De re sedificatoria*，II.l，G..Orlandi 编，2vols，（Milan，1966），1：99。见 Christof Thoenes 在他的 *Hülle and Fülle.Festschrift fur Tilmann buddensieg*（*Alfter*，1993）的 565—582 页谈到的“Vitruv，Alberti，Sangallo，Zur Theorie der Architekzeiclung in der Renaissance”。众

所周知的是 *Hypnerotomachia* 的作者必定对阿尔伯蒂和维特鲁威的建筑论著进行过彻底的研究。*Hypnerotomachia* 对 Niccolò Lelio Cosmico 的影响使我们可以在某种程度上对这方面进行整合，这是具有意义的：廷臣和学者在 15 世纪 90 年代的时候在费拉拉（Ferrara）可能有机会参阅 Prisciani 的论文 *Spertacula*，它集中讨论剧场建筑。除此之外，还可以参考 Stewering 的 *Arcbitektur and Natur*；219—221。

69. Andres Lepik，*Das Architekturmadell iu Italian 1353—1550*（Worms，1994），以及他发表在 *Archtekturmodell der Renaissance*，*Ausstellungs-Katalog*，*Preuflischer Kulturbesite*，*Altes Msessum*，7.Okt.1995 —1997，Jan.，1996，10—21 的“Das Archtekturmodell der frühen Renaissance，Die Erfindung cines Mcdium。”

70. Sebastian Storz，“Using the Census Database: Future Prospects for Scholarly Research，” *Centro di Ricevebe Informatiebe per I beni Culturali 6*（1996）：69—101，esp.72 和图 21。服务于数据库的软件由 Arnold Nesselrath 开发，有各种各样的调查策略；按照输入的数据，找到的策略和所提到的结果是相当具有代表性的。

71. 见 Lotz，“Rendering of the Interior”（见注释 7），9—10，这里将 Leonardo 和 Martini 的绘画作对比；关于 Leonardo 的绘画日期，可以参见 Lotz 的引文；关于 Martini 绘画的日期，见 CD-ROM 上的人口普查数据库（Munich，1997），RecNo44102。

72. 见 Lotz,“Rendering of the Interior”，9。

73. Lamberto Donati,“Polifilo a Roma: il Mausoleo di S.Costanza”，*La Bibliofila*70（1968）：1—38。

74. HP，196；见 Donati，“Polifilo a Roma”，16—19，以及 Schmidt，Untersurbungen zu den Architekturekphrnasen（见注释 36）,122—124。

75. 见 Donati，“Polifilo a Roma”，26。

76. 人口普查数据库，RecNo60081。

77. Lotz，“Rendering of the Interior”，11。

78. 同上，16—17。

79. Thoenes，“Vitruv，Alberti，Sangallo”（见注释 68）,567。

80. Karl Computer,“Am Ende Kunstgeschichte? Kunstliche Wirklichkeiten aus dem Computer,” 见 *Kunstgescbicbte——aber title? Zebn Themen und Beispiele*，Fachschaft Kunstgeschichte München 编（Berlin，1989），259—294，esp.266—283。

81. Lefaivre，*Re-Cognizing*（见注释 3），128—130。Lefaivre 关于文本作者和版画画家的关系以及它们的品质的讨论是存在矛盾的：“*Hypnerotomachia* 原稿的作者同样是版画的设计者；将它归功于 Alberti 将可以解释这本书所具有的革命性的插图，以及对文字和插图进行独具特色的版面设计和高度整合。”同上，135；还有“看起来作者——Alberti——和版画艺术家处在视觉思维不同的阶段：一个处在透视阶段，另一个处在前透视阶段……因此发现表现在 *Hypnerotomachia* 文本中的视觉思维比插图中的视觉思维超前是不足为奇的。透视效果的图面表现是平庸的，粗糙的，远不能与文字的描述相比。”同上书，126。

82. Alberti，“Descriptio urbis Romae，” *Codice Topografico della Città di Roma*（Rome，1953），4，Roberto Valentini，Giuseppe Zucchetri 合编，212—222；之前对这部作品的时间界定是 1432 年到 1434 年，见上书，210 页；最近对它的时间估测的过程中，发现它的内容与 *Ludi rerum matbermaticarum and De statua* 有密切的关系，见 Jane Andrews Aiken 的 “Leon Battista Alberti's System of Human Proportion，” *Journal of the Warburg and Courtauld Instisutes* 43（1980）:68—97，esp.95—96。

83. Alberti，“Ludi rerum matbermaticaum”，*Opere volgari*（Bari，1973），3：135—173，Cecil Grayson 编，其中将这部作品的时间定在 1450 年 10 月到 1452 年 1 月，见 358 页。

84. Alberti，“De statua，” *On Painting and On Sculpture*（见注释 53）；关于这本书的时间，见 Aiken 的“Alberti's System of Human，” 95—96。

85. Aiken，75n.30。

86. 同上，74—75 和 n.29；还可以见图 15a。

87. A. Richiard Turner，*Inventing Leonardo*（New York，1993），43，和 182 页的图 48。

88. 见上面注释 3 的解释。

89. Francesco di Giorgio Martini，*Trattari di architettura ingegneria e arte militare*，vol.1：*Architettura ingegneria e arte militare. Dai codici Torinese Saluzziano 148 e Laurenziano Asbburnbamiano 361*，Corrado Maltese 编，Livia Maltese Degrassi 译（Milan，1967），esp. 图 50—61 和 107；和 Trattato di *Architettura.Il Codice Asbburnham 361 della Biblioteca Medicea Laurenziana di Firenze*，Pietro C.Marani 编译，3vols。（Florence，1979）；关于原稿的时间问题，可以参见 Maltese 为 *Trattati di Architettura*（xlii—xlvii）和 Martini 为 *Trattato di Architettura*（xvii—xviii）所写的前言。关于 Martini 对 Ludi rerum matbematicarum 的认识，见 Maltese 编的 *Trattari di architettura*，xlvi。

90. 见上面注释 3 引用的标题。

阿尔伯特·佩雷·戈麦兹

《波利菲洛，或再访黑森林：建筑学的性爱显现》导言

“你要知道，波利菲洛梦见自己身处可怖的黑暗森林之中，他讲述着亲眼所见的种种奇闻异事。正如希腊文书名所表明的，这是一场为爱之战。波利菲洛用优雅细致的笔调描绘了在寻找爱人波莉亚的途中所遇见的一些怪异的古物（它们很像是记忆中的场景）和建筑古迹：金字塔和方尖碑；宏大的古典建筑遗迹；尺寸精确、特征不一的圆柱，柱头、柱础、柱顶过梁有着不同的檐部、饰带、檐口，以及多种多样的装饰；一匹骏马；一只大象；中空的巨像；尺度宜人、富于装饰的凯旋门。波利菲洛在遭受了大门前的巨大惊吓，穿过了骇人通道的考验，与五位感官女神美妙邂逅而心神归位之后，描述了他如何被引领到几座喷泉前，畅饮从石头仙女的乳房中涌出的温泉一解口渴。这五位感官女神将其带到一个豪华浴场里嬉戏了一番。随后，他被邀请参加自由意志女王在其宫殿里举办的盛大宴会。波利菲洛表达了对宾客们穿戴的各种华衣美服和珍贵宝石的赞美，且描述了一种在舞蹈和长短不一的声音中进行的游戏。庆典之后，他参观了三座花园——玻璃之园、丝绸之园与生命迷宫。像神圣的埃及雕像那样，在花园的中间，象形文字表达了它的三位一体。波利菲洛写到了三扇重要的门，他必须做出选择，因为波莉亚在其中一扇门后面等他。波莉亚完全没有意识到他们相遇的意义，她带着波利菲洛去欣赏朱庇特的四次凯旋：四支游行队伍的战车和战利品，歌颂了古典诗人对不同的爱的解释的事迹。随后，他们跟着韦尔图努（Vertuno）和波莫娜（Pomona）的凯旋队伍，参加了在普利阿普斯（Priapus）祭坛上进行的古代仪式。接着波利菲洛描述了一座雄伟而壮丽的神庙。这里曾经是神迹的祭祀之地，古代宗教的产生之所。在此，这对恋人终于完全接受了他们的爱之相遇。随后波利菲洛讲述了他和波莉亚如何来到海边的一座废庙等待丘比特。波莉亚说服他去探寻绝妙的古物。在一堆颇具启示性的墓碑铭文中，波利菲洛看到一幅表现地狱的马赛克壁画。他再次受到了惊吓。等他回到波莉亚身边时，丘比特正好乘坐他那艘由美丽的仙女驾驶的船也到了。男女海神和仙女向丘比特致敬，他们的船喜气洋洋地到达塞西拉岛。接着波利菲洛讲述了岛上的森林、花园、喷泉、河流，还有由胜利

战车和仙女组成的崇拜丘比特的游行队伍。岛的中心是这次旅行的终点，他描述了古老的六边形喷泉和珍稀的圆柱，以及战神马尔斯出现后的状况。接着向导带着他来到最里圈（塞西拉岛的平面是一圈圈的同心圆）的阿多尼斯墓。在这里仙女们诉说了英雄之死和他的情人——维纳斯每年哀悼他的故事。”

“最后，仙女邀请波莉亚谈谈自己的爱情经历，如何开始，遇过什么困难。波莉亚勉强同意，她的话都在第二本书中。她讲解了她的家族，解释了她一开始比较忽视波利菲洛，还提供了他们爱情最终得以成功的细节。波莉亚说完，波利菲洛描述了他们在一个快乐之地的拥抱。之后他就醒了，伊人已去，听着夜莺的歌声，他倍觉悲伤和孤独。”

读读《波利菲洛之寻爱绮梦》（*Hypnerotomachia Poliphili*，阿尔杜斯 1499 年在威尼斯出版）的这段梗概吧，它是原版书的前言。我们难以确定书的作者。从一开始他的身份就笼罩着神秘的色彩，其名字只是一组颠倒了顺序的字母。作者可能是来自威尼斯的方济会修士——弗朗切斯科·科隆纳（1433–1527）。这确实是最普遍的说法，克罗迪斯·波普林——那部简练的法国版（巴黎，1883）的译者兼博大精深导言的作者，就支持此说。有些人曾对这种假设提出质疑，尤其是针对这本书的主题、兴趣和强烈性爱内容。最近，卡尔韦西（Calvesi）在《波利菲洛之梦》（*Il Sogno di Polifilo Prenestino*，1983）一书中指出，作者是一个罗马人，也叫弗朗切斯科·科隆纳，1484 年以后一直是帕莱斯特里纳（Palestrina）的领主，不是修士阶层的一员，而是异教组织（勒托［Pomponio Leto］的罗马学会）的成员。同样有争议的是那些文本所配的精彩木刻画的作者身份，尽管众说纷纭，这些画最有可能是一位来自威尼托的艺术家的作品。这些再现了梦中造访之场所、纪念碑和建筑残迹的图像对 16 世纪以降的欧洲建筑产生了深远的影响。该书通过古代建筑的视角，综合了爱、几何与想象，成为欧洲至少 300 年内建筑思想的源泉。《寻爱绮梦》于 1546 年被译成法语，分别在 1551 年、1554 年和 1561 年出版。1600 年、1657 年和 1772 年出现了不同书名的法文版本。1803 年、1811 年和 1883 年又出现了更新更自由的译本。第一章的大部分内容被翻译成英文，冠以《梦中爱的纷争》（*The Strife of Love in a Dream*）之名，于 1592 年和 1890 年出版。

过去的建筑论著都已澄清了建造工作的意义。更重要的是，自从维特鲁威起，它们就已清楚表达了一种道德实践的可能，且把形式的恰当性问题置于特定的文化环境之中。

文艺复兴时期的著作当然也不例外，《寻爱绮梦》虽然符合这一特点，但我认为，它为建筑话语创造了进一步的可能性。

文艺复兴是对我们时代的建筑实践有着重大意义的时代。建筑被“提升”，希望获得自由艺术（liberal art）的地位。建筑理论——在希腊语的传统中即 techné（工艺），与 mathemata（数学）相关——成为一种潜在约定的法则，成为后世科学、技术方法论的起源。然而，文艺复兴也为这一理论发展出了一些潜在的替代品，最重要的就数《寻爱绮梦》。

15 世纪末人们就抛弃了上帝中心说。英雄式的《寻爱绮梦》清晰地显示出建筑创作不能成为阿尔伯蒂意义上的自由艺术（不通过沉思而直接来自神启）；也不能像中世纪石匠手中的艺术品或工艺品那样，产生于扮演如同“上帝之手”的奥古斯丁时期的建筑师。答案存在于之间的某处，在另一个地方。在此，人们的想象力可能会为建筑师创造出某种完全不同的角色。他“不再”具有中世纪的亚里士多德式的消极模仿功能，也“不”具有浪漫式“天才”的想象力——它被一种从空无中（ex nihilo）进行创造的可能性所欺骗。

《寻爱绮梦》的确是鸿蒙之初第一部用叙事方式描写建筑实践的书。它用诗人的视角设立了建筑体验的世俗边界，说明建筑不只是关于形式和空间，还关于时间和世人的存在。建筑总是承载着根深蒂固的文化任务，要在“场所”与仪式（和其材料，也即结构框架）的交点中揭显符号性的秩序。两方面都被视为不可缺少且密切相关，然而，一直以来，人们都没有——即使是牵强附会的——把它们作为两个明确对等的术语，绝对而永久性地联系起来。仪式活动明显是叙事的（世俗的）形式，它与其所处的建筑的（空间的）场所一起，表现了人类在极端的人性与强大的外部现实之间的鸿沟上所力图建立的秩序。文艺复兴时期，神圣的和世俗的仪式仍然是文化的基本组成部分，这在《寻爱绮梦》中清晰反映出来。仪式所具有的有效公共影响后来还是遭到质疑，被认为是科学革命及其政治后果（即古代政治制度末期民主出现）共同作用的结果。因此，直到 18 世纪中期，“场所”才成为明确的建筑问题，表现为讨论“特征”和“类型”所具有的建筑意义，出现在布隆代尔、博法尔（Germain Boffrand）、梅泽尔（Sebastien Le Camus de Mezieres）等人的理论著述中。18 世纪末，在布雷和列杜的著作中，“场所”才成为至关重要的理论问题，一直持续到现在。

但是，鉴于建筑理论在过去 200 年发生了决定性的重要转折，我们就很容易理解为何在历史传统中对阿尔伯蒂的《建筑论》和帕拉蒂奥的《建筑四书》给予了很高的评价，

却忽略了《寻爱绮梦》。事实上我们可以认为，欧洲建筑遵循着阿尔伯蒂、帕拉蒂奥和维尼奥拉（Vignola）的模式，建筑作为一种遵循数学、几何法则的自由艺术，正是因为这些专著成为了“科学的”建筑理论（它使形式的客体化有了可能）的先驱。尽管如此，就像我在《建筑与现代科学的危机》（*Architecture and the Crisis of Modern Science*）中所指出的那样，这种过于简单的解读忽略了意图（intention）的问题。自文艺复兴至18世纪末的此类建筑论著，都被用来诠释建筑在传统世界中的形而上维度。它们将形式的传承归为连贯的秩序和其卓越的价值。它们对一座建筑的意义的阐述，其本身是无可置疑的。回头看来，这些著作可以视为对某种理论的预示——它最终仍羁绊于为问题开方子和工具性效用。这种理论以迪朗（Jean-Nicolas-Louis Durand）和19、20世纪的理性主义的著作为终点。

如今，紧随现代主义，且见证了这些重要理论与实用主义无法产生含义丰富的建筑以后，我们更加期待能拜读价值非凡的原版《寻爱绮梦》，一部应在学院的建筑史课程中占有一席之地的书。《寻爱绮梦》讲述的是一个梦，一个“道德说教”的梦，这个叙述表明了“古典”建筑建造过程中所包含的适当性与伦理价值观，这种方式比文艺复兴时期的那些教条式论著更令我们信服。它的叙事形式阻止了我们对其“内容”进行简略的功利性解读，从而开创了将伦理问题与建筑实践相结合的先河。

《寻爱绮梦》旨在说明，建筑的意义无关于智性（“形式”的比例关系的问题，或者抽象的美学价值），它来源于性冲动本身，来源于满足我们身体渴望的需求：唯有在poiesis（文化生产，亦即艺术和建筑）及其富含隐喻的想象力的领域里，人性才能和已存的环境和谐相处。波利菲洛先是感受了古典建筑非凡的和谐，然后，当他测量他所见到的那块奇妙的纪念碑时，他也在展示精确比例关系的在场。在其感官式的叙述中，这种关于mathemata（数学）的探索与爱的回忆不断相结合，建筑之力总是超越了纯粹的视觉，激发起对性完满的回忆和期待。建筑的和谐总是关于材料（mater-ial，亦是万物之母）和触觉的，形式所具有的数字准确性与材料的感官特质叠合到一起，两者相似的和谐源于我们人类在爱中所体会到的完整性。波利菲洛恰逢其会的酒宴上演奏的美妙旋律所给予的正是这一类似的经验。波利菲洛所爱的波莉亚，一个实际上并不存在的女人，她的名字代表着城市（polis），或许还代表着各种知识或智慧（《圣经》意义上的世俗知识），所以，她也暗指了建筑向人类的具体意识所传达的初始的存在定位。在波利菲洛经历了致命的迷宫威胁，遇见五位代表五种感官的仙女之后，波莉亚的出现意味着遗失的“第六感”。完整的爱和建筑都是感性的，但又超出感官之外，正是炼金术主题与对分裂、整合的操作所强调的完整性，为叙事赋予了结构。

将欲望强调为意义的“起源”，是我们不能忽视的，即便在这个无神论的时代亦是如此。我们所接触的那些建筑的意义，触动我们和震慑我们的，并不只是出现在头脑中的“联想”，尽管我们具有笛卡尔式的“常识”。实际上，这种对意义的理解是一种 17 世纪的偏见，最早是在克劳德·佩罗（Claude Perrault）的理论著作中用来说明建筑。建筑的意义，如同性知识一样，主要是关于身体的，而且，它所发生的世界是先于存在的前反思领域（prereflective ground of existence），现实是预先“假定”的，所以，它永远不能被简化为纯粹的客观性或主观性。

在波利菲洛那充满魔力和炼金术的文艺复兴世界中，作为意义起源的前反思领域的重要地位甚至更加明确。自然元素从来都是变动不居的，physis 生机勃勃，不断变化。在炼金术中，过程比结果更重要，因为自然世界不停地运动和改变，永远不会彻底客体化和稳定。炼金术士、建筑师必须努力找到最初的整体，但也要明白，终点是永远不会真正到达的。建筑是一个动词，而不是名词。

在《寻爱绮梦》中，建筑作品被认为具有劝解（propitiatory）的作用，它的目的是带来好运气和快乐的生活。运气被看做是命运女神福耳图那（Fortuna Primigenia），也被看做是维纳斯（Venus Physizoa）——万物之母，大地。建筑就是命运女神的和解，福耳图那在这里可以被译成海德格尔的“大地”，即艺术作品中有一种东西一直出现，提醒着人类终有一死的本质，将生命揭示为向死而生。这一主题，与培养审慎态度来发展健全合理的建筑实践的观念一起，贯穿了整个《寻爱绮梦》。当波利菲洛来到自由意志之宫时，个体自由与命中注定之间的对抗问题就清晰显露出来。结果许多相关的问题（其含义极其现代）随之而出：对于刚刚获得尊严（这一点为文艺复兴所赞美）的新人（the new man）来说，他的局限和责任是什么？当要求人类的 poiesis 行为与“既有”的经验秩序相一致时，我们就会认识到人有着改变创作规则并赞美其产物的需要。这样的话，世人的想象力的角色该是怎样？在这样的语境下，建筑在哪？心爱的波莉亚在哪？

这些基本问题最终归于三扇门上，波利菲洛必须作出最后的选择。陪同他的两位仙女，罗基斯迪卡（Logistica，理性）和塞利米亚（Thelemia，欲望 / 意志 / 成就）都无法说服他选择右边或左边的那扇门。在这里，波利菲洛没有选择 vita contemplativa——沉思的生活，它不仅关涉古典的玄学和神学，而且关涉作为自由艺术和科学的建筑。他也没

有选择 vita activa——人类活动的世界，在中世纪的陈旧意义上它是“作为产品”而与作为机械艺术的建筑有关。但是，经历了世俗化之后，通过权利意志和其男性主导的严格的苦行生活、令人愉悦的回报和幻想的不断破灭，技术会成为对物质欲望的生理满足。相反，波利菲洛的选择引领他进入了中间那扇通往 vita voluptuaria 的门——一种欲望的生活，完满，既不完全缺席，也不完全在场。这种欲望的生活，既是回忆，也是投射。这种生活包含了对他所爱之外的他者的道德责任和尊重，其所导向的建筑考虑到了必要的合适性与完整性：因此我们认识到，这就是优秀建筑师必须追求的生活。

波利菲洛遇到波莉亚也确实是在中间那扇门后。她手持点燃的火把，两人一起漫步。在经过一些人类建造物和仪式队伍而见证了爱的神圣效应后，他们最终在最完美的建筑——环形的维纳斯神庙认识了彼此。在穹顶之下一盏永恒的赞美之灯和一个伟大的印记“理想世界的轴线”（axis mundi）面前，当侍奉维纳斯的女祭司举行仪式祈求生命的奇迹时，波利菲洛在水中熄灭波莉亚手中的火把。

现存唯一的英文版本“快乐”地以炼金术里水火相融作为结束，而在原版中我们了解到，要满足爱人们的欲望，就要跨越死亡之海。实际上，就在波利菲洛承认了爱所带来的完整性后不久，他就在那里发现了许多墓碑（它们同样被定义为令人沉痛的建筑作品）。碑的墓志铭描述了被死亡分开的爱人们的悲剧。受到地狱之景的惊吓而痛苦不已的波利菲洛，回到海边寻找波莉亚，刚好赶上了丘比特之船。不巧的是丘比特充当领航员的角色，爱神变成了忒克同（Tecton）——它是神话中的木匠、造船主、舵手、荷马时代建筑师的先祖。丘比特的翅膀充当船的帆，这是另一个古老的主题。它与代达罗斯和伊卡洛斯的传说中的建筑师角色相关。父子二人试图逃出克里特岛，建筑师（父亲）发明了翅膀 / 帆（参见我的论文“代达罗斯传说”，*AA Files* 10，1985）。

在水另一方的爱之岛上，在没有被丘比特蒙上眼之前，波莉亚和波利菲洛终成眷属。建筑的丰富意义的产生依托于，我们要认识到，可见的形式和语言都另有所指，只有当主导性的视知觉（以及文艺复兴的透视法）由身体的原始通感联觉（触觉的）来调节时我们才能抓住它（建筑之意义）。在赋予特权的场合（中心中的中心），两位恋人见证了由邪恶之神们亲自举行的爱的终极仪式（维纳斯和阿多尼斯的悲剧），并忍受着时间被又一次耽搁……然而在故事的结尾，波利菲洛从梦中孤独地醒来，但建筑宛然在场，这唤起了所有的记忆、对神秘之深度的最终认识。所有的一切尽管微弱，但却是使得我们成为宇宙中有意义的存在的基础。

尽管英雄有明智的选择，但《寻爱绮梦》中的主导性的男性之声仍带来一些问题。在书的第二部分，这一方面特别关键，在此部分波莉亚的口气听上去仍像是男性建筑师。这样，在《寻爱绮梦》中奠定建筑之意义的性爱观，就能够被转译成某种对功成圆满的延迟（a delay of fulfillment）和为最终的完成而进行斗争。如今，技术的成就可以保障这样一种绝对的完满，这激励了建筑师继续运用权力意志来生产建筑。在这本文艺复兴的著作中，波莉亚的声音受到抑制，实际上趋于无声。在我们这个技术世界里，我们应该放大我们潜意识中女性维度的回声。这样的话，我们也许能够认识到，对爱的回忆可以弥补（作为意义之基础的）完满的缺失。这会改变我们对世界的态度。我们可以拆解掉工具，用更为肯定而非否定的态度来阐述我们的行为。我们可以以关爱与怜惜为基本态度来进行诗意的建筑创作。

《寻爱绮梦》未曾想过要成为伟大的文学作品。书的主题在中世纪以及意大利早期文艺复兴的诗歌中极为普通。很明显，科隆纳最关心的是建筑和炼金术，这是对揭示人所处之的世界的象征秩序的关注。但是，其语言具有超高的想象力。卡尔韦西宣称，书中的语言凭借自己的能力而成为一种创造。确实，这是一种包含许多拉丁句法和词汇的特有的意大利方言。情色内容搅和着大量的专业建筑学、植物学术语，显得生硬且毫无新意。这是种奇怪的方言，它是建构起来的，而非“大众流行的”。早在小说发端（早于拉伯雷和塞万提斯）之前，以及欧洲语言中散文体的规范化之前，《寻爱绮梦》的语言就展现出了这样一个结构——它预示了我们的在场可以协调起艺术和文学中的个人创造与政治通识之间的关系。这暗示了诗意形式与通俗文化的语言之间的差异被潜在地化解。

不难想到，这本书非常具体地谈到文艺复兴世界的时空结构的诸多方面。世界和我们之间存在着明显的历史性距离，这要求我们明白自己的处境，理解那些呈现建筑实践的诸多选择。例如，《寻爱绮梦》的线性叙事最终参考了神学本体史的宏大叙事方式，且以宗教调和的方式使之与宇宙论的循环时间相一致。我们不会想当然地认为该线性叙事是我们的时间测量方式的一种反映。从当代电影和文学作品中我们可知，这一测量要求循环的与线性的时间全部作废，变成中止的编年史和瞬间的空间叙事。我们的梦想之旅不是一种在自然（黑森林）和文化（爱/建筑）之间首创的礼拜仪式，而更像是一次遨游、穿越技术与世界本体之中的旅行。如今，黑暗森林不再是凶险、易迷失的地方；技术是其等价物，它精确地表现出，一旦我们认识到技术的神秘起源（它很深刻，而非诡计）

以及我们有能力运用接受、扭曲、甚至是复原等方法来解构其语言，我们就能控制场所的潜在意义。

《寻爱绮梦》中的木版画表现了英雄拜访过的古典建筑现场。书里有对纪念碑的细致描述，包括材料的色彩和质地，以及建筑的样子。书中频频提及罗马女神福尔图娜和维纳斯，并且通过爱、和谐和繁殖来促进对人类命运的抚慰。这些古典场所意欲借此成为 15 世纪优秀建筑的模型。另外，波利菲洛常常痴迷于镌刻在建筑和其残片中的象形文字的神秘气质，其意义与建筑同等重要。探险过程中，波利菲洛译解了这些象形文字，且承认这类能唤起记忆的图像所蕴含的终极意义应该秘不示人。因此他准备接受建筑意义的模糊性，进而认识到这一意义栖居于图像的表皮上，它仍然抗拒着来自语言的阐述。

尽管我们从这一事实中获益——模型传输着伦理价值（除了审美或形式价值之外），并且波利菲洛将意义理解为它既在场又归根结底是无以名状的，但我们不能简单地从《寻爱绮梦》中文字与图像之间的关系推导出应对自己境况的方法。如今，建筑表现（architectural representation）出现危机，这使得我们不能再忽视对建筑图像的运用。在我们这个模仿的世界里，运用建筑图像，与参考《进步建筑》（*Progressive Architecture*）无关。没有表现的形式，建筑师就只管绘制事先已经想好的建筑的“图片”，而毫不关心模型的内容。批判性地认识我们使用的传统表现工具在文化上的（尤其是科学主义上的）的内涵，与我们创造出在社会维度上更个人化（因此更“原创”）和更有说服力的建筑的潜力有着直接联系。这对于一个能够讨论人之处境和其奥秘的更加丰富的世界，是大有帮助的（此内容见于我的“透视主义之外的建筑表现”一文，*Perspecta* 第 27 页，1992 年版）。

因为文艺复兴的建筑与自然的二元性已被技术所消除，艺术家就有可能通过另一些表现手法来超越透视术表现法。这样就可以在技术性建筑中展现出一种神秘的、新型的电影式景深。这使得我们更为确信海德格尔所说的危险的框架施与行为（enframing）可以被解构。或许很快有一天技术文化和美学文化之间的差异会消失，与此同时，至少在 19 世纪早期就已存在并且使现代性受挫的理性主义和非理性主义之间的差异也会消失。

相对于《寻爱绮梦》中描述性的和明确直接的语言特点，如今的我们或许对文字和建筑之间的恰当关系更感惊讶，这在勒丘（Jean-Jacques Lequeu）、兰波（Arthur Rimbaud）、超现实主义，当然还有乔伊斯和新文学等作品中都留有特别的痕迹。尽管意义之间的平衡关系被瓦解，起源已遗失，人们最终会走向写作式建筑（或是虚拟空间！）。

但是，如果不放弃建筑意义有可能在场的话，我们或许可以开始想象，在后现代主义的世界里仍需建造富于意义的建筑（不存在什么例外），就像波利菲洛的文艺复兴世界一样。然而，在检验待选的模型时，我们的观点必须是非历史的。我们并不回溯某一好建筑的来源，也不期许对风格进行辨证讨论的“过程”。我们的研究必须违反旧有的文艺复兴的艺术范畴，打破如今在绘画、雕塑、建筑、电影之间不甚重要的区别（从意义的清晰阐述这一角度来看）。这是价值的问题而非美学问题。过去200年中，多数的大尺度建筑为经济、技术因素的述求所决定，或充其量是方向有误的形式主义的结果。不考虑其形式的话，建筑的世界就是被乏味的技术语言所表述。然而，在富含隐喻的命名（诗性语言）与行为世界之间的裂缝中，特别在理论研究的领域，我们或许可以找回一种含义丰富的沉默，它能够超越“存在与非存在”（being and nonbeing）的旧有的二元性。当我们以活泼泼的身体经验阅读它时，某种内在的建筑意义就随着“沉默”从书中流淌出来。

尽管《寻爱绮梦》展现出，对于我们来说设想自己栖居于几何时间和科学地理之中是那么的困难，我们仍会到达“某处”（somewhere）。现实是，特别是建筑所处的古典景观，被剥夺其特有的神话内容——古代场所被后现代风格的建筑师作为时髦的（似乎脱离价值的）形式来处理。所以我们必须要问，不受现代笛卡尔式空间的影响而引领我们到达“某处”是否仍是一个梦想。我们建筑的场所会走向何方？如今，在现代、科学世界的匀质空间中，我们的运动很便捷，但去之无处。物，依然是不变的存在，它们似乎并不受正在发生的运动和场所的古代观念所影响。不管怎样，我们大多数人都有过造访200年以来的建筑作品来满足好奇心的经验。这类建筑在后工业时代往往都不大自在，要么是一种古怪的诗意，就像勒·柯布西耶的拉图雷特修道院、西格德·莱韦伦茨（Sigurd Lewerentz）的克利潘教堂（Klippan Church）或是安东尼奥·高迪的巴特罗之家；不然的话就存在于理论探索的形式中，例如皮拉内西的“监狱”（Carceri）或是约翰·海杜克（John Hejduk）的“假面舞会”——这些作品罔顾方法或者尺度，而致力于基本（传统的）的象征秩序问题，由此也含蓄地质疑了它们在城市中仅仅作为幻象或自在有效的建筑的可能性。从使用者/旁观者的角度，这些作品（以及叙事内容）要求进行自我转换（self-transformation），以带来一种身体意识与世界之间的与众不同的关系。它对作品抱有奉献、再创造和开放的态度，以与美学或科学沉思（不偏不倚的）或工具性的操作（蓄意的）的传统模式区分开来。这些模式到现在为止都是西方文化的主要特征。

当拒绝一切泛泛而谈的解读并坚持忠实于感觉时，我们从《寻爱绮梦》处学到了很

多，并且也认可其原版还是有意义的，尽管很微弱。通过一种叙事（它认可了建筑实践的诸般重要模式）来清晰地阐述某一可能的伦理立场，其基本意向仍然有效。从当下的哲学视角（真理镶嵌在艺术作品中——海德格尔［Heidegger］、伽达默尔［Hans-Georg Gadamer］和瓦提莫［Gianni Vattimo］都有论述）来看，或就对后现代境况进行诊断（传统宗教和科学的强大存在是其唯一出路，这似乎是个脆弱的真理）来看，通过追忆历史作品而散发光彩，过于异数。同样重要的是《寻爱绮梦》中的基本的现象学经验。它通过话语联系起建筑意义与身体经验，而非简单地将意义当做是一种专有的精神或智力过程的效用。在内在理性的时代，这些智力过程很容易被认为在逻辑上是不可能的而祛除掉。

大多数传统的大陆哲学家已经明白了试图通过分类框架来处理道德问题（好像道德可以秤出"重量"）是无效的。但是在建筑实践或学术研究中，这一局限性还没有完全得到理解。超越了解释性框架的文学叙事的表达，似乎是我们唯一的选择。这一解释性框架已经在西方理性中心论的语境中耗尽生命力，尤其在对尼采的实现（从超验的价值框架的缺乏到上帝之死）进行严肃解读之后。

依照雅克·德里达（Jacques Derrida）的著作，我们会拒绝作为"存在"之意义的建筑，会将建筑缩减成一种拟态（simulation，让·鲍德里亚［Jean Baudrillard］语）。这一说法已经在解释学本体论和现象学中被提出来了，尤其在海德格尔和梅洛－庞蒂（Maurice Merleau-Ponty）的后期著作中，在保罗·利科（Paul Ricoeur）的作品中，以及在对大卫·米歇尔·列维（David Michael Levin）、瓦提莫和理查德·卡尼（Richard Kearney）的同一传统的较近期的诠释中。在承认自科学发展迅猛的17世纪以来，作为简单的世俗化叙事的历史就已终结，因而有必要去解构抱持着绝对存在和真理观念的（理性中心论的）形而上学传统的同时，卡尼和列维也认同笛卡尔的"我思"（ego cogito）与肉体化、想象性的自我之间的差异。接受这个有争议的差异，那么既逃避技术，且对其进行极端怀旧式评论（后现代风格的建筑师常常干这回事），同时又不加批判地拥抱拟态，就是可能的。

当海德格尔提请我们要意识到技术和其框架的危险，而不是警告我们如果怀旧式地遁入传统之中其实更加危险的时候，他给出了三个重要的概念。这些策略似乎将建筑师对创造力和他（或她）与技术的关系的理解看做是一切新的叙事体中的重要关节。在哲学语言中，这些所暗示的态度可以被总结为是对技术的起源之神话的开放，从组构我们世界的事物中产生的释放（海德格尔的 Gelassenheit［静观］），以及对解构科学和技术语言（Verwindung［克服］）的述求。海德格尔用“Verwindung”来命名在辩证的线性历史进化的范畴之外“战胜”技术的需求。根据瓦提莫的观点，我们需要克服也需要接受，术语对构成我们真正“存在”的技术语言的扭曲和调停。海德格尔要求“事物存在”（letting things be），另一方面，他又要求连接起具体化的意识与世界之间的关系，这一关系超越了存在的二元论的、工具主义的公式和理性中心主义的权力意志——它由尼采和早期的海德格尔所建立。Gelassenheit 暗示了一种自我转换，通过现象学，它会认识到，在这个世界中，具体化的意识的前投射（prereflective）状况中的某块潜在的意义领域。它尽可能产生的是感知，而非将现实缩减为一张世界的画面（透视法）。

现象学已经显示出重新找回作为意义居所的身体的重要性，显示出解构笛卡尔的物化的机械论身体和生理学的有机身体，而不是去设定一张自我与世界的意向性的和相互纠结的网状系统的重要性。梅洛-庞蒂谈到了肉体是一种“元素”（就像传统意义上的火、泥土、空气和水）：存在是一种“发生”（becoming），没有虚无主义的危险或意义的绝对相对化；存在，保持着活生生在场的意识的密实性，它外在于历史上的基督教计划和技术计划，还有它们的未来方针和对实现乌托邦的痴迷。不认识到意义的这个根本领域，建筑就达不到创造力和政治上的维度。而且，如果这样，建筑也就是无法描述的，它或许只是一种文化上的（在语言和历史特征上的）区分。也就是说，我们必须认可它是一个主体间性的和超历史的领域。意义不会通过民主的意见或理智实用的模式而赋予建筑。建筑师个人的想象有能力将历史的本来面目复原，他会想象一个别无选择的可能的未来——它必须在行动中完成。

为了将未来的潜在建筑构思为一种非唯我论的创制（poiesis），这一由现象学唤起的自我转换是必需的。并且它通过（作为意义场所的）身体的个人经验使我们认知到，艺术和建筑作品表达的媒介是性爱。性爱知识仅通过精神交流是难以获得的。这种状况经常出现；它是肉体之事。这是一种经由个体的身体而获得的知识，也是关于美的知识，这是一个统一体。海德格尔的真理说（aletheia）认为性爱知识是“揭示真理”（truth as unveiling）的典范，它反对传承自柏拉图的西方科学和形而上学所秉持的客观化的“不变真理”（truth as correspondence）。这是“存在”的一种显露，之前从未出现过，尽管没有提及到光的存在，以及使“事物”可能出现的界限。

大家或许记得柏拉图，在哲学史中，他有一个独特的阈限位置。当他坚持善（agathon）

（太阳）让真理可见，但它（真理）又不会被直接看见的时候，我们可以认为他清楚地表达了海德格尔的真理概念（这实际上和他更出名的真理接合理论相当对立，在洞穴神话中驱除掉所有阴影的是光）：因此，真理和美德不是沉思的客体（就像在科学里那样），经验才是……或许除了在黎明——如今最适合恢复诗意话语的时间……

我们可以从解释学本体论与现象学中得到的建筑策略，《寻爱绮梦》似乎已经大有预示。确实，建筑师作为有创造力的艺术家（其想象力的功能并没有简化为，要么是从虚空中［ex nihilo］浪漫地创造，要么是对神性的秩序进行古典复制），理解其潜能在今天尤为重要。这种策略最适合去寻找建筑的伦理实践——它能同时避免唯我论与怀旧，在这个世界中，图像（它们只是不停相互反射的拟态）已经获得现实的地位。在这个语境中，与我们多种感知能力相关的现象学认识，成为解构技术的普遍领域的手段。与此同时，它也没有抛弃述说一种共享的语言，最终建造出真正有说服力的未来建筑的可能性。

“你应该知道波利菲洛梦见自己身处一个凶险的黑暗森林中，讲述他的无数见闻，这是一场名副其实的为爱一切事物的战斗，这就是他的名字在书的标题中的含义。他用优美的风格诉说了一些值得放在未来的记忆剧场里的后现代奇迹，还描述了在寻找爱人波莉亚的过程中偶遇的建筑纪念碑。”

他的梦的形式是科学地理学性质上的旅行，它占据着三个典型空间：英雄的卧室这一私人空间、机场的公共空间和飞机空间。这和现在已然无效的传统分类法迥然不同。这些空间只是对于技术统一体的某种调节，它们是我们“主体间的”现实——这和构成古典或传统建筑领域的奇异的场所景观不一样。空中旅行，同样精彩的技术之旅，在近似于北纬60度，在可计算的24小时内，就像一场全球性的革命发生在我们整个有限空间里。通过这一堪称典范的人类之梦——它是对调和了人（这一竖向物种）和重力之间关系的从古至今的一切建筑都加以强调的飞行之梦，技术之旅被解构。波利菲洛穿越我们科学定义的宇宙的匀质空间向西旅行；他一直都很兴奋，却哪儿也没去。他一直在同一地方，造访了饱含意义的神奇建筑物，不断地质疑对人类身处的场所所作的普遍性的、几何学的空间假设。因此他的时间一直是当下，他总是能赶上出发的时间，抓住同时发生的幻象。这个时刻总在日出，这个一天中的恩赐之时抚慰了对人类暂时性的虚幻弥合，或许还会考虑返回到神话时代的叙事中，甚至在历史的终结处。

波利菲洛的现代之梦是垂直运动的飞行之梦，让人可以到达某处。这种诗性想象的运动使得现代英雄“住在”各种各样的建筑作品中并“非客观化”（deobjectify）它们，让将来的建筑师获得哲学和性爱的经验。

阿尔伯特·佩雷·戈麦兹：麦吉尔大学建筑史教授

（译者：王安莉、张莹莹）

里安娜·莱夫维尔

难解的寻爱绮梦及其复合密码

《波利菲洛之寻爱绮梦》，简称《寻爱绮梦》，是迄今为止最难读懂的书籍之一。从你拿起书本试图读出这个拗口的、难以发音的书名起，困难就摆在了你的面前。当你翻动书页，试图去理解这一奇异难懂、令人困惑的散文小说时，困难随之越来越多。书中处处充满了深奥曲折的术语表达和过分冗长的文章段落，时而托斯卡纳语，时而拉丁语，时而希腊语——还有神秘的希伯来语、阿拉伯语、传说中的卡尔迪亚语（Chaldean）和特殊的象形文字——要理解作者所创造的这种不规则的混杂语言，必须具有娴熟的技巧并随时保持对各种语言的敏感性。读者在全书开篇所看到的木版画中有一幅骑士雕像：一匹狂野的、奔放不羁的带翼骏马，两耳回缩，头偏一侧，在昂首向前的疾驶中它突然拱起背部将那些徒劳地试图紧贴马背和鬃毛的倒霉骑手们一个个地甩下。（图 1）这幅画可以看做是全书的象征。那些狂热奇异的怪人怪事，令人眼花缭乱而又含义丰富的激情语言，恰如骏马在其兼程急进的跑道上向空中抛洒它所蹬踢卷起的尘云，即使是最坚定的读者，稍一不慎也必然会坠入五里雾中。

《寻爱绮梦》吸引读者之处就在于它的晦涩难懂。其出版资助人列奥纳多·格拉索在本书第一版的献辞中写道：书中包含"如此大量的科学知识，即使你通览古书也无法获取，就如同自然界中的众多神秘事物一样"。如果要读懂这一本书，"必须懂得希腊语、罗马语、托斯卡纳语和本地语"，作者是"一个绝顶聪明之人（一个超人），他认为通过这种方式可以使那些无知者无法指责他的奔放不羁"。他"构想的作品是只有智慧者才能进入的神殿"，因为"这些情节不是写给普通人看的，也不是用于街头吟诵，其语言新奇且修辞丰富，因为它们源自哲学宝库和缪斯女神（Muses）"。让·马丁以同样的语气在此书第一版法译本的序言里写道："先生们，你们可以相信，在这本虚构的小说背后，隐藏着许多无法用理性来揭示的东西。"[1]

《寻爱绮梦》最显著的特点，就是因其博学而造成的隐晦性。当然其他一些属于传统宫廷言情文学的著作也都呈现出它们各自的难解性。尽管《寻爱绮梦》可能给现代读

图 1. 奔放不羁的骏马

者一种变态的印象，但这种色情与博学的结合却完全符合古典流派所建立的宫廷言情文学传统。让·德·默恩的《玫瑰传奇》、彼特拉克的《凯旋》（*Triumphi*）、但丁的《神曲》（*Divina commedia*）和薄伽丘的《菲洛柯洛》都是对色情与博学这两方面都进行了描写的例子。作为一种原则，这些作品总是在情节中交织入大量的知识，否则这些情节会全是些虚构的传奇故事。

《玫瑰传奇》以其偏离主题而闻名——它描写了经营和贸易、友谊与公平、好运，甚至化妆品与饭桌礼仪等等。《神曲》本身就是一个哲学系统，一本关于治国之才的论文集，[2] 所以人们一直把它作为对中世纪经院哲学的评论来研究，特别是在它的第一篇章中，包括了一部关于正统基督教信仰的手册、一本教义问答手册和一本关于学校教育的知识解释，它几乎是一本集中了但丁时代各种知识的百科全书。而薄伽丘的《菲洛柯洛》（第一部意大利浪漫散文，1337），正如文艺复兴时期有名的文学学者威尔金斯（E.H.Wilkins）在注释中所指出的，引用了大量与情爱主题无关的参考性素材：地理与天文、建筑描述、幻景、虚构的古代诸神、冥府会、蜕变、战斗、宴会和对圣经历史与基督教信仰的解释，还有父母对未来统治者的教诲等等。[3] 当你读完这些作品以后，不仅会被书中跌宕起伏的情节所感动，还可以从中汲取到大量的知识。

这些著作可能具有传授功能，但它们无疑也试图取悦读者，而实现这一目的的主要手段就是运用本地语言。古典拉丁语只是为了博学的论文才被保留下来，但丁、彼特拉克、和薄伽丘的著作用的是托斯卡纳语；让·德·默恩和纪尧姆·德·洛利斯的著作用的是法语；乔叟（Chaucer）的著作用的是中古英语。正是由于这些作者对主导了中世纪文化的拉丁语的反对，对以宫廷与城市日常生活中的本地语言取代古典语言的偏好，使言情文学获得了存在的理由。[4]

要说这些言情故事中的语言除了高雅优美之外还具有什么特点，那就是可亲近性。但是如果想在《寻爱绮梦》的语言里找到任何可亲近性的踪迹，却只能是徒劳。在这本书中，学识对色情内容的干扰多于陪衬，学识变成了一种晦涩难懂之物。《寻爱绮梦》的深奥与难解引来了读者的如潮评议。拉伯雷把它与文艺复兴时期用埃及象形文字写成的享有声望的神秘作品《赫拉波罗》（*Horoappollo*, 也是阿尔杜斯·马努蒂乌斯所出版的书）相提并论，以此嘲笑《寻爱绮梦》的晦涩。而巴尔达萨雷·卡斯蒂廖内在其1528年的《廷臣论》（*Il cotegiano*）第3卷里也嘲笑《寻爱绮梦》道："我知道有些男人在对女人写信或说话时，总是使用波利菲洛的语言，他们陷入巧妙的修辞陷阱中无法自拔，以至于自毁目标，只给人留下了无知的印象，然后再花费千年之久来完成推理。"[5]《寻爱绮梦》在讽刺小说中也受到了抨击，夏尔·索雷尔（Charles Sorel）的《荒唐的牧羊人》（*Le beger extravagant*）把《寻爱绮梦》列在当时"矫揉造作的罗马人"之列，嘲笑他们的胡诌。安托万·费尔蒂埃（Antoine Furetiere）1666年在《布尔乔亚小说》（*Le roman boueois*）（资产阶级小说）里也提到了这本书，在这个很长的章节中他描述了那些由以胡说八道而闻名的神秘无赖死后所留下的书籍。《寻爱绮梦》在此被划入那些"通过在伦理、讽寓、精神、神话、神秘等意义上的解释，显示出了所有过去、现在和将来的一切都可以归结于这样一点的书籍：它们同样……都是关于魔法石的秘密……"《寻爱绮梦》被认为是传说中的"娇小金屋"（petites maisons）看护人的工作的灵感之源——而这个"小屋"正是巴黎的精神病收容所。[6]

而此书的辩护人所重视的也同样是这些特点。雅克·戈翁里是一位炼金术士，他的老师是巴黎的炼金术士尼古拉斯·弗拉梅尔（Nicolas Flammel，1330—1418），其《果园之梦》（*Le songe du verger*）是一部寓意作品，含义是试图"隐蔽罪恶，彰显启蒙"[7]。戈翁里负责这本书的法语编辑，该书于1546、1551和1554年出版，书中赞扬《寻爱绮梦》隐藏了炼金术的学说，并认为该书具有“steganographique”的特色，这是一个来自希腊语的单词，意思是“密封的”。因为《寻爱绮梦》要解决的主题是“如此出色，因此不应该被泄露，也不应该由于某些原因而被大众所玷污”。戈翁里相信，“《寻爱绮梦》的作者与许多处理过类似主题的其他作者一样，都认为他们表达得最清楚之处事实上也就是最隐晦之处：因此，如此多效仿他们的无知蠢人只是在浪费自己的苦心与辛劳”。[8]1600年贝鲁尔德·德·弗维尔以自己的名字出版了让·马丁翻译的《寻爱绮梦》，书名是：“波利菲洛之梦描绘的多情面纱，遮住了富有新意的景象，贝鲁尔德巧妙揭开幻梦之影。”对于他来说，《寻爱绮梦》的作者是一个“推理哲学家……他的最终目的是要成为墨丘利神（Mercurialist）那样完美的智者。”[9]

最近，埃德加·温德（Edgar Wind）在《寻爱绮梦》中看到了爱情与死亡的结合、心灵通往最终宿命中的最初解惑、新柏拉图哲学（Neoplatonic）的神秘主义，以及把波利菲洛当做黑暗与绝望之王子的神秘讽喻。莫里齐奥·卡尔韦西相信这部书是把波利菲洛看成神僧的一种炼金术比喻。弗拉迪米罗·扎布格亨（Vladimiro Zabughin）认为这部书是把波利菲洛看成寻找圣徒般济世之灵魂的一种基督教比喻。伊曼努拉·科瑞特苏勒斯克－库阿拉塔（Emanuela Kretsulesco-Quaranta）认为书中的旅行记对应着神秘的精神比喻，整个故事是一个抽象的寓言，波利菲洛代表精神，波莉亚代表智慧。林达·苏尔兹－戴维（Linda Fierz-David）则关注书里荣格学说（Junglian）的象征主义。而意大利文学学者萨尔瓦托·贝塔吉利亚（Salvatore Battaglia）所持的观点又与其他人的风格完全不同，在我看来也更为正确，他倾向于把该书看成是一个具有独特风格的伟大的语言实验，一种对可接受的既有文学类型的排斥；对于他来说，此书的作者就是15世纪的詹姆斯·乔伊斯，而此书则是《芬尼根守灵夜》（*Finnegans Wake*）的先驱。[10]

此书确实有一些乔伊斯式的多语言重组的联想主义风格。[11]它甚至考验读者最基本的词典学水平。《寻爱绮梦》的晦涩模糊使让·马丁不得不对它的法语版本加上旁注来对其内容进行解释和澄清，书中的每一页都带有注释。波齐与恰波尼则在他们博学卓绝的语言学版本中添加了难字汇编——后来的大多数文体注释都以该版本为基础——包括翻译成意大利语的5200多个单词。读者从《寻爱绮梦》的第一句开始，就面临深奥难懂的术语和信息的冲击，它们为全书定下了基调。

PHOEBO IN QUEL'HORA CHE MANANDO CHE LA FRONTE DT MATUTA

LEUCOTHEA CANDIDAVA FORA GIA DALLE OCEANE UNDE, LE VOLUBILE ROTE SOSPESE NON DIMONSTRAVA, MA SEDULO CUM GLI SUI VOLUCRI CABALLI, PYROO PRIMO ET EOO, ALQUANTO APPARENDO, AD DIPINGERE LE LYCOPHE QUADRIGE DELLA FIGLIOLA DI VERMIGLINATE ROSE, VELOCISSIMO INSEQUENTILA NON DIMORAVA ET, CORRUSCANTE GIA SOPRA LE CERULEEE ET INQUIETE UNDULE,LE SUE IRRADIANTE COME CRISPULAVANO.（a2）

作者的精心措词使当代读者很难理解这些语句，非常明显，构成这些语句的术语是拉丁文而非本国语。例如，我们发现 caballi 代替了 cavalli（马），cum 代替了 con（与），coma 代替了 capelli（头发），undule 代替了 onde（波浪），volucre 代替了 aligero（带翼的）。而在全书中，作者用拉丁文 et 代替拉丁文 e 表示“和”。波齐与恰波尼收集的例子还有：fiamma 变成了 flamma，giunto 变成了 gionto，sogno 变成了 somno，di sopra 变成了 de sopra，selva 变成了 silva，precedente 变成了 praecedente，verde 变成了 viridura，vittoria 变成了 victoria，frammenti 变成了 fragmentatione，allora 变成了 alhora，tedioso 变成了 taedioso，bocca 变成了 bucca[12]。

卡塞拉与波齐把《寻爱绮梦》的类词典性称之为“对来自最遥远的拉丁文地区的最精美词语的执著追求”，在他们对书中词典学特点之源的探索的影响下，产生了奥维德的《变形记》（*Metamorphoses*），奥卢斯·格里乌斯（Aulus Gellius）的《雅典之夜》（*Noctes atticae*）和保罗·迪亚科奴斯（Paulus Diaconus）从保罗·菲斯特斯（Paulus Festus）的《语词含义》中的摘录（De verborum significatione）。卡塞拉与波齐在一次成功的语言查询工作中发现，《语词含义》唯一的复制本掌握在彭波尼奥·勒托（Pomponio Leto）、普林尼（Pliny）和其他许多作者手里。[13]

《寻爱绮梦》的拉丁文语汇不仅仅来自传统的古典源泉，还来自作者充满了奇思妙想的高度的语言创造力。书中其他部分的重构逻辑又体现在词汇的创造中。波齐称这些新造词为“词典编辑中的半人马怪（centaurs）和美人鱼（mermaids）”，是托斯卡纳语前缀与拉丁语后缀的古怪杂交。它们由拉丁语或本地语的词根和附加其后的“尾巴”构成：-ale,-ario,-atile,-ato,-bile,-bondo,-bulo,-ceo,-culare,-culo,-eo,-ficare,-ifico,-ifero,-igero,-ivo,-izio,-mento,-mine,-oso,-ulare,-uro,-zione。

由此产生了大量非常奇怪的混合词，它们的组合技巧完全是随心所欲的，但又正如波齐所指出的，这是一种非常有效的新词构成法，特别是对于形容词而言。[14]

然而，书中最难理解的则非希腊术语莫属。[15]在15世纪的绝大部分时间里，熟悉希腊语的读者只限于少数人文主义者，希腊语学者需求量很大，他们享有很高的酬劳与薪俸；对他们的重要性怎么高估都不过分。当地的有权势者到处挖人，争相拉拢他们为自己服务。因为懂得希腊语的人太少，教皇尼古拉五世（Pope Nicholas V）为请洛伦佐·瓦拉（Lorenzo Valla）将《修昔底德》翻译成拉丁文支付了一大笔财产。而另一位希腊语学者贝萨里翁（Bessarion），则用翻译所得为自己在罗马买了一幢别墅。即使到了15世纪后期，美第奇家族还请菲奇诺（Ficino）住在佛罗伦萨豪华的学院里面翻译研究柏拉图和托名狄奥尼索斯（pseudo-Dionysius）的哲学著作。

浪漫文学语言的希腊化风格开始于薄伽丘的《爱的摧残》（*Filostrato*）和《菲洛柯洛》（*Filocilo*）。前面还提到过两部剧本，就是误认为由荷马（Homer）所写的*Batrachomyomachia*和由西奥多罗斯·帕罗德洛姆斯（Theodoros Prodromus）所写的酒色剧*Galeomyomachia*，它们在《寻爱绮梦》出版时非常流行。我们知道阿尔杜斯在1499年出版了《寻爱绮梦》，[16]希腊化倾向在当时还局限于标题和人物姓名，然而在这本书里已经泛滥。17世纪时尼科洛·维拉尼（Niccolo' Villani）为此惊呼道："土语中的土语！意大利语－希腊语－拉丁语组成的荒谬的胡写词汇！"18世纪文人普罗斯佩·曼查德（Prosper Marchand）埋怨这本书的"语言中混杂了这么多的希腊语和拉丁语的词汇，充满了这么多的晦涩，所以我们可以说它不是由任何一种语言写成的"。[17]蒂拉波斯基（Tiraboschi），也是那个时期的意大利学者，他评论说"在书中，人们发现……希腊语、拉丁语、伦巴底语、希伯来语，还有迦勒底语（Chaldean）的声音非常奇怪地交混在一起……人们应当高兴，如果读不懂这本书，只需说出书里有什么语言即可！"[18]事实上，《寻爱绮梦》中到处都是希腊词汇，它们不仅包括从男女主角开始的专有姓名，也包括了所有植物、衣料和珠宝的希腊语专用名称，还有非常确切的建筑名词。只要读者熟悉希腊语的词源学，就可以推测出其他词语的含义。

卡塞拉与波齐认为希腊词汇反映出了普通威尼斯方言的存在，这种方言与威尼斯传统的贸易伙伴君士坦丁堡有着语言上的联系。帕吉泽（Pedraza）在其出版的《寻爱绮梦》里对这一观点表示赞成[19]。但是，作者在书开篇的前言中明显表示出的对普通人的轻视——让我们回忆一下格拉索的引言："这些情节不是写给普通人看的，不是用于街头吟诵的"——再加上与古代艺术和建筑有关的高度专业化术语的存在，使得这些学者难以找到这种假设的合理性。尽管他们指出，加索的确将本地语与托斯卡纳语区别开来，而这种本地语事实上可能就是威尼斯方言[20]。但是，书中运用希腊化语言的意图显然就是要拒人于千里之外，它在精神上似乎更接近受过高等教育的人文主义人群，而与即使最老练世故的威尼斯商人也格格不入。

这里是波齐与恰波尼所精心收集的大约3000个精彩词例中的一小部分：callitrichio,“美丽的头发”；calliplocamo,“美丽的卷发”；callimo，“美丽的”；callotechnico,“很好的装饰”；chrysaoro,“拿着金盾”；chrysochari,“金手”；chrysocoma,“长着金发的”；clepsiphoto,“光芒四射”；dorophora,“赠礼”；euodio和euosmo,“香的”；eupathia,“很愿意的”；euplocamo,“卷成美发”；euripio,“毁灭”；eusebia,“祝福”；eutrapalio,“城市”；hyalino,“透明”；isochyrsso,“金的”；isotrichichryso,“金发的”；lithographia,“雕刻”；lychno,“灯”；micropsycho,“胆小的”；mnestorense,“婚姻的”；myropolia,“香水的”mystagogia,“做礼拜”；phteretrio,“雕刻的”；philesio,“可爱的”；philoctetes,“爱”；philotesia,“宴会”；phytonteo,“以毒蛇的形式”；purrotricha,“放松的头发”；pyrovolo,“闪电”；thalassio,“海的颜色”；thelithoro,“看透”；theophilio,“亲爱的”；theophoriba,“神灵启示”；thereutica,“女猎人”；thesphato,“奇迹的”；thyaso,“跳舞”；uranothia,“来自天堂”；xanthothrico,“长金发的”；xesturgia,“细致的工作”；zygastrion,“小盒”。[21]这些短语与拉丁文不同，与我们所熟悉的本地语也不同，它们极难掌握。

文章在句法层面上同样困难重重，但这已不再让人感到惊讶。让我再次引用卡塞拉与波齐的评论：这些语句“由无数并列句所组成”，这些并列句来自一种“语言上的平衡概念”，这一概念不仅在语义上，而且在节奏上影响着语句[22]。为了向英语读者说明这种风格，我摘取一段罗伯特·达林顿1592年的英译本，它恰到好处地捕捉到了原文中错格、断裂的结构特征。下面是从这一可爱的，也许略有缺陷的版本中摘录的《寻爱绮梦》的开场白，其后是我译的现代版本。

WHAT HOURE AS PHOEBUS ISSUING FORTH,DID BEWTIFIE WITH BRIGHTNESS THE FOREHEAD OF LEUCOTHEA, AND APPEARING OUT OF THE OCEAN WAVES, NOT FULLY SHEWING HIS TURNING WHEELES, THAT HAD

BEEN HUNG UP, BUT SPEEDILY WITH HIS SWIFT HORSES PYROUS & ENOUS, HASTENING HIS COURSE, AND GIVING TINCTURE TO THE SPIDERS WEBBES, AMONG THE GREEN LEAVES AND TENDER PRICKLES OF VERMILION ROSES, IN THE PURSUIT THEREOF HE SHEWED HIMSELF MOST SWIFT & GLISTENING, NOW UPON THE NEUER RESTING AND STILL MOOVING WAVE, HE CRYSPED UP HIS IRRADIANT HEYRES[23]

PHOEBUS HAD JUST RISEN FROM THE OCEAN WAVE, BRIGHTENING THE CANDID BROW OF HIS DAUGHTER MATUTA LEUCOTHEA, THE SWIFT WHEELS OF HIS CHARIOT STILL HUNG IN THE BILLOWING SWELL. HIS WINGED HORSES, FIRST PYRO THEN EO, EMERGED. HE BRACED HIMSELF AND, WITH CARE, NOW READIED HIMSELF TO TINGE THE CHARIOT OF HIS DAUGHTER WITH THE HUE OF VERMILION ROSES. ALREADY THE RADIANT LOCKS OF HER HAIR GLITTERED AGAINST THE PURE DEEP BLUE AND RIPPLING SEA.

（福波斯神刚刚从大海的波浪中升起，照亮了他女儿玛图塔·琉科特亚的额头。战车的飞轮仍然漂浮在汹涌的巨浪之中。他的带翼骏马依次出现，前是帕埃罗斯，后是埃奴。他振作精神，小心翼翼地准备给女儿的战车染上鲜红的玫瑰色。而女儿光彩照人的秀发在纯净的、深蓝色的、波澜起伏的大海衬托下已然闪闪发光。）

让·马丁以高卢式（Gallic）的简短作风从作者狂热地喷泻而出的300个词汇中提取了仅仅12个词："Par un matin du mois d'Avril environs I'aube du jour….."[24]（在4月郊外的一个早晨……）

书中一些其他的技巧包括各种直接短语和间接短语的拼接、外来主语的突然引入以及在同一语句中不同语法结构之间的转变等等，它们产生出一种不合逻辑的、错格的复合结构。这种散文如此复杂，以至于卡塞拉与波齐将一种典型句式比作一面藤蔓交错的墙体而不是符合逻辑的分支结构体系，这种典型句式进一步发展成为一张命题之"网"，在这个网里，"修饰语、同位语、从句与它们在逻辑上紧密相联的分句相隔甚远，而在其他那些逻辑性文章中，分句的表达能力已经因过分的集聚而枯竭”。[25]

卡塞拉与波齐还观察到，作者常常使用拉丁语式的句子结构来达到更复杂的情况。拉丁语式句子结构的次序不是主－谓－补，这使得对文章的理解倍加困难：因为这些句子中的名词和形容词与拉丁语不同，它们没有语法上的“格”，没有词尾变化。因此，书中很多句子的词序都极为混乱，大量的主语与谓语不相匹配，关系短语和错格短语孤立在句子中间，以及叙述形式之间的突然变化等等，这一切使得《寻爱绮梦》的句子结构成为理解该书的又一重阻碍，使读者感到更加困惑和举步维艰。[26]

书中无数的拼写错误也增加了阅读的难度。兰贝托·多纳蒂（Lamberto Donati）在《寻爱绮梦》第一版的后面加注了一个勘误表，它不仅超长而且具有与众不同的外观。（图2）兰贝托声称除此之外书中还存在“几千个错误”。[27] 对这些印刷错误或前后矛盾之处的修正或许表明，书的出版编辑过程过于马虎大意了。但如果从要求极高的阿尔蒂尼版标准来看，很难想象这些“错误”是出自无意。阿尔杜斯直到最后时刻还在尽其所能地完善此书，从印在勘误表结尾的他所声称的“最准确地”几个字来判断，深信此书正确性的阿尔杜斯本人可能确实不知道这些错误。从全书第一句往下读，“fora”应当是拉丁语的 foras（朝外），“come”应当是 comae（头发），“undule”应当是 undulae（波浪）。

书中第一处拼写错误发生在第二页的标题中，它的发现归功于当时最著名的学者菲利浦·霍弗（Philip Hofer）的一篇文章，单词 SANEQUAM 被误印为“SANEQUE”。在后来所有的纸质版本里错误的“E”都改成了 AM（图 3）。但在按照规矩总是最后印刷的所有羊皮纸版本里，“SANEQUE”却没有被改动。据霍弗推测，大概是因为阿尔杜斯不愿意损坏昂贵的羊皮纸而放弃了改动，或是在错误被指出前羊皮纸版本已经发行了。[29] 人们还饶有兴味地推测，大量错误造成的困窘本来可能会使阿尔杜斯放弃将出版者的名称和地址印在这样一部缺乏正确性的书的书名页上。

鉴于这些使阅读《寻爱绮梦》极其困难的词典编纂、句法、正字法等特点，[30] 这本书原本应当如何翻译呢？人们认为这本书极端的矫揉造作与冗长一定使让·马丁感到了翻译的困难，这位人文主义者为此书做了法语的翻译版本。他把这部书的风格归结为“一种比亚洲式更为冗长的特点”[31]。我们已经看到了这种想法的结果：他简单地删去了书开头 300 个词汇中的 288 个。我们也看到，达林顿最初曾试图使他 1592 年的英语版本成为《寻爱绮梦》最完整细致的翻译作品，但由于无法承受如此艰巨的任务，他最终还是削减了原文的三分之二有余。此外，文中还错误迭出。第一句就错误地把“heyres”

Li errori del libro.facti stampando,liquali corrige cosi.

Quaderno a Charta.3.fazata pria.linea secúda ne fa nel,fazata seconda linea.18.diffuso. fa diffiso
ch.5.f.1.l.26. dilectione fa delectatione. Quaderno b ch.6.f.5.l.34.limata.fa liniata. Quaderno c
ch. 2. f.1.l.20.loquace.fa nó loquace.f.5.l.2.liberaměto,fa libraměto.l.19.præminětia fa prominetia.c.
3.f.1.l.11.laltra.fa laltro.f.5.l.5.edifinitio.fa ædificio.ch.4.f.1.l.23.in imo.fa i minimo.ch.5.f.1.l.25. nexuli
fa Nextruli.f.5.l.28.decunati.fa decimati.ch.6.f.1.l.14.coniecturia.fa cöiecturai.l.15. prime fa pinne.ch.
7.f.1.l.5.inusitata.fa inuisitata.l.10.incinnato. fa uicinato. Quaderno. d. ch.1.f.1.l.12. Et quanta.fa
Et di quanta.ch.11.f.5.l.13.hippotanii.fa.hippopotami.ch.3.f.1.l.31. trepente . fa repente.l.33. uerucosto.
fa uerucoso.f.5.l.8.Solitaměte.fa solicitamente.ch.4.f.1.l.20.asmato.fa asinato.l.17.tera.fa serra.f.5.l.
34.mortali fa mortui.ch.5.f.5.l.1.forma.fa ferma.l.5.aderia.fa adoria.l.16. Incitamente.fa incitatamen
te.ch.6.f.5.l.25.& poscia & quella antiqua.fa.postica & quella antica.ch. 7. f.1.l.14.cunto.fa cuneo.f.5.l.
21.certamente.fa certatamente.l.24. benigna patria di gente. fa benigna patria ma di gente.ch.8. f. 5.
l.2.le cose.fa le coxe.l.4.strifti petali.fa stricti petiolr.l.12.irricature. fa irriciature. Quaderno e
ch.2.f.1.l.4.aretrorso.fa antrorso.ch.3.f.5.l.24.asede.fa asseole.ch.6.f.1.l.36.era.fa Hera.ch.8.f.5.l.7. aru-
rini.fa azurini. Quaderno f ch.1.f.1.l.1.prestamente.fa prestantemente.ch.7.f.1.l.ultima.angusta
fa augusta.ch.8.f.1.l.33.politulatamente.fa politulamente.f.5.l.24.succedeterno.fa succedeteno.
Quaderno g ch.1.f.1.l.7.fori.fa fora.ch.6.f.5.l.30.tuti recolecti & inde asportati manca & fa cosi tuti
recollecti& tuti gli analecti īde asportati.ch.7.f.5.l.21. Viretii.fa Vireti.ch.8.f.5.l.11.uisione.fa iussione.
Quaderno h. ch.3.f.1.l.17 .δοζα.fa.δοξα.l.37.conduce.fa conducono.ch.4.f.5.l.36.Lamulatione .fa
lamutilatione.ch.5.f.5.l.12. factiloquia.fa fatiloquia.ch.6.f.5.l.8. consabulamen.fa consabulamento.
l.12. micrebbe fa rincrebbe.l.15.che e uno elephanto.fa che e uno. Quaderno. i ch.1.f.1.l.8.dixe-
ne.fa.di Sene.f.5.l.9.uoluprate pro uoluptate.c.4.f.5.l.4.tessute. p texuto.ch.5.f.1.l.8.di seta.pro deso-
to.ch.7.f.1.l.7.mortali.pro mortale.f.5.l.13.fauilla. p scintilla. Quaderno K ch.1.f.5.l.1.carolette.
pro parolette.ch.11.f.1.l.4.uditante. p uolitante.f.5.l.1,fractura.pro factura. ch.3.f.1.l.1.fa cõgrumati ha-
ueano,cum exquisiti torměculi tripharia insieme,& di uoluptica textura īnodulati. Altre diffusamen
te le instabile .l.27.serice. pro sericei.l.32.o ueru.pro o uero.f.5.l.13.uale sforza pro uale se sforza.ch.6.
f.1.l.7.longo.pro longe. QVaderno. l ch.3.f.1.l.11.di seta. p desoto.l.15.laducitate pro ladũcitate.
f.5.l.8.nũ. p nõ.l.19.eũ.pro cũ.ch.4.f.1.l.25.si.pro.in.f.5.l.8.lune. p lume.l.17.ornata.pro ornato.ch.6.f.
5.l.33.Colũmna. p Colũba Quaderno. m ch.6.f.5.l.18.miratione.pro ruratiõe. Quaderno n
ch.1.f.1.l.12.fosoria adallo.pro fusoria dalo.ch.2.f.5.l.ultima rectitudine.pro restitudine.ch.6. f.5 .l.16.
Di quelle.pro Di que,le.l.32. inuista. pro īuisa. Quaderno o ch.4.f.1.l.1.di numere.pro di numero.
ch.6.f.1.l.11.nelamino.pro nelanimo. Quaderno p ch.3.f.1.l.33.certaměte.pro certatamente.ch.5
.f.5.l.4.& miarchitatrice.pro mia architatrice.ch.7. f.1.l.6.triumphale,manca Tropheo Quader-
no. q ch.1.f.5.l.19.laquale.pro leq̃le.ch.3.nel epitaphio.l.3.ella fa PVELLA.l.6.germinoe. p germi-
naua .f 5.nello epitaphio.l.3,LAGVOREM.pro languorem.l.14.tamo .pro Tano.ch.4.f.1.l.2 . Dé-
drocæso.Dedrocysso.f.5.l.26.laesure . p le Sure.l.359.Area.pro Arca.c.5.f.5.nel epitaphio.NEDT . p
NEPT.ch.6.f.1.l.7.torque.pro torque.l.10.delinfino.pro delifimo.l.21.unoquali superfluo.ch.7.f.1.l.
6. riseruatl.manca.uidi.ch.8,nello epitaphio.l.42.culpa pro culpã.l.ultia.aethernũ p.eterno. Qua-
derno r ch.3.f.5.l.8.o uero .pro oue.ch.5.l.16. fractici.pro fracticii.ch.7.f.5.l.14.consulaměto.pro con
fabulamento.ch.8.f.5.l.12. & daposcia.marica.La. Quaderno s ch.3.f.1.l.ultima.tinge.pro tri-
ge.ch.7.f.1.l.9.& il suo.pro & dil suo Quaderno. t ch.1.f.5.l.8.pulluarie.pro pullarie.ch.6.f.1.l.7.
limarii. pro lunarii.ch. 7. f.1.l.29.citrino.pro citimo.ch.8.f.5.l.35.cimiadeo. pro Cimiadon.
Quaderno. u ch.11.f.1.l.29.pergutto.pro pergutato.charte.7.f.5.l.14.an hasta.pro in haste.
Quaderno . x. ch.11.f.1.l.35.de pilo. p depilo .ch.6.f.1.l.31. Tribaba .pro Tribada.ch.7. f.1.l.29. Cos-
modea.pro cosmoclea.ch.8.f.1.l.12.Syrimati.pro Syrmati. Quclerno. y ch.11.f.1.l.16 . daedalifa-
cti. p dædale facti.f.5.l.18.capo pro capto.ch.3.f.5.l.24.calice.pro calce.ch.6.f.1.l.12.ioui.pro Loui.ch.7.
f.1.l,5.continiua.pro continua.f.5.l.20.Vrotiothia.pro Vranothia.ch.8.f.5.l. 35.Cõexo.pro Cõuexo.
Quaderno. z. ch.1.f.5.l.13.muscho.pro mosco.ch.3.f.1.l.19. ferimo.pro firmo.f.5.l.37 .Carinatione.
p Cariuatione.ch.5.f.1.l.1. Ornate.pro ornato.l.11.Arsacis.pro Arsacida.l.ultima.uerna.pro uernea.
f.5.l.3. excedente pro excedeuano.prope.io.uacat.l.17. aptissima.pro aptissime.l,35.mirando . pro ua-
rio.ch.6.f.1.l. 32.cõpecto.pro comspecto.l.ultima.diaspre.pro dediasprea.di,uacat.ch.8.f.5.l.27.securo
so. p si curioso.l.37.picto.pro pecto.l.ultima.appropriauano. p approbauano QVaderno. A ch.
1.f.5.l.22.Melinia.pro Melmia .l.25.perimorida.pro per iucunda.l.26.truncuto.pro troncato.ch.3.f.5
l.14.manca dapo.Comente gli pectinaua.Dindi acaso passando allhora Poliphilo.ch.5.f.1.l.7. Com
mossa. p comosa.ch.7.f.1.l.15.dspumale.pro despũa Lecanescěte.l.16.petrace. p petracee. Quader-
no. B ch.5.f.1.l.32.Saporoso.Pro Soporoso,l.36.fere. pro. sere. ch.8.f.1.l.9.istinatione. proestimatiõe
QVaderno C ch.3.f.1.l.16.cõtemto . pro cõtempto.l.20.suspicare.pro suspicace. QVaderno. D
ch.1.f.5.l.13.parare. p parlare.ch.5.f.1.l.9. fa parturisce.ch.6.f.1.l.10.Gratis. p Gracis. QVaderno E.
ch.2.f.5.l.ultima.seguitoe. p seguiroe.ch.6. f.1.l.14.feruli pro ferali. QVaderno F ch.2.f.5.l.ultima
amante.pro amãtime.ch.3.f.5.l.2.Garo.pro Ciaro. Nõ se numera le linee delle maiuscule.

Venetiis Mense decembri.M.ID.in ædibus Aldi Manutii,accuratissime.

图 2. 勘误页

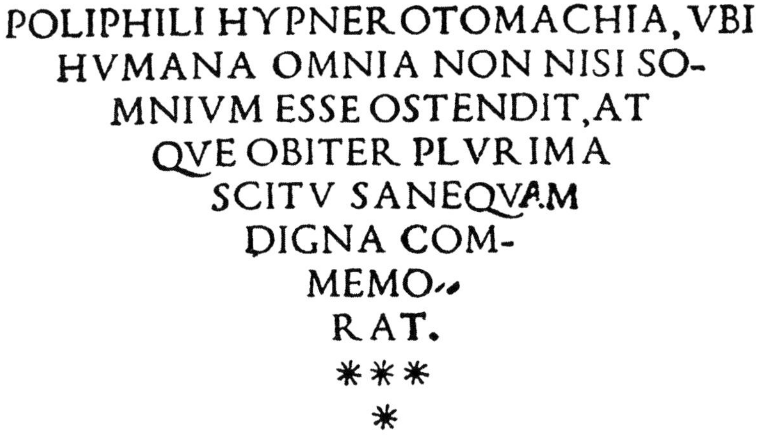

POLIPHILI HYPNEROTOMACHIA, VBI
HVMANA OMNIA NON NISI SO-
MNIVM ESSE OSTENDIT, AT
QVE OBITER PLVRIMA
SCITV SANEQVAM
DIGNA COM-
MEMO-
RAT.
***
*

图 3. 单词 SANEQUE 的改动

当成是福波斯的头发而不是他女儿玛图塔·琉科特亚的头发。更令人吃惊的是，还是在第一句中，他把“ad dipingere le lycophe quadrige della figliola di vermigliante rose”翻译为“giving tincture to the Spiders webbes, among the green leaves and tender prickles of Vermilion Roses”（让红玫瑰绿叶和软刺中的蜘蛛网染上色彩），而不是“tinging the chariot of his daughter with the hue of vermilion roses（让女儿的战车染上红玫瑰的色彩）。也许对于卷入这样一部书中的人来说，这个蜘蛛的例子是很正常的差错。

法国学者克罗迪斯·波普林在 1883 年为《寻爱绮梦》翻译出了第一部博学精深的版本，其中还包括学术性评论。他在评论中说：“用原语言来阅读这样一部语言如此深奥而又错误百出的著作，即使对于精通文学的意大利人来说，也是一种极大的冒险。”[32] 皮拉·佩德拉斯（Pilar Pedraza）最近把这部著作翻译成了极具可读性且学识渊博的西班牙版本，他写道：“它如散文般晦涩，时时不可理解。”[33] 这种极端的语言学困难解释了此书虽然奇妙出色，却无法在意大利本土得到普及的原因。

《寻爱绮梦》的晦涩显然并非出于偶然。如果书中的文字在所有层面上都难以被释义，那么这种结果无疑是作者有意为之。这篇文章简直如同一个密码术的训练。作者承认此书难读，并暗示这是一种有意的策略，他警告读者“我在使用普通人所不明白的字词”，随着情节的推进，人们发现该书似乎在以自我参照的方式，不断地探索着深奥难解的主题。例如，书中描述有 80 首诗文分别刻在墙壁、柱子、高台、瓶饰、旗帜和喷水池上、金字塔里、大象形建筑的巨型雕像上，以及方尖塔和纪念碑上。男主角花了长达 30 页的文字对它们进行解码，这些诗文长度不等，短的只是单个词汇，长的则是达 300 多字的整个文本。它们以希腊语、希伯来语、阿拉伯语、埃及的象形文字、迦勒底语及拉丁语（图 4）写成。男主角在承认这些“不可思议的隐语”的“新奇性”的同时，总是有意把这些非拉丁语的诗文翻译为拉丁语。因此对于不熟悉拉丁语的读者，它们的含义一直无从知晓。这使得读者一直被蒙在鼓里，文章的隐晦性也一直丝毫未减。作者没有提供任何破解含义的线索。事实上，即使男主角本人也并非总能理解这些诗文的含义。有时他能轻易解码，有时则很困难——而有时他也无能为力。

伴随着难以理解的警句短诗和碑文题字，以及不为人知的动物和人物，《寻爱绮梦》充满了晦涩、黑暗和棘手的场所：森林、隐蔽的入口及迷宫。事实上，迷宫——作为一种与世隔绝之困难的标志，一种探求的最佳象征，一种概括了大多数解决问题式行为的抽象模型——几乎记录了男主角在整个故事中的每一步漫游式前进。早在第一章，当读者跟着男主角通过一片森林时，男主角声称：“我只能祈求克里特人阿尼阿德涅（Ariadne）的怜悯，是她给的线团使忒修斯（Theseus）走出了困难重重的迷宫。”随后读者发现自己也进入了一连串的迷宫：一个建在金字塔上的庙宇内部的迷宫；一个形似迷宫般环状水池的水上迷宫；一个位于塞西拉（Cythera）岛上同心圆式的花园迷宫；以及被一个废墟隐埋的地下迷宫式空间。

波莉亚这个人很难辨认，波利菲洛认不出她，也读不懂她。当他俩第 15 次相会时，波利菲洛还不知道她是谁。直到四分之三的故事情节过去以后，他才最终肯定波莉亚就是波莉亚，并解释说：“第一眼看到她时，我就有点肯定她就是波莉亚，但她不同寻常的衣服和我们相遇的奇异地点阻止了我的这种想法。”男主角的身份同样是不可知晓的。当波莉亚在某处转向他并称呼他的名字时，他坦白说：“我呆若木鸡，惊讶不已，她居然知道我的名字。”

如果说文本还不是极难读懂，那么与之相伴的插图则更为隐晦神秘。例如，第一幅画的是在茂盛浓密的森林中，一个年轻人面向一条朝前的朦胧之路。第二幅画的是同一个人，站在空旷之中，敬畏地凝视着前方的未知世界。在这两幅画之后，映入眼帘的是一座巨大的金字塔，它坐落在一个支撑着方尖塔的庙宇形建筑之上，方尖塔上面站着一个美少女，手中倒拿着象征富饶的羊角。随后一幅画的是一群孩子正从一匹带翼骏马突然拱起的马背上跌落。继续往下看，神秘的图像还包括：一排脸在头后的舞蹈青年；半是大象半是蚂蚁的怪物；盘绕在锚上的海豚；一位姑娘一只手拿着一只乌龟，另一只手拿着一只鸟，一条腿伸直向前；背驼方尖塔的大象；还有三面头（狗、狼和狮）等等。凯撒·利柏（Cesare Ripa）的关于图像学的著作或许能够清晰地说明这些图像，但由于该书尚未出版，因此对于绝大部分人来说，这些图像的含义都极难解释，甚至连人文学者中的精英也无能为力。[34]

《寻爱绮梦》集各种可能的和可以想象的阻碍理解式手法之大成。读者在每一页上都会面对必须解码才能理解的词汇、必须翻译才能看懂的诗文、结局暧昧不清的情节，以及体现了神圣化理想的男女主角。在这些隐晦性策略中，密码式文字与图像、象征性图像及其解释被反复运用。

因此，假设该书还有正确阅读的可能，那么显而易见的是，该书对于它在正确阅读上的困难，对于其难以解释、深奥以及“加密”的特性，都具有自我意识。该书不仅晦涩难懂，它还是一种对自身隐匿性的反映，一种对自身难解性的承认，它凸显出了作者放在它自身理解之路上的障碍物——甚至是障碍之墙。这本书自身就是一个迷宫，一套面纱，一首隐晦的诗文。这种解释上的极端深奥性隐藏了本书在其他方面的许多显著特征。更让人觉得不可思议的是，这种深思熟虑的晦涩就是此书的核心。即使连翻译者对它也总是一片茫然。这一点看似此书之失败，而事实上也许正是其最成功之处。

为什么作者写了这样一部充满了性爱激情的作品之后，又要将其隐藏？答案可能很简单，文中所残留的大量含义会诱惑读者。该书采用的也许是乔治·斯泰纳（George Steiner）所提到的神秘故事经常采用的“隐晦战术”：采用捉摸不定的、明显不完整的记事方式，让读者自己去领会被隐匿之处。[35]《寻爱绮梦》中所采用的冗长、夸张、割裂的描述方式，所运用的偏僻甚至是臆造的词语，迫使读者只有通过巨大的努力，克服重重困难才能逐步挖掘出蕴藏在曲折文本中的含义。这接近于一种崇尚迟缓地欣赏与发现的诗学理念。事实上正如男主角所数次承认过的，他一直在享受这种解码和释义的过程。书里的主要情节就是寻找丢失的女主角，而每次发现女主角，都会带来对与她有关的未知世界的探索——每次都伴随着情节上的突变与迟滞。“Semper festina tarde”意味着“总是慢跑”或“忍耐”——始终积极行动但也始终准备好接受不可避免的迟滞。埃德加·温德认为这是书里所有格言警句的主题。(图5)[36]此书可以被看成是一部知识大全，也同样可以被看成是一个识别性行为的宝库：意义的保留与揭示、场所的寻找与发现、消失与再现等等，正是这些行为构成了故事的情节。

复合式的密码语言和自我反省式的秘密情节，两者的晦涩结合构成了作者身份的神秘性。在这部书出版150年以后的17世纪，一位法国读者发现，全书39章每章的第一个字母组成了一首藏头诗："Poliam Frater Francescus Columnia Peramavit"用拉丁文翻译过来就是"弗朗切斯科·科隆纳兄弟深爱着波莉亚。"从此以后，人们认定作者就是弗朗切斯科·科隆纳。[37]但是，谁是弗朗切斯科·科隆纳呢？人们提出了两位可能的人选：一位是在威尼斯圣乔凡尼与保罗教堂修行的堕落的多明我会士，另一位是文艺复兴时期的一个贵族，是具有势力的罗马科隆纳王朝男爵的后裔。[38]

围绕着《寻爱绮梦》几乎完全是疑云一片，它布满了高深莫测的谜题、令人困惑的神秘和混乱的故事纠葛。为什么有人在写出了这样一部神秘的、难解的、超常的人文知

היה מי שתהיה קח מן האוצר הזה כאות נפשך
אבל אזהיר אותך הסר הראש ואל תיגע בגופו

ΟΣΤΙΣ ΕΙ. ΛΑΒΕ ΕΚ ΤΟΥΔΕ
ΤΟΥ ΘΗΣΑΥΡΟΥ, ΟΣΟΝ ΑΝ Α
ΡΕΣΚΟΙ. ΠΑΡΑΙΝΩ ΔΕ ΩΣ ΛΑ-
ΒΗΙΣ ΤΗΝ ΚΕΦΑΛΗΝ. ΜΗ Α
ΠΤΟΥ ΣΩΜΑΤΟΣ.

QVISQVIS ES, QVANTVN
CVNQVE LIBVERIT HV-
IVS THESAVRI SVME AT-
MONEO. AVFER CAPVT.
CORPVS NE TANGITO.

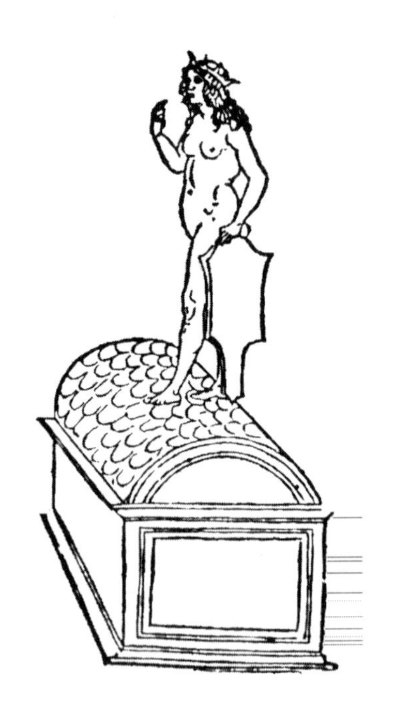

图4. 用希伯来语、希腊语、拉丁语写成的诗文

识与智巧之百科全书以后，却隐去了自己的身份？根据有关的传记来判断，威尼斯修道士（1433—1527）和罗马贵族（1453—1538）二人的主要生活都在1499年该书出版以前，当时前者66岁，后者46岁。如果其中有一位是本书作者，就存在两种可能。他们或者参与了保密，或者并不知情。前者没有什么意义：为什么其中一位弗朗切斯科会在写出这部15世纪最伟大的人文学识作品，也的确是那个时期最瑰丽的艺术作品之后，却只选择了逃避隐匿之路？后者也同样解释不通，一个人怎么可能在写出这样一部手稿之后却没有注意它已被出版？ 1499年以后他们又都生活了几十年，但谁也没有宣称自己就是真正的作者。此外，也没有一种说法能够解释为什么全书在结尾处提到1467年5月1日的特里维索（Treviso），或者为什么书里会提到事实上就来自特里维索的莱里（Lelli）家族。

显然作者的身份也是与此书出版有关的种种谜团之一。作为编辑之一的安德里亚·马罗尼（Andrea Marone）在原版的一首开场诗文中清晰地表达了作者的身份之谜。《寻爱绮梦》所包含的学识是如此博大精深，以至于马隆尼虚构出了一个作者，这个虚构的作者或许是从9个缪斯女神那里获得教益并超越了她们：

CUIUS OPUS DIC, MUSA—MEUM EST OCTOQUE SORORUM—
VERTRUM? CUR DATUS EST POLIPHILO TITULUS?
PLUS ETIAM A NOBIS MERUIT COMMUNIS ALUMNUS.
SED, ROGO, QUIS VERO EST NOMINE POLIPHILUS?
NOLUMUS AGNOSCI. CUR? CERTUM EST ANTE VIDERE
AN DIVINA ETIAM LIVOR EDAT RABIDUS.
SI PARCET, QUID ERIT? NOSCETUS. SIN MINUS? HAUD NOS
DIGNAMUR VERO NOMINE POLIPHILI.

“请问女神，这是谁的著作？”
“我和我8个姐妹的著作。”
“你们的？那为什么署名是波利菲洛？”
“因为他是我们共同的学生，他超过了我们中间任何一个。”
“我还要请问，谁是波利菲洛？他的真名是什么？”

“我们不希望你知道。”

“为什么？”

“最好保持谨慎，保护神性不被嫉妒的报复所毁灭。”

“如果对他不再有嫉妒，会怎么样？”

“那就公之于世。”

“如果永远做不到不嫉妒呢？”

“那我们就没有资格知道波利菲洛的真实姓名。”

人们只能假设作者的身份对于除马罗尼以外的人来说都是一个秘密。许多杰出人士与此书相关。此书纪念了多位名人：圭多巴尔多·达·蒙泰费尔特罗，当时最高雅的建筑之一乌尔比诺大公府的赞助人；安德里亚·马罗尼·德·贝瑞契阿（Andrea Marone da Brescia），是人文主义者红衣主教乔凡尼·蒂·美第奇（Giovanni de' Medici），也就是后来的教皇列奥十世的门徒；乔凡尼·巴蒂斯塔·西塔（Giovan Battista Scita），当时众所周知的文学学者，他在同一个版本里另外写了一首介绍性的诗文；列奥纳多·格拉索，本书的出版赞助人，他承担了巨大的出版费用，是服务于教皇的首席书记官、维罗纳（Verona）城的指挥者、帕多瓦（Padua）筑城工事的管理人，他还通过一个为圭多巴尔多·达·蒙泰费尔特罗工作的兄弟而与蒙泰费尔特罗有关联，他年轻时还与一位当时最伟大的学者一起在罗马学习过。[39] 人们不禁感到惊奇，这么多的有识之士如此明显地着迷于这部作品，为什么他们要联合起来从弗朗切斯科·科隆纳（两种性别可能）那里窃取手稿然后以化名发表呢？阿尔杜斯·马努蒂乌斯是意大利文艺复兴时期最杰出、最有威望的出版商。我们看到，他的人生使命就是为古典拉丁语和希腊语作家——西塞罗（Cicero）、亚里士多德（Aristotle）、凯撒、柏拉图、维吉尔（Virgil）——以及最杰出的人文主义学者，例如教皇庇护二世、安吉洛·波利齐亚诺（Angelo Poliziano）、尼古拉·佩罗蒂（Niccolo Perotti）、彼得·本博主教（Cardinal Pietro Bembo）和洛伦佐·瓦拉的著作提供最学术化的版本，他为此倾注了无限热情。[40] 在完成这一使命的过程中，他热心扶助了许多当时的文艺复兴人文主义巨匠。他为什么要帮助隐去弗朗切斯科·科隆纳的身份？而当阿尔杜斯从《寻爱绮梦》的一幅木版画中选取自己的商标时——一只缠绕在锚上的海豚——这一点变得更加令人费解。

PATIENTIA EST ORNAMENTVM CVSTO
DIA ET PROTECTIO VITAE.

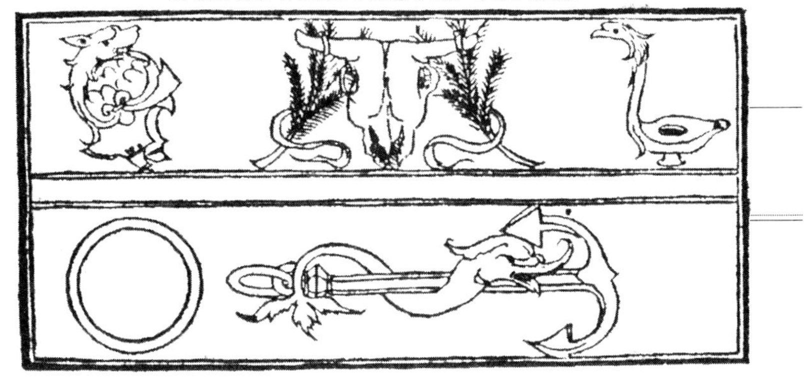

图 5. 召唤耐心

这一刻，《寻爱绮梦》诞生了，
这本书，——它拗口的书名，难解的文字，以及身份难辨的作者——
只是提出了一些无法回答的问题。
是谁，能够创造出如此非凡的复合奇书？
如此博学，如此性爱，如此激情灼热，如此难以解读，
他又意欲何为？

里安娜·莱夫维尔：维也纳阿普利德艺术大学建筑历史与理论教授

（译者：宣莹）

注释：

1. J. Martins, “Aux lecteurs,” in *Le songe de Poliphile* （Paris, 1546）, aiii.

2. E. R. Curtius, *European Literature and the Latin Middle Ages*, trans. W. Trask （New York, 1953）, p. 125.

3. E. H. Wilkins, *A History of Italian Literature* （Cambridge, Mass., 1954）, p. 102.

4. 同上 , pp. 37—40。

5. 引述 A. Blunt, “The Hypnerotomachia Poliphili in Seventeenth-Century France,” *Journal of the Warburg Institute* 1（1937—1938）, p. 121。

6. A. Furetiere, *Le roman*……（Paris 1868）2:99; referred to in Blunt, “The Hypnerotomachia Poliphili,” p. 123. 他是最早将这些文字视作隐秘密码的读者之一。很多读者都像侦探似地努力为之重建意义。

7. Blunt, “The Hypnerotomachia Poliphili,” p. 121.

8. 引述同上 , p. 123。

9. B. de Verville, *Le tableau*……（Paris, 1547）, p. 3.

10. E. Wind, *Pagan Mysteries of the Renaissance* （Harmondsworth, 1958）; M. Calvesi, *Il sogno di Polifilo prenestino* （Rome, 1980）, p. 77, writes that Poliphilo is not so “notturne” as Pico; V. Zabughin “Una fonte ignota dell’Hypnerotomachia Poliphili,” *Giornale Storico della Letteratura Italiana* 74（1919）, pp. 41—49; E. Kretsulesco-Quaranta, *Les jardins du songe: Poliphile et la mystique de la Renaissance*（Paris, 1976）, p. 20; 1. Fierz-David, *The Dream of Poliphilo: The Soul in Love* （Dallas, 1987）; S. Battaglia, “Francesco Colonna e il romanzo eterodosso,” published in his *Le letterature italiana: Medioevo e umanesimo*（Florence, 1971）, pp. 428—436, reproduced in Calvesi, pp. 314—320.

11. 参见 A. Burgess, *Joysprick: An Introduction to the Language ofJames Joyce*（London, 1973）.

12. G. Pozzi and L. A. Ciapponi, “Glossario,” in *Hypnerotomachia Poliphili*, by Francesco Colonna （Padua, 1980）, 2: 269—308. 接下来援引 Pozzi and Ciapponi。

13. M. T. Cassella and G. Pozzi, *Francesco Colonna: Biografie opera*（Padua, 1959）, 2: 80—98. 接下来援引 Casella and Pozzi。

14. P. Pedraza, ed. and trans., *Francesco Colonna: Sueño de Poliphilo*（Murcia, 1981）, 1: 40, 引用波齐对待造词的态度，“奢侈且笨拙，缓慢往前，周边环绕着一群新形容词，人马和海妖，强风席卷过无数长痕，直到久违的动词最终出现。”同参 Cassella and Pozzi, 2: 103。

15. Casella and Pozzi, 2: 78.

16. 参见 M. Lowry, *The World of Aldus Manutius*（Ithaca, 1976）, p. 112。

17. N. Villaru, *Discorso sulla poesia giocosa*（1631）, p. 85; cited in F. Fabbrini, “Indagiru sul Poliplulo:’ *Giornale Storico della Letteratura Italiana* 35（1900）, p. 26, n. 1. P. Marchand, *Dictionnaire historique*（1758; rpt. Paris, 1958）, 1: 200.

18. “Così si vede in essa . . . uno strarussimo accozzamento di voci greche, latine, lombarde, ebraiche, caldee . . . che felice non dico che gi à giunse ad intenderla, ma solo chi si sa dire in che lingua esse sia!” G. Tiraboschi, *Storia della letteratura italiana*（Modena, 1772—1795）, 4: 95.

19. Casella and Pozzi, 2: 78: “L’ingridiente di base è sicuramente il volgare: ‘cum nostrati lingua loquatur’: volgare è tutto il fondo della lingua puramente discorsiva o communicativa, volgare le forme morphologiche（desinenze, forme verbali ecc.）; volgari i vocaboli non direttamente significativi ma che servono aU’organizzazione sintattica e logica della frase（preposizioni, congiunzioni, avverbi) colle eccezioni abituali alla prosa umanistica d’introdurre certe formule latine: ‘cum, tantum, solum, circa ecc.’”

20. L. Crasso: “Res una in eo miranda est, quod cum nostrati lingua loquatur, non minus ad eum cognoscendum opus sit graeca et romana quam tusca et vernacula”（p. iv）, 引自他给《寻爱绮梦》初版写的序言。

21. Pozzi and Ciapponi, “Glossario,” 2: 269—308.

22. Casella and Pozzi, 2: 118.

23. R. Dallington, trans., *The Strife of Love in a Dreame*（London, 1592）, p. B.

24. Martin, “Aux lecteurs,” a.

25. Casella and Pozzi, p. 119. 可以看看卡塞拉和波齐娴熟的语言学分析，比如《寻爱绮梦》下面这段：“O me che non per altro modo una venustissima nympha, insigne di forma, di florente aetate, piu che dire si pote decorata de angelici costumi et de praecipua honestate celebre, nel conspecto degli ochii meie eximiamente praesentata, la visitatione de la quale omni exquisito et delectabile contento humano excedeva, et io allato suo; piena di omni cosa che solatiosamente vale ad amare et appetire provocabonda et da qualunque altra operatione lo intellecto astrahendo, solo in se cumulantilo, non succureva percio ad lo anhelante et voluptabondo desio”（i8v）. 他们讨论到：“波利菲洛是坦塔罗斯，波莉亚是欲望的对象。但对立的仅仅是名字；简单地说，他们在彼此前方简单对立，而不是反对对方：事实上没有形成对立所需的动词，副词‘percio’（为什么）使逻辑上惯用语的缺席显现出来。”

26. 同上, 2: 120, 122。

27. L. Donati, “Studio esegetico sul Poliphilo, ” *La Bibliofilia* 52（1950）, p. 138.

28. P. Hofer, “Variant Copies of the 1499 Poliphilus,” *Bulletin of the New York Public Library* 35（1932）, pp. 475—486.

29. 同上, 同参 G. Painter, 对下书的介绍 *The Hypnerotomachia Poliphili of 1499: An Introduction to the Dream, the Dreamer, the Artist, and the Printer*（London, 1963）, pp. 20—21。

30. 诚然，一些更复杂的描写性段落相对更直率。参见 Casella and Pozzi, 2: 124。

31. Martin, “Aux Iecteurs,” iii v.

32. C. Popelin, introduction to *Le songe de Poliphile ou Hypnerotomachia*（1883; reprint, Geneva, 1982）, 1:viii.

33. Pedraza, *Sueño de Poliphilo*, 1: 40.

34. C. Ripa, *Iconologia*（Padua, 1630）.

35. G. Steiner, “On Difficulty” in *On Dfficulty and Other Essays*（Oxford, 1978）, pp. 18—47; quotation on p. 33.

36. Wind, *Pagan Mysteries*, pp. 103 ff.

37. 可归结到该书法文版开头的诗歌：“高贵的科隆纳（该词翻译为“柱”，如果是大写的，就应该是人名）给出了如此优美的古老记忆。”该诗全文如下：

Ecco l’alta Colonna che sostenne
quel bel typo de la memoria antica
Ogni figura, ogru mole, & fabrica,
et varie foggie che segni contenne.
Cio che mille occhi, & mille & mille penne
Veduto & scritto hanno con gran fatica,
In breve sogno tutto qui s’esplica,
In sogno intendo ch’a l’autor avenne.

这里是高贵的柱
支撑着优美的古老记忆
所有图像，平面，建筑
以及饱含信息的碎片

在一瞬即逝的梦中
被成千上万的眼和手所感知
奋力书写下来
这些，能被解释
作者在梦中
经历了它们

38. 作为多米尼加人的传记作者，卡塞拉和波齐是第一个视角的典型。第二个视角主要有两个支持者。一个是 Maurizio Calvesi，他的 “Identificato l'autore del Polifilo, ” *Europa Letteraria*, no. 35 (1965）, pp. 9—20, 第一次严肃地讨论作者是弗朗切斯科·科隆纳，也就是科隆纳王子。*Il sogno di Polifilo prenestino*. Emanuela Kretsulesco-Quaranta’s *Les jardins du songe*。以此为基础作了进一步的讨论，该书第一次全面地致力于确定弗朗切斯科·科隆纳的身份为帕莱斯特里纳的王位继承人，是科隆纳王朝的后代。无论其总结是否缺乏坚实文件的基础，该书仍是一个有价值的研究。尤其是沿着 Calvesi 的道路走下去，所涉及到科隆纳家庭的那部分。

39. 参见 G, Biadego, “Intorno al Sogno di Polifilo,” *Atti dell'Istituto Veneto di Scienze*, Lettere ed Arti 40（1900—1901）, pp. 699—714。

40. 参见第一章和 M. Lowry, *The World of Aldus*, pp. 144—145,162—163.

里安娜·莱夫维尔

亦真亦幻的作者

第一位弗朗切斯科·科隆纳（Francesco Colonna）生于1433年，人们对他的家庭和他在威尼斯度过的童年都一无所知。他的多米尼加修道士生涯在何时、何地开始也都是不解之谜。他的传记作者们在历史记载中只找到了一些蛛丝马迹：1455年3月18日一个名叫弗朗切斯科的年轻人买了一块“10库比特（457厘米）长的面包”；某位弗朗切斯科因为作弥散而获得了8个意大利铜币；最后，他们在1465年特里维索（Treviso）的登记册中发现了“威尼斯人弗朗切斯科”的名字。[1]

一位修道会士能够成为《寻爱绮梦》这样一部虚拟小说的作者并非如乍一看那么不可思议。正如弗朗切斯科的传记作者所指出的，14世纪中期蔓延欧洲的大瘟疫使多明我会士人数到15世纪中期时减少了约十分之一。为了不惜代价地增加修道院会士的数量，多明我会不得不采用了“不严格的和多样化的选择标准”。[2]弗朗切斯科·科隆纳所在的圣乔凡尼与保罗教堂（SS.Giovanni e Paolo）的修道院院长文生·班德略（Vincenzo Bandello）指出了当时的秩序已经如何远离了精神生活的轨道，他说，在伦巴第（Lombardy）的多明我会团体中，有一些人“放肆、逸乐，充满了欺诈，他们过着一种最无耻败坏的生活，他们捧着祈祷书的双手更适合去拿滚轮或铲子”。[3]

的确，班德略管理下的修道院绝非修道会士的美德典范。前来访问的多明我会士菲利奇·法布里（Felice Fabbri）为他所看到的现象感到震惊，修道院里到处都是被他称为“撒旦放出的维纳斯妖精”。1487年他在此逗留期间向上司报告说：“以各种方式打扮得华丽虚荣的威尼斯女人”使整个修道院“秩序大乱”。法布里写道，在这里每顿宴席都延续至深夜，餐厅充满了大号、喇叭和风琴所发出的刺耳的声响。这种环境所公开蔑视的不仅是独身、贞洁与克制等禁欲理念，禁欲主义规则在“每一个集体宿舍、单间、居所和府第”里都受到了嘲笑。墙上贴满了“无与伦比的装饰物，包括名贵的纺织品”和“纯金丝织品”。较为民俗化的集会礼拜活动似乎已经被庆宴所取代，宴会上满是菲利奇所描绘的“来自希腊与克里特岛的名酒。”[4]因此，当克莱门特七世教皇（Pope Clement

VII）在 1531 年试图对宗教团体进行改革以使他们服从于严格的规章制度时，愤怒的教友向总督寻求庇护，抗议说他们“决不能忍受”这种改革理念，并宣称宁愿“马上加入路德教派（Lutherans）也不会服从这种规章制度”。[5]

正如马丁・罗利（Martin Lowry）所描述的，弗朗切斯科・科隆纳选择了所谓传统的或未改革的圣乔凡尼和保罗教堂的修道院而不是威尼斯卡斯特罗城（Castello）的另一个经过正规改革的圣多米尼哥（S.Domenico）教堂的修道院，这说明他发觉这个道院里的粗野风气与自己的天性意趣相投。[6] 马丁・罗利还特别指出，科隆纳甚至试图扩大修道院制度的容忍极限，并与他的上司频频发生争论。1477 年 5 月 29 日，他被召唤到多明我会最高权威面前受到入监警告与惩罚，他的罪名被不明不白地定为与“很多事情”有关。不管这些事情性质如何，它们的严重性已足以使他被流放到距离威尼斯有 3 天路程的一个小城，仅在 1481 年被召回过一次。[7]1483 年他与几个伙伴一起再次损害了自己的名誉，这次罪行的细节与性质还是不清不楚，但是他们全部被召唤到总会长面前，受到了免去圣职的警告，这是对多明我会士最严厉的惩罚。而最终的惩罚措施，用其传记作者的话来说，是一种“比教诲还要轻微的”处置方法。[8] 而到了 1493 年，总会长又授予他在圣马可（S.M̂arco）修道院当传教士的职务，1496 年他被召回修道院，1500 年他得到许可住在修道院附近并继续从事传教事业。

1516 年已经 80 岁出头的科隆纳又卷入一场丑闻，这一事件撼动了圣乔瓦尼和保罗教堂团体的根基，将威尼斯特兰托公会议（Council of Ten）和多明我会长也卷入其中。[9] 他先是指控几个上司犯了“鸡奸以及其他罪行”，但后来又撤回了控诉，然后他本人又被指控犯强奸罪，他没有对此进行辩解并被判终生流放特里维索。然而，1520 年这一流放令又被撤销，他又得到官方许可回到了威尼斯——据罗利猜测，这也许是因为他 87 岁的高龄。[10] 但 4 年后，他又成了另一件丑闻的中心人物，这次是由威尼斯珠宝商皮埃特罗・比里提（Pietro Britti）的未加详细说明的指控所引起的。他又一次被流放离开了威尼斯，他还试图返回，这时的科隆纳很明显已经成为某种传奇人物。他最终死于 1527 年，享年 93 岁。按照罗利的描述，在多明我会修道士马特奥・班德略（Matteo Bandello）的小说里，“铭记”了关于科隆纳的回忆。这部小说叙述了一个多明我会士的冒险经历，题目是：威尼斯人弗朗切斯科爱上了一个与想要谋杀弗朗切斯科的人相爱的女人，弗朗切斯科杀死了她的情人然后也使她走向死亡。[11]

人们不明白这样一个人怎么会有时间来积累大量的关于语言学和考古学方面的知

识，即使仅仅形成一个关于波利菲洛《寻爱绮梦》的最初概念，这些知识也都不可或缺，更不用说真正的构思。正如卡塞拉与波齐所了解的情况，作为多明我会士的候选人，要用3年时间学习语法、阅读和算术的基本知识，然后才能进入多明我会士见习期，典型的见习期学习大纲包括逻辑学、修辞学、音乐、天文和宗教生活知识。这些课程为时一年，分为几个等级，第一级是文科学苑，学习亚里士多德的逻辑推理哲学，第2级是物性，或自然哲学学苑，第3级在神学苑学习彼得·伦巴底（Peter Lombard）的神学论集（14世纪末换成了托马斯·阿奎那［Thomas Aquinas］的著作）。各省会的修道院负责技术指导，同样的情况也开始出现在理性和自然哲学领域。14世纪初，圣经学院通过对神学著作进行更加细致的讨论进一步完善了神学课程。然而这一切都只是初步课程，仍然属于中世纪的学校模式，它们由神学教育所主导，对于写《寻爱绮梦》所必需的百科全书式传统训练来说，还远远不够，尽管卡塞拉与波齐的看法与此相反。[12]

即使在这种普通的学院系统中，科隆纳的资质也是暗淡无光。他30岁之前没有得到任何任命，40岁时才被授予帕多瓦大学（University of Padua）神学士学位——正是人们猜测的《寻爱绮梦》写作开始之时。《寻爱绮梦》的作者，堪称15世纪最博学的建筑、哲学、文学和艺术人物，同时也是最前沿的工程师。《寻爱绮梦》作为最渊博的人文主义学识概略之一，文艺复兴时期最具创造性的思想成果之一，其所需的文学、建筑和技术方面的知识背景确实不是这样一个多明我会士所能具备的。

* * *

在第一位弗朗切斯科·科隆纳出生20年后的1453年，第二个弗朗切斯科·科隆纳在罗马出生了。人们对他的家世非常了解。[13] 作为他的传记作者，莫里齐奥·卡尔韦西介绍说，他属于当时罗马最有势力的贵族世家之一，几个世纪以来他的家族一直在为取得罗马的控制权而战斗。与奥西尼（Orsini）家族、卡塔内伊（Catanei）家族及弗朗吉帕尼（Frangipani）家族一样，科隆纳家族也是封建领主兼军人，他们在罗马东面的提伯廷（Tiburtine）山与奥尔本（Alban）山里拥有大面积的土地并指挥着大量的封建军队。在罗马城内，他们占据了可以控制城市北部的关键领地奥古斯都（Augustus）陵墓，并把这个地方变成了当时算是相当大的一个防御型据点，直径达285英尺。[14] 至少从14世纪早期开始，他们就在与奎里奈尔（Quirinal ）山交界的山坡上建起了花园，奎里奈尔山临近圣阿波斯特利教堂（SS.Apostoli）。[15] 弗朗切斯科的伯伯奥德文·科隆纳（Oddone Colonna），也就是教皇马丁五世（Pope Martin V，1417—1431），在那里有一所宫殿，后来变成了他的教皇住宅。这两个地点不仅在战略上，而且在思想意识上都极为重要，因为奥古斯都陵墓和科隆纳宫（Palazzo Colonna）附近广场上的图拉真（Trajan）柱式都是罗马帝国的象征。科隆纳宫后来又成了弗朗切斯科的叔叔普若斯彼罗·科隆纳（Prospero Colonna）的住宅。

在奥德文·科隆纳教皇时期科隆纳家族的权力达到了顶峰，当时该家族的封建领地囊括了以下这些据点和要塞：萨拉戈罗（Zaragolo）、弗拉斯卡蒂（Frascati）、罗卡迪帕（Rocca di Papa）、拉科隆纳（La.Colonna）、加普兰（Capranica）、皮耶特拉·波兹阿（Pietra Porzia）、加利卡诺（Gallicano）、圣乔凡尼（San Giovanni）、罗马东面提伯廷山以及奥尔本山里的圣契萨雷奥（San Cesareo）等。其中位于古福慧寺（temple of Fortune）的帕莱斯特里纳是最大的一个要塞——它覆盖了整个山坡，从那里可以鸟瞰远方的罗马城——因此也是最重要的一个据点。[16] 在马丁五世时期，科隆纳家族还得到了亚马非（Amalfi）和阿迪亚（Ardea）的公爵领地，接着又得到了萨勒诺（Salerno）领地。马丁的侄子普若斯彼罗是1447年的教皇候选人，通过他与奥西诺·奥西尼（Orsino Orsini）的婚姻纽带，弗朗切斯科家族与美第奇王族建立起联姻关系：洛伦佐·蒂·美第奇（Lorenzo de' Medici）与克拉里斯·奥西尼（Clarice Orsini）结婚；与乔凡尼·蒂·美第奇（Giovanni de' Medici）即未来的教皇列奥十世（Pope Leo X）结婚；与红衣主教朱利亚诺·蒂·美第奇（Giuliano de' Medici）即未来的教皇克莱门特八世（Clement VIII）结婚。

科隆纳家族大概是托斯卡纳血统，但他们自称是罗马血统，并一直追溯到奥古斯都、尤利乌斯·凯撒（Julius Caesar），甚至大力神赫拉克勒斯。弗朗切斯科·科隆纳通过他的婶娘，普若斯彼罗·科隆纳的妹妹卡塔琳娜（Katerina）与强有力的冒险家圭多巴尔多·蒙泰费尔特罗（Guidobaldo da Montefeltro）家族建立起联系。在罗马科隆纳宫里圭多巴尔多的父亲费德里戈（Federigo）的肖像至今还与普若斯彼罗的肖像挂在一起。[17] 即使在这样一些人物之中，弗朗切斯科·科隆纳也因为具有帕莱斯特里纳王公继承权的显赫位置而能崭露头角。

正如他的传记作者所指出，弗朗切斯科·科隆纳与杰出的文学和文化人士的关系源远流长。他伯伯乔凡尼·科隆纳（Giovanni Colonna），是罗马历史汇编《大海志》（*Mare*

Historiarum）的作者，[18] 诗人彼特拉克于1330年代第一次访问罗马时，乔凡尼曾作为导游向他介绍罗马古迹。彼特拉克与科隆纳家族的关系非常密切，他称呼乔凡尼为“最亲爱的兄弟”，当雅可布·科隆纳（Jacopo Colonna）成为格斯科尼（Gascony）主教时，彼特拉克也跟随前往。在卡比托里欧（Campiodoglio），另一个弗朗切斯科·科隆纳主动帮助彼特拉克成为桂冠诗人，彼特拉克称他为“高尚、优雅、始终谦虚的科隆纳”。还有奥德文·科隆纳（教皇马丁五世），是他第一个正式采取行动来保护古代建筑，认为损坏古建是一种渎圣行为。而圭多巴尔多·达·蒙泰费尔特罗的妻子卡塔琳娜·科隆纳（Caterina Colonna），也是他弟弟费德里戈（Federigo）的私生子和继承人圭多巴尔多的母亲，是乌尔比诺宫廷艺术与文学的赞助人。最后，还有一位亲戚维多利亚·科隆纳（Vittoria Colonna，1492—1547）是文艺复兴时期最伟大的诗人之一。[19]

坦率说，弗朗切斯科的叔叔普若斯彼罗·科隆纳对弗朗切斯科的教育倾注了更大的和更直接的心血。作为当时人文主义者的领军人物，据说他就是莎士比亚写出魔术师普若斯彼罗的灵感，在剧本《暴风雨》（*The Tempest*）中，普若斯彼罗是人文主义学识的化身。[20] 弗拉维奥·比昂多（Flavio Biondo）与普若斯彼罗一起在奥尔本山打猎的路上，曾注视着远方罗马轮廓线上高耸的中世纪宝塔，心情激动地构思“罗马重建”（Roma instaurata）项目，这是文艺复兴时期第一次对古罗马进行科学的考古重建。1444年比昂多在给里奥纳罗·戴斯特（Leonello d'Este）和费拉拉（Ferrara）的马奎斯（Marquis）的信中，回忆了普若斯彼罗带着他去阿尔巴诺（Albano）参观遗留下来的古代剧场的经历。[21] 比昂多与普若斯彼罗还一起参观过安提乌姆（Antium）的遗迹，并在其《罗马重建》中记叙了这位重修奥蒂·内禄尼阿尼（Orti Neroniani）的主教，称他为“我们这个世纪的米西纳斯（Maecenas，艺术赞助者），是最博爱慷慨的最可爱之人”。[22] 在该书中，比昂多赞扬普若斯彼罗把贺拉斯（Horace）曾经在古罗马共和国的米西纳斯花园里所赞赏的那种精心培育的人文环境带到了意大利皇宫里的科隆纳宫。普若斯彼罗还是一位热情的业余建筑师，一位颇有名气的古文物收藏家，收藏有赫拉克勒斯的雕像和现藏于锡耶纳的大名鼎鼎的智慧三女神群雕，[23] 乔康托修士（Fra Giocondo）曾经对这些珍藏于罗马科隆纳故居的著名大理石雕像作过评论。尽管没有文献能证明普若斯彼罗与洛伦佐·瓦拉有密切联系，但我们知道，波焦·布拉乔利尼（Poggio Bracciolini）向普若斯彼罗献上他的《贪婪》（*De avaritia*）一书时，洛伦佐·瓦拉是普若斯彼罗的随从[24]——这本书虽然如此冠名，其实却详细论述了财富的好处。

作为教廷主教，普若斯彼罗·科隆纳与罗马的人文主义者有着很密切的接触，从1447年到1455年尼古拉教皇五世（Nicholas V）统治末期，罗马经历了仅次于佛罗伦萨的文艺复兴人文主义的全盛时期，成为学术研究，尤其是古代语言研究的中心。尼古拉五世与托马索·巴伦图切利（Tommaso Parentucelli）一样，都曾经是佛罗伦萨美第奇大图书馆的馆长，[25] 作为当时最资深的人文主义学者之一，他是列奥纳多·布伦尼（Leonardo Bruni）、乔诺沙·马内蒂（Gianozzo Manetti）、波焦·布拉乔利尼（Poggio Bracciolini）和卡洛·马苏平尼·蒂阿雷佐（Carlo Marsuppini d'Arezzo）的朋友。[26] 在他统治时期，经常被召唤到教廷的文艺复兴时期的大思想家有：洛伦佐·瓦拉、皮尔·坎迪多·狄森伯里奥（Pier Candido Decembrio）、高利诺·委罗内塞（Guarino Veronese）、赛奥多罗·加沙（Theodoro Gaza）、乔凡尼·奥里斯帕（Giovanni Aurispa）、格雷戈利奥·托菲内特（Gregorio Tofernate）、特拉比松国（Trebizond）的乔治（George）、尼克罗·佩罗蒂（Niccolo Perotti）、奥拉齐奥·罗马诺（Orazio Romano，他翻译了拉丁语的伊里亚特史诗 [*Iliad*]）和雅各布·克里蒙尼斯（Iacopo Cremonese，他翻译了阿基米德的著作）等。洛伦佐·瓦拉是最先被召唤的学者之一，是他把希罗多德（Herodotus）和修昔底德的作品翻译为拉丁文，并第一个把以象形文字写的《埃及主神贺鲁斯》（*Horoappollo*）翻译为拉丁文。[27] 佩罗蒂为尼古拉五世翻译希腊语著作，他的主要作品是和彭波尼奥·勒托共同完成的 *Cornucopia,sive Commentariorum Linguae Latinae*——一本对马蒂雅尔（Martial）警句的极佳评论，而马蒂雅尔的粗俗使人们怀疑他不属于守旧的传道士之列。其他为教皇所翻译的学者还有：色诺芬（Xenophon）、波利比阿（Polybius）、狄奥多罗斯（Diodorus）、亚庇（Appian）、斐罗（Pxihilo）、狄奥弗拉斯特（Theophrastus）和托勒密（Ptolemy）。[28] 教皇也召唤过马内蒂（Manetti），最早阅读希伯来语的学者之一，他翻译过早期基督教神父的一些作品。还有库萨（Cusa）的尼古拉（Nicholas），他翻译过阿拉伯语著作。[29] 由此可见，通过他的叔叔普若斯彼罗，弗朗切斯科得到了一种特权，他可以接近皇宫里正在进行的各种语言研究，它们包括了《寻爱绮梦》里的各种语言：拉丁语、希腊语、希伯来语、阿拉伯语、迦勒底语和埃及的象形文字。当时正是卡尔韦西（Calvesi）所说的古典文艺复兴全盛时期。尤其值得关注的联系是，尼古拉时期的罗马，正是特别流行使用警句的古罗马文化复兴的中心——而《寻爱绮梦》里有着极为丰富的警句，[30] 乔康托修士就从中收集了2000个。

罗马人文主义还有另一个中心，普若斯彼罗在那里也得以崭露头角。在许愿池

（Fountain of Trevi）附近的意大利皇宫侧面，是科隆纳领地，普若斯彼罗就住在奥德文・科隆纳所建的科隆纳宫里。文艺复兴时期伟大的希腊文化传播者之一贝萨里翁主教（Cardinal Bessarion）是科隆纳官邸圣阿波斯特利教堂（SS.Apostoli）的主持，他住在科隆纳领地里面，佩罗蒂是他的秘书。当时经常造访贝萨里翁住宅的学者有：西里阿科・迪安科纳（Ciriaco d'Ancona）、弗拉维奥・比昂多、巴托罗梅奥・普拉提纳（Bartolommeo Platina）、道米兹奥・卡德里尼（Domizio Calderini）、弗朗切斯科・菲莱佛（Francesco Filelfo）、波焦・布拉乔利尼和洛伦佐・瓦拉等。著名的贝萨里翁图书馆后来成为了如今威尼斯著名的马西昂纳图书馆（Biblioteca Marciana）的书库。普若斯彼罗本人也有一个重要的图书馆。[31]

然而对我们而言，在年轻的弗朗切斯科通过他的叔叔建立起密切联系的在罗马的杰出人物之中，最重要的是列昂・巴蒂斯塔・阿尔伯蒂，因为在《寻爱绮梦》的第一章里明显有着阿尔伯蒂的影子。阿尔伯蒂与尼古拉五世教廷之间的联系是众所周知的，他曾在 1450 年向这个新教皇献上自己的著作《建筑论》。而他与科隆纳家族之间联系的密切程度不逊于此。1446 年普若斯彼罗委托阿尔伯蒂负责修复自己认为属于古代伟大的艺术赞助者米西纳斯的花园，还雇佣他打捞几个世纪前沉没在内米火山湖（Lake Nemi）里的船只。[32] 阿尔伯蒂可能还参与了临近科隆纳宫的圣阿波斯特利教堂的修复工作。[33] 大概也是因为与普若斯彼罗的关系，他承担了修复许愿池的大型公共工程项目，许愿池位于科隆纳小区的中心，重建工程包括给特莱维喷泉（Acqua Vergine）修建一条 25 英里长的引水渠，这一工程极大地提高了科隆纳家族在罗马的威信。[34]

通过与科隆纳家族的密切关系，阿尔伯蒂被介绍给了弗朗切斯科的父亲斯特法诺・科隆纳（Stefano Colonna），一位帕莱斯特里纳（Palestrina）的绅士。他雇请阿尔伯蒂担任自己位于帕莱斯特里纳的家庭住宅重建工程的顾问。根据路德维格・海登瑞希（Ludwig Heydenreich）的论述，弗朗切斯科延续了这一工作。1447 年尼古拉五世当选教皇以后，科隆纳家族就收回了帕莱斯特里纳的封地。在 1450 年代斯特法诺开始重建住宅期间阿尔伯蒂一直住在帕莱斯特里纳。海登瑞希还认为，这次重建从考古学角度来说是对古迹的一次恰如其分的模仿，因此它不同于罗马城内的奥西尼（Orsini）和卡塔内伊（Catanei）地区的重建。[35] 尽管这一宏大宫殿的重建工程事实上开展于 1480—1500 年间，与伟大的文艺复兴帕拉齐派建筑——在那不勒斯（Naples）波焦・雷尔（Poggio Reale）地区的戴拉公爵别墅（Villa della Duchessa），在曼图亚公国（Mantua）的新宅（Domus Nova）

和罗马梵蒂冈绘画馆（Cortile del Belvedere）同时修建——但其最初的平面图是由阿尔伯蒂绘制于1450年代。因此，它是新类型学的“原始例证”。海登瑞希明确地将帕莱斯特里纳住宅视作第一个文艺复兴式别墅建筑。卡尔韦西认为由此可以解释为何在《寻爱绮梦》中会提及帕莱斯特里纳别墅。[36]

作为科隆纳家族的一员，弗朗切斯科应当与另一个著名的人文主义学者彭波尼奥·勒托（1424—1489）有所接触，勒托是那不勒斯的（Neapolitan）萨勒诺（Salerno）城侯爵萨塞威里尼（Sanseverini）家的私生子。博恩·朱丽奥·彭波尼奥（Born Giulio Pomponio）[37]采用了勒托的名字，意为“幸运”。勒托是洛伦佐·瓦拉的学生，并继承了瓦拉在罗马大学的教席，他在那里是一个颇受欢迎和爱戴的老师，也是阿尔伯蒂和贝萨里翁的朋友。他依靠自己的奋斗而取得成功并为此感到非常自豪。由于勒托的成名，他的家族最终改变了否认他的态度，邀请他一起居住，他的回答却是：“你们所熟悉的亲人彭波尼奥·勒托向你们致礼，但对你们的邀请，恕难从命，再见。”他狂热地爱好古希腊语、希伯来语和阿拉伯语，他的图书馆里收藏了用这三种语言以及拉丁语、希腊语写的各种著作。雅可布·布克哈特（Jacob Burckhard）称他是古代城市崇拜的倡导者，按照想象中的古罗马装束，身穿蓝色内衣和紫色外衣在城中游逛。根据布克哈特对他滑稽之态的描述，他经常被周围的古迹深深打动，以至于“站在古迹之前神情恍惚，或者一看到古迹就突然大哭”。[38]事实上，勒托是一位激进的共和主义者，一位才华横溢的城市历史学家，他对罗马城内古代遗迹与铭刻题字的开发利用，与过去的文物研究者相比更具有教诲性。他曾写过一篇罗马古迹导游，并经常步行环游古城，将古城当成一座巨大的记忆剧场，凭借这些工作，他生动地赞扬了古迹所蕴含的古代罗马共和制度，还在地下墓穴中留下了亵渎神灵的喷画。[39]

勒托与他的人文主义伙伴巴托洛梅奥·迪·萨基（Bartolommeo dei Sacchi）、伊·普拉蒂纳（Il Platina，1421—1481）共住一套别墅，该别墅就位于皇宫侧面的科隆纳宫的背后。它通向一个精心维护的小花园，小花园的主要特点是桂花树遮蔽下的一个巨大鸟笼，鸟鸣声不绝于耳，鸭子、孔雀在园中昂首阔步。勒托效仿的正是古罗马共和国那种简单、淳朴、有精神情趣的生活，他心目中的英雄是古罗马以坚守简单性、真诚性、淳朴性传统理念著称的监察官加图（Cato）。他的朋友普拉蒂纳对他的节俭常有评述，特别指出其简单的三餐仅仅只有蔬菜而已。勒托似乎是罗马城里第一个为自己的郊区别墅收集大量碑文铭刻的人，正如波焦·布拉乔利尼对其在托斯卡纳的德兰诺瓦（Terranova）

乡村住宅所做的一样。勒托的住宅在17世纪初期被毁，但当时的记录表明，他用大学工资或小学生教育酬金购买了一栋普通住宅。弗朗切斯科和他熟识应当是理所当然之事。事实上，可以想象勒托可能就是弗朗切斯科的家庭教师，或是其中之一，如同他曾做过弗朗切斯科的母系亲戚，未来的教皇保罗三世（Paul III Farnese）的家庭教师一样。

勒托的罗马学院把第二代罗马人文主义者聚集到了一起，与马西里奥·菲奇诺管理的佛罗伦萨学院不同，那里主要是学习希腊语和哲学，而勒托特别感兴趣的是罗马的历史和古迹。[40]学院的大部分会议都在彭波尼奥·勒托的花园里举行，这个花园在奎里奈尔山坡上，与罗斯皮里奥西赌场（Casino Rospigliosi）附近的圣塞尔瓦托（S.Salvatore）教堂毗连。用基督教历史学家路德维格·帕斯托（Ludwig Pastor）的话来说，勒托把他所领导的人文主义朋友圈变成了“非基督徒的共和团体”。卡尔韦西认为，在《寻爱绮梦》的藏头诗里弗朗切斯科·科隆纳被称为“frater”（兄弟）是因为他具备学院的会员资格[41]。勒托还引入并指导了一些古代娱乐活动的复兴，主要内容是古罗马剧作家普劳图斯（Plautus）的讽刺剧。罗马每年举办两个源自古代的非宗教节日：一个是4月21日的帕里利亚节（Palilia），也就是罗马“建城日”（Natale di Roma），主要活动是庆祝古罗马共和国的诞生，另一个是4月25日的鲁比加利亚节（Robigalia），主要活动是在取名帕斯奎诺（Pasquino）的古代塑像上涂写讽刺诗句，嘲笑教皇制度（这个塑像在纳沃纳广场［Piazza Navona］附近，位于拉特兰宫［Lateran Palace］与圣彼得教堂［St. Peter's］之间教皇车队所经过的路上），这一传统一直保持至今。[42]

在尼古拉五世统治时期繁荣兴旺的罗马人文主义，由于明显支持共和制度，到保罗二世加冕教皇桂冠时突然走到了尽头。保罗二世在他当选的1464年，解雇了教廷全部公告缩写人员——他们的任务是把教皇那些往往十分冗长的公告缩写为合适的官方公告形式。这一身份声望不高但具备稳定性，在人文主义者中受到广泛欢迎。而解雇却使他们失去了唯一的生计。在罗马支持古典化学习的贝萨里翁主教在保罗二世教皇当选后不得不回到了格鲁塔弗拉塔（Grottaferrata）修道院；罗马的人文主义者团体则聚集在罗马学院并转而拥戴彭波尼奥·勒托为他们的领袖。[43]

1467年，保罗的反人文主义运动进入了第二个更具有决定性也更为猛烈的阶段。他更加有力地镇压了共和派，猛烈掀起一场反对“研究学者”的运动，解散了大多数人文主义者所从属的，由彭波尼奥·勒托领导的罗马学院。他认为正是这些人文主义研究造成了道德的沦丧，并且尤其反对教孩子们学习无宗教性的诗文。他声称：“想想让10

岁的孩子学习阅读朱韦纳（Juvenal）、特伦斯（Terence）、普劳图斯（Plautus）、奥维德的东西，是多么的不道德”。他还徒劳地试图禁止在学校里阅读诗文。他发誓说，如果上帝“让他的生命足够长”，他就会“禁止这些放荡不羁的学习，它们全部是异端邪说和诅咒诽谤”。最后他派人通知学院的学者，谴责他们引导了一种“学院式的享乐主义生活”。[44]

彭波尼奥因具有共和倾向而未能逃过这一劫难。他决定前往威尼斯并继续东游去学习希腊语和阿拉伯语。但这一计划因为他被控同性恋而泡汤，他因此被送回罗马，带到法庭，并受到刑罚。其他很多学者也被监禁和拷问，有一个甚至被折磨至死。[45]

保罗在 1464 年解雇了缩写人员以后，即任命罗德里戈・波吉亚（Rodrigo Borgia）为行政长官。波吉亚因此获得了掌控教堂全部“研究”活动的绝对权力，由此开始了波吉亚家族权力的上升期。从那时起直至亚历山大・波吉亚（Alexander Borgia）于 1497—1503 年担任教皇期间，罗马完全被波吉亚家族所控制。这个家族在执行新政中所表现出的骇人听闻的残酷，即使放在 15 世纪也让人无法容忍，而雅可布・布克哈特认为 15 世纪是历史上最为血腥、专制、凶残、可憎的时期。他写的有关那不勒斯专制者弗朗切斯科・科波拉（Francesco Coppola）的记事令人恐怖。科波拉喜欢让身边的反对者身着平日熟悉的衣服被处死，然后原样将遗体保存下来。他毫不隐瞒自己的木乃伊博物馆，并乐于“对听众笑谈他是如何抓获那些受害者的，其中有些还是在他的晚宴中做客时被抓的”。锡耶纳的潘多夫・佩特鲁奇（Pandolfo Petrucci）则用不时发生的谋杀来恐吓镇上的居民。他在夏天的娱乐就是“从阿米亚塔山（Mount Amiata）顶上滚落石块，毫不顾忌它们会伤及生命或物品”。他们害人的阴谋诡计层出不穷。据说埃尔科莱・德斯特（Ercole I d'Este）因为发现了妻子要毒害他而将妻子毒死。

正如布克哈特所指出，在 1467—1492 年间持续横行的暗杀，在波吉亚提升为主教期间丝毫没有降温。威尼斯专使保罗・卡佩罗（Paolo Capello）在 1500 年写道：“每个晚上都会发现有四五个男人——主教、牧师等等——被谋杀，以至于整个罗马都陷入害怕被公爵（切萨雷・波吉亚［Cesare Borgia］）毁灭的恐惧之中。[47] 正是亚历山大・波吉亚将萨弗纳罗拉（Savonarola）处以火刑。他还尤其喜欢下毒。奥诺弗里奥・潘维尼奥（Onofrio Panvinio）提及了 3 个被害的主教：奥西尼（Orsini）、菲瑞里奥（Ferrerio）和米切尔（Michiel），并暗示第 4 个受害者就是波吉亚自己的亲戚，乔凡尼・波吉亚（Giovanni Borgia）。[48] 根据克瑞特苏勒斯科 – 库阿然塔（Kretsulesco-Quaranta）的描述，许多人文主义者都遭遇了同样奇怪、凶险的死亡——全部源于一种可以由中毒所引发的痛风病。如此死亡的人有：普若斯彼罗·科隆纳（Prospero Colonna），63岁；库萨的尼古拉主教，也是63岁；教皇庇护二世，59岁。甚至连波吉亚所支持的、无辜的教皇英诺森八世（Innocent VIII）也死于痛风。[49]

波吉亚集团的主要目标是科隆纳家族。[50]科隆纳家族是最有势力的男爵世家之一，也一直是罗马教皇的主要对手。作为与君主联姻的君主党之最主要成员，他们总是反对与教皇联姻的教皇党。这种对抗可以追溯到12世纪。从那时开始，科隆纳家族的地产就受到教皇的侵占。1304年帕莱斯特里纳被教皇博尼法斯八世（Boniface VIII）围攻后，科隆纳家族要求重修“他们从尤利乌斯·凯撒大帝那里继承下来的”遭到毁坏的宫殿。在1437年教皇欧根纽斯四世（Eugenius IV）统治时期，帕莱斯特里纳被再次洗劫。欧根纽斯的法令允许侵占全部科隆纳家族的财产，其目的是“让他们始终处于短缺与可怜、贫穷与卑贱之中，让他们的生活只是一种痛苦的煎熬，唯一的解脱就是死亡”。[51]正如我们所知，直到1440年代，在弗朗切斯科的父亲斯特法诺·科隆纳的支持下，利昂·巴蒂斯塔·阿尔贝蒂才终于开始了帕莱斯特里纳科隆纳宫的重建。

科隆纳家族有别于其他男爵家族之处是把自己特殊的罗马君主共和理想应用到了以贸易为生的商人团体之中，在14世纪时更是如此。这个团体有时被称为市民贵族以区别于封建贵族，它同样反对教皇制度。1330年的一场人民起义使另一位斯特法诺·科隆纳成为了与教皇相抗衡的人物。人们认为他是唯一能够控制罗马无政府状态的人。还有人认为在他的领导下，佛罗伦萨的共和体制可以成为新罗马的范例。此外，科隆纳家族还是公众领袖科拉·迪·里恩佐（Cola di Rienzo）的支持者，里恩佐是1347年罗马民众起义领导人，自封为罗马的护民官。科隆纳家族有一些坚定的共和人士。1511年，毕肖普·彭皮奥·科隆纳（Bishop Pompeo Colonna）误以为教皇尤利乌斯二世已经去世，布置广场并向罗马民众发表演说，祈求实现他曾力图恢复的古代共和体制之繁荣。他显然从未停止过这一追求，在1526年9月19日至20日，他试图包围梵蒂冈，从而无可挽回地妨碍了梵蒂冈的教廷领袖去阻止对罗马的掠劫（Sack of Rome）。[52]

科隆纳家族这种反教皇制度的共和倾向并没有妨碍他们为达到自己的目的而加入与教皇的战略同盟，他们甚至能加入教廷。我们已经看到，奥德文·科隆纳成功地当上了教皇。他的侄子、弗朗切斯科的叔叔普若斯彼罗也试图夺回教皇位置——他在教皇选举会议中落选，从而使尼古拉五世登位。[53]他失败后转而支持尼古拉五世，也是一位科隆纳家族的联盟者。在新教皇统治时期，科隆纳家族的财产得以恢复，幸运之神似乎再次降临蒸蒸日上的科隆纳家族。

但是幸运之神并不久留。随着波吉亚地位的上升，旧的矛盾重现于许多血腥事件之中。波吉亚决心在整个半岛上取代男爵的势力。因此他在1484年逮捕了劳伦佐·科隆纳，将其囚禁于天使古堡（Castel Sant'Angelo），5月30日用刑后在古堡庭院把他斩首，遗体被送到科隆纳宫旁边的圣阿波斯特利（SS. Apostoli）教堂进行殡葬。在葬礼上，他母亲打开棺盖，抓住他的头发，挥舞着他的头颅在众人前哭喊："这就是我儿子的头颅，这就是教皇西克斯图斯（Pope Sixtus）的信义！"[54]

正如历史上经常发生的事情一样，这种冷酷无情所产生的影响不断延伸。从亚历山大·波吉亚得到教皇桂冠的那一刻起，科隆纳家族，就与其他男爵家族一起，被从曾经占有的高位上永远地驱赶下来。[55]不仅如此，对罗马学院的打击还有效地碾碎了人文主义者的不同政见。尼古拉五世时期聚集在罗马的学者以及普若斯彼罗·科隆纳本人都失去了学术上的继承人。随之而来的是长达50年的献媚与令人窒息的顺从，一部赞扬主教制度的优越性、名为《主教》的书就是他们在这段时期的巅峰之作。它由教廷成员保罗·科尔泰斯（Paolo Cortesi）所写，书里"清楚地表明了他对这种统治权力的赞同"。[56]

在《寻爱绮梦》的第一章里我们已经看到了其鲜明的罗马风格。在很多方面，《寻爱绮梦》描写的都是罗马城里奥蒂·萨鲁斯夏尼（Orti Salustiani）和罗马广场之间那个地区，正是这一点，引导人们与卡尔韦西一起把《寻爱绮梦》看成是弗朗切斯科·科隆纳对"罗马精神（romanita）之狂热迷恋"的一种表达。弗朗切斯科·科隆纳不仅是罗马学院的一个会友，还是强大的共和家族中的一个杰出成员。[57]事实上，正如安东尼·格拉夫顿（Anthony Grafton）所指出的，《寻爱绮梦》所赞赏的罗马精神（romanita）在罗马从来就没有得到很好的表现。这是因为罗马城总是被赋予了比单纯的考古价值丰富得多的内涵。当罗马人赞赏古代遗迹时，其理由不仅仅是美学上的。古代的石头具有"强大而又富有情感的政治性"[58]，早在12世纪，罗马人尼柯拉斯·科瑞斯森梯（Nicolaus Cresentii）就穿过街道，在古罗马博阿留姆庙（Temple of Fortuna Virilis）废墟的对面为自己建造宫殿，并使用古代共和建筑的碎片来庆祝共和派战胜了教皇[59]，从那时起，重建一直都与人们对共和的情感和热忱相联系。

古代建筑与共和理念之间的联系在书文典籍中表现得更为明显。著名的《罗马奇迹》（*Mirabilia urbis Romae*）不只是一本古罗马的导游介绍。它编写于12世纪中期，具有明显的城邦共和意识。[60] 它表现的是在6世纪被教皇格利高里一世（Gregory I）所毁灭的古罗马城，它谴责了教皇难以宽恕的行为，控诉他对强盛的古罗马之象征阿波罗铜像的毁坏。[61] 共和主义者彼特拉克在14世纪中期所写的《阿非利加》（*Africa*，一部关于大西庇阿的拉丁文史诗），是对罗马地貌主题的回归，他创造出了大西庇阿（Scipio）时代的罗马幻想之旅，大西庇阿一直是反对帝王偶像凯撒，主张共和主义的化身。彼特拉克的朋友科拉·迪·里恩佐是最激进的共和主义者，他每天都在散布于罗马各处的碑文、雕像和奖牌中查找，最后终于在拉特兰宫（Lateran）发现了所谓的皇权法（Lex de Imperio）——一块刻有法令的铜牌，罗马民众正是根据这个法令正式把权力移交给了帝王（而非教皇）——里恩佐有效地利用了书文典藉来鼓动反对教皇的民众起义，使罗马人民“效法……古代罗马统治者的意志、仁慈和宽宏大量”。[62]

就此而论，我们可以采用弗朗切斯科·科隆纳的传记作者卡尔韦西的看法，认为弗朗切斯科属于由尼古拉五世所聚集起来的一代罗马人文主义者，他们与尼古拉的家庭关系十分密切。虽然普若斯彼罗去世时他才9岁，阿尔伯蒂去世时他刚18岁，但他仍可能因为阿尔伯蒂与科隆纳家族的密切关系而得到其作品的手抄本——不只是《建筑十书》，还包括小说等其他所有作品。甚至可以设想，他可能接受过阿尔伯蒂的教导，还可能迷恋于阿尔伯蒂的思想，他完全有理由接受《寻爱绮梦》的理念：自由、不信教与罗马精神（romanita）。

然而卡尔韦西的设想存在三个问题。第一个是政治因素，弗朗切斯科·科隆纳一家不但不是波吉亚家族的反对者，事实上似乎还受其恩宠，弗朗切斯科的父亲斯特法诺是为波吉亚的盟友卢德维科·斯弗扎（Lodovico Sforza）服务的佣兵队长。弗朗切斯科本人在新教皇制度下也过得很富足，他曾被授予蒂沃利（Tivoli）的总督头衔。[63]1501年教皇亚历山大六世波吉亚在把科隆纳家族革出教会的一纸公告中把他们定为“邪恶之子”，弗朗切斯科也在受害者之列，但经验老到的他说话非常谨慎，当发现自己也被革出教会时，他成功地辩明了自己的无辜。由于坚信自己的立场有利于波吉亚家族，他一直在帕莱斯特里纳的城堡中稳若泰山，不相信自己身处危境。但是亚历山大·波吉亚却派出军队占领了帕莱斯特里纳，并将科隆纳家族的封地划归其侄子乔凡尼·波吉亚所有。弗朗切斯科不战而降，去了罗马，听任命运之不幸，他当时的自我克制令人难以置信。在罗马他签字同意放弃封地，以此换来了给他本人及其后代抚恤金的许诺。不过他又秘密地写下了一份抗议信。到1503年亚历山大·波吉亚去世时，他的忍耐终于有了回报，尤利乌斯二世恢复了他的全部财产。[65]

第二个更严肃的问题是，尽管他的家族与人文主义者有着种种联系，弗朗切斯科本人似乎并不是一个伟大的人文主义学者或思想家。对于写作《寻爱绮梦》来说，科隆纳公爵有着足够的社会学和地理学知识。但是关于他的文学成就，我们只知道几首题名为“古物收藏家弗朗切斯科·科隆纳”的短诗，因此我们称他（当时是20岁）为“古物收藏家”——也就是古代遗迹的鉴赏家。这些诗是由侍臣拉法勒·佐温佐尼（Raffaelle Zovenzoni）按照献媚的拉丁文短诗习惯写给政治上的权贵人物的，例如科西莫·蒂·美第奇（Cosimo de’Medic）、弗朗切斯科·斯弗扎（Francesco Sforza）、教皇西克斯图斯四世（Pope Sixtus IV）[66]等人。这一切都与第一个弗朗切斯科·科隆纳一样，我们没有什么真正的证据可以说明他具有写出《寻爱绮梦》这样一部著作的思想素质。根据传记中的证据来判断，科隆纳更像一位艺术鉴赏家而不是一个有着自我独创性之人。

第三点是，另有其人比弗朗切斯科·科隆纳更有理由成为这部写于1467年的论战宣言的作者：此人就是利昂·巴蒂斯塔·阿尔伯蒂，更重要的是，阿尔伯蒂才具备这部非凡著作所需要的知识以及书中无处不在的推理能力。

里安娜·莱夫维尔：维也纳阿普利德艺术大学建筑历史与理论教授

（译者：宣莹）

注释：

1. M. T. Casella and G. Pozzi, *Francesco Colonna: Biografia e opera*, 2 vols. （Padua. 1959）, 1:12. 接下来援引 Casella and Pozzi。

2. 同上 , pp. 23, 24。

3. 同上 , p. 24。

4. "Evagatorium in terrae Sanctae, Arabiae et Aegypti peregrinationem": ed. C.D Hassler, *Bibliothek der literarischen* 4 （1849）. p. 435; 引述 G. Pozzi and L.A Ciapponi, eds., *Hypnerotomachia Poliphili*, by Francesco Colonna （Padua, 1980）, 1: 13—14。

5. 参见 M. Sanudo, Diarii 55 （1900）, p. 74; qtd. in Casella and Pozzi, 1: 25.

6. 参见 M. Lowry *The World of Aldus Manutius*（Ithaca, 1976）, pp. 121—122 and Casella and Pozzi, 1: 24。

7. 由科隆纳早期的传记作家 D. M. Federici 申明 ,（*In Memorie trevigiana sulle opere di disegno dal 1000 al 1800*, vol. 1 [Venice, 1803]）, 但被 Casella 和波齐驳斥（see l: 30）。

8. 同上 , p. 33。

9. 同上 , p. 68。

10. 反对科隆纳的严谨指控是 "sverginare una putta," 参见 Lowry, *The World of Aldus*, p. 122, n. 44 。同参 Casella and Pozzi, 1: 22, 33, 以及 "Documenti," 17, p. 113; 25. p. 116。

11. Casella and Pozzi, 1: 50. See M. Bandello, *Novelliere, in Tutte le opere di Matteo Bandello*, ed. F. Flora （Milan, 1934）. This is cited in Lowry, *The World of Aldus*, p. 122.

12. Casella and Pozzi, 1:14, 16—30.

13. 参见 E. Kretsulesco-Quaranta, *Les jardins du songe: Poliphile et la mystique de la renaissance*（Paris, 1976）, pp. 384—391; and M. Calvesi, *Il sogno di Polifilo prenestino* （Rome, 1980）。

14. R. Krautheimer, Rome: *Profile of a City, 312—1308*（Princeton, 1980）. p. 255.

15. D. R. Coffin, *Gardens and Gardening in Papal Rome* （Princeton, 1991）, p. 182.

16. 同上 , p. 182。 同参 P. Litta, *Famiglie celebri italiane, vol. 6. I Colonna* （Milan, 1885）; P. Colonna, *I Colonna* (Rome, 1927）; A. Coppi, *Memorie colonesi* （Rome. 1855）; P. Petnni. *Memorie Prenestine*（Rome, 1785）; L. Rossi, *Die Colonna, Bilder aus Roms Vergangenheit*（Rome, 1912）。

17. 如同我在 1993 年 5 月去科隆纳宫的所见。

18. R. Weiss. *The Renaissance Discovery of Classical Antiquity*（Oxford, 1968）, pp. 33—34.

19. 参见 Calvesi, *Il sogno di Polifilo*, pp. 34—43。

20. Kretsulesco-Quaranta, *Les jardins du songe*, p. 377, n. 1.

21. Weiss, *Discovery of Classical Antiquity*,p.108. 他谈到了 A. Campagna, "Due note su Roberto Valturio", in *Studi riminesi e bibliografici in onore di Carlo Lucchesi*（Faenza, 1952）, p. 15。

22. Weiss, *Discovery of Classical Antiquity*, p. 108; 引用自 F. Biondo, *Italia illustrata*,in *Opera*（Basel,

1559）, p. 311. 关于参观圆柱廊，参见 Calvesi, *Il sogno di Polifilo*, p. 40。

23. 参见 Weiss, *Discovery of Classical Antiquity*, p. 186。同参 R. Lanciani,*Li scavi di Roma*（Roma,1902）, 1: 107, 82, 114。

24. Calvesi, *Il sogno di Polifilo*,pp.136, 407.

25. E. Gombrich, "The Early Medicis as Patrons of Art: A Survey of Primary Sources"（1960）, in *Norm and Form*（Edinburgh, 1966）, pp. 35—57. 同参 F. Pintor, "Per la storia Libreria Medicea Rinascimentale Appunti d'Archivio", *Italia Medieoevale* 3 (1960）, pp. 190 ff。

26. Vespasiano da Bisticci, *Commentario della vita di Papa Nicola V*, in L. Muratori, *Rerum italicarum scriptores*（Milan, 1751）, 25: 271—272.

27. Girolamo Mancini, *Vita di Lorenzo Valla*（Florence,1881）.

28. J. Hankins, "The Popes and Humanism" in *Rome Reborn*, ed. A. Grafton（Washington, D.C., New Haven, and Vatican City, 1993）, p. 57; Calvesi, *Il sogno di Polifilo*, p. 408.

29. On G. Manetti, see Mancini, *Vita di Leon Battista Alberti*（1882; rpt. Florence, 1911）, p. 275. 同参 E. Muntz, *La bibliotheque du Vatican sous Nicolas V*（Paris, 1887）。关于库萨的尼古拉，参见 E. Wind, *Pagan Mysteries of the Renaissance*（Harmondsworth, 1958）, 220—247。

30. Calvesi, *Il sogno di Polifilo*, p. 41.

31. M. Calvesi, "Hypnerotomachia Poliphili: Nuovi riscontri e nuove evidenze documentarie per Francesco Colonna Signore di Preneste," *Storia dell'Arte* 60（1987）, pp. 108—109, 116.

32. Calvesi, *Il sogno di Polifilo*, pp. 40, 42.

33. Calvesi, "Hypnerotomachia."

34. C. Burroughs, "Alberti e Roma," in *Leon Battista Alberti*, ed.J. Rykwert and A. Engel（Milan, 1994）, pp. 141—143.

35. L. Heydenreich, "Der Palazzo baronale der Colonna in Palestrina:' in *W. Friedländer zum 90 Geburtstag*（Berlin, 1985）, pp. 85—91; rpt. in Calvesi, *Il sogno di Polifilo*, pp. 58—60.

36. Calvesi, *Il sogno di Polifilo*, p. 62. 他研究了《寻爱绮梦》中大量涉及到帕莱斯特里纳的地方，以此作为科隆纳是该书作者的证据。

37. 参见他的自传：V. Zabughin,*Guilio Pomponio Leto*, 2 vols.。（Grottaferrata, 1910）

38. J. Burckhardt, *The Civilization of the Renaissance*, trans. S. G. Middlemore（New York, 1944; German ed. 1860）, pp. 168—169.

39. 参见 A. Grafton, "The Ancient City Restored: Archaeology, Ecclesiastical History, and Egyptology."in Grafton, *Rome Reborn*, pp. 87—124, esp. 94—95. 同参 A.J. Dunston, "Paul II and the Humanists," *Journal of Religious History* 7, no. 4（1973）, pp.287—306, esp. p. 288。

40. Coffin. *Gardens and Gardening*, p. 182. 他参考了 G. B. de Rossi, "L'Accademia di Pomponio Leto e le sue memorie scritte sulle pareti delle catacomb romane," *Bulletino di Archeologia Cristiana*, ser. 5, 1（1890）, pp. 81—94。

41. Calvesi, *Il sogno dr Polifilo*, p. 41. See also L. Pastor, *Storia dei papi*（Rome, 1911）, 7: 314.

42. 涉及 Accademia Romana 的完整部分可在此书中找到：L. Pastor, *Storia dei papi*（Rome, 1911）, 2: 304—365. 同参 A. Reynolds, “The Classical Continuum in Roman Humanism: The Festival of Pasquino, the Robigaglia, and Satire,” *Bibliotheque d'Humanisme et Renaissance*, no. 49（1987）, pp. 289—307。

43. 参见 Dunston, “Paul II”。

44. 同上 , p. 301。 同参 J. Delz, “Ein unbekannter Brief von Pomponius Laetus. ” *Italia Medioevalia et Umanistica* 9（1966）, pp. 417—440; R.J. Palermino, “The Roman Academy, the Catacombs, and the Conspiracy of 1468,” *Archivium Historiae Pontificae* 18（1980）, pp. 117—155。标题来自 J. D'Amico, *Renaissance Humanism in Papal Rome: Humanists and Churchmen on the Eve of the Reformation.*（Baltimore, 1983） See also J. Hankins, *Plato in the Italian Renaissance*（Leiden, New York, and Copenhagen, 1990）, 1: 211。

45. Dunston, “Paul II,” pp. 300, 299, 287—288.

46. Burckhardt, *The Renaissance*, pp. 23, 22, 33.

47. 来自同上 , p. 72。

48. Burckhardt, *The Renaissance*,pp. 72—73.

49. Kretsulesco-Quaranta, *Les jardins du son*ge, p. 39.

50. Burckhardt, *The Renaissance*, pp. 69—70. 同参 Kretsulesco-Quaranta, *Les jardins du songe*, pp. 378—390; Calvesi, *Il sogno di Polifilo*, pp. 52—53。

51. Muratori, *Rerum italiorum scriptores* III, 2a, 877. The decree of 18.1.1432 written by Eugene IV against the Colonnas; referred to in Calvesi, *Il sogno di Polifilo*, p. 38.

52. 参见 Burckhardt, *The Renaissance*, p. 77。

53. Mancini, *Vita di Alberti*, p. 278.

54. Prospero Colonna, *Columnensium Procerum Icones et memoriae, s.n.t.*; cited by Kretsulesco-Quaranta, *Les jardins du songe*, p. 38.

55. Burckhardt, *The Renaissance*, pp. 69—70.

56. D'Amico, *Renaissance Humanism in Papal Rome*, p. 49.

57. Calvesi, Il sogno di Polifilo, 1980.

58. A. Grafton, “The Ancient City Restored: Archaeology, Ecclesiastical History, and Egyptology,” in Grafton. *Rome Reborn*, pp. 87—125; quote from p.90.

59. W. S. Heckscher, “Relics of Pagan Antiquity in Mediaeval Settings,” *Journal of the Warburg Institute* 1（1937—1938）, pp. 204—220, for a full account.

60. 该作品来源同上。

61. 关于该作品的讨论是在 T. Buddensieg, “Gregory the Great, the Destroyer of Pagan Idols: The History of a Medieval Legend concerning the Decline of Ancient Art and Literature,”*Journal of the*

Warburg and Courtault Institutes, 28(1965), pp. 44—65。它也在这里被提到: C. Frugoni, “L’antiquità: dai Mirabilia alla propaganda politica,” in *Memoria dell’antico nell’arte italiana*, ed. S. Settis (Turin, 1986) , p. 7。在 14 世纪的另一个讨论 *De mirabilis civitatis Romae* 中，罗马竞技场雕像的破坏归咎于 Sylvester 主教，而不是 Gregory 主教。参见 R. Valentini and G. Zucchetti, *Codice topographico della citta di Roma* （Rome, 1953 ）。

62. 参见 Anonimo Romano, *Chronica*, ed. G. Porta (Milan, 1979) , p. 143。

63. 参见 Calvesi, “Hypncrotomachia,” pp. 85—136。

64. 参见 Kretsulesco-Quaranta. *Les jardins du songe*, p.385。

65. 同上 , p. 388。

66. 诗文如下：

Ad Francescum Columnam

Quis iam Pythagoram recte sensisse negarit,
Qui remeare animas in nova membra putat?
Quin nova non tantum remeant in membra, sed unum
In corpus geminae saepe redire solent.
Carmina, et illa modis tua verba soluta, reversam
In te Arpinatis Virgiliique probant.
Tu quoque cognosces, si pauca haec legeris,in me,
France, animam Mevi vivere vel Bavii.

De Eodem

Olim Roma duos habuit clarissima linguae
Lumina, verum humili natus uterque domo est.
Ambo aliam scirpem a patria traxere deditque
Arpinum huic, illi Mantua clara genus.
Nune proprios priscoque ortos de sanguine in uno
Hos habet: in verbis Franciscus utrumque refert.

它们来自 B. Ziliotto 出版的警句，*Raffaele Zovenzoni: La viata, i carmi* （Trieste, 1950）。该卷收纳了 Zovenzoni 的 *Istrias* 的一个版本，其中有我们正在谈论的诗。为了增强弗朗切斯科是《寻爱绮梦》作者的说服力，该书还挖掘出其他一些相当不确定的文献，甚至非常微小的文学要素——它们也都指向他。尤其是弗朗切斯科的贵族童年伙伴所作的冗长、悲伤、相当传统的诗歌形式中的字母。参见 S. D. Squarzina, “Francesco Colonna, principe, letterato, e la sua cerchia,” *Storia dell’Arte* 60 （1987）, pp. 137—157。关于将《寻爱绮梦》归于弗朗切斯科・科隆纳，参见 Calvesi, *Il sogno di Polofilo*; 最近点的研究，参见他的 “Hypnerotomachia” 一文。

弗朗切斯科·科隆纳

《寻爱绮梦》选译

维罗纳的列奥纳多·格拉索致杰出的乌尔比诺公爵圭多（Guido）

我一直尊敬仰慕的您，战无不胜的公爵，不仅因为您非凡的美德和远扬的名声，更重要的是我的兄弟在您的指挥下围剿比比恩纳（Bibiena）。您给我兄弟的恩赐——他每每回忆都认为恩比天大，每每提及您的仁慈和善良——在我们看来就是您对格拉索全家的恩赐。不管您是赐给谁的，我们都从中受益匪浅；我们要全心全意为您服务的决心绝不亚于我的兄弟。兄弟们已经做好了准备，随时为您倾其所有，就算是牺牲生命也在所不惜。至于我，我时常希望能让您多了解我一些，直到达成愿望的那天我都会为之努力；而今我已有希望实现理想。他们都说您视钱财为身外之物，能打动您的只有文学和美德，所以我做出了第一次努力，用文采来接近您。最近偶拾一本类小说的绝妙作品《寻爱绮梦》，为了不让这本杰作被埋没，为了让世人都能及时受益，我已经自费将它印刷出版。为了不让这本书像无父无母无监护人的孤儿一样，我斗胆请求您的慷慨栽培，以求让它能够以您之名健康成长，取得辉煌成就。这本书就是我对您的爱慕和尊敬之情的使者，也许它能够对您的研究或是广泛学识尽绵薄之力。您会发现，此书涵盖的知识面极广，其中有关大自然的秘密更是所有古书籍之最。本书的神奇之处在于：虽然此书用我们的语言（意大利的地方语言）成书，但如果要深知其意就必须对希腊语和拉丁语有着不输于托斯卡纳语和各种方言的驾驭能力。聪明的作者认为演讲术是能够防止没有耐心的读者谴责他行文拖沓的方法之一。凡是最有学识的学者都能够通过科隆纳精心设计的语言进入他说教的圣殿；所以说如果谁因为学识不够而无法深入了解波利菲洛的话，请不要感到沮丧失望。书中有很多本身非常艰涩难懂的东西，读者仿佛置身于布满各种类型花卉的美丽花园，分辨不清；但是通过优美的散文向读者解释，让人产生一种愉悦感，通过图解（figures）和图像（images），读者可以知晓并重现真相。这些东西不是庸俗的人所能知晓的，也不是在紧要关头宣布一下就行的，而是要借助哲学圣殿的光芒和缪斯神的智慧和灵感，通过新颖精炼的语言才能表述的内容，所有的佼佼者都要心存感激。所以，啊，最仁慈的王子，请用您对待学术一贯的态度来欢迎我们的波利菲洛吧。接受他，我满怀一颗感恩的心把它作为薄礼送给您，希望您能在阅读时更加惬意，若能够想到这是列奥纳多·格拉索的心意，我就心满意足了。如果您能够接受这份心意，这本书呈递到您手上之后，不足之处任您批评；您所阅读的部分大家也会跟着阅读的。至于我，我希望自己的私心能够得到一丝满足。此致，全格拉索家族都听从您的差遣，当然包括敝人。

乔凡尼·巴蒂斯塔·西塔致最有名的艺术和教宗法律顾问列奥纳多·格拉索

这本旷世奇作
媲美古代先哲典籍
包罗大千世界
稀世奇珍
我们颂扬你的功绩，格拉索
正如我们颂扬波利菲洛
赋予了它生命，而你
让它再生，保护它免于伤害
多久它处在黑暗之中
惧怕被人遗忘
你让它被所有人知晓
不遗余力不惜血本
而你的意义更加重大
含辛茹苦养大被抛弃的孩子
曾经，巴克科斯（Bacchus）有生父和义父
对于这本书来说
波利菲洛是亲生父亲，而格拉索则是宙斯神

读者挽歌——佚名
儒雅的读者，听波利菲洛讲述梦境

梦境仿佛是上帝的启示
你绝对不是浪费精力也不会觉得厌烦
因为此书包罗万象
如果您是严肃派，不喜好言情
我发誓书中一切严谨周密
还是要拒绝？至少看看其独特风格和新颖语言
深度的对话和智慧，值得您的侧目
如果依然不感兴趣，看看书中的几何学
尼罗语符号描述古迹
书中有金字塔、浴缸和巨像
还有古代风格的方尖碑
基座新颖前卫，各种圆柱
拱顶、雕带和柱顶过梁
柱头和横木，飞檐上的方形对称
造就了华丽的屋顶
书中有国王的完美宫殿
仙女敬拜、喷泉和盛宴
守卫穿着各式各样衣服跳舞
黑暗的迷宫揭示人类的一生
在这里读到宙斯的绝对王权
读到三道门前的际遇
在这里看清波莉亚的样貌和服饰
见证宙斯的四次神圣的胜利
不仅如此，书中描绘各种爱的境界
以及爱情带来的甜蜜和心痛
波莫娜（Pomona）和韦尔图姆努斯（Vertumnus）势均力敌
献祭普利阿普斯的各种仪式
书中有堪称完美艺术的大型神殿
古人膜拜神灵的各种宗教仪式

在一座被时间侵蚀的神殿里
　你将得到精神上的愉悦
地狱的景象，墓志铭遍地
　一艘丘比特用来越海的船
所有的海神
　都向丘比特致以崇高的敬意
维纳斯岛，花园牧场遍地
　中心是一座圆形剧场
在剧场能看见丘比特的胜利
　喷泉和帕福斯女神（即维纳斯）神圣的人形
你能了解到每年维纳斯和水中仙女们是怎样
　在维纳斯的心上人阿多尼斯的墓冢周围祭奠
这就是上卷所述的事件
　这就是有如神助的波利菲洛的新奇梦境
下卷中波莉亚诉说着
　她的出身地、种族和门第
诉说是谁第一个建立了特雷维索的城墙
　这是一个长长的爱情故事
书的最后有长长的附录
　但是我相信读者不会介意去读完
其中包含了更多的东西，三言两语难以道明
接受这本如丰饶角一般的书的馈赠
看一本有益无害的书。如果你不这么想
　请不要谴责书，责任在你自己。（完）

读者们，如果想大致了解书中的内容，首先要知道波利菲洛描述了他在梦中所见到的令人叹为观止的事物，遂给书取名“寻爱绮梦”。书中他亲眼见到许多值得回忆一生的古物，而且一一介绍他所见的每一件东西，用词恰到好处，风格高贵儒雅：金字塔、方尖碑、巨大的建筑废墟、多元化的圆柱、各种尺寸、柱头、基座、柱顶过梁或称直梁、弯梁、雕带、飞檐以及各种装饰。书中展现了青铜马像、巨大的大象雕塑、巨人像、堂皇的正门及其尺寸和装饰、一次惊吓、代表了五种感官的五位女神、一个不寻常的沐缸、喷泉、自由意志女皇的宫殿和一次绝佳的皇室宴会。书中介绍了：各种宝石及其自然属性；一次在芭蕾舞中进行的国际象棋竞赛，音乐是正常速度的三倍；三个花园，一个玻璃制的，一个丝绸制的和一个迷宫，通过这些讲述了人生哲理；砖制的周柱廊中间刻有三位一体的象形文字图形，而象形文字是埃及人最神圣的雕刻；波利菲洛逗留在三道门前；波莉亚的外貌和行为举止。波莉亚引领波利菲洛观看宙斯的四次绝顶胜利，被天神和诗人钟爱的女人，各种影响爱情的因素以及爱情造成的影响；波摩娜和维尔图姆努斯的胜利；古代祭祀普利阿普斯的方式；极具艺术感地描绘了一座非凡的神殿，那里举行不可思议的宗教仪式来祭祀。随后讲到波利菲洛和波莉亚一起在海滩上等待丘比特，那里有一座庙宇的废墟，波莉亚劝说波利菲洛去一探究竟，膜拜古迹。波利菲洛看见了许多墓志铭和一幅马赛克地狱图。波利菲洛大惊失色，立刻回到波莉亚身边。丘比特乘着由六个仙女划的船姗姗到来，波莉亚和波利菲洛也登上船，爱神用他的翅膀开始了航行。海神们、女神们、仙女们和怪兽都向丘比特致敬。他们到达了维纳斯岛，波利菲洛从树丛、草地、花园、溪流和泉水几个方面细细描述。丘比特引见波利菲洛，众仙女热烈欢迎波利菲洛，然后他们乘坐着凯旋战车到达位于岛屿中心的华美剧场。剧场的中心是由七根精贵的圆柱围起的维纳斯喷泉。波利菲洛描述了在那里发生的一切，当战神马尔斯出现的时候，他们离开，去了葬有阿多尼斯的喷泉；那里仙女们谈论着每年维纳斯是怎样纪念阿多尼斯的。然后仙女们劝说波莉亚讲述她的出身和爱情故事；这就是上卷的内容。下卷中，波莉亚诉说她的家世、特雷维索的房子、她陷入爱河的曲曲折折以及大团圆结局。整本书充斥着数不清的却又恰到好处的细节描写和逻辑联系，在夜莺的歌声中波利菲洛从梦中醒来。再见。

列奥纳多·格拉索，我尊敬的老师
　文学造诣高深的高级教士
　道德修养也出类拔萃，据我所知
您值得高度的不朽的颂扬
　为了您出版这本包罗万象的著作
　所付出的金钱所承担的责任

儒雅的读者请看，请仔细看
看波利菲洛讲述梦境
这梦境是神的恩赐
你不会浪费时间
只会欣喜于听了一个
包罗万象的故事
如果书里的情色内容让您不快
也请别否决清晰的条理
和精致细腻的写作风格
如果严肃的说教和严谨的学识
不合您的口味，那请移目
古代雕塑，在几何学上价值不大
注意关于埃及尼罗河
关于金字塔和古代墓冢
的尺寸注释
同时关注高耸的方尖碑
冷热水浴和巨人像
让人瞠目结舌
多样的底座和巨大的拱门
相配的比例协调的圆柱
精美的柱头和横梁
飞檐和方形装饰
均匀对称，堂皇的屋顶
展示着雕带和线脚
宏伟壮丽的国王君主的
宫殿，仙女泉
和身份相符的贵客
黑漆漆的迷宫之中
目睹多种对弈竞赛

保卫战以及人类各种行为
三重门内你能了解
三界、意义重大的行为、宙斯的至高权威
以及他的智囊团
谁是波莉亚，美丽而成功的女性
你将见证万能宙斯
四次神圣的胜利
绝非低级的各种情绪各种基调
诉说着爱情的杰作
也揭示了爱情给凡人带来的伤痛
波摩娜和维尔图姆努斯最终喜获爱情
祭祀普利阿普斯
献祭的驴和他巨大的阴茎
一座宏伟的神殿，如它初建之期
一般美好，拥有衬得上它的
绝美的艺术作品和各种仪式
另一座神殿，多处遭受侵蚀
岁月无情的摧毁
跃然纸上
也有让你高兴的事
地狱冥界，无数碑铭
丘比特乘舟而至
海神、河神和岸神
都向丘比特
致以最崇高的敬意
维纳斯岛上的草地、花园和果园
中心一座炫目的剧场
波利菲洛和丘比特的同伴一同取得胜利
他走到维纳斯喷泉

　维纳斯神圣而美丽的形象
　此处葬着她的爱人阿多尼斯
他是她世上挚爱
　每年他的忌日
　维纳斯和众水神都为他纪念
上卷内容如上
　波利菲洛神奇的梦境
　风格清新明快多变
下卷讲述波莉亚的身世
　民族、门第和家乡
　讲述特雷维索的创建者
这卷中波莉亚坠入了爱河
　此乃杰作，华丽充实
　不读它者为愚者
书中内容繁多
　相互联系着实费劲，但是
　此书绝对是一个聚宝盆
　若有任何错误，请更正。（完）

布里克森（Brixen）的安德里亚斯·玛洛（Andreas Maro）
缪斯神，敢问这本书是谁的杰作？——我和我的八个姐妹
　女神们的？那为什么是以波利菲洛之名？
他是我们的得意门生
　但是请问，到底谁是波利菲洛？
我们不愿告知。——为什么？——因为我们必须观察
　极度的怨恨是否能够产生神圣的东西
如果怨恨遏制神性会怎么样？——那就公之于世。——如果不遏制呢？
　那么我们就没有资格知道波利菲洛的真名。
噢，凡人中最独特、最幸福的

波莉亚，你身后的生活更加多彩
波利菲洛在深层梦境中不愿醒来
但是他的高尚品德和睿智语言让你醍醐灌顶

波利菲洛的寻爱绮梦表明凡间不过梦一场，值得学习和珍藏于记忆的事情另有其他。

波利菲洛致波莉亚

波莉亚，多少次我都在想，前人写文章都是为了献给王子或是高尚之人，有人为了获得财富，有人为了得到宠幸，还有人为了得到称颂。我的女皇，我实在想不出有哪一位王子能够值得我献上我的寻爱绮梦，献给你，不为财富不为宠幸也不为称颂，只为获取你的一丝垂怜。你尊贵的地位、无与伦比的美丽、备受推崇的美德和优雅的举止，这一切都使你在这个时代的众多美女中脱颖而出，也使我陷入对你无限的爱恋之中：爱之火已经将我燃烧，我已坠入深渊无法自拔。噢，你的美丽光芒四射，你是优雅的代名词，你拥有绝顶美貌，请接收我这份薄礼。书中全是我对你的爱慕之心，书中到处是你天使般的倩影。这本书只属于你。奉你谕旨，我抛弃了传统风格，著成此书，一切都源于你明智聪颖的决定。如果书中有任何错误，任何不够饱满、任何不能通过你慧眼的地方，请尽情责骂我，你才是通向我心灵和智慧的钥匙。我想象不出有什么比你神圣的爱以及你对此书的垂青更高的奖赏了，我所求也不过如此。再会。

波利菲洛开始他的寻爱绮梦，梦中他发现自己身处平静安宁的岸边，此地荒废已久，了无人烟。他首先描写了所处的时间和季节，然后无意间进入了一个郁郁葱葱人迹罕至的森林，心中充满了恐惧。

波利菲洛的寻爱绮梦

破晓

太阳神阿波罗恪尽职守地准时驾着他的太阳战车出现在海岸线上，给世界带来了光和热，刚刚越出海面，就已给海面撒上了金色的光芒，随后，曙光女神给太阳神的四马战车涂上了殷红的玫瑰色，太阳神毫不犹豫策马狂奔。阿波罗飘逸的卷发闪闪发光，照耀着泛着浪花的湛蓝的海面。与此同时，月亮女神驾着她的马车，鞭策着拉车的黑白两只骡子，向相反的方向前进，带走黑夜。遥远的东西半球分界线处，启明星升起，月亮女神让位，迎接光明。这个季节的瑞菲尔山脉（Rhiphaean mountains）十分平静，此时的东风也不像冬季时那样冷峻肆虐，颤抖了纤弱的嫩枝，汹涌了海上的波涛，疯狂了岸边的芦苇，折腰了本已无力抗衡的柏树，凌乱了柔软的柳条，撼动了了无生气的垂柳，吹蔫了金牛座牛角下方脆弱的杉木。而自负的猎户座也停止了对七姐妹星团的追求（此星团位于金牛座牛角，形成V字型）。

此时生气勃勃的鲜花们张开双臂迎接太阳，完全不惧怕灼热的阳光会伤害了幼小的花骨朵们，绿油油的草地上还残存着欧若拉为情人留下的泪水（即黎明来临时的露珠）。翡翠鸟从波澜不惊的海面上飞过，在海滩上做窝。伤心欲绝的赫洛（Hero）矗立在被海水冲刷的海滩上，绝望地叹着气，追忆着那个夜夜从海的另一头游泳过来和她相见的少年勒安德耳（Leander），这是一场不该的离别。而我，波利菲洛，把身体深深陷入躺椅，它是我疲惫时的最佳伴侣。房间里空无一人，在每个不眠之夜陪伴我的只有失眠。她礼貌地听我倾诉唉声叹气的缘由，安慰我，帮我消除不安情绪；到了我应该睡眠的时间，她又贴心地要求离去。独自一人的我，漫漫长夜无心睡眠，满脑子都是关于爱的思考，一想到我命途多舛、毫无好运可言，我就郁郁寡欢、闷闷不乐。我叹气，我垂泪，为了我锲而不舍却又屡屡受挫的爱情，我爱她，她却不爱我，我反复思考着这种爱情的真谛，揣摩着怎样去好好爱一个并不爱我的人。我心烦意乱，内心有两个小人在打架，互相攻击，互怀敌意；脑子里老是会有一些怪异的想法，有的一闪而过，有的却挥之不去，使思绪更加不能平静。身处这种情况，我要怎么保护我脆弱的心呢？我为自己悲惨的处境痛哭流涕，思考无果更是让我身心俱疲，支撑着我的是波莉亚——我所有的甜蜜与心痛。毫无疑问，波莉亚绝非人间女子而是仙女下凡——她的倩影深深刻在我的脑海里，狠狠烙进了我的心里。她的美无法言语，让我瞠目结舌，在她面前就连最闪耀的星星都开始暗淡；她伤了我的心，她是我内心争斗不停歇的根本原因，但是我依然不可救药地想念她，心里满满的全是她；我寻求帮助，祈求伤口愈合的方法，但一切都是徒劳的，只是一次又一次撕裂我的伤痕，让我陷入无尽的痛苦和折磨之中。我闷闷不乐地思考着，想着那些爱情不得志却又无法自拔的可怜的人儿，有的恋人为了让爱慕的人儿得到幸福，愿意献出自己的生命，嘴上仍然挂着甜蜜的微笑；有的恋人则成天生活在幻想之中，以此来满足自己对爱慕的人儿的欲望，现实中得不到的，都靠想象来实现，到头来还是南柯一梦，痛苦更胜从前。就像劳累了一天的工作者，我精疲力竭、怨气未消、泪眼朦胧、为伊消得人憔悴，只希望能好好睡一觉。渐渐地，红肿的眼帘垂下，此时我能感觉到痛苦的生活和甜蜜的死亡只有一线之隔。一阵睡意袭来，但沉睡的只是我的身体，我的思维依然清晰，保持着感知和高度的警惕，心里依然深爱着波莉亚，大脑和灵魂依然高度运转。记忆里的一幅幅画面让我身体里每一个细胞都在燃烧，都在战栗。啊，万能的宙斯啊，我这种状态是幸福，是奇迹还是悲剧？我仿佛置身于一片一望无际的草原，广袤无垠的绿草地上点缀着各式各样的花朵。除了偶有清风拂过以外，此地一片寂静：无比敏捷的耳朵听不到任何杂音，也听不到任何人声。还好暖暖的太阳使得此地气候温和宜人。

我独自在这片土地上漫步，自言自语：“寻寻觅觅不见人影，偌大的森林，没有动物，没有野兽，没有家禽，也没有农家小院，没有村舍，没有牧羊人的小屋，连个帐篷都没有。”广袤的草原，没有成群的马、牛、羊，没有牧人，也没有田园放牧特有的牧笛声。但是这里安静舒适，让我感到很安心，所以我继续前进，这里瞧瞧那里看看，目光所及都是静止不动的娇嫩的树叶。无意间我闯入了一片茂密的树林，刚进去我就后悔了，我迷路了，毫无头绪。本来就犹豫是否要继续这段旅程，此时更是恐惧感来袭，我的心剧烈地跳动着，四肢无力，脸色苍白。这荆棘丛生的树林中没有小径也没有边道，有的只是厚厚的灌木丛，尖锐的荆棘，连毒蛇都不敢接近的野生白蜡树，爬满藤蔓植物的粗糙的榆树，经常被用来做女性饰品的厚皮的栓木栎，坚硬的土耳其栎，粗壮的栎树，结满果实的橡树以及枝繁叶茂的冬青属植物。这些植物不愿意让宜人的阳光撒在潮湿的土地上，枝枝叶叶互相连接缠绕形成了一个拱顶，严严实实地罩住地面，阻挡了明媚的阳光。而我就身处一片荫凉，呼吸着潮湿的空气，感受着森林独有的黑暗。

我有足够的理由相信这里就是浩瀚的海西森林（Hercynian Forest）——危险野兽、有毒生物和凶猛怪兽的天堂。手无寸铁的我，极度害怕会被野兽突然袭击，就像雅典将领卡里德姆（Charidemus）被长着鬃毛和獠牙的野猪袭击一样，或者会是一头饿极了的愤怒的野生公牛对我红了眼，又或是一只庞大的毒蛇吐着舌信窜向我；我想象着狼群嚎叫着扑倒我，吞食着我支离破碎的身体。恐惧让我颤抖，但随即我又咒骂着我的惰性，决定争分夺秒找寻出口，逃离任何潜在的危险。我强迫自己不要犹豫，加快脚步寻找生机，匆忙中多次被突出地面的植物的根茎绊倒，我胡乱地走着，像只无头苍蝇，不知道身在何处也不知该往哪儿去。我走到一处林地，遍地是野兽洞穴，布满荆棘，尖锐的荆

棘、多刺的李属植物和粗糙的莓果划伤了我的脸，锋利的蓟和各种带刺的植物割破了我的长袍，这一切都在阻碍我前进，阻碍我逃跑。没有任何可寻的林间小道，也没有前人走出的小径，我千分迷惑万分沮丧，进一步加快了我的步伐。可能因为我疾步前行，也可能是南风的吹拂，或是因我不停的移动，原本冰凉的胸膛现已充满了汗水。脑子里构想着可能迎接我的悲惨场面，挥之不去，根本无力思考下一步应该怎么办。林子四周回荡着我哀伤低沉的声音，回应我沉重的呼吸的是蟋蟀的鸣叫声。最终，在这个原始的没有出路的森林里，绝望的我开始祈祷，向克里特的阿尼阿德涅（Ariadne of Crete）祈祷，她曾给忒修斯（Theseus）一个精巧的线团，引领他杀了怪物弥诺陶洛斯，并顺利从错综复杂的迷宫中走出来。我祈祷她也能给我一丝线索，引导我走出这个黑暗的森林。

波利菲洛，心中充满了对黑暗森林潜在危险的恐惧，向宙斯神祈祷。随后感到焦虑口渴，急需水源使自己保持清醒。正准备喝水时，听到了美妙的歌声，于是忘记了口渴转而追随着歌声追溯源头。但随后反而感到更加恐惧。

大脑一片空白，愁云蒙蔽了我的理智，完全不知道怎样抉择：是应该彻底放弃等待死亡，还是要心存希望，相信能够走出这片昏暗阴森的森林？我使出浑身解数寻找出口，结果却越来越走向森林深处，四周越来越黑暗。恐惧感使我力不从心，越来越希望能有只野兽突然跳出来把我吃了，或是无意间被绊倒而跌入深渊沟壑，一了百了；就像安菲阿剌俄斯（Amphiaraus）和库尔修斯（Curtius）掉入充满毒气的地洞，甚至要坠落得比皮瑞涅乌斯（Pyreneus）还要深。我胡乱走着不得要领，充满了绝望，脑子里一片混乱，身体不由自主地颤抖，就像枯黄的树叶被秋风扫过。我默默地祈祷："啊，万能的宙斯神，您无处不在，救死扶伤，慈悲为怀，如果人类能通过虔诚的祈祷得到上苍的一丝恩泽，如果即使是微小挫折也能得到神的倾听，那么我请求您——至高无上的圣父，天界最高的领导者，请您屈尊，用您无限的神性将我拯救，脱离世俗的苦海，并且赐予我变化无常的人生一个良好的结局。"我祈祷着，真挚之心不亚于阿凯梅尼德斯（Achaemenides），他在受到独眼巨人威胁时言辞恳切地祈求埃涅阿斯，宁愿死在敌人埃涅阿斯手上也不愿被怪物吞噬。我虔诚地祈祷，充满悔悟，激情洋溢，声泪俱下，坚信心诚则灵，话音未落我突然发现已经走出了那个混乱、封闭、危险的森林，此时的心情就像熬过了抑郁的夜晚迎来了崭新的一天。由于长时间处在黑暗之中，眼睛不能适应得之不易的光明；我是如此的苍白无力、情绪低落、闷闷不乐，以至于不敢相信我已经得到了渴望至极的光明，感觉就像刚从四面墙的黑暗牢房中走出来，刚刚摆脱了沉重枷锁束缚，重新获得自由一样。嗓子在冒烟，在森林里全身都被划伤，脸上、手上都出了血，被荨麻蛰过后的地方都起了泡。我感觉快要死了，几乎无法辨认出现在我眼前的美好景象。我实在是太渴了，清凉的微风无法使我冷静下来，也无法湿润我干燥的心：吞咽口水毫无效果，而且我已经没有口水可咽了。当我稍微缓过神来的时候，虽然焦虑和疲惫让我不停喘气，着急上火，但是我决定先不惜一切代价解决口渴问题。于是我仔细搜查每一寸土地，希望能找到水源，当我几乎要放弃的时候，一汪泉水进入我的眼帘，一股甘甜的泉水在向外喷射。泉水周围长满了菖蒲和车前草、开花的金钱草还有一簇簇的王草；一条清澈的溪流从草丛中流出，和其支流蜿蜒在荒无人烟的森林中，泉水和地上的泥土混在一起。这条溪流又和别的溪流相汇合，越聚越多，以至于湍急的浪花重重地拍打在沿途的岩石和树桩上。不远处白雪皑皑的阿尔卑斯山上冰雪融化，形成奔腾呼啸的急流也和这条溪流相汇。现在我才意识到在刚才的逃亡途中有好几次都与这条溪流擦肩而过。当时高大树木顶端伸出的枝枝杈杈郁郁葱葱，只能看到星点的天空，树林里相当昏暗，根本看不清有一条泥泞的溪流。对于人类来说，孤身一人被困在这里真的是一件相当恐怖的事情，溪流的前方不见尽头，一片幽暗。好几次，树轰然倒下的声音、树枝折断的声音还有木头的爆裂声都把我吓得不轻，这些声音在广阔的森林里回响着，封闭的空间和厚厚的树叶使其听起来更加惊悚。我，波利菲洛，十分恐惧且急于逃出此地，同时又迫切需要喝水。我猛地跪在溪畔的绿地上，双手浸入水中捧起一钵泉水以慰我干涸的双唇和火热的胸膛。这一汪溪水对我的意义比吉帕斯河（Hypasis）和恒河（Ganges）对于印度人的意义，或是底格里斯河（Tigris）和幼发拉底河（Euphrates）对于亚美尼亚人的意义还要深远；对我的福祉比尼罗河（Nile）对埃塞俄比亚人民的恩惠，以及它对埃及人民的恩泽（当时埃及遭受严重旱灾，尼罗河洪水灌溉了开裂的土地）还要宏大。我对这条溪水的喜爱和渴求程度超过利古里亚（Ligurian）人民对波江（Eridanus）的需求，当逃跑的公羊把利贝尔（Liber）引领到一股清泉时，他感谢上苍的心情也远不及我。双手舀着渴望已久的甘甜的泉水，慢慢靠近干涸的嘴唇，正当此时多利安式的优美古典的歌声传入我的耳中——我万分确定只有色雷斯（Thrace）的塔米里斯（Thamyras）才能奏出这样的音乐。歌声让我不安的心境充满了恬静与和谐，让我觉得此曲只有天上有：歌声是如此甜美，让人无法相信的绝妙音色，不同寻常的旋律，远远超出我的想象，其玄妙之处也绝非我语言能及。我彻底被迷住了，歌声给予了我极大的欢愉，我像着了魔一样，完全忽视手捧的泉水，清澈的泉水就从我的指缝之间流过。此时大脑好像被麻痹了，无法正常运作，只是感觉自己已经喝够了水，毫无抵抗之力，松开了双手，泉水洒在湿漉漉的地上。

就像被食物引诱，而忽视了陷阱的动物一样，我被歌声吸引而忘记了饮水，追随着这非人间的音乐。可是每当觉得自己已经接近歌声的源头的时候，音乐却又在别处响起；反反复复，一直在和我捉迷藏。更神奇的是，歌声会随着地点的变更而改变，其天国般的声音越来越甜美畅快越来越令人愉悦。徒劳无功的追逐让我疲惫不堪，何况我根本没有弄清谁就到处奔跑，更是让我无法直起身子走路。我备受困扰的心灵再也无法支撑我极度疲惫的身体，不管是因为我刚刚经受的恐惧、极度的缺水、长期的跋涉，还是因为我过度的担忧，或是炎热的天气，现在我只想让虚弱的身体得到安宁和休息。对于刚才被甜美的歌声迷惑，到处寻找源头的行为我感到很震惊，最让我震惊的莫过于发现自己

身处莫名的却宜人的野外；而让我追悔莫及的是，历经千辛万苦找到的泉水溪流此时已不见踪影。脑子里一遍又一遍地思考发生在我身上的各种奇怪矛盾的事件。最终，我还是抗不过疲倦感，浑身发冷无力，于是就在一棵古老的、沟沟壑壑的老橡树下舒展肢体，树下的草地上还残留着露水。这棵老橡树上结满了一簇一簇的橡树果，虽然其丰硕程度不能和卡昂尼（Chaonia）肥沃广阔的小麦地相提并论；老橡树上长出很多结节的枝杈，弯弯曲曲地延伸着，茂盛的枝叶提供了一片荫凉。我在树荫下左侧躺下休息，干褶的双唇贪婪地呼吸着清凉的空气，绝望之情胜似一只胸前中箭的雄鹿，而此时凶恶的猎狗还在撕咬着它的侧腹，当虚弱的脖颈实在无力承受头部和鹿角的重量，它四蹄蜷曲倒下，默默等待死亡。我躺在那，心中的痛苦更胜，仔细思考我悲惨命运的细枝末节和其中的缠缠绕绕，想到了邪恶的喀耳刻（Circe）的咒语，以防她会向我施魔咒。我思忖着周围生长的各种草药中有没有墨丘利（Mercury）当年赐予乌利斯的黑根魔草，能使我摆脱咒语的控制。所有这些想法只是徒增我的恐惧感而已。“这里不会有魔草的，就算有的话又能怎么样呢？只不过是延缓死亡的期限而已。”沉浸在痛苦的思绪之中，气力跌到了谷底，孤独无助，就算我不断吸取着氧气，胸中仍有一股强大的热气不断骚动，呼气的时候有一种作呕的感觉。我从未感到与死亡如此接近，散落在橡树下的树叶上湿润的露水是我最后的安慰，我将苍白干裂的嘴唇贴在这些树叶上，贪婪地吸取清凉的露水以此慰藉我干渴难耐的喉咙。我是多么希望许普西皮勒（Hypsipyle）也给我指明一条通向清泉的道路，就像她引导希腊人民找到了兰佳（Langia）泉一样。干渴到极致，无法忍受，开始怀疑我是否已在不知不觉之中被致渴蛇（dipsas snake）给咬了。最终我还是决定放弃，反正我的存在是令人厌烦的，是不合理的，发生什么都无所谓了，我不在乎了。思考了

这么多沉重的，确切地说是疯狂的问题让我晕晕乎乎的，脑子无法做主，跌跌撞撞地在老橡树下的荫凉地蹒跚。突然一阵沉沉的睡意袭来，全身上下都软绵绵的，好像我再一次陷入了睡眠状态。

波利菲洛说他好像再一次入睡了，进入了第二层梦境中的某个地方。他置身山谷之中，山谷的尽头是一座绝妙的围合物：金字塔上屹立着高耸的方尖碑。波利菲洛仔细研究这个建筑，劲头十足，兴致勃勃。

香甜的梦让我原本疲乏衰竭的身体重新恢复了活力，离开了恐怖的森林、郁郁葱葱的林地，离开了之前的一切，现在所处的地方惬意上千万倍。周围没有吓人的山脉、裂开的磐石，也没有崎岖的山峰环绕，有的只是令人愉快的小山丘。小山丘上长满了娇嫩的橡树、栎树、白蜡树和鹅耳枥，绿叶繁茂的冬橡树、冬青槲和榛树，还有赤杨、椴树、枫树和野生橄榄树，这些树木依傍着丘陵的斜坡分布生长。平原上生长着野生的小灌木丛，盛开着金雀花，还有其他各种绿色植被。草地上点缀着三叶草、莎草、琉璃苣、伞状花科的万能药、开花的毛茛、切维切洛（又称艾拉菲奥）、野苜蓿，以及其他各种珍贵草药；还有常见的有益人体的药草，以及不知名的花花草草。整个山谷都是一片绿色。靠近山谷中心的地方有一个布满沙子和卵石的湖滩，四周围是一簇簇的草丛。养眼的棕榈树丛映入眼帘，树叶如埃及人使用的尖刀，树上结满了甜美的果实。这些硕果累累的棕榈树有的长得很矮小，有的就是普通的高度，有的则又高又直；高直的树是强者的体现，不畏树冠的重量和压力，努力向上生长。可惜在这山谷里依然没有遇到一位居住者，也没有任何动物的踪迹。在这鳞次栉比的棕榈树丛中，我踱着步，感叹着就算是阿奇拉斯（Archelais）、法塞利斯（Phaselis）和利比亚（Libya）的棕榈树丛也绝对不能和这里的景观相提并论。突然，天啊，一只饥饿的狼张着嘴出现在我的左侧！

看见它的瞬间，全身汗毛都竖起来了，想叫却又喊不出声音。奇怪的是这只狼突然逃走了，不久后我镇定了下来。看向树木繁茂的小山丘快要相接之处时，发现远处有一座高大得难以置信的建筑，形状似塔或是很高的瞭望塔，似乎还有一座宏大的建筑物，但是看不太清楚，在若隐若现中，依稀可辨出这应该是一处古迹。山谷中这些个小丘陵，越靠近那座大型建筑物的，海拔就越高，丘陵好像是和建筑连接在一起形成了一个围合物，圈住了这个山谷。想着这个建筑值得研究一下，于是我毫不犹豫加快步伐走过去。

越靠近它，就越觉得建筑壮丽雄伟，一探究竟一睹芳容的欲望也愈加强烈；此时发现这个建筑并不像瞭望塔，更像是一个高耸入云的方尖碑坐落在巨大的石块上。

方尖碑的高度远远超过两侧其他山脉的最高峰，即使这些山脉曾经是著名的奥林匹斯山（Olympus）、高加索山脉（Caucasus）或是库勒涅山（Mount Cyllene）。疾步走向那片荒废建筑的时候，我感到从未有过的喜悦，时不时停下脚步悠闲地欣赏建筑物的雄伟高大，鉴于这座残破建筑惊人的质量和密度，我敢说它绝对是建筑艺术的奇葩。整体是由帕罗斯大理石（Parian marble）筑成，正方形和长方形的石块并没有使用天然混凝土填充，而是用别的什么材料完美连接，平滑坚实，石块与石块的接缝处精细地漆上了红色，就算是最细的针也无法插入接缝中。我发现一个柱廊，从装饰、设计和材料各方面来讲都采用了你所能想到的最高贵形式；一部分柱廊已经倒塌，还有一部分依然完好无损。柱顶过梁和柱头设计精美，是那种没怎么经过雕饰的天然美；出色的檐口、雕带和拱形横梁；破损的大型雕像，上面许多黄铜雕刻的细节饰品都已经掉落了；漂亮的壁橱、外壳，努米底亚大理石、斑岩制成的花瓶，装饰着各种各样的大理石；上等的浴缸和水道，散落在各处的残骸，曾经雕刻精细的它们经过岁月的侵蚀现已面目全非，已经无法还原其建成初期的容貌了。废墟上生长出许多野生灌木丛，尤其是顽强发芽的三叶草、各种乳香树脂、莨菪叶属植物、犬卵石、臭的松香草、粗糙的旋花属植物、矢车菊等等。残垣断壁中生长着大量的景天、下垂的琉璃苣和充满蜇人大黄蜂的荆棘丛。蜥蜴在荆棘丛中爬来爬去，更多的蜥蜴爬在又矮又厚的墙垣上；有几次，蜥蜴向我这个方向爬来，吓得我直往后退。多处有巨大的破损的带凹槽的圆柱（column-drums），这些圆柱由蛇纹石和斑岩制成，涂有类似珊瑚色和其他各种漂亮的红色色调。此外还有各种各样圆形雕塑的碎片，绝妙的深浅浮雕手法展示了我们这个时代所不能达到的卓越，也显示了此种艺术所能达到的最完美境界，堪称后无来者。接近这座伟大神奇建筑的真面目之前，我发现一扇完好无损的正门，和整个建筑的比例相得益彰。

建筑下方的石雕基座连接了两侧的山脉，介于两个悬空的海角之间，我估计它的面积大约是 6 个斯塔德（古希腊的长度单位，相当于 600 英尺）乘以 20 步距。紧挨着建筑两侧的山脉的两翼垂直于地面，我不由得驻足感叹到底用什么样的铁器、耗费了多少时间和劳力、牺牲了多少工人的性命才能完成这么浩大的工程：显然这需要大量的劳力和大把的时间。这座宏伟的建筑人为地连接了两侧的山脉，就像我刚才说过的，隔绝了整个山谷，很好地保护了山谷不受外界侵扰，所有人都必须通过这个大门进出。巨大的基座上坐落着一座巨大的金字塔，形状类似尖顶的钻石，从顶部到底部海拔很高，我能很容易估计出有五分之一斯塔德那么高。我相信从设计到施工直至成功肯定耗费了不计其数的金钱、无数工人的性命和长年累月的时间。我有足够的理由膜拜眼前这个庞然大物，超乎想象、难以置信，让我目不暇接，我必须集中所有的精力才能将它看个完全看个明白。到底是什么造就了这个建筑呢？只要是我能力范围内的，我将竭尽所能简单扼要地描述其每一个部分。

金字塔的正方体底座每一面都有 6 斯塔德长，乘以 4 就得到金字塔等边底座的周长为 24 斯塔德。从底座四个顶角向上延伸出四条等长的线段相交于顶点形成完美的金字塔形。金字塔的中垂线长度为其棱边长的六分之五。

巨大的、令人生畏的金字塔呈阶梯式上升，精准的对称性令人吃惊，就像一颗钻石。

不算尖端尖细部分未完成的10级，一共有1410节阶梯，尖端那部分由一块巨大的、坚硬的、稳定的立方体石块代替，真不明白古人是怎么把这么大的石块运到那么高的地方的。石块也是由帕罗斯大理石制成，石块的本身又作为顶端方尖碑的底座。现在我要描述一下这个方尖碑。这个碑的高度甚至超过蒂提斯（Titides）提起的投掷物，每一面都由6个部分组成，两个穿过底部，一个上升到逐渐变细的顶部。底座每一面都有四个步距长。四条棱上分别有一个金属打造的鸟身女妖(Harpy)的爪子，配有翅膀和锋利的抓勾，紧紧包裹着立方体上四个棱角。四个抓形雕饰比例协调，厚度适中，两步距高，互相之间连接十分巧妙，各种大小合适的叶子、水果和花朵完美地结合在一起，环绕着方尖碑的底座。方尖碑坐落其上，两步宽，七步高，尖顶构造极具艺术性，整个塔是由底比斯（Theban）的斑点红石制成，打磨得十分光滑，就像一面镜子。碑的表面还刻有埃及象形文字，精致隽秀。

方尖碑的顶端放置了一个金属（Orichalcum）做的底座，技术精湛，底座上又放置了一个类似于旋转机器或是圆顶阁的物体，由稳固的栓固定住。其上置有一个仙女雕像，也是用金属打造，优雅精致，让人越看越感叹其手艺高超，大小比例协调，我向上仰望，感觉这个雕像就像真的仙女下凡，栩栩如生。

暂且不论雕像的大小，光是想到何等勇气何等才略才能把它搬到如此高度就够让人吃惊的了，它几乎耸入云霄。仙女衣袍随风飘荡，露出一部分丰满的小腿肚，张开的两翼显示了她在飞翔。美丽的脸庞转向两翼，面色祥和，前额的发辫随风摆动，但是头顶几乎没有头发。右手持有一物，眼神看向此物：制作精良的丰饶角，丰饶角里盛满了美好的事物，口朝地面，向大地撒下富饶；而另外一只手则紧紧护住裸露的胸部。这个雕像轻盈地随风旋转，镂空的金属器件摩擦发出悦耳的声音，罗马宝库里的珍藏都无法发出这种声音。雕像的脚部擦到底座时发出叮当声，就算是哈德良（Hadrian）最高等浴室里的铃铛发出的声音，或是矗立在方形底座上的五个角锥体（金字塔）发出的声音都无法与其媲美。这个方尖碑让我觉得世上仅此一件，绝无相似或是可比之物，不论是在梵蒂冈、亚历山大港还是在巴比伦都不会有。它本身就是奇迹的综合体，让我驻足观赏目瞪口呆。一叹它是一个浩大的工程，二叹建筑师的极度精确，叹为观止的敏锐创造力，强大的耐心和不辞劳苦的精神。多么大胆的艺术创新，需要多少人力物力财力才能把这么重的物件提到如此高度，可与天公试比高！到底要使用什么样的起锚机、滑轮组，或是起重机、复合滑轮、梁架结构，还是别的什么起重机械呢？世人以为最庞大最让人难

以置信的建筑，在它面前也相形见绌。

现在把目光聚回到金字塔，金字塔的方形石板底座巨大坚固，14 步距高，长宽各为 6 斯塔德，这块石板就是金字塔由下至上第一节阶梯。我思忖了一下，认为这块石板不可能是从别的地方运来的，只可能是这里本来就有一座形状构图类似的山脉，工人费了很大工夫开凿而成的，其上的阶梯则是用开凿好的石块一级一级垒在一起的。

这块巨大的方石并没有完全连接两侧的山脉，在我正对的右手边有一个缺口，就是我进出的地方，石头两边都被 10 步长的距离分开。底座的中央清晰雕刻了长着蛇发的恐怖的美杜莎（Medusa），她咆哮着显示她的愤怒，吓人的眼睛深深陷入紧皱的眉头中，前额布满了紧缩扭曲的皱纹，嘴巴张得很大。美杜莎的嘴部镂空形成一个拱形的出入口，一直通向金字塔最中心地段，也就是这个华丽的金字塔中垂线的所在地，通过这个口可以自由进出金字塔。我可以通过美杜莎卷曲头发的辅助轻易地攀登到入口处，这要归功于设计者超群的智慧和艺术才能以及绝顶的创造力。值得一提的是，美杜莎大螺旋状的卷发非常逼真，毒蛇在她卷曲的发辫上互相缠绕着，复杂程度难以置信。美杜莎的脸和她头上争风吃醋的毒蛇雕刻得栩栩如生，着实让我感到恐惧。他们的眼睛都是用闪闪发光的石头镶嵌的，如果不是我确信这些都是大理石像的话，我肯定不敢如此接近它。

美杜莎的嘴是从坚固的石头中开凿出的，一直通向金字塔中心，金字塔中心有一条蜿蜒的通道，呈螺旋式梯级上升，通过这个阶梯就能够到达金字塔的最顶点，即支撑方尖碑的立方体底座。在所有华丽惊人的设计中，我个人认为这个通道是最突出的，因为螺旋阶梯的每一寸都是阳光普照。极具天赋的天才建筑师展示了智慧的最高境界。他按照太阳运动轨迹的变化设计了很多采光通道，分别照亮空间的三个部分：低、中、高。稍低的部分是由其上部的采光通道照亮的，而较高的部分则是由其下部的采光通道照亮的，所有的采光通道都是通过反射对面墙上的光线来提供亮光的。聪明的数学家精确计算出了东南西三面采光通道的位置，使得 7 天 24 小时螺旋楼梯都灯火通明。这些采光通道在整个金字塔内分布广泛且结构十分对称。

正对我右手边还有一段笔直的阶梯，我还是选择了这条康庄大道登上金字塔出入口。这个凿出的石洞口靠着旁边的山崖，有 10 步间距。我就顺着这个阶梯向上爬，充满了前所未有的好奇心。通过入口进入到旋转阶梯，我不停地一圈一圈地爬呀爬，爬了很高很高，气喘吁吁，头晕脑涨。当我终于爬到顶的时候向下望，完全看不清地面，下面一切物体都是模模糊糊的，为此我不敢离开中央平台半步。旋转阶梯的尽头处有一个圆形出口，周围雅致地放置了许多金属柱子，形状类似于纺锤，每隔一步距离放置一个，每个柱子有半步距高。柱子的顶部由金属的横栏缠绕连接，柱子围住了旋转楼梯的出口处，只留出一部分空间供人们由此爬到平台上。我猜测这是为了防止有人因为恐高而失足摔下阶梯。方尖碑的底座上有一个青铜碑，上面刻有我们自己的文字、希腊文和阿拉伯文的古体碑文，我看懂那碑文是献给至高无上的太阳的。碑文也有记录描述整个建筑的尺寸，建筑师的名字也用希腊文刻在了碑上：

Λ Ι Χ Α Σ Ο Λ Ι Β Υ Κ Ο Σ Λ Ι Θ Ο Δ Ο Μ Ο Σ

Ω Ρ Θ Ο Σ Ε Ν Μ Ε

LICHAS THE LIBYAN ARCHITECT ERECTED ME（我是利比亚建筑师利卡斯所建）

下面我们介绍金字塔下面的基石，基座前部是巨人与天神之间残酷战争的雕像群，优美华丽，雕工超群绝伦，整个作品相当精致逼真，呼之欲出，让人啧啧称赞。雕塑体积庞大，描绘的动作事件众多，不是三言两语能够解释清楚。雕刻栩栩如生节奏紧凑，我得不停地从一侧移动到另一侧，眼睛也得跟上，眼脚并用。雕刻的骏马形态各异：有的在飞奔，有的倒在地上；许多受了伤或是受到了重击的马，倒在地上奄奄一息；还有的马发狂地奔跑，马蹄随意践踏着地下的尸体。巨人们抽出武器，和对手扭打在一起：有些巨人的脚还卡在马镫上，被拖来拖去，还有的巨人因为承受不住自己身体的重量而倒下。有的巨人随着受伤战马的倒下而倒下；另外一些巨人虽然倒在地上但是依然手持盾牌和敌人作战。许多巨人腰带上都配有匕首，肩带上都挂有佩剑，手持古代波斯刀剑，还有其他各种看起来致命的武器。巨人大多光着脚，手持武器和盾牌进行混战，有的巨人穿着护胸甲，戴着有羽饰的头盔，而有的巨人则全身毫无防护，显示他们视死如归的豪情。有的巨人身着铠甲，戴着显示赫赫战功的勋章。许多巨人好像在疯狂地咆哮着，还有的则怒火中烧，意志坚定。许多巨人濒临死亡，细枝末节的表现都很到位，还有的巨人则已经葬送在各种不知名的毁灭性武器之下。这些巨人就算在临死时也要展示他们强壮的四肢和肌肉，不肯瞑目，感受着自己死亡的过程。这场战争实在是太残酷了，你会说血腥骁勇的战神马尔斯也在其中大战波尔费里翁（Porphyrion）和阿耳克尤纳宇斯（Alcyoneus），你也会想到后两者听见驴叫声就立马逃跑的结局。浮雕上景象的表现相当出色，由上乘的光泽度高的大理石雕刻，用黑色石头作为填充，完美凸显了白色大理石的美丽和高贵，展示了深浮雕雕刻艺术的精湛。这场战争的胜利包含了多少巨人的死亡、多少努力和汗水、多少坚毅的信念、多少武装盔甲、多少无谓的死亡。天啊，浮雕作品里所蕴含的众多内容让我目不暇接、头晕脑涨，我感到疲惫，所以我无法讲述它所描绘的整个故事，就算是浮雕杰作上的一部分内容我也无法透彻地描述。

多么炽热的浮夸之情才能促使他们把石块连接累积起来组合成如此规模宏大、如此高耸云霄的建筑？他们用了什么工具？用了什么样的运送工具、什么样的马车、滚轴来运输巨大的石头？他们又是用什么把石块连接在一起的？高耸的方尖碑和巨大的金字塔下面的天然混凝土基础规模该是多么宏大啊。当年狄诺克拉底（Dinocrates, 亚历山大大帝时期的希腊著名建筑师）向亚历山大大帝建言在阿索斯圣山（Mount Athos）上建造城市的时候也没有这样的雄心。毫无疑问，筑造这个建筑，连英勇的埃及人也要三思而后行。就连利姆诺斯岛（Lemnos）上令人惊叹的拉比林特斯迷宫（Labyrinth），威严的摩索拉斯基陵墓也无法和它相提并论。我敢说那个记录世界七大奇观的人完全不知道世界上还有这么一处建筑。这是前无古人后无来者的。尼努斯（Ninus，尼尼微 [Nineveh] 的拉丁名）的陵墓在此建筑面前也会汗颜。

最后，我特别考虑了拱顶要多坚固，要有多大的承受力才能支撑上面巨大的重量，是什么样的六边形和正方形的支柱，它们又是以什么方法结合在一起才能形成这么牢固的地基。我很理智地思考了很久，结论归结于：要么是一整块山体原封不动作为地基，要么是夯实的沙砾碎石和成的天然混凝土地基。为了证实我的猜测，我准备深入研究一下大门内部的结构，结果发现里面是空的，黑漆漆一片。下一章我准备描写正门的结构设计，一流精致，让人拍案叫绝，值得载入史册。

上一章波利菲洛描述了巨大建筑的部分内容、巨大的金字塔和惊人的方尖碑，本章节他将描写另一些伟大的叹为观止的作品，特别是一匹青铜马像、一座横卧的人像、一只大象雕塑和一扇优雅的门。

我有足够的理由声明全人类从来没有想到过或者见到过这么美妙宏大的建筑。我也敢于下结论说就算集合全人类的智慧、天赋和能力都无法在艺术上达到如此造诣，无法建造出此等建筑，甚至根本都不会有此构思。全神贯注地欣赏着这个作品，完全被它迷住了，它占据了我所有的思维和感官，让我感觉到从未有过的愉悦。我赞叹着、仔细研究着这个建筑群的每一个部分，玩味着这些精致优雅的雕塑，其原型都是纯天然无雕饰的石头，看着这些作品让我心头一热，不禁哽咽着叹了一口气。

我叹气的声音，响亮而又充满感情，在这个世外桃源回响着，突然间我想起我对波莉亚神圣不可言喻的爱情。啊，波莉亚——我心目中完美的爱人和天使，你只是离开我片刻而已，在整个未知的旅途中你一直陪伴着我，是我的精神支柱，使我的灵魂找到了安心休憩的场所，让我感觉到自己被保护着，就好像周围有堡垒庇佑，对所有的恐惧都有免疫力！到达这里以后我一直享受着视觉大餐，满眼都是精品和稀有的古物，最吸引我的当属那扇漂亮的门，艺术工艺精湛超群，线性轮廓优雅到窒息，见所未见。毫无疑问，我的描述根本无法充分体现出它的知识底蕴，尤其在我们这个年代，有关建筑艺术的专有方言词汇随着真正的大师的逝去而丧失殆尽。哦，恐怖的应遭天谴的愚昧无知，你瓦解了拉丁宝库和拉丁圣殿里最高贵的内容！曾经多么荣耀的一项艺术就这么被糟蹋而失传了，也多亏了你们受诅咒的愚昧无知、狂暴、贪婪、背信弃义，使得罗马帝国成为当今建筑业的龙头老大。

首先我要介绍的是高贵的大门前一块四方的区域，上面没有任何东西覆盖，长30步，每隔一步就铺上一块正方形的大理石砖，设计十分巧妙。每块大理石砖之间的间隙都铺满了各种颜色的马赛克砖，形成各种缠结的图案。由于石块的掉落和野草的生长，许多砖块都被损坏了。四方形区域的左右两端分别有两排落地圆柱，疏柱式的间距精确决定了圆柱之间的最佳距离。两侧的两组圆柱之间间距均为15步距，其中一组紧贴着过道的边缘而立，位于柱间壁，稍前于大门的位置。我发现圆柱大部分都完好无损，有的是陶立克柱头（Doric capitals），还有的是下部变圆的方柱头。贝壳或蜗牛形状的螺旋饰盘踞在镶有串珠装饰盖条的钟形园饰周围，垂在柱头两侧，超过柱头最低端三分之一柱头高度，而三分之一的柱头高度恰好是柱头下高柱直径的一半。柱顶过梁即柱头上面的横木，大多数都已经断裂。许多支柱已经没有柱头了，许多柱子被埋在废墟中，只能看见它们最上面的一些突出物：串珠装饰盖条、柱顶凹槽和凹陷角。这条弯曲的柱廊两侧，古老的法国梧桐，茂密繁盛，野生的月桂树、结球果的柏树和芳香的黑莓，欣欣向荣。我猜测可能这里原来是一个竞技场、廊柱式室内运动场、骑马散步场所，或者是有着开放门廊的林荫路，也可能是一条临时运河的所在。

这个广场上，从开始的位置向正门方向数10步距离处有一座巨大的青铜马雕像，马生长双翼，展翅飞奔。一只蹄子占地面积是直径为5英尺的圆，从马蹄到马的前胸有

9英尺高。马并没有佩带马嚼子，不受任何束缚，小巧的双耳，一只向前一只指后，长长卷卷的鬃毛顺着颈部的右侧垂下来。许多小孩子正在试图骑上这匹马，但是没一个能够紧紧抓住，因为这匹马在狂奔，颠簸得厉害。一些小孩子正从马背上摔下来，还有的将要摔下；一些小孩子仰面朝天，有的又重新爬起准备再上。小孩子们将马厚厚的鬃毛紧紧地卷在手上，想通过抓住马的长毛防止被甩下去，可惜这是徒然的。被摔下去的某些孩子正努力爬上马背。

基座表面用铅固定着同一种铸造金属薄片，地面上的马蹄和摔下来的孩子们也是用同样的方法固定。铸造工艺精湛，整个作品由一块完整的金属打造，一气呵成。没人能断定最终这匹脱缰的赛马是否让它的骑手满意，我则认为结果是消极的，因为雕像给人一种悲伤疲惫的感觉。如果没人听见雕像的悲鸣，那只是因为雕像并非活物，即使它是如此的逼真。不论是技艺高超的犹太国王海勒姆（Jewish Hiram）还是技艺超群但粗心鲁莽的佩里鲁斯（Perillus）都只能是望洋兴叹。

青铜像的基座是一块坚固的大理石，合适的长度、宽度和高度恰好能支撑上面铜像的重量，做工让人惊叹。大理石上有五颜六色的纹路，斑斑点点点缀在纹路周围，令人赏心悦目。基座面向大门的一面上镶有一块白色大理石镶嵌板，板上嵌着绿色大理石刻成的花环：荷兰芹上点缀着药用前胡的叶子，叶子形状类似于茴香。板上用大写拉丁字母刻有碑铭。

类似的，在背对大门的一面上刻有由毒乌头草组成的花环，碑铭如上。

基座的右面刻着几个跳舞的少男少女，每个人都有两张脸：正面的是笑脸，背面的则是哭脸。男士拉着男士的手，女士拉着女士的手。每个男士的一只手从隔壁女士的胳膊下面穿过，而另一只手则从另一侧女士的胳膊上面穿过，以此类推，结果每个人微笑的脸总是面对着相邻那个人哭泣的脸。男女各有 7 人，雕刻得和真人一模一样，转侧的动作、飘逸的外衣，方方面面都很逼真，找不到一处缺点来责怪高明的雕刻家，唯一遗憾的是他不能赋予笑脸爽朗的声音，不能赋予哭脸真挚的眼泪。这场圆圈舞的画面利用两个半圆的中间部分雕刻而成，显示了雕刻家的聪明才智。

这个半圆形雕塑下面刻有“时间”二字。基座的左面刻有许多年轻人，形体、衣着等各方面都和另一面一样完美，都有漂亮的波纹线脚，点缀着精致的草叶，可以看出这

两面的雕刻出于同一个雕刻家之手。画中的青年在大片植物和灌木中忙着采集花朵，而一群美丽的少女则互相打趣欢声笑语，调皮地抢走青年手上采摘的鲜花。这幅雕塑下方也刻有两个字——“失去”。字体纤细，雕刻精确，字母厚度为高度的九分之一，宽度略少于高度的平方根。

这座巨大的青铜马像让我受到了震惊，好奇心大发，一直盯着看，思考了很久：这件作品绝对是人类智慧的珍品，整体和部分结合完美无瑕。我脑子里立马想到了不幸的赛扬努斯（Sejanus）。

当我在这座神秘的工艺品前面徘徊踱步的时候，另一件绝不输于它的杰作跃入眼帘：一只庞大的大象。我快步向它走去，兴致勃勃，突然，有病人的呻吟声从另一个方向传出。我感到毛骨悚然，立即停下了脚步，却又不知何去何从；最终我决定去寻找声音的源头，爬过一片布满大大小小大理石碎片的废墟，看见一座巨人雕像。小心翼翼地靠近，发现这个巨人没有脚底，一直到胫部都是镂空的。带着恐慌之情慢慢向头部看去。我想这低沉的呻吟声归功于有如神助的精巧设计：风从空洞的脚底进入发出声音。这座巨人像仰面向上躺着，金属铸造工艺不可思议。雕像为一个中年男人，稍稍抬起头部。面露病容，微微张开的嘴告诉人们他在悲叹呻吟，雕像从头到脚长 60 步。借助他的头发可以爬上他的胸膛，借助浓密的卷曲的胡须可以爬到他叹气的嘴部。巨人的嘴部也是镂空的，好奇心驱使下，我毫不犹豫爬入嘴部进入到喉部，继而到胃部，虽然有点害怕，但是还是通过巨人体内错综复杂的通道，参观了所有的内部器官。这雕像是个多么棒的点子啊！从内部参观人体结构就像在看一具透明的人体。不仅如此，人体每一个部分都用三种语言（迦勒底语、希腊语和拉丁语）刻上了名字。雕塑内部所有的构造都和真正人体内部的组成部分完全一致：神经、骨头、血管、肌肉和肉，并附有巨人各种疾病的诱因和疗法。体内满满当当的器官之间有些许空间方便通过，身体各处适当的地方都留有小通道让光亮进入，照亮内部各器官。雕塑身体各个部分都可以和实物媲美。走到心脏处时，从所刻文字我了解到爱情是巨人叹气的原因，也清楚看见爱情深深伤害了心脏的哪一部分。所有这一切深深触动了我的神经，让我想到了波莉亚，我也不由得从心底发出一声长叹——整个腔体一直回响着我的叹息声，让我惊骇不已。这是一个怎样的物体，超越世界上最精妙的发明创造，让一个解剖白痴如此惊叹折服！哦，古时万能的天才们啊！哦，那真正的黄金时代啊，那时美德和好运同在！但是那个时代已经过去，我们这个时代就只剩下无知和贪婪在互相掐架。从这个厚厚的巨人像的另一端走出来的时候，我看见废墟中有一个女士头部的前额，其他的部分都埋在废墟之下。我推测这也是一件大同小异的作品，由于废墟高低不平又不稳定，我决定不再仔细深入研究。于是我回到了原处，离青铜马像不远处有一座大小规模差不多的大象雕像。大象由更黑的石材而非黑曜石所造，上面撒有厚厚的金粉和银粉，石头闪闪发光。其光泽反射了雕塑上的每一部分，可见其举世无双的硬度；由于金属遭到侵蚀，有些部分生出了绿锈。更让人赞不绝口的是宽广的象背上美丽的铜制的鞍，由两条带子环绕系在大象圆滚滚的肚子上。同样石材制造的铆钉固定住两条带子，带子之间有一块方形石块，石块尺寸和其上支撑的方尖碑的宽度吻合。一个重物下面绝对不能留有空隙或是混进空气，否则这个物体就不坚固持久。

这块方石三面的装饰都极具美丽的埃及风情。这头宽背的庞然大物制作工艺精准神奇，不是仅仅遵循雕刻准则就能够完成的作品。我刚提到象背上的鞍，鞍上装饰有许多小型雕塑和圆形凸饰，讲述了小场景、小故事，鞍上还稳稳地顶着一座方尖碑。方尖碑由绿色的斯巴达石材（Lacedaemonian stone）制成，底部方形面的宽度是一步距。乘以7就是从底部到塔尖的高度。顶尖上设有一个醒目的圆球，由光泽闪耀的透明物质打造。这只精雕细琢的巨象稳稳当当地站在一块硕大平滑的基座上，基座由最坚硬的斑岩高度

抛光而成，大象的两只长牙是由光亮雪白的石头制成。铜质象鞍的钩子上悬挂了一个精美的铜质胸饰，挂饰的中部用拉丁文刻上了："智慧蕴于脑。"象的颈部围有华丽的项圈，黄铜铸造的绚丽装饰由两个轮廓优美的方形组成，从项圈一直垂到大象的胸部。方形的四周环绕着叶子，形成波浪形，中间刻有爱奥尼亚和阿拉伯字母。

大象肥硕的身体并非紧紧连接在基座上，而是和基座之间有一定的悬空，四肢的动作显示了它在向前行走，大蒲扇似的、布满皱褶的双耳垂在两侧。这个雕塑的大小和现实中大象的尺寸相差无几。基座的椭圆形外周刻有象形文字或是埃及文字。基座有精致的底座、珠形饰、凸圆线脚，串珠装饰盖条，其底部是正曲线饰。基座上的装饰得体，突起的反波纹线脚和金属饰环、凹形边饰、齿状饰和串珠装饰盖条相得益彰。基于它的厚度设计，整个基座比例匀称，长宽高分别为 12 步距、5 步距和 3 步距，底座的两端是两个半圆。象尾那端的半圆凿出一小段楼梯，一共 7 节，可以爬到基座最上面的平台，出于新鲜好奇，我爬了上去。大象胸饰的下端方形区域有一个入口，鉴于制造材料的坚硬程度，不得不赞叹这个出入口的设计和雕琢。通过这个入口进入一个空腔，空腔里有一个梯子，以金属制成的横档为梯级，通过这个梯子就能轻而易举爬入大象内部。

我实在太好奇了，爬入了大象雕塑的内部一探究竟，结果发现这个庞然大物的体内是一个空腔，外部可见的从下面支撑象体的物体也贯穿体内，但是支撑物中留有一条小道，人可以从中穿过，自由地在象头和象尾之间穿梭。大象背部的拱顶上有一盏用铜链子系着的永远不灭的灯，发出阴森森的光芒。这点光亮足够让我看清在象尾有一个用同样石材打造的古墓，墓的圆盖上有一座裸体男性塑像，由黑石雕成，和真人一般大小，头戴皇冠，牙齿、眼睛和指甲都有镀银，闪闪发光，十分完美。墓的圆盖呈鳞叠状，并装饰有其他的精致轮廓。人像右手持一节木制的镀金权杖，左手拿着一个凹面的盾牌，形状类似于马的头骨。盾牌上分别用希伯来文、雅典文和拉丁文刻有文字。

这不寻常的物件让我很是震惊，也把我吓得不轻，我没有长时间逗留就沿原路返回。又一盏鬼影重重的灯在我眼前，我爬过支撑物中留出的小道，到达了大象的头部。这里也有一个墓冢，方方面面都和尾部的那个极为相似，唯一不同的是墓盖上是一座女皇雕像。女皇右手高高抬起，食指指向肩后方，左手持有一个牌匾，牌匾和她的手以及墓盖连接在一起。牌匾上用三种语言刻有诙谐短诗。

这首新颖的短诗值得大篇幅描述，但是实在不知所云，也解不开其中的奥妙，我读

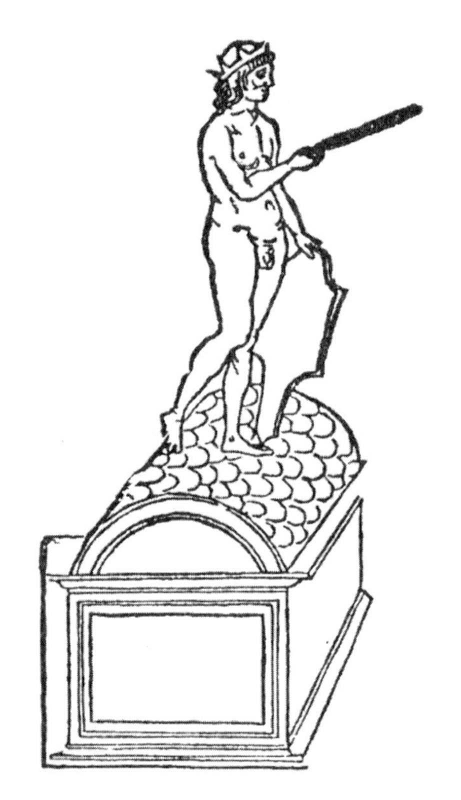

אם לא כי הבהמה כסתה את בשרי
אזי הייתי ערום חפש ותמצא הניחני

ΓΥΜΝΟΣ ΗΝ ,ΕΙ ΜΗ ΑΝ ΘΗΡΙ-
ΟΝ ΕΜΕΚΑΛΥΨΕΝ.ΖΗΤΕΙ.ΕΥ-
ΡΗΣΗ ΔΕ.ΕΑΣΟΝ ΜΕ.

NVDVS ESSEM, BESTIA NI ME
TEXISSET, QVAERE, ET INVE-
NIES.ME SINITO.

היה מי שתהיה קח מן האוצר הזה כאות ׃נפשך
אבל אזהיר אותך הסר הראש ואל תיגע בגופו

ΟΣΤΙΣ ΕΙ. ΛΑΒΕ ΕΚ ΤΟΥΔΕ
ΤΟΥ ΘΗΣΑΥΡΟΥ, ΟΣΟΝ ΑΝ Α
ΡΕΣΚΟΙ. ΠΑΡΑΙΝΩ ΔΕ ΩΣ ΛΑ-
ΒΗΙΣ ΤΗΝ ΚΕΦΑΛΗΝ. ΜΗ Α
ΠΤΟΥ ΣΩΜΑΤΟΣ.

QVISQVIS ES, QVANTVN
CVNQVE LIBVERIT HV-
IVS THESAVRI SVME AT-
MONEO. AVFER CAPVT.
CORPVS NE TANGITO.

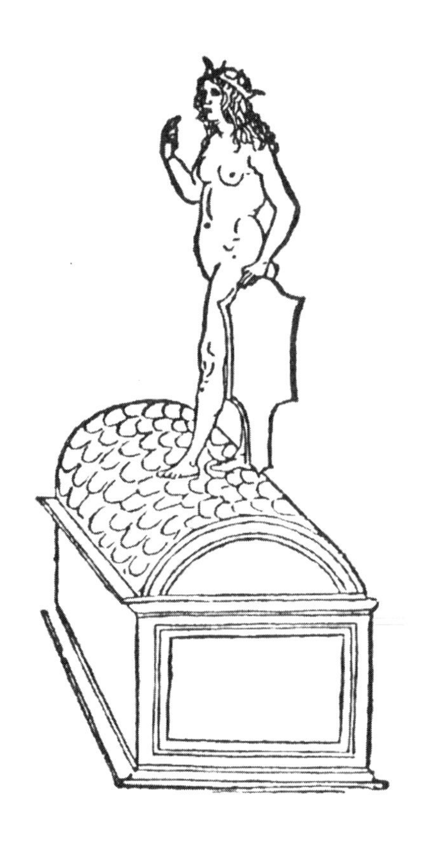

了一遍又一遍，反复揣测，还是不确定这段文字的译文，也不确定这段文字是确有意义，还是徒有表面功夫无实际含义。我只是傻傻地站在那里，不能动弹，这里的氛围太诡异了，如果没有昏暗的灯光，这里将是一片漆黑。当下我只想好好研究一下凯旋门，这是说服我自己不应在此逗留更好的理由。于是我不再庸人自扰，决定回到瑰丽的大门，待我研究透彻之后再回到此处，再悠闲地欣赏这件了不起的人类智慧的产物。我立马走到入口处，爬下了梯子，走出这个巨象的肚子。不得不说这座雕像真的是一件不可思议的创造，需要无量的勇气和无限的努力！什么样的钻头或是其他什么设备才能够穿透这么坚硬的石头，挖空了它？还能让内部的空间形状和外部结构完全一致？回到广场上，我发现斑岩底座的周围刻有下列优美的象形文字。依次是：一个有角的公牛头骨，两角上分别绑有一个农耕工具；一个放置在两个山羊脚上的祭坛，燃烧着熊熊的火焰，祭坛表面有一只眼睛和一只秃鹰的图案；一个洗脸盆和一个大口水罐；一个被纺锤贯穿的线团和一个有盖的古董花瓶；一个脚底，脚底上有一只眼睛，两根枝条在脚底十字交叉，一根是月桂树的枝条，另一根是棕榈树枝条；一个锚、一只鹅；一只持着一盏古代油灯的手；一个缠绕着果实累累的橄榄枝的舵；两个钩子；一只海豚；最后是一个紧锁的箱子。所有这些象形文字的图解如图所示。

反复思考了这些古老神圣文字的含义，我把它们翻译成：

脱离世俗劳役的枷锁，自由献祭自然之神。渐渐地你将全心臣服于上帝。上帝也将为你的人生指路，宽厚仁慈地教导你，让你免除一切灾祸。

离开这个精彩神秘、莫测高深的作品，重新回到那座巨大的青铜马像。马头瘦骨嶙峋，而且相对较小，给人一种强烈的感觉：这匹马是禁锢不住的，等不及要飞奔；我认为我看见马身上的肌肉在抽搐，它看起来更像活物而非人工制品。马的前额用希腊文刻有：Γ Ε Ν Ε Α。这里众多的作品都被损坏，大大小小的碎片，成山成堆的废墟，而如梭的贪婪的时间还是慷慨地完整地留下了这四件惊人的巨作：大门、青铜马像、巨人像和大象石雕。哦，古代的能工巧匠们，我们神圣的祖先啊，到底是什么让你们伟大的美德受到吝啬的影响，宁愿将那么多智慧的宝藏永远封存在坟墓之中，而不留给后人？

随后我又来到了这扇古老的大门前，大门制造工艺非凡，极具规律性和艺术性，装饰有雕像以及各种轮廓。这位建筑师极具智慧，拥有丰富的创造力和敏捷的思维，我迫

不及待想和他交流一番，我处于兴奋的顶点，仔细查看大门的尺寸、轮廓和实际用途。

我很用心地测量圆柱下面的方形物体，两侧各有两个，从方形的尺寸就能够充分了解整个正门的对称性，我简要解释一下。这个四边形 ABCD 被三条等距的垂直线和三条等距的横线分成了 16 个方形。然后加上一个一半大小的图形，再以同样的方式划分，添加上去的图形就得到了 24 个方形（用线做出的这种图形在镶嵌细工和绘画的透视法中十分有用）。在第一次提到的四边形 ABCD 画出两条对角线，再画相交于对角线的交点垂直线和横线，得到四个方形。然后在等长的边上标记出中点，用线段连接四点得到菱形。

画完图形之后，我不禁好奇当代那些笨蛋到底有什么权利大肆吹嘘他们在建筑上的造诣，他们连建筑是什么都不懂。他们制定的那些错误百出的建筑规则就是他们犯下的最大罪行，不论是神圣的建筑、世俗的建筑，还是公共的、私人的建筑，建造时他们都忽略大自然的教导，使万物完美的对称性蒙羞。正如诗人所说的金玉良言：美德和幸福蕴于“适度”。放弃或是忽视对称这一精髓就会导致混乱，任何一部分和整体不相称都会导致一切都不对劲。如果没有秩序和规范，有什么作品能够让人满意，能够显得高雅和尊贵？无知的人否认无知，从而导致各种不和谐的因素。这件精致完美的作品没有违反任何建筑上的金科玉律，在规范之下，聪敏勤勉的建筑师依然能够在无损建筑主体的情况下，按照自己的意愿随意增减修饰，让装饰和整个建筑相得益彰，使建筑达到最佳的视觉效果。我说的建筑“主体”是指建筑师最初的想法和设计，建筑的原型，不带有丝毫修饰的原型。如果我认识正确的话，最原始的雏形才真正显示了建筑师的才能和智慧，因为事后装饰是一件简单的事。重要的是各个部件的分配排列，冠部不能放在底部而是应该放在顶部，圆凸形线脚装饰、齿状饰等都应该各司其位。所以只有才华横溢的人才能负责建筑的秩序和雏形，而普通的人民大众都可以从事装饰工作。所以说，从事体力劳动的人是建筑师的仆人；而建筑师绝对不能屈服于邪恶可恶的贪婪之心。除了要有学问以外，建筑师还需要言辞得体、心地善良、宅心仁厚、彬彬有礼、耐心细致、幽默风趣、勤奋努力、对万物万事都要有强烈的好奇心且三思而后行。对，我说三思而后行，这样他就不会因为焦躁鲁莽而铸成大错。

现在我们把刚才画的三个图形（包括加在 16 个方形图案上的图形）归结成一个。我们除去那些菱形、对角线、三条垂线和三条横线，除了中间那条结束于和垂线相交点的线以外。这样我们就得到两个完美的长方形，一上一下，每一个长方形都包含 4 个正方形。如果我们画出下方长方形的一条对角线，然后再由此向线段 AB 做垂线的话，就能得出拱门和侧柱的宽度。线段 AB 则是悬臂梁或直梁所在的最佳位置。所截的线段 EF 的中点则是拱形横梁开始弯成半圆形的起始点。拱的圆心到最下端顶点的距离应该和拱半径相等。否则这个设计就是有缺陷的，我决不会称之为完美；古代那些最优秀手艺最好的建筑师就是这样不辞劳苦设计美丽精致的拱门，赋予拱门优雅以及强度，防止它被突起的柱冠堵住。

正门两侧的双排柱下方设有方形基座、独立底座或是列柱墩座，起始于离铺设地面一英尺处的柱基，形成联系的分界线。由柱基开始，反波纹线脚、凸圆线脚和凹渠线脚，以及上面的串珠装饰盖条很自然地向列柱墩座延伸，和适当的精致的线脚一起为安提斯柱子（antis columns）组成台石或是基座。从列柱墩座顶端伸出飞檐，飞檐上反波纹线脚和其他各种轮廓线条相互搭配。

线段 AB 和最上面主方形的线段 MN 之间的空间被分成了四块，横木、动植物雕带和飞檐占了其中的三块。冠状部位所占面积稍大于横木和雕带的面积，比方说，如果横木是 5，雕带也是 5，那么檐顶就占 6。眼光敏锐、聪慧的建筑师在檐顶的反曲线脚的边缘部分制造了一种倾向性，使得檐顶部分镂空有半英尺。他绝不是做无用功，这样的设计使得檐顶上雕塑的底部不会被突出显眼的冠部挡住。建筑师本来可以通过放大雕塑上的装饰，例如放大雕带，来突出雕塑，但是这样做就会破坏雕塑的对称性和和谐感。在上述檐顶之下的完美的方形遵循了下列原则。

圆柱垂线上突起的动植物雕带被分成了两部分，其中一部分赋予了最高檐顶厚度。有两个方形，一边各有一个，此外还有处于两个方形中间并且垂直于正门的剩余部分。这部分分为 7 份：中间部分欲留给放置女神雕塑的宝座或是神龛。两侧各三个部分，这 6 部分留给侧面方形。

计算上部飞檐的突起也很容易：以飞檐的厚度为边长做一个方形，再画出方形的对角线，就能算出突起的精确值。

现在把所有的 24 个方形相加，就得到一个一倍半的图形 OPQT，此图形包含一个半长方形。用 5 条间隔相等的垂直线把那半个长方形分成六等份。按规定主要立面的顶点恰好就是第五条垂直线的中点，从这条垂直线向下呈一个适当的角度引一条斜线，直到这条斜线和冠部的侧突相交。它们的端点都恰好和冠部突起上的反曲线脚重合在一起。

主要立面和飞檐优雅的轮廓交相呼应：第一条原则取自凸出方形的平面，最后的原则取自带有尖角形的齿状飞檐。

正门由石板切割而成，各处的抛光度完全一致，可见功夫，波纹图案和石板紧密结合，嵌入的作品十分漂亮，质地光亮闪耀，吸引眼球。大门两侧两步距离处各有两个高大华丽的圆柱，底座以下全被碎片掩埋，但是依然屹立不倒。我尽可能清理了周围的残垣断壁，铜质的基座终于露出来了，基座和柱头的材料相同，铸造工艺出色。我饶有兴致地测量了基座的厚度，发现厚度乘以 2 就是圆柱最细部分的直径。通过这一数据也算出了柱高 28 腕尺多。靠门近的两根圆柱是由最上等的斑岩和可爱的蛇纹石制成；而另外两根则是由卡利亚蒂大理石（Cariatic marble）制造，上面刻有沟纹和凹槽，清晰可见。除这两组圆柱以外，离门较远处还有两组陪衬的柱子，都是由坚硬的拉康尼石(Laconic stone)制成，圆柱收分线朴实无华。

圆柱最细圆周的半径就是基座的厚度，基座由凸圆线脚、凹形边饰和方形底座组成。由此把基座分成三份，一份是底座，宽度为一个半直径。然后把另外两份再分成四份，上部的凸圆线脚占一份，下部的凸圆线脚和凹形边饰基本平分剩下的三份，说几乎平分是因为其中七分之一是平线脚。技艺超群的建筑师完美遵循了这些数据。普通柱头上伸出一根壮观的横木或称柱顶过梁，最下层的楣梁饰带装饰着圆形的螺纹和莓果图案，截短的纺锤和两颗扁平的珠子相互交替的图案构成了第二层楣梁饰带。第三层楣梁饰带上巧妙地雕刻着被果实压弯了腰的麦穗，茎秆上长满了叶子。再上面一层是蜿蜒的植物雕带，其端部雕有各种各样的花茎和花朵，四周布满了用深浮雕雕刻的卷曲的藤蔓，许多鸟在藤蔓上筑巢。更上面一层是精致的飞檐托块，托块之间有适当的间隙，再往上是反向的斜坡直通广阔的飞檐。飞檐有些损坏，透过损坏处能一窥建筑更宏伟的部分：我窥见建筑的大致外形轮廓，有两扇超大的窗户，四周环绕了各种装饰，由此能想象建筑完好无损时的样貌。我刚提到的横梁下方就是反曲线脚，或者说是现存大门上主要立面的最尖端，它与斜面和横梁之间形成一个不等边三角形的空间区域。横梁下方双柱中间绝妙的飞檐托块支撑着横梁结构；三角形区域中所能利用的最大空间内雕刻了两个圆壁龛，类似大浅盘，边缘装饰了波纹、珠形饰和凹形边饰。周围环绕的这些轮廓中，突起最明显的是鼓鼓的凸圆线脚，精巧地嵌在紧密聚合在一起的橡树叶中间，橡树叶周围散布着橡树果。每个神龛中都有一座庄严的半身人像，胸前都围着大披肩，在左肩处用古代的打结方式固定；人像都长着胡子，头戴桂冠，显示了尊贵地位和庄严的形象。

圆柱上方的雕带上有方形的突起，突起上所刻雕塑如下：一只振翅的老鹰栖息在一个鼓起的花圈上，利爪扣住花圈，花圈由叶子和水果编织而成，中部下陷，尖细的两侧由伸展出的嫩芽固定，雕刻一目了然。

大门和两侧的柱廊同高，表面是光滑的大理石，各个部分采用了最佳组合方式。这也是为什么我要首先描述宏伟大门的主要部件，下一章我会细细描写它优雅美丽的装饰。对于一个严肃认真的建筑师来说，建筑主体框架一定要先于建筑完成后的设想。也就是说，建筑师必须首先知道怎样安排一个巨大的实体，并且要先在脑子里构建出整体的结构框架，而不是先考虑应该用什么装饰。所以说呢，凤毛麟角、技艺超群的建筑师才是建筑的核心，其次是大量的劳力（有没有文化都无所谓，希腊人称为“行动者”），也就是我所说的建筑师的工具。

波利菲洛充分描述了宏伟的正门及其各种尺寸之后，接下来他要竭尽全力描写正门精致巧妙的装饰，及其让人叹为观止的结构组合。

刚刚大篇幅的描写希望能够给广大的读者，甚至是唯爱有关仁慈爱神（Amore）的作品的大众一丝满足，大家都如饥似渴地学习和了解我所联系起来的事物，尽管过程是痛苦的，或许从现在开始要叙述的东西能够给读者带来平和的心态和些许满足感。人类的感情天生就易波动，所以我们不能只因为面包不适合某些高品位者的口味，就一味批判它口味一般。这也是为什么好几次我都有提到建筑的适当目标，这也是建筑的最高创作：建筑实体的和谐性。建筑师完成建筑主体之后就把主体分成细小的部分，就像音乐家设好了音阶和韵律的最大单元之后再把它们分成半音体系和音符。根据这个比喻，建筑师法则之一就是必须知道建筑下一层的概念就是空间，空间可以再分成能够赋予建筑和谐性和一致性的最小的单元，每个单元都和整体息息相关。这也是为什么这扇正门这么出色完美，让人不得不钦佩它的构造及蕴含其中的创造性，这也是为什么它如此高雅，无可挑剔，就算是最不显眼的地方也完美得无话可说。所以我认为现在是好好讨论一下它无瑕的构造的时候了。

门的右边是一个柱础，位于圆柱基座的下面。以小型飞檐为上界，以温和的反曲线脚为下限，勾勒出完美的方形空间，确切说是一个长方形区域，长度大于高度。我必须使用通俗的语言来介绍，但却不会用罗马方言，因为罗马方言已经堕落退化了，缺乏能够精细介绍这个作品所需要的相关词汇，所以只能用一些我们都知晓的词汇将就一下，讲个大概。

请允许我把它称作为圣坛，用中浮雕手法刻有沟纹，各种叶子环绕周围。沟沟壑壑之间是透明的雪花石膏，石膏上恰如其分刻着浮雕，方形区域边缘上均匀的突起保护着浮雕不收伤害。石膏上是一个男性肖像，已过壮年，面相如农民，长着浓密的胡须，胡子看起来很硬，就像费了很大劲才从他粗厚的皮肤中长出来一样。

他坐在一块被雕刻过的石头上，身穿山羊皮，剃了毛的山羊皮背部被老人打结系在臀部，留有毛发的羊皮颈部则悬挂在他双腿之间，依稀能看见腿上的静脉。充满肌肉的小腿间有一个铁砧，被固定在长有结节的树干上，他正忙着在铁砧上锻造一对发光的小翅膀，图上他举起铁锤准备敲击铸造。身旁是一座精致的女性肖像，双肩上长有双翼，羽毛丰满，手上抱着一个裸体的婴儿，就是她的儿子。小婴儿的小屁股坐在女神母亲丰满的大腿上，女神把孩子托起，让孩子光着的小脚踩在铁匠所坐的石头上，石头本身很大，就像一个小石丘。小山洞里有个火炉，里面的煤烧得正旺。一位女士头发前梳，盖住了额头，一圈一圈地盘在头上；这位女士雕刻得如此细腻精美，我想不通为什么临近的那位男士没有爱上她！那座男性雕像是一个表情愤怒武装整齐的男士，胸前穿着古代的铠甲，就像刻着美杜莎头像的盾牌，身上还有其他一系列高贵精美的装饰。佩带从胸前穿过，强健有力的手臂半举起一支矛。头上戴着有翎羽的头盔，另外一只手却不可见，被前面的人像挡住了。还有一个衣着单薄的青年，只能看见胸部以上，其他部分被铁匠倾斜的头部挡住了。

这个雕刻家用尽全力在一块珊瑚色的石头上展现了这个场景，把这个场景嵌入了构成圣坛的线脚之中。通过半透明的雪花石膏和图像周围的空间来展现颜色，赋予裸露的四肢和身体一种粉红色的肉感。另一块圆柱支撑物的轮廓和这块一模一样，只是上面展现的场景有所不同。

类似的，柱基的左边刻着一个正值壮年的男性的裸像，面容和善，气度非凡。坐于一方凳上，凳上刻有古代装饰纹，脚蹬长靴，但是从大腿到小腿部分的靴子没有系紧，两条小腿上各长有一个翅膀。旁边是一个裸体女性雕像，双乳小巧挺拔，大腿丰满，规格和前一幅画中的女性一模一样，应该是用一个模子做出来的。她正将自己的儿子交付给那位男士，听取教导，婴儿已经长出了双翼，努力用他的小脚站起来，男士正温柔地向他展示三支箭。显而易见，那位男士在教孩子怎么使用箭，孩子的母亲手持空空的箭筒和松弛的弓。男士的脚边放置着蛇形的墨丘利节杖。这幅图里也有武装整齐的男士，还有一个带着头盔的女士，手持矛，矛上挂着奖杯：奖杯由古代的护甲铸造而成，顶端的球形上雕刻双翼，双翼之间刻着“一切皆变”。这位女士衣着松松垮垮，露出上半个胸部。

刚刚我描述的两个方形物上分别矗立着一根斑岩制的多利克式柱子，其高度等于其直径的 7 倍。柱子经过精心打磨，闪闪发亮，呈现暗红色，表面有不规则的浅色圆斑点。柱上各有 24 条凹凸条纹纹饰，精确地嵌在平线脚之间，但是下部的三分之一则用卷绳状线脚填充。我猜测这座华美的建筑或是庙宇既供奉男性又供奉女性，例如男性神明和女性神明，母子、夫妻、父女，或是别的类似的组合。由于女性圆滑的天性更胜于男性的色性，聪慧的祖先更加信奉女性的贡献（凹凸条纹纹饰部分）胜过男性的贡献（填充的部分），于是就形成了这种雕刻形式。

为什么说凹凸条纹纹饰为女神庙专用，理由就是这种装饰纹路代表了女性服饰的皱褶，而柱头和其上的螺旋饰代表了女性的辫子以及头饰。女像柱（Caryatid），即以女性头像为柱头的柱子，设立在纪念被镇压者的神殿里，象征造反者女性化的变化无常，让人们永远铭记。

刚描述的分立的柱子设立在方形底座上，方形底座由铜质柱基支撑，柱基上刻有凹凸线脚或叫“cymbias”，橡树叶和橡果图案围绕线脚周围，和曲折的缎带图案紧密结合。柱头也是铜质的，让整个柱子看起来非常和谐。精益求精、见多识广的卡利马科斯（Callimachus），用迷人的语言描绘了从科林斯少女墓冢上的篮子里长出的莨苕叶，但是这个柱头的美是他从未见过的，也足以让他词穷。柱头的顶端是蜿蜒的柱冠或是中心点缀着一朵百合花的反曲覆盖物，花瓶雕饰用罗马和科林斯风格覆盖——两排八片莨苕叶。从这些叶子向花瓶中部漾出浅浅的螺旋纹，百合花就完美地放置在这些螺旋纹之上，卷曲的花茎则一直延伸到柱冠突起的下方。阿格里帕（Agrippa）的决定是正确的，把这样的柱子放置在万神殿（Pantheon）的门廊上，并且加高一个直径（柱子最底部的直径）的高度，保持了柱子所有部分及装饰的协调匀称性。

入口的门槛石由一块葱绿色的石头做成，其坚硬的表面散落着白色、黑色、灰色斑点，还有各种不明显的杂色。安提斯柱直立在这块石头上，距离门槛边缘一步距离，柱子内侧平滑光亮，外侧雕刻精美。半柱头由同样石材打造，但是门槛上没有任何铰链，其他地方也没有任何铁钩可以用来固定半柱头。半柱头上面就是半圆形的拱形门梁，轮廓精致，楣梁饰带考究，刻有球形或是莓果和纺锤图案，几十个这样的图案聚在一起就像绕在一起的线团；轧件上的结疤；有着茎梗的瑞西奥（rinceaus）蜿蜒下垂，完全是古代风格。拱的拱肋、锲块、拱心石的大胆而细腻的设计和整体高雅的气质都值得膜拜，让人享受视觉的饕餮大餐。

我有些吃惊地看着一座老鹰雕像，雕像主体几乎和支撑它的一块厚厚的黑石完全脱离，双翼展开：怜爱地抓住一个甜美娇嫩的男孩，小心翼翼不让锋利的勾爪伤害到孩子柔软的肌肤，所以只是钩住他的衣服，提起孩子的双脚，靠近雄鹰因振翅而鼓起的胸部，孩子反向悬挂着，由于衣物被向上提起所以肚脐以下全露出来了，嫩嫩的小屁股对着老鹰的后腿部。这个小男孩确实漂亮，从表情可以看出他很害怕掉下去。男孩伸出双臂，用肉呼呼的小手紧紧抓住老鹰双翼的桨骨（就是由活动的关节连接的骨头），同时弯曲稚嫩的双腿，试图向鹰尾的方向抽出双脚。老鹰的尾部顺着拱腹滑下，十分优美。小男孩由一块带有白色纹路的玛瑙或是缟玛瑙雕刻而成，工艺精美，艺术造诣极高；雄鹰由黄玉髓雕刻而成，有着不一样的肌理。我彻底折服了，这位艺术家的想象力到底有多丰富，脑子里的图像到底有多清晰，他才能如此确信使用这块石头就能实现他的创作，我实在想不明白。老鹰的喙半张开，喙四周的羽毛直立，露出舌头，明目张胆地显示了它好色的本质。鹰和孩子拱起的背都与拱顶的形状相似。

拱门的其余部分形成一个顶，由小方块组成，每一块都经过精心浇铸，中部用深浮雕工整地刻着玫瑰花饰。方块的厚度和安提斯柱的柱头尺寸一样，柱头上就是正门的开口或是内殿的拱顶。

拱顶形成的三角形区域内有一尊高贵的胜利女神像，手法是大家所熟知的刻有浮雕的宝石。衣服随风飘舞，露出她一部分贞洁的身体：漂亮的小腿、胸部和肩膀；头发松松地盘卷着，光着脚，手持胜利之杯。这一幅景象恰好完全填补了这块三角形区域，黑石的使用更加突出了金属雕刻物的真实性，女神则拥有牛奶般的肌肤，我能看见最上等的白色大理石块依附在柱子的背侧。

横梁上面是雕带，雕带的中间用钩子固定了一块有镀金的牌匾，匾上用优雅的希腊大写字母刻有警句，字母都镀了银，所刻文字为：

Θ Ε Ο Ι Σ
Α Φ Ρ Ο Δ Ι Τ Η Ι Κ Α Ι Τ Ω Ι
Υ Ι Ω Ι Ε Ρ Ω Τ Ι Δ Ι Ο Ν Υ Σ Ο Σ
Κ Α Ι Δ Η Μ Η Τ Ρ Α
Κ Τ Ω Ν Ι Δ Ι Ω Ν
Μ Η Τ Ρ Ι Σ Υ Μ Π Α Θ Ε Σ Τ Α Τ Η

翻译过来就是：献给圣母玛利亚、女神维纳斯和她的儿子，爱神、酒神巴克科斯和得墨忒耳，感谢他们给予我们的一切。两个男小天使（也可以说是长了双翼的灵魂）裸像扶持着黄铜牌匾的两侧，雕刻完美无瑕，就算是拉文纳（Ravenna）最勤奋的，专门制作托起海螺号角的男小天使裸像的雕刻家也没有见过这么美的。他们肉呼呼的小手抓着牌匾，举到让人们能看见的位置。小天使像均由同一种金属材料制成，嵌在一块蓝色的石块上，压入锭剂然后不停压榨是大家熟知的制造完美天蓝色的方法，但是这种蓝色的色调更为出众，看起来就像半透明的玻璃，闪闪发亮。

雕带前方、斑岩柱的正上方刻有各种战利品：胸甲、三层铠甲衣、盾牌、头盔、束棒、斧子、火把、箭筒、标枪，还有其他各种海陆空用的战争武器。这些武器制作精良，毫无疑问，两侧的兵器都是为了彰显胜利、权威和凯旋，这些都是让宙斯改变原貌，让凡夫俗子在喜悦中死去的原因。

下面介绍壮观的飞檐，其轮廓和建筑整体的优雅气质十分相配。比方说，人体某一个器官和其他器官不相互协作了，那么人就会生病（因为健康就是身体各个部分和谐相处，如果各部分不各司其职就会产生畸形），同理，如果一座建筑缺乏各部分间的和谐比例和适当秩序的话，那么它也会像人体一样生病畸形。然而当代无知的人们把东西随意置放，毫无空间管理的概念。我们聪慧的祖先大师则把一座建筑看做是比例协调、着装得体的人。

飞檐之上是反转的阶梯，沿着阶梯它分布了四个突起的方形：最靠外侧的两个方形放置在有凹凸条纹纹饰的女像柱上方，其余两个位于中部。内侧的两个方形的中间还有一个精美的浅浮雕女神像，由贵重金属制成。女神手持两个火把：右手持燃烧的火把，左手持熄灭的火把；熄灭了的火把指向地面，燃烧着的火把指向太阳。

女神像右侧的方形里刻着爱嫉妒的克吕墨涅（Clymene），图中她的头发正在变成僵硬的树叶。阿波罗抛弃了她，她哭哭啼啼地跟在阿波罗身后，而太阳神鞭策着四匹骏马，拉着他的太阳战车飞驰，其速度绝不亚于追赶死敌时的迅猛。

左侧女像柱上方的方形里刻着一幅不寻常的景象，悲伤的库帕里索斯（Cyparissus）向天伸出他纤细的手臂，因为他不小心射死了他心爱的牡鹿；而阿波罗也为他心痛不已。

第三个方形——女神像左侧方形里的雕刻相当精致：琉喀忒亚（Leucothea），被她邪恶的亲生父亲所杀，白皙的少女肌肤逐渐变成软软的树皮、颤抖的树叶和歪歪斜斜的树枝。

第四个方形——右侧女像柱上方的方形里刻着不幸的达芙妮（Daphne），阿波罗差一点就要追上她将她占为己有，此时她永远变成了一颗月桂树。

这些雕刻画的反曲线脚（所有轮廓最上面的线脚的总称）上面都有一个醒目的齿状飞檐，一个凹凸形线脚装饰（每两个卵形线脚之间都嵌入闪电球或闪电箭）；叶形装饰、瓦片和接合物；壁龛、雕刻图案以及其他精美的雕刻作品；还有毫无瑕疵的飞檐托块（带有串珠装饰盖条），和反曲线脚（莨菪叶形的叶形装饰，无明显的接点）。有的地方因为使用深浮雕的手法，所以能看见一丝钻头的齿印，撇开这点不谈，这一系列雕刻的专业水准达到了登峰造极的境界。

现在我要介绍前文提到的主要立面或称三角墙，结构精巧，其下部所有的飞檐都围绕着它反复出现。三角墙和下面各部分连接以确保雨水不会积聚在最上层的飞檐上，因为一旦积水就会对飞檐造成严重的损害。

一定要描述一下圣殿正面的三角形表面，它值得我们好好品味。三角形中间最大的区域雕刻着一个花环，由各种叶子、水果和茎梗交织而成，采用绿石锻造，用四根打结的皮带固定在四个方位。花环的两侧各有一个人身鱼尾的斯库拉（Scylla），一只手在上一只手在下扶着花环。鱼尾沿着三角形的两个下角延伸，卷成圈圈，最终在飞檐的反曲线脚上方以鳞状的鱼鳍结束。她们看起来像是少女，头发分开盘卷在前额，其余的头发盘在头上，很有女人味，还有一些卷发从鬓角垂下。两肩之间双翼展开，伸向卷曲的尾部，类似海豹的鳍状肢包围着身体两侧。从鱼鳞渐渐开始消退的地方一直到尾部长有斑海豹的爪子，她们用爪子抓住花环，以消天怒。

花环的中间刻着一只给小孩喂奶的浑身粗毛的母山羊，小孩子坐在母羊的身下，一只腿伸展，另一只腿蜷曲着，两只手抓着母羊粗糙的长长的毛，努力要吸取奶汁。一个仙女温柔地弯下腰，左手扶着母羊的脚，右手将母羊的乳头放入孩子的嘴里。下方刻有“阿玛尔忒亚（AMALTHEA）”。还有一位仙女站在母羊的头部，一只手尽职地圈住羊的颈部，另一只手优雅地钳制住羊角不让羊乱动。

第三个仙女站在中间，一只手擎着一根树枝，另一只手端着一个有精致把手的古代酒杯。脚边刻着“梅丽莎（MELISSA）”。此外还有两个仙女位于刚刚描述的三位仙女之中，跳着敏捷的跳跃舞，踩着疯狂的舞步边弹边跳，此舞步模仿了女神烦躁不安时的舞步。哦，这是个了不起的极富有神秘感的作品，作者是怎样让它如此具有艺术感？就连著名的波留克列特斯（Policleitus）、菲狄亚斯（Phidias）和利西波斯（Lysippus）都没有雕刻出过这么无瑕的作品；就算是雕刻家斯科帕斯（Scopas）、伯亚克西斯（Bryaxis）、提莫西亚斯（Timotheus）、李奥查理斯（Leochares）和赛昂（Theon）等献给卡里亚（Caria）虔诚的女皇阿尔特米西亚（Artemisia）的贡品中，也没有与之匹敌的华丽杰作。这件作品胜过人间雕塑无数，工艺乃天神恩赐。

圣殿三角墙或称主要立面之上，在最顶端檐部下方的平面上，刻着完美的大写雅典风格字母：

Δ Ι Ο Σ Α Ι Γ Ι Ο Χ Ο Ι Ο。

以上就是这个精彩绝伦的正门的绝顶构造和精美设计。如果我漏掉了一些细节，那是我为了避免冗长叙述，或是因为缺乏精准合适的词汇来描述而造成的。但是既然可以磨灭一切的时间把它完好无损地保留下来了，我绝对不能视而不见，我要把它的美记录下来。

很明显，这个围合物的遗留部分的两侧建筑都十分壮丽，从那些保存完好的作品中可见一斑，如下方承受巨大重量的墩柱；如有的科林斯柱采用新颖的圆柱收分线，以温和的突起收尾，满足对称的要求，迎合雕刻和装饰的需要，其艺术规则灵感来自于人体构造。一个人如果要举起重物就需要强健的双腿和坚实的双脚，同理，协调的建筑物底部必须要有坚固的墩柱，再用优雅的科林斯柱和爱奥尼亚柱作为美观的装饰。总之，整个建筑的部分和整体合作亲密无间，极度和谐匀称，彩色大理石的点缀恰到好处，石材都是经过精心选择以达到最棒的美感，如斑岩、蛇纹石、努米底亚大理石、雪花石膏、有红点的大理石、斯巴达大理石、白色大理石，还有其他各种带着碳灰色波纹纹理的大理石、带着纯白斑点的或者是带有多种混合颜色的大理石。通过它们最低处的直径，总结出规律，从它们的周长测算出它们的高度。

我还发现一个形式稀有的上部方形下部变圆的柱子的底座，方形底座上有两种凹弧线脚，两种线脚由柱顶凹槽和串珠装饰盖条分开，凹弧线脚上方是凸圆线脚。

拔地而起的浓密的盘踞如蛇形的常春藤占据了这里的许多地方；用它做一个木酒杯就能区分巴克科斯（Bacchus）和忒提斯（Thetis）。常春藤分散的丛丛簇簇上长满了黑莓和毛绒植物；它的藤蔓以及其他攀墙植物填满了古建筑的许多裂缝。裂缝中生长出了生命力极强的韭葱，发芽的琉璃苣，艾若草（erogenneto）悬垂到地面。还有的地方生长着荨麻科植物、利尿的繁缕草、多足蕨属植物、孔雀草、下方带有皱褶边饰的铁角凤尾草，经常生长在老墙和石头上的有结节的硒连蒂（selenitis）和艾左（aizoi），以及具有强大破坏力的波利特里克（polytrico）和绿色的水蜡树。许多精美的建筑作品被各种植被包围覆盖。

大量的巨型尖顶的圆柱倒塌之后相互覆盖的场面，你绝对无法想象，感觉一点都不像柱子堆，反而更像是大片木材轰然倒地后杂乱无章的树堆。废墟中依稀能看见一些雕塑，各有各的姿态：许多裸像，有的身穿紧身的带有皱褶的衣服，显示出身体的曲线；

ΔΙΟΣ ΑΙΓΙΟΧΙΟΝ

有的重心放在左脚，有的放在右脚，不管重心放在哪只脚，不承重的那只脚是完全放松的状态，头部位于承重脚的后跟中心的垂线上。（脚的厚度是四腕尺的六分之一）有的雕像依然直立在底座上，而有的雕像，说好听一点就是坐下了。我看见数不胜数的战利品和掠夺物；数不胜数的牛马头骨间隔排列的装饰；男小天使淘气地骑在羊角上，丰饶角内盛满了树叶、苹果、茎梗、豆荚还有其他各种水果。由此我能断定这位博学多识的建筑师的思维是多么丰富；他是多么勤奋好学；极富创造力的同时又是多么谨小慎微；他费了多少工夫才让建筑达到如此境界，给人如此奢华的视觉享受；整个建筑的韵律昭告了雕刻家精细的做工和绝等的艺术造诣。建筑师还展示了他的一项天赋：就算不是大理石那样坚固的石材，而是更类似于白垩或是黏土的材料，也能像石头一样精准地连接在一起，并且完美遵循匀称规则。

这才是真正的艺术，它的存在揭示了我们的混乱无知、狂妄自大，并且暴露了我们所犯的不可饶恕的错误。它是一道灵光，慷慨引导我们去思考，照亮我们暗淡的眼睛；拒绝接受洗礼的人将永远生活在黑暗之中。它是万恶的贪婪的控诉者，贪婪吞噬着人类的每一个美德，就像一条蠕虫侵蚀着寄主的心脏，这该死的东西是天才的绊脚石，是建筑师的死敌，但它偏偏是我们这个世纪人人疯狂膜拜的该死的对象。贪婪就是致命的毒液！受它所伤的人过着多么悲惨的生活！多少本应是华丽壮观的建筑作品就这样被部分或是全部摧毁？现在大家明白为什么我彻底被这建筑迷住了，我感受到了前所未有的开心愉悦，对这个值得万人敬仰的圣洁的古代遗物充满了感激和倾慕之情，它是如此华美，让我的眼睛应接不暇，却又怎么也看不够。我热切地研究这研究那，研究雕刻画像的意义时充满了惊喜和疑惑，我一直盯着看，目瞪口呆，乐此不疲。即使这样我依然觉得没有大饱眼福，一遍又一遍瞅着这些辉煌的古代遗作。此时波莉亚再一次进入了我的脑子，其他什么都不想了，只有我心爱的波莉亚。想起她，我痛苦得长长叹了一口气，振作精神继续欣赏这些宜人的古代建筑。

（译者：孙陈）

林泉之梦：叙事、图像、身体实践

萧玥

“曲池”——始由人作，终归自然

自古，摹以自然之状而筑的人工水体与自然之水体，两者始终介于功用与审美之间琢磨渗透；自殷商至明清，由成方圆之池沼继而曲池再蜕为曲岸，经历了两千余年漫久之心路，最终达至“虽由人作，宛自天开”的造园境界。“池苑”（或曰园池）乃中国古典园林之基调意匠，“曲池”与“池山”之技术手法与象征涵义则相得益彰、趣味横生，尽显“始由人作，终归自然”之人文情结。

“池苑”

今之园林，商周谓之“苑”、“囿”、“圃”，以字单称，或有分别，为菜洼、兽狩、花育之地。稍后，有“苑囿”、“园圃”等联称，种相间杂，分属已不明。西周“灵台”、“灵囿”、“灵沼”之谓，皆以其中人工构筑指事，明其非自然之物什，与后代造化自然之园林所求并非一辙。至秦汉，“园池”、“池籞”、“池苑”取而代之：

《盐铁论·园池》：“今县官多张苑囿、公田、池泽……三辅迫近山河，地狭人众，四方并臻，粟米蔬菜不能相赡。……非先帝所开苑囿池籞，可赋归之于民，县官租税而已。”

此“池籞”，特指帝王宫苑，所以谓“籞”。

《汉书·王嘉传》：“陛下又为贤治大第，开门向北阙，引王渠灌园池。……诏书罢苑，而以赐贤二千余顷。均田之制，从此堕坏。”

此“园池”，系汉哀帝宠臣董贤之私园。

《汉书·食货志》：“而山川园池市肆租税之入，自天子以至封君汤沐邑，皆各为私奉养，不领于天子之经费。”

“园池”乃泛指帝王宫苑或皇族私园，并沿用于东汉。

《汉书·宣帝纪》：“池籞未御幸者，假与贫民。”颜师古注：“苏林曰：‘折竹以绳，緜连禁御，使人不得往来，律名为籞。’应劭曰：‘池者，陂池也；籞者，禁苑也。’”

《汉书·百官公卿表》“水衡都尉”应劭注：“古山林之官曰衡，掌诸池苑，故称水衡。”

“池苑”一称始见于此。“水衡都尉”之职，始自汉武帝，为治理池苑日常事务者。

《后汉书·侯览传》：“起立第宅十有六区，皆有高楼池苑，堂阁相望。”

自此，“池苑”之谓史不绝书。此池沼之工乃苑囿之首要因素，而非以台、囿相称。

考先秦文献，称自然之水体谓：“渚”、“洲”、“汙”、“汜”、“渎”、“洿”等，人工之水体称：“池”、“沼”、“沚”、“沟”、“渠”、“洫”等[1]。《老子》“上善若水”、“居善地，心善渊”及“大道汜兮，其可左右”之语，皆因中国水工技术与观念早熟所致。

由商周之“灵台”、“灵囿”、“灵沼”，至春秋战国最费工耗力的台榭、陂池[2]，“池”之至要地位渐固，秦汉池苑盛极一时[3]且汉承秦制[4]，东汉始将人工之“台”渐废，池苑中造景、观景之功让于池山，乃审美焦点开始倾向景物之故。汉赋更以水为体物名志之对象，如“乘流则逝兮，得坻则止”（贾谊《鹏鸟赋》）、“爰定我居，筑室穿池”（潘岳《闲居赋》）、“醴泉涌于清室、通川过于中庭”（司马相如《上林赋》）、“波鸿沸、涌泉起”与“罢池陂陀”（司马相如《子虚赋》）、“甘醴涌于中庭兮，激清流之淅淅。黄龙遊而蜿蟺兮，神龟沈于玉泥”（刘歆《甘泉宫赋》）、“龙吟方泽、虎啸山丘”（张衡《归田赋》）、“阛城溢郭，旁流百廛”（班固《西京赋》）等。

苑囿之构，皆以人工水体成之，证之于考古实物，皆成方圆正则之形（见偃师商城王宫池渠[5]、汉长安明堂辟雍遗址圜方水沟[6]）（图1、图2），其要义在于人工之费、功能之效，无求乎自然。自然之美与工奢之华别为二体①，不相干涉。

其实，燕下都[7]台陂池渠之直渠、圆池，与明清北京王宫池苑之曲流、曲岸，存在为人不察、波澜不惊的微变（图3、图4）。而“一池三山”、“曲流”乃其中两条并行、

①西汉司马相如《上林赋》：“独不闻天子之上林乎？……终始灞、浐，出入泾、渭，沣、镐、潦、潏纡余委蛇，经营乎其内。荡荡乎八川分流，相背而异态”，此自然之美。《西京杂记》：“积沙为洲屿，激水为波澜。”此工奢之华。

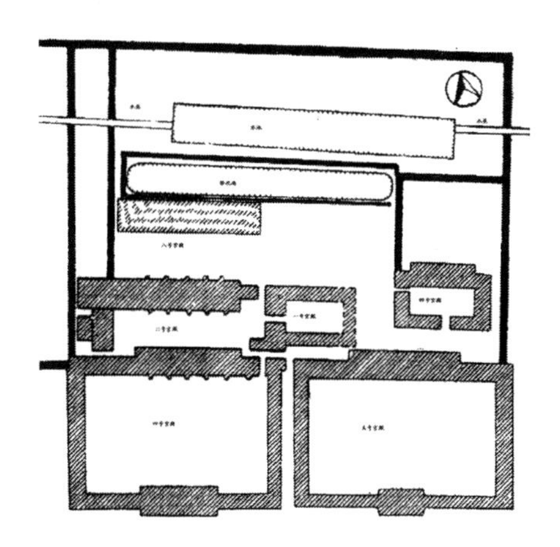

图 1. 偃师商城王宫沟渠示意图
（杜金鹏，《试论商代早期王宫池苑考古发现》，2006 年第 11 期）

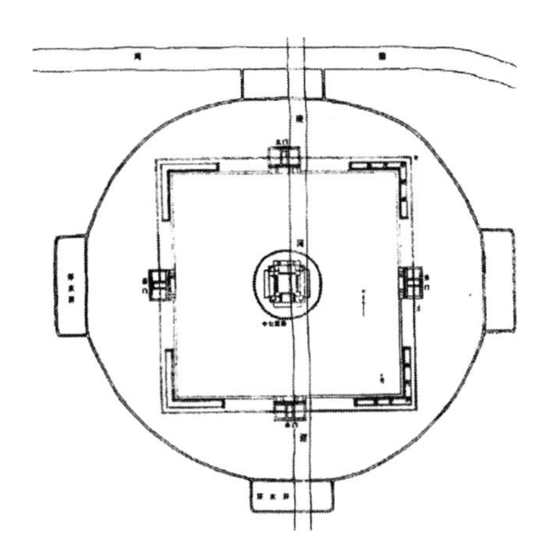

图 2. 汉长安明堂辟雍遗址圜方沟渠示意图
（中国科学院考古研究所汉城发掘队，《汉长安城南郊礼制建筑遗址发掘简报》，
《考古》1960 年第 7 期）

明暗晦杂的线索。

“一池三山”

西汉“池山”之法已初见端倪。

《盐铁论·散不足篇》：“富者积土成山，列树成林，台榭连阁，集观增楼。”

西汉梁孝王兔园、西汉富商袁广汉私园石山乃当时风尚所致。

《西京杂记》（卷二）：“梁孝王好营宫室苑囿之乐，作曜华之宫，筑兔园。园中有百灵山，山有肤寸石、落猿岩、栖龙岫；又有鹰池，池间有鹤洲、凫渚。其诸宫观相连，延亘数十里，奇果异树，瑰禽怪兽毕备。王日与宫人宾客弋钓其中。”

梁孝王私园之叠山作于汉景帝时，早于汉武帝所作华林园之蓬莱山、上林苑兰池宫之蓬莱神山，只是属私园罢了。

另，《西京杂记》卷三：“茂陵富人袁广汉，藏镪巨万，家僮八九百人。于北邙山下筑园，东西四里，南北五里。激流水注其内，构石为山高十余丈，连延数里。……积沙为洲屿，激水为波澜。广汉后有罪诛，没入为官园，鸟兽草木皆移植上林苑中。”

此时已见以土为山、以石叠岩之叠山发端。

“台”立“池”中，亦为西汉常见做法，如未央宫渐台即典型。

《历代宅京记》（卷之三）“汉”条引《郊祀志》曰：“……（建章宫）其北治大池，渐台高二十余丈，名曰泰液，师古曰：渐，浸也。台在池中，为水所浸，故曰渐台。一音子廉反。《三辅黄图》或为瀸字，瀸亦浸耳。

同上“关中三”：“渐台，在未央宫，高十丈。一作三十丈。渐，浸也，言为池水所渐。一说渐台，星名也。《水经注》曰：未央宫西有沧池，池中有渐台。师古曰：未央殿西南有沧池，池中有渐台。汉兵起，王莽死于此。”

另，《史记·孝武本纪》：“其北治大池，渐台，高二十余丈，名曰太液池，中有蓬莱、瀛洲、壶梁，象海中神山龟鱼之属。”

可知，渐台所立太液池中，另有垒叠三山之举。当时，“台”立于“池”与“一池三山”之构并筑。

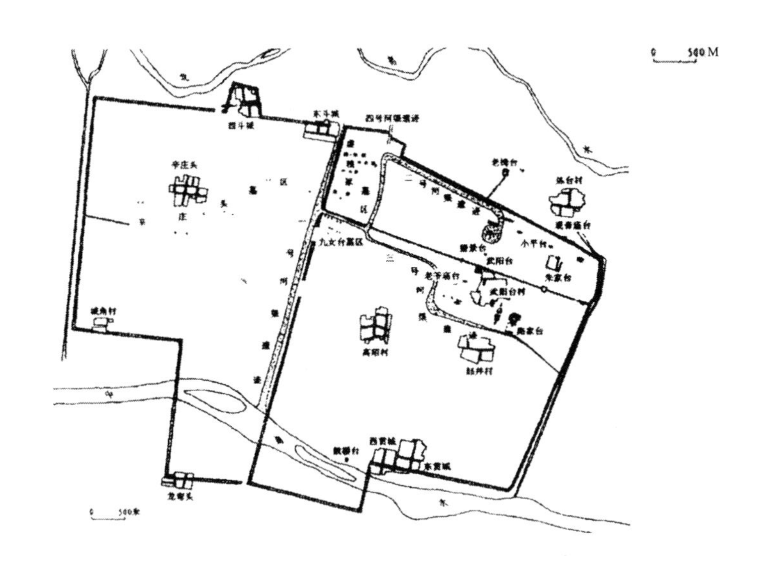

图 3. 燕下都城址王宫沟渠示意图
（河北省文物研究所，《燕下都》，文物出版社，1996）

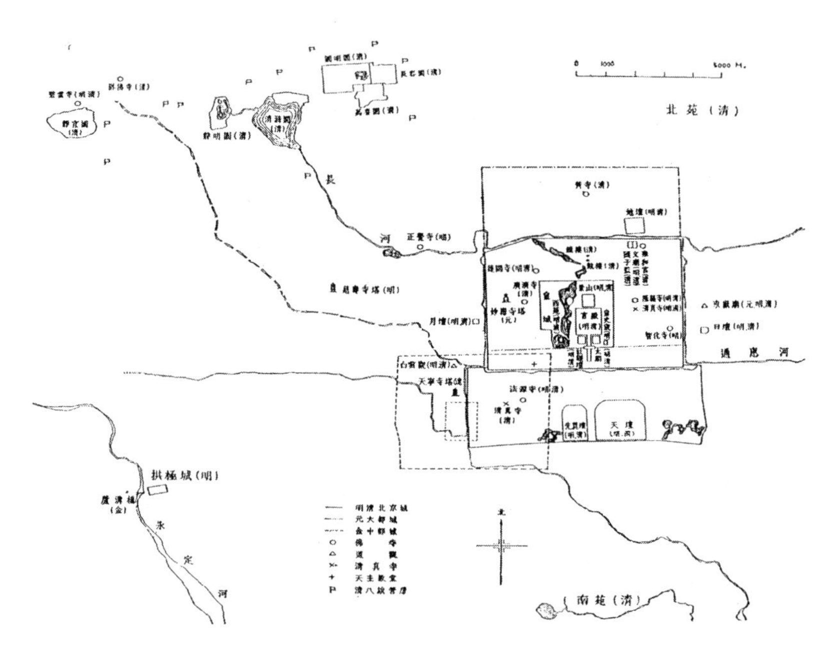

图 4. 北京城址水系示意图
（陈桥驿，《中国六大古都》，中国青年出版社，1983）

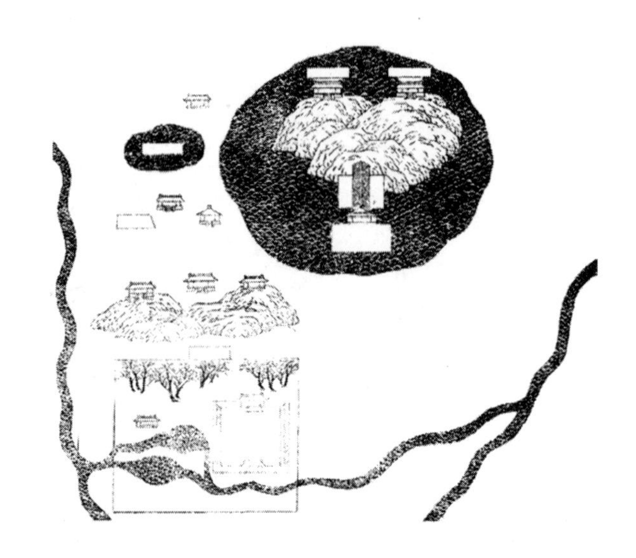
图 5.《元河南志·后魏华林园图》

此太液池“一池三山”，与同被汉武帝赋以神性意义之昆明池、建章宫北池刻石之法相左。

《历代宅京记》（卷之五）“关中三”言及“昆明池”引《关辅古语》曰：“昆明池中有二石人，立牵牛织女于池之东西，以象天河。张衡《西京赋》曰：昆明灵沼，黑水玄址，牵牛立其左，织女居其右。今有石父石婆神祠在废池，疑此是也。”

《历代宅京记》（卷之五）“关中三”言及“太液池”曰：“太液池，在长安故城西，建章宫北，未央宫西南。太液者，言其津润所及广也。《关辅记》云：建章宫北有池，以象北海，刻石为鲸鱼，长三丈。”

同上：“池中有蓬莱、方丈、瀛洲、壶梁，象海中神山龟鱼之属。师古曰：《三辅故事》云，池北岸有石鱼，长二丈，高五尺，西岸有石三枚，长六尺。……”

“一池三山”之说法，始现于秦兰池宫。

《历代宅京记》[8]（卷之三）“关中一”之“秦”条引《汉书·地理志》曰：“朝宫，始皇营朝宫于渭南上林苑。庭中可受十万人，车行酒，骑行炙，千人唱，万人和。……兰池宫，《史记》：始皇三十一年，为微行咸阳，与武士四人俱，夜出逢盗兰池。《汉书》：渭城县有兰池宫。《正义》曰：《括地志》云，兰池陂即古之兰池，在咸阳县界。《秦记》云：始皇引渭水为池，筑为蓬、瀛，刻石为鲸，长二百丈。……”

同上“兰池宫”条引《史记》曰：“始皇三十一年，为微行咸阳，与武士四人俱，夜出逢盗兰池。《汉书》：渭城县有兰池宫。《正义》曰：《括地志》云，兰池陂即古之兰池，在咸阳县界。《秦记》云：始皇引渭水为池，筑为蓬、瀛，刻石为鲸，长二百丈。逢盗之处也。李善《文选》注：咸阳县东南三十里周氏陂，陂南一里有汉兰池宫。”

更确言之，“池苑”营筑“瀛洲、蓬莱、方丈”之“三山”，为秦始皇营建之兰池苑。

西汉建章宫太液池之“一池三山”，至东汉成为名迹。

（班固）《西都赋》：“前唐中而后太液，览沧海之汤汤，扬波涛于碣石，激神岳之嶈嶈，滥瀛洲与方壶，蓬莱起乎中央。于是灵草冬荣，神木丛生，岩峻崷崒，金石峥嵘。”

（张衡）《西京赋》：“前开唐中，弥望广象潒。顾临太液，沧池漭沆，渐台立于中央，赫昈昈以弘敞。清渊洋洋，神山峨峨。列瀛洲与方丈，夹蓬莱而骈罗。”

“池山”之为，于两汉之际存在巨大的观念差异，如东汉灵帝欲作池苑遭致置疑可证。

《后汉书·杨震传》：“灵帝欲作毕圭灵琨池，震谏曰：‘先帝之制，左开鸿池右作上林，不奢不约以合礼。今猥规郊域之地以为苑囿，废田园驱居人而蓄禽兽，殆非所以保赤子之义。令域外之苑已有五六，可逞情意。……’”

至此，“一池三山”之意匠为魏晋以后历世宫苑所继仿[9]（图5、图6、图7）。

《洛阳伽蓝记》“卷一”之“城内·建春门”：“建春门内御道南……御道北有空地拟作东宫。晋中朝时太仓处也。太仓南有翟泉……泉西有华林园。高祖以泉在园东，因名苍龙海。华林园中有大海，即汉天渊池。池中犹有文帝九华台。高祖于台上。造清凉殿。世宗在海内作蓬莱山。山上有仙人馆。上有钓台殿。并作虹蜺阁。乘虚来往……”

汉高祖及汉武帝（庙号即“世宗”）于洛阳东宫所为“蓬莱山”，所在之“海”是华林园东之“翟泉”，亦即“苍龙海”，则华林园中不只一处“海”。

至魏晋南北朝，“三山三海”之作法渐已成型。

更要者，“蓬莱”与“景阳山”之名物称谓有些微差别。[10]

“曲池”

“曲池”之称始见于《楚辞》。

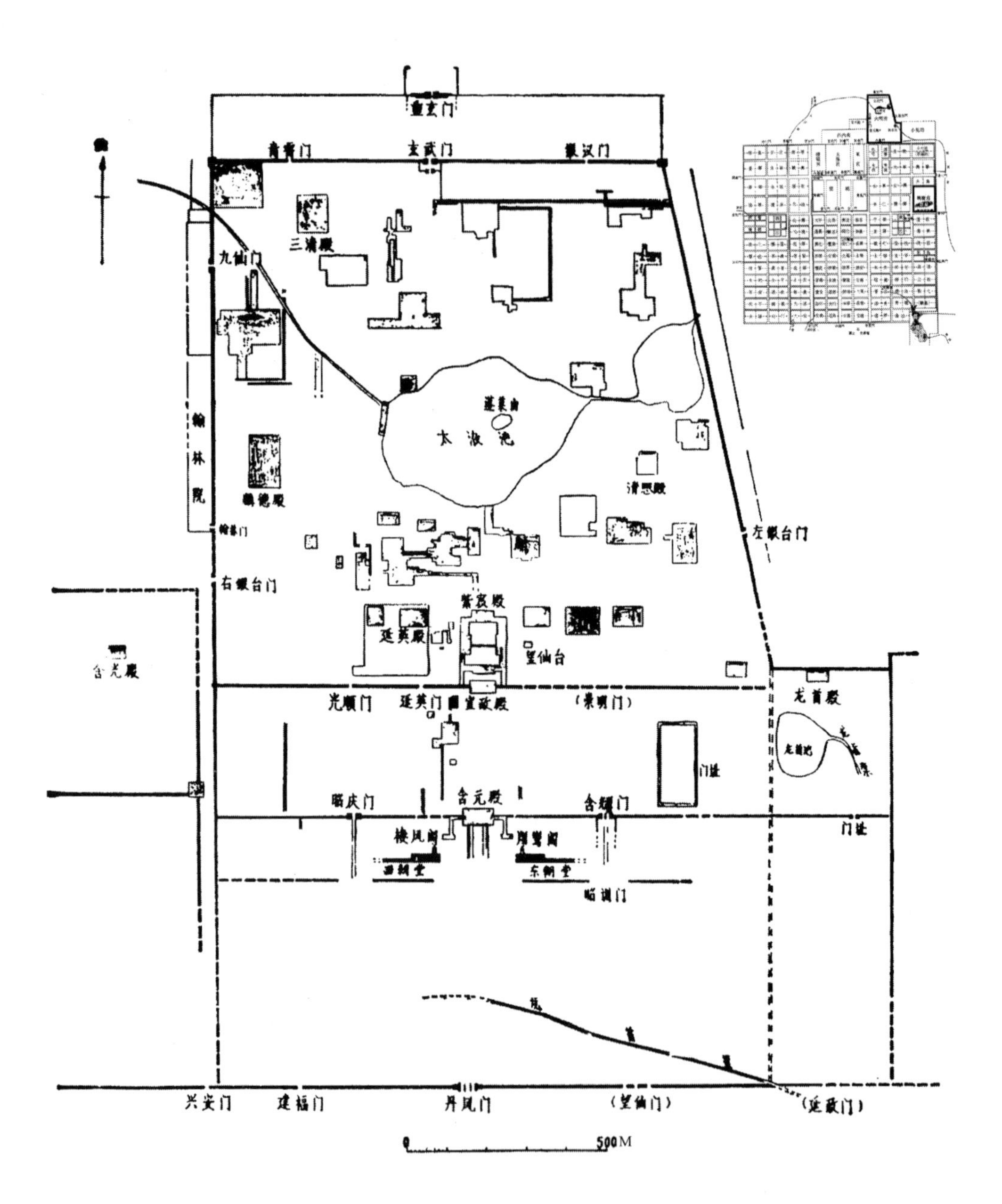

图 6.（唐）大明宫遗址实测图

（独立法人文化财研究所、奈良文化财研究所，《日中古代都城图录》，株式会社，2003）

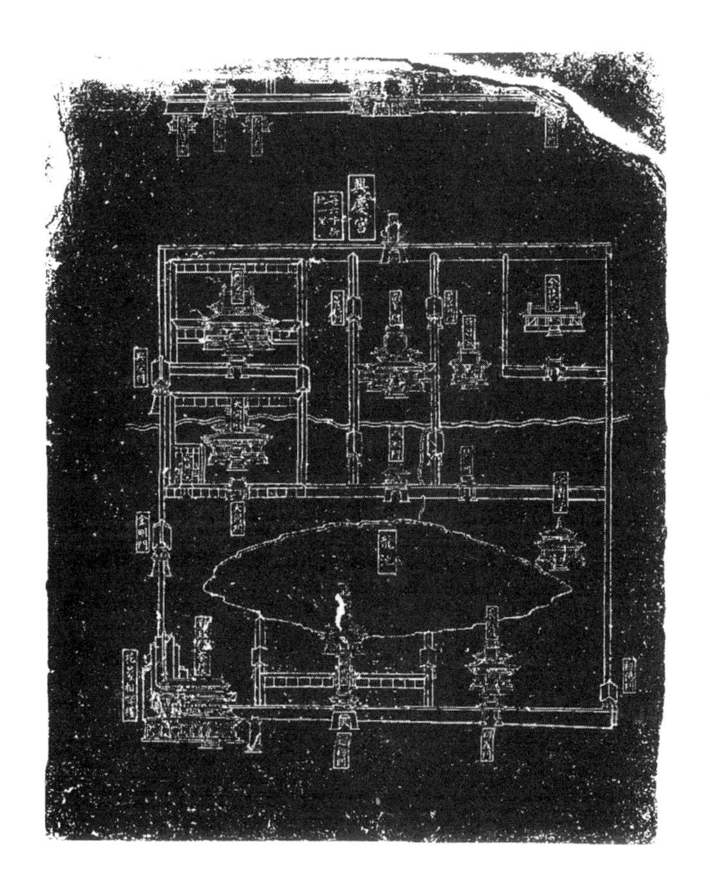

图 7.（唐）兴庆宫图拓片
（曹婉如等，《中国古代地图集（战国－元）》，文物出版社，1990）

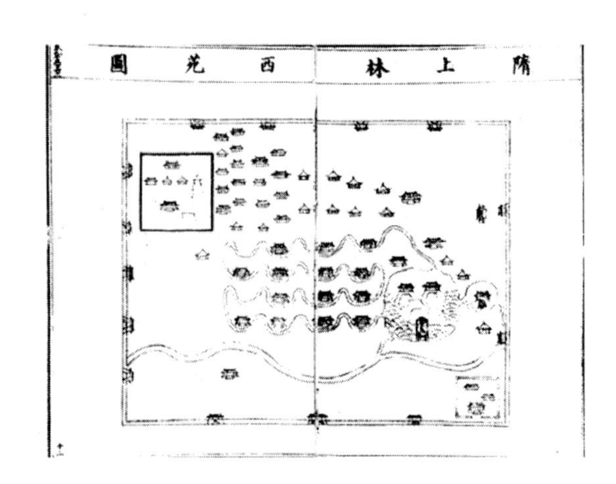

图 8.《元河南志·隋上林西苑图》

《楚辞·招魂》："坐堂伏槛，临曲池些。"

另有"曲潢"之称，如下：

《晏子春秋》（第二卷）"内篇谏下"之"景公自矜冠裳游处之贵晏子谏第十五"：

"景公为西曲潢，其深灭轨，高三仞，横木龙蛇，立木鸟兽。公衣黼黻之衣，素绣之裳，一衣而五彩具焉；带球玉而冠且，被发乱首，南面而立，傲然。"

而与之义通的"委"、"逶"、"宛"等不胜枚举[11]。

古之修禊余兴的"曲水流觞"早已有之，滥觞之水须清浅而流缓，魏晋以前，即有"引流引觞，递成曲水"之诗文述及。"池苑"衍生"曲池"这一特殊形态，至魏晋时期已较习见。

《洛阳图经》："华林园在城内东北隅，魏明帝起名芳林园，齐王芳改为华林。"

《河南志》："华林园，即汉芳林园，文帝黄初五年穿天渊池，六年又于池中筑九华台。避齐王芳名，改曰华林。"

《元河南志·晋城阙古迹》"华林园"条注："内有崇光、华光、疏圃、华德、九华五殿；繁昌、健康、显昌、延祚、寿安、千禄六馆。园内更有百果园，果别作一林，林各有一堂，如桃间堂、杏间堂之类。有古玉井，悉以珉玉为之。园内有方壶、蓬莱山、曲池。"

《魏都赋》："……右则疏圃曲池，下畹高堂，兰渚莓莓，石濑汤汤。"

《宋书·礼志》：“魏明帝天渊池设流杯石沟，燕群臣。”

《历代宅京记》：“都堂，即都亭，在华林园西隅，见《魏书·北海王传》。流觞池，即曲水也，在天渊池。”

以上皆魏晋洛阳华林园之曲水流觞池。天渊池即曲池、流觞池。

而据《关中记》载，唐长安曲江之称始自西晋洛阳时的“曲池”[12]。

（南朝宋谢灵运）《三月三日侍宴西池》：“滥觞逶迤，周流兰殿。”

（王羲之）《兰亭集序》：“此地有崇山峻岭，茂林修竹，又有清流急湍，映带左右，引以为流觞曲水”。

此乃南朝宋建康宫苑、东晋绍兴兰亭之曲池流觞。

《元河南志·隋城阙古迹》：“上林苑造山为海，周十余里”，注曰：“水深数丈，中有方丈、蓬莱、瀛洲诸山，相去各三百步。山高水出百余尺。上有通真观、集灵台、综仙宫，分在诸山。”“龙鳞渠”条注：“在海北，屈曲水周绕十六院，入海。”“曲水池”条注：“在海东，中有曲池水殿，上巳日禊除之所。”

《资治通鉴》卷180《隋纪四》：“大业元年五月，筑西苑，周二百里。其内为海，周十余里，为蓬莱、方丈、瀛洲诸山，高出水百余尺，台观殿阁，罗络山上，向背如神。北方有龙鳞渠，萦绕注海内。缘渠作十六院，门皆临渠，每院以四品夫人主之。”

此乃隋上林西苑龙鳞渠之曲池，如图8所示。

除宫苑之外的寺园与私园中有关“曲池”的记载亦比比皆是。

《洛阳伽蓝记》“卷四”之“城西·冲觉寺”：“斜峰入牖，曲沼环堂。”

同上“卷四”之“城西·法云寺”：“四月初八日，京师士女，多至河间寺。观其廊庑绮丽，无不叹息；以为蓬莱仙室，亦不是过。入其后园，见沟渎蹇产，石磴岭岭，朱荷出池，绿萍浮水，飞梁跨阁，高树出云，咸皆唧唧；虽梁王兔苑，想之不如也。”注曰：《文选》八“司马相如上林赋”云：‘蹇产沟渎。’注：‘张揖曰：……蹇产，诘曲也。’”

同上：“帝族王侯，外戚公主，擅山海之富，居川林之饶，争修园宅，互相夸竞。……高台芒榭，家家而筑；花林曲池，园园而有。”

可见互以园池争胜、曲池为景已为风尚。

而日本宫苑曲池实例（图 9、图 10）、日本京都御所常御殿的曲水流觞绘画[13]，表明日本承继了魏晋南北朝宫苑池苑意象，亦为郭湖生先生所论“邺城体系”[14]加上注脚。

西汉南越王宫苑的考古发现证实了“曲池”的直岸式样（图 11）。由曲池再转向曲岸的处理，是自唐宋以来的另一质变。

《汴京遗迹志》卷之四引“宋徽宗御制《艮岳记略》”：延福宫“寿山嵯峨，两峰并峙，列嶂如屏。瀑布下入雁池，池水清泚涟漪，凫雁浮泳水面，栖息石间，不可胜计”。万松岭“下平地，有大方沼，中有两洲，东为芦渚，亭曰浮阳；西为梅渚，亭曰云浪。西流为凤池，东出为雁池。”

《宋史·地理志一》：延福宫万岁山（艮岳）“山之南则寿山两峰并峙，有雁池……关下有平地，凿大方沼，中作两洲，东为芦渚，亭曰浮阳；西为梅渚，亭曰雪浪。西流为凤池，东出为雁池……其北又因瑶华宫火，取其地作大池，名曰曲江，池中有堂曰蓬壶，东尽封丘门而止”。

北宋或有传承，亦未可知[15]。

（明计成）《园冶》“池山”条：“池上理山，园中第一胜也。若大若小，更有妙境。——莫言世之无仙，斯住世之瀛壶也。”

同上：“曲水”：“曲水，古皆凿石漕。上置石龙头喷水者，斯费工类俗，何不以理涧法，上理石泉，口若瀑布，亦可流觞，似得天然之趣。”

明末计成《园冶》将“池山”、“曲水”并举，认为池山乃高妙之为，而曲池皆凿石漕费工、类俗之作。

宋代以后，“曲池”与“流觞”一同，作为文化寓意的符号，日渐消退了；而“池山”则在私园营造中大放异彩。

“自然”

周素“自然”之语，始见于先秦文献[16]。

《洛阳伽蓝记》（卷一）：“建春门内御道南……国子博士李同轨曰：魏明英才，世称三祖，公干、仲宣为其羽翼，但未知本意如何，不得言误也。衒之时为奉朝请，因

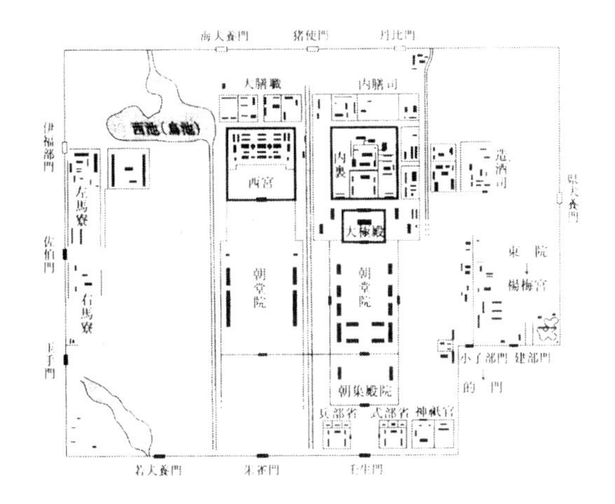

图 9. 奈良时代后半平城宫
（独立法人文化财研究所、奈良文化财研究所，
《日中古代都城图录》，株式会社，2003）

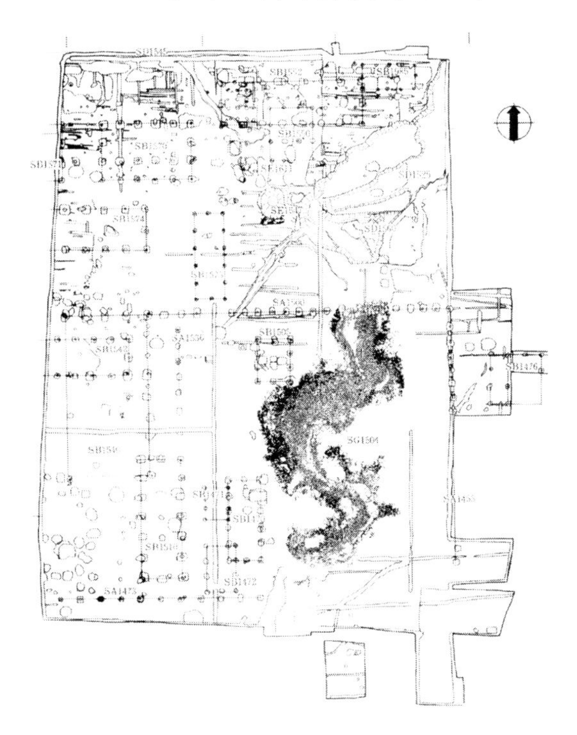

图 10. 平城京左京三条二坊六坪“宫迹庭院”
（独立法人文化财研究所、奈良文化财研究所，
《日中古代都城图录》，株式会社，2003）

1. 坡和斜口

2. 石板平桥与步石

3. 出水闸口

4. 曲廊的散水

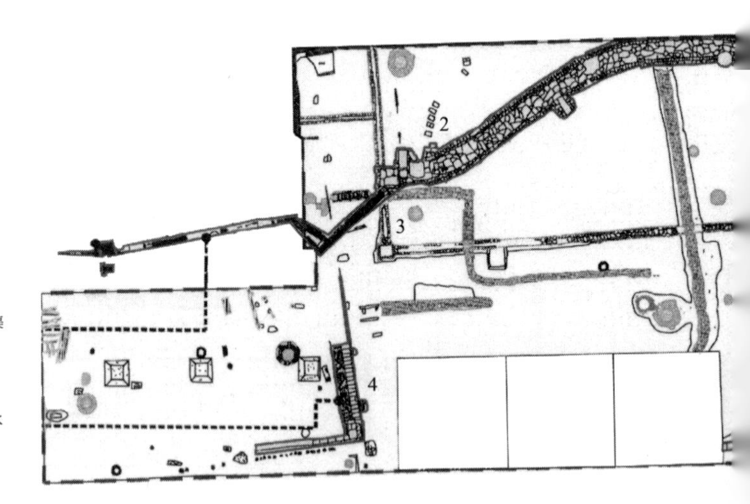

南越国出水木暗渠

南越国回廊散水

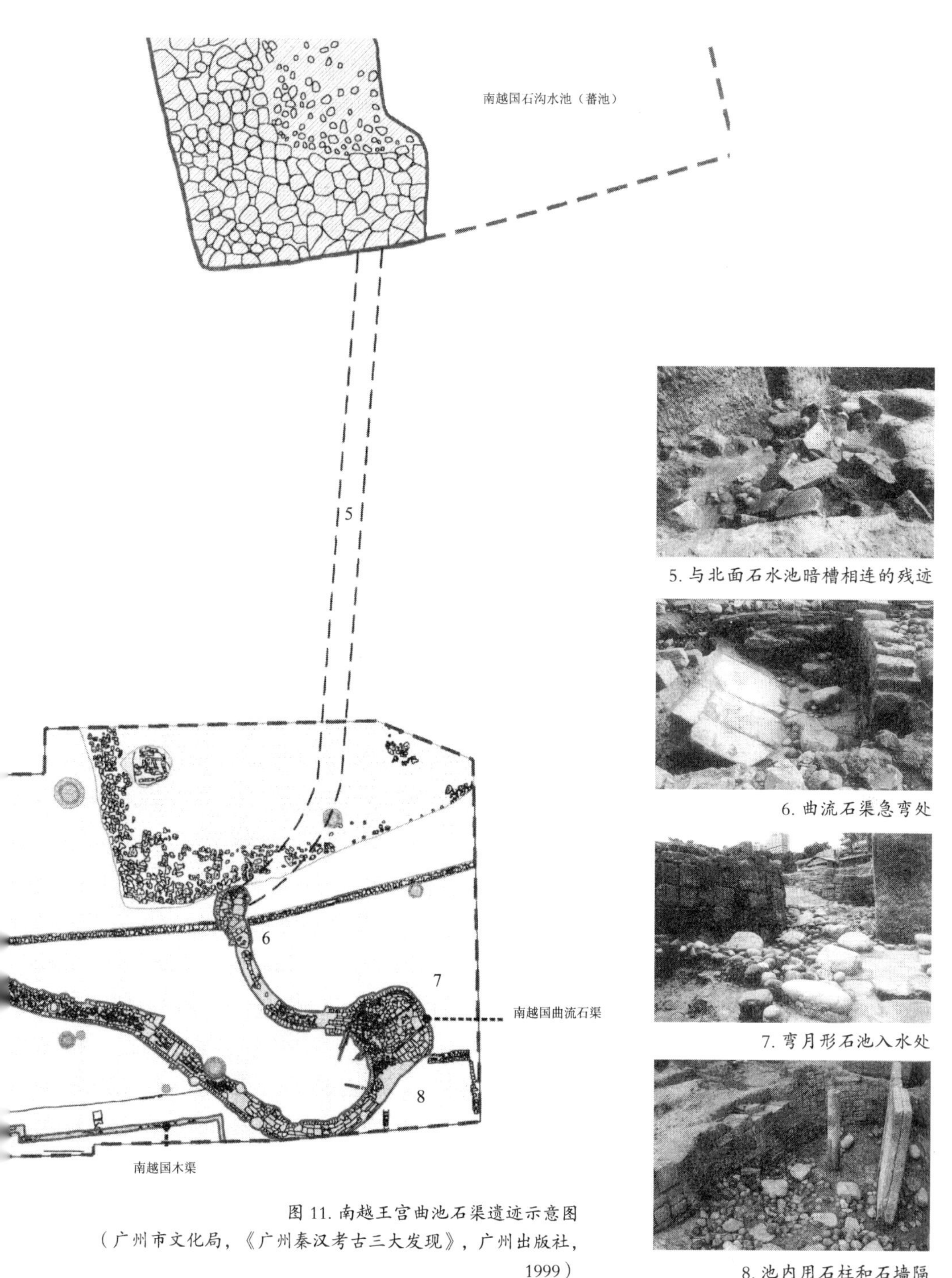

5. 与北面石水池暗槽相连的残迹

6. 曲流石渠急弯处

7. 弯月形石池入水处

8. 池内用石柱和石墙隔

图 11. 南越王宫曲池石渠遗迹示意图
（广州市文化局，《广州秦汉考古三大发现》，广州出版社，1999）

即释曰：以蒿覆之，故言苗茨，何误之有？众咸称善，以为得其旨归。柰林西有都堂，有流觞池，堂东有扶桑海。凡此诸海，皆有石窦流于地下，西通谷水，东连阳渠，亦与翟泉相连。若旱魃为害，谷水注之不竭。离毕滂润，阳谷泄之不盈。至于鳞甲异品，羽毛殊类，濯波浮浪，如似自然也。”

此谓“如似自然”。

《洛阳伽蓝记》（卷二）：“园林山池之美，诸王莫及。伦造景阳山，有若自然。”

此西晋司农张伦宅园被称“造景阳山，有若自然”。

“有若自然”如同“宛自天开”，是魏晋时期热衷于探讨摹仿与再现“自然”这一话题所致，南朝齐谢赫《古画品录》于“绘画六法”提出“传移模写”之说。通过对“自然”模糊的感悟与传摹的方法，无形中产生一种潜移默化或曰一种特殊美学取向。

可以说，自殷商至清末，虽帝王宫苑与皇族私园之营建，历经变革却终沿袭一定之规[17]，其间隐含了由自然而人工化再转而自然化的特殊审美理念转向，而魏晋时期乃观念承继转变之至要者。

《诗》曰：“昔我往矣，杨柳依依。今我来思，雨雪霏霏”，兴乎自然，比乎自然，似是中国精神自来的不二禀赋，园林之作一般更做如是希冀。然征之典籍，考之文物，达于“虽由人作，宛自天开”境地的池山造作，实由方圆平直、执以功效之池沼，继而弯折逶迤、礓石直岸之曲池，再蜕为人工尽黯、矶驳皴然之林池，经历了“始由人作、终归自然”的两千余年漫久之心路；其中，“池山”与“曲池”作为汉魏“池苑”异动之异态，更经历了由“水木清华之象”转向“林泉高致之象”的曲折异化，此乃“园林”之谓园林的定向所在，当然其间知行有换而终始非一。

萧玥：原名肖红颜，南京大学建筑与城市规划学院副教授

图 12. 平城京左京三条二坊六坪“宫迹庭院”鸟瞰
（独立法人文化财研究所、奈良文化财研究所，《日中古代都城图录》，株式会社，2003）

注释:

1. 先秦同源字的例证不胜枚举，略列一二以窥斑豹。

其一，“渚”、“沚”与“洲”

《诗经·召南·江有汜》：“江有渚。”传：“渚，小洲也。”《尔雅·释水》：“小洲曰陼。”

《诗经·召南·采蘩》：“于以采蘩，于沼于沚。”传：“沚，渚也。”《左传·文公十年》：“王在渚宫。”注：“小洲曰渚。”《邺风·谷风》：“湜湜其沚。”笺：“小渚曰沚。”注：“沚，小渚也。”字亦作“阯”。

《诗经·周南·关雎》：“在河之洲。”传：“水中可居曰洲。”《楚辞·离骚》：“夕揽洲之付之宿莽。”注：“水中可居者曰洲。”

案，此先秦早期的用法沿用至两汉仍基本未改。如张衡“西京赋”：“黑水玄沚。”薛注：“小渚曰阯。”字又作“涛”。又左思“吴都赋”：“洲渚冯隆。”刘注：“水中可居曰洲。”

《说文》：“湍，疾濑也。”段注：“疾濑，濑之急者也。”《广雅·释水》：“湍，濑也。”《文选》“张衡南都赋注引淮南子许慎注”：“湍，水行疾也。”《楚辞·九章·抽思》：“长濑湍流。”注：“湍，亦濑也。”《淮南子》“说山”：“稻生于水而不能生于湍濑之流。”注：“湍，急水也。”《淮南子·墬形》：“湍水人轻。”注：“湍，急流悍水也。”《原道》：“朞年而渔者争处湍濑。”注：“湍濑，水浅流急，少鱼之处也。”《史记·河渠书》：“水湍悍集。”集解引韦昭：“湍，疾也。”《汉书·沟洫志》：“水湍悍。”师古曰：“急流曰湍。”《淮南子·俶真》：“湍濑旋渊吕梁之深。”注：“湍濑，急流。”

《说文》:“濑，水流沙上也。”“华严经音义”引作“浅水流沙上也”。一切经音义四:“《说文》:‘水流沙上曰濑。’濑，浅水也。”十二引字林：“濑，水流沙上也。”《楚辞·九歌·湘君》：“石濑兮浅浅。”注：“濑，湍也。”《文选》“左思吴都赋”：“混涛并濑。”刘注：“石濑，湍也。”《淮南子·本经》：“抑減怒濑。”注：“濑，急流也。”《汉书·武帝纪》：“甲为下濑将军。”集注引臣瓒曰：“濑，湍也。吴越谓之濑，中国谓之碛。”《汉书·司马相如传上》：“涖涖下濑。”师古曰：“濑，疾流也。”《司马相如传下》：“北揭石濑。”师古曰：“石而浅水曰濑。”《汉书·扬雄传上》：“何必湘渊与涛濑？”师古曰：“濑，急流也。”

其二，“汙”、“汜”、“渎”与“洿”

《左传·隐公三年》：“潢汙行潦之水”服虔云：“畜小水谓之潢，水不流谓之汙。”《左传·成公十四年》：“婉而成章，尽而不汙。”《左传·昭公元年》：“处不辟汙，出不逃难。”《孟子·滕文公下》：“坏宫室以为汙池，民无所安息。”（汙即不流动的水）

《尔雅·释丘》：“穷渎，汜。”（汜即不流通的小沟）

《楚辞》刘向九歎“怨思”：“菀蘼鞠与菌若兮，渐藁本于洿渎。”注：“汙渎，小沟也。洿，一作汙。”（洿渎即污水沟）

《史记·贾谊传》“屈原赋”：“彼寻常之汙渎兮，岂能容吞舟之鱼。”索隐：“汙，潢也；渎，小渠也。”（汙渎即浅池沟）

案，这里所列不同名物称谓的注释，得益于汉家对先秦文献相关内容的校笺。究其原因，这也许是与《诗经》所辑录的各地风情如陈风、鲁风等史料一致，真实映射了语言学或文字学意义上先秦列国存在的巨大地域差异。尽管自秦统一六国以后汉字得以归类简化，但异态之现象始终不辍才是史实。

2.《诗经》：“经始灵台，经之营之，庶民攻之，不日成之。经始勿亟，庶民子来，王在灵囿，麀鹿濯濯，白鸟翯翯。王在灵沼，于牣鱼跃。”《孟子》：“文王之囿，方七十里，蒭荛者往焉，雉兔者往焉。”又：“文王以民力为台为沼，而民欢乐之，谓其台曰灵台，谓其沼曰灵沼，东其其麋鹿鱼鳖。”《水经注》：“丰水北经灵台西同，文王又引水为辟雍灵沼。”《诗·正义》引郑玄曰：“辟雍及灵台、灵囿、灵沼皆同处在郊。”

有关台榭陂池的文献举例如下：《尚书·泰誓》：“武王伐纣，誓师曰：‘今商王受（纣）……惟宫室台榭陂汉侈服，以残害于尔万姓。’”《吴越春秋》：“吴王阖闾治宫室，立台榭于安华池。”《左传·哀公元年》：“今闻夫差，次有台榭陂池焉，宿有妃嫱嫔御焉……”《国语·楚语下》：“今闻夫差好罢民力以成私好，纵过而翳谏，一夕之宿，台榭陂池必成，六畜玩好必从。”《晏子春秋·内谏下》：（晏子曰）“今君穷台榭之高，极污池之深而不止……”

3. 关于上林苑“十池”之辩，史书莫衷一是。《历代宅京记》（卷之五）“关中三”中“十池”条曰：“十池，上林苑中有初池、麋池、牛首池、蒯池、积草池、东陂池、西陂池、当路池、大台池、郎池。《初学记》引《三秦记》曰：汉上林有池十五所，承露池、昆灵池、天泉池、戟子池、龙池、鱼池、牟首池、蒯池、菌鹤池、西陂池、当路池、东陂池、太一池、牛首池、积草池、麋池、舍利池、百子池。（此条下顾氏注曰：已上共十八名，未详。可知十池乃虚称，具体不名。）“十池”乃虚称，各池命名称谓繁杂，当出自功用、寓意不同之由。

4. 汉上林苑的范围本是周秦王朝的京畿地区，前朝旧宫苑分布不少。秦王朝在此建有一处名曰上林的宫苑。汉武帝于建元三年（前138年）将秦之上林苑加以扩建并沿用其名。“甘泉宫始建于秦始皇二十七年（一曰林光宫），汉武帝于建元中增广其地，宫南为昆明池。更由于作为汉武帝送张骞出使西域的特殊地点，长期为汉学家所高度关注。目前考古出土的遗址中有瓦当‘甘泉上林’、‘甘泉’等证据，更表明甘泉宫与上林苑之密不可分不容置疑。”姚生民编著，《甘泉宫志》，三秦出版社，2003。

此历代相袭之情形屡见不鲜，如洛阳城内翟泉。《洛阳伽蓝记》（卷一）“建国门”条曰：“凡此诸海，皆有石窦流于地下，西通榖水，东连阳渠，亦与翟泉相连。若旱魃为虐，榖水注之不竭，离毕（大雨之兆）旁润，阳渠泄之不盈。”《水经·榖水注》：“天渊池水又东流，入洛阳县之南池，池即故翟泉出也。南北百一十步，东西七十步。”另见《春秋·僖公二九年》：“夏六月，会王人、晋人、宋人、齐人、陈人、蔡人、秦人盟于翟泉。”《左传》：“公会王子虎、晋狐偃、宋公孙固、齐国归父、陈辕涛涂、秦小子慭盟于翟泉。”可知翟泉乃天然泉沼。

5. 杜金鹏，《偃师商城初探》，中国社会科学出版社，2003；中国社会科学院考古研究所洛阳汉魏故城工作队：《偃师商城的初步勘探和发掘》，《考古》1984年第6期；《偃师商城考古再获新突破》，《中国文物报》1998.1.11；杜金鹏、张良仁，《偃师商城发现商代早期帝王池苑》，

《中国文物报》1999.6.9头版；杜金鹏，《试论商代早期王宫池苑考古发现》，2006年第11期；考古报告言“偃师商城的情形是当时人工挖掘的皇家池苑位于宫室区北部祭祀区以北地带，水面达二千多平方米，呈长方形，东西长约130米，南北宽20米，深约1.5米，周围用大小不等的自然石块砌成缓坡状。池苑西端有石筑引水渠，东端有石筑排水渠蜿蜒穿城而出，与城外护城河、自然湖河相通，形成颇具特色的城区循环水系。”

6. 中国科学院考古研究所汉城发掘队：《汉长安城南郊礼制建筑遗址发掘简报》，《考古》1960年第7期；班固《两都赋》“明堂诗”、“辟雍诗”与“灵台诗”之“辟雍诗”言“乃流辟雍，辟雍汤汤。圣皇莅上止，造舟为梁”，表达“环如璧，雍以水”之意象。

7. 河北省文物研究所，《燕下都》，文物出版社，1996；考古报告言“燕下都的水渠与水池的考古发掘情况如图一所示，易水北分支古河道‘运粮河’、其北支东端即二号河渠遗迹东端有蓄水池。此河道是为解决宫殿区内用水需要开挖的。燕下都城内有纵横沟渠四条，一号水渠纵贯南北，是东城、西城的一道分界线，渠宽40—90米；二号水渠从一号水渠北部引出，顺东夺隔墙南东行，蜿蜒出城与护城河连通，渠宽60—80米；三号水渠是二号水渠的分支，宽40米，从二号水渠的上游往北流，然后折而顺东城北垣东行，从张公台北、东侧，绕至张公台南、望景台北，形成一圆形水池，池径约260米，该水池是人工挖掘而成的。”

8.（清）顾炎武，《历代宅京记》，于杰点校，中华书局，1984。

9.《元河南志·后魏华林园图》中有天渊池，池中耸立蓬莱山。

10.“蓬莱”之称始见于未央宫渐台之西的桂宫。

《历代宅京记》（卷之四）“关中二”之“右建章宫”条引《关辅记》云：“桂宫在未央北，中有明光殿、土山，复道从宫中西上城，至建章、神明台、蓬莱山。”

“龙朔二年夏四月辛巳，作蓬莱宫。……蓬莱宫即大明宫，亦曰东内。程大昌曰：大明宫地本太极宫之后苑，东北面射殿之地，在龙首山上。太宗初，于其地营永安宫，以备太上皇清暑，虽尝改名大明宫，而太上皇仍居大安宫，不曾徙入。龙朔二年，高宗苦风痺，恶太极宫卑下，故就修大明宫，改为蓬莱宫，取殿后蓬莱池以为名。”此唐高宗年间事，乃以蓬莱命宫名。

“景阳山”之称始见于魏都洛阳和刘宋建康。

其一，魏都洛阳景阳山载于《洛阳伽蓝记》“建国门”条，今“景山殿”被校注为“景阳山”，且《水经注》亦有“景阳山”之说，可知此说可靠。

《历代宅京记》“卷之七”“洛阳上”引（《明帝本纪》）：“帝愈增崇宫殿，雕饰观阁，凿太行之石英，采榖城之文石，起景阳山于芳林之园，建昭阳殿于太极之北，铸作黄龙凤皇奇伟之兽，饰金墉、陵云台、陵霄阙。百役繁兴，作者万数，公卿以下至于学生，莫不展力，帝乃躬自掘土以率之。《魏略》曰：景初元年，……起土山于芳林园西北陬，使公卿群僚皆负土成山，树松竹杂木善草于其上，捕山禽骡兽置其中。《汉晋春秋》曰：帝徙盘，盘折，声闻数十里，金狄或泣，因留于霸城。”

景阳山营建时间即魏明帝景初元年（公元237年）。

其二，刘宋建康华林园筑景阳山，宋文帝曾欲立“三山”未竟。

《历代宅京记》（卷十三）“建康”条：“（吴）《孙皓传》曰：甘露元年秋九月，从西陵督步阐表，徙都武昌。宝鼎元年冬十二月，还都建业。二年夏六月，起显明宫，冬十二月，皓移居之。”该条下注引《太康地记》曰：吴有太初宫，方三百丈，权所起也。昭明宫，方五百丈，皓所作也。避晋讳，故名显明。《吴历》云：显明在太初之东。《江表传》曰：皓营新宫，二千石以下皆自入山督攝伐木。又破坏诸营，大开园囿，起土山楼观，穷极伎巧，工役之费以亿万计。陆凯固谏，不从。……”

同上：“（宋）二十三年筑北堤，立玄武湖于乐游苑北，筑景阳山于华林园。”该条下注引《何尚之传》曰：“上欲于湖中立方丈、蓬莱、瀛洲三神山，尚之固谏，乃止。”笔者案，此引文出自《晋书》，所言宋二十三年（公元446年）即刘宋时期的元嘉二十三年，“上”即宋文帝。文中“三神山”意即后世宫苑所言“三山”。

吴末帝孙皓在位（公元264年至281年）间，适值西晋初年。可知，曹魏明帝所建景阳山已建成数十年了。而自吴末帝孙皓“起土山”至宋文帝刘义隆“筑景阳山”，其间经逾百年。建康宫苑堆筑“三山”之事未果，此议自宋文帝后更未提及。

11. 有关“曲”之同源字考例证如下：

其一，“纡”与“迂”

《考工记·矢人》：“中弱而纡。”注：“纡，曲也。”《楚辞·九章·惜诵》：“心郁结而纡轸。”注：“纡，曲也。”《淮南子·本经》：“盘纡刻俨。”注：“纡，曲屈。”《楚辞·九叹·忧苦》：“志纡郁其难释。”注：“纡，屈也。”《说文》：“纡，绌也，一曰萦也。”《文选·宋玉高唐赋》：“水澹澹而盘纡兮。”注：“纡，回也。”

《太玄经·一美》：“其次迂涂。”注：“迂涂，曲萦之貌也。”《汉书·郊祀志上》：“言神事，如迂诞。”师古曰：“迂，回远也。”又：“然则怪迂阿谀苟合之徒。”师古曰：“迂谓回远也。”《后汉书·蔡邕传》：“不我知者，将谓之迂。”注：“迂，曲也。”

其二，“委”与“逶”

《楚辞·九叹·远游》：“委两馆于咸唐。”注：“委，曲也。”《白虎通·绋冕》：“委貌者，委曲有貌也。”《释名·释首饰》：“委貌，冠形有委曲之貌，上大下小也。”《诗经·鄘风·君子偕老》：“委委佗佗。”《传》：“委委者，行可委曲踪迹也。”

《说文》：“逶，逶迤，衺去之见。”《文选·刘峻广绝交论》：“匍匐逶迤。”注引《说文》：“逶迤，邪行去也。”《后汉书·杨秉传》：“逶迤退食。”注：“逶迤，委曲自得之貌。”《楚辞·九思·逢尤》：“望旧邦兮路逶随。”注：“逶随，迂远也。逶，一作委。”

《说文》：“冤，屈也。”《广雅·释诂四》：“冤，诎也。”《释诂一》：“冤，曲也。”《释言》：“冤，枉也。”《汉书·武帝纪》：“详问隐处亡位，及冤失职。”师古曰：“冤，屈也。”《息夫躬传》：“冤颈折翼。”师古曰：“冤，屈也。”《汉书·扬雄传上》：“飏翠气之冤延。”《文选·扬雄甘泉赋》作“飏翠气之宛延”。

《说文》：“宛，屈草自覆也。”《汉书·扬雄传下》：“是以欲谈者宛舌而固声。”师古曰：“宛，屈也。”《文选》“陶潜始作镇军参军经曲阿作诗”：“宛辔憩通衢。”注：“宛，屈也。”

《史记·司马相如传》："宛宛黄龙。"索隐引胡广："宛宛，屈伸也。"

12.“《宣帝本纪》曰：神爵三年春，起乐游苑。师古曰：《三辅黄图》曰在杜陵西北。又《关中记》云，宣帝立庙于曲池之北，号乐游。按其处则今之所呼乐游庙者是也，其余基尚可识焉。”《关中记》潘岳，西晋。西晋时称曲池。“《元帝本纪》曰：初元二年春三月，诏罢水衡禁囿、宜春下苑、孟康曰：宫名也，在杜县东。晋灼曰；《史记》云葬二世杜南宜春苑中。师古曰：宜春下苑即今京城东南隅曲江池是。少府佽飞外池、如淳曰：《汉仪注》佽飞具矰缴以射凫雁，给祭祀，故有池也。严籞池田，假与贫民。”

13. 沙孟海，《曲水流觞杂考》,《文物》1991 年第 6 期。

14. 郭湖生，《论邺城制度》，《建筑师》（95），2000.8。

15. 刘敦桢，“中国古典园林与传统绘画之关系”,《刘敦桢文集》第四册，中国建筑工业出版社，1992（编者注：“该文写于 1961 年 11 月 21 日，未曾发表”）。刘敦桢提及传统园林理水中曲形水面时，以赵宋及其后案例，如北宋《洛阳名园记》所载环湖、湖园二园之弯曲带状水面、宋徽宗汴京艮岳之弯狭水面、北京颐和园万寿山北之曲折带状水面等。

16.《老子》“人法地，地法天，天法道，道法自然。”《庄子·齐物论》：“天然耳，非为也，故以天言之。以天言之，所以明其自然。”《庄子·德充符》：“常因自然而不益生。”（三国魏王弼）《老子注·五章》：“天地任自然，无为无造，万物自相治理。”其释“道法自然”曰：“道不违自然，乃得其性。法自然者，在方而法方，在圆而法圆，与自然无所违也。自然者，无称之言，穷极之辞也。”（三国魏何晏）《无名论》：“天地以自然运，圣人以自然用”；“自然者，道也”。魏晋时期，“自然”是玄学家们重要论题之一。

17. 阚铎，《元大都宫苑图考》，《营造学社汇刊》第一卷之第二册，1930 年 12 月；（日）冈大路 : 支那宫苑园林史考，《满洲建筑杂志》 14-4 ~ 18-5,1934 ~ 1938；冈大路，（《中国宫苑园林史考》，农业出版社，1988。

鲁安东

解析避居山水：文徵明 1533 年《拙政园图册》空间研究

序

16 世纪是中国艺术和造园的一个转变期，在此期间，明代早、中期生产性的农业景观逐渐被晚明美学化的消费景观所代替。[1] 其间，昏暗的嘉靖朝（1522—1566）经历了园林文化的大发展。这体现在数量激增的以新近建造的园林为主题的文学和艺术作品上。文徵明（1470—1559）是这一时期重要的画家、书法家和学者。他的绘画事业始于 1527 年，那年他终止了一段短暂的从政生涯并回到自己的故乡苏州定居。[2] 在其后的几十年中，他成为苏州艺术圈的领袖，并且发展了一种“避居山水”的绘画风格，这种画风在江南地区的文人阶层中被广为赏识。[3] 这种认同符合当时思想风气的一种变化——新生代的失意文人试图表达自己对当时严峻、混乱的政治环境的沮丧和厌恶。这种避世的文化很自然地将园林作为它的理想主题，并将它与高洁的品性、超然的生活、以及在精心挑选的小圈子间的雅集活动联系在一起。文徵明与当时大多数文人画家一样热衷于绘画和造园。在他的全部作品中，以传说中的古代园林和当时真实的园林为题材的绘画和诗歌占有相当比例。此外，他还在自己家族的居所内给自己营造了玉磬山房。[4]

作为拙政园主人王献臣[5] 的密友，文徵明与这座园林有着长期而成果卓然的接触。自王献臣于 1509 至 1513 年间开始营造这座园林起，[6] 文徵明在之后四十多年中不断创作出描绘这座园林的诗文和绘画，[7] 仅仅除了他于 1523 至 1527 年间离开苏州的那段时间。文徵明还参与了该园中的日常生活，例如他被允许使用园中一座书房作为他与友人和学生的聚会之所，此外他还曾经主持了王献臣儿子的冠礼。尽管已有大量关于文徵明参与该园的资料，我们依然不清楚他在造园过程中的确切角色。这部分由于该园经历了太多次修改和重建，而在现存的这座大多源自 1870 年代的园林中，[8] 被文徵明所记录的那些原初特色已无法辨识。虽然我们无法得知该园的本来面貌，文徵明 1533 年的《拙政园图册》却给我们提供了一扇窗口，让我们窥见当时园林中隐含的景观。[9]

这套图册包括一篇园记和31幅册页。每幅册页分别描绘了园中一处景致；每幅图均各自配以一文字副页，写着一首韵诗及简短的说明性注记。[10]这些多样的记录形式提供了关于该园的不同信息。园记引导着读者遍游全园并且赞扬了主人园居的德操。绘画采用了一种半地形式的设计，通过将地平面倾斜以使观者更好地识别每处景点。但文徵明并未试图从某一个高空视角来描绘整个园林，他的图页将基地分割成不同的体验单元，却几乎没有给观者提供单元之间关系的线索。许多图页都将园主描绘在场景中，因此类似某种肖像画。[11] 为每幅画配的韵诗传递着非常重要的对场所的启发式解说，包括了它的特色景致、感受、关联的意象以及必要的引用和典故。在每首诗前书写着简短的说明性注记，它们用一种客观的语气介绍了场所的名称，以及它的位置与附近场所或整个园林的关系。这种一方面使用绘画和韵诗来表达单个场所，另一方面使用游览叙事和注记来标明位置的做法，使这本图册成为园林表现的一次独特尝试。

用包含文字和图像材料的图册来表现园林并非文徵明独创。[12] 他明显受到他的老师沈周创作的《东庄图册》（约1470—1480年代）的影响，因为他的图册中至少有两页在彻底地模仿老师的构图技巧（图1；图2）。[13] 然而如果进一步审视文徵明的图册，可以看到一些不同之处。他使用了三种不同的书体，9页使用了篆书，9页楷书，余下的13页则用了行书。这种不连贯的形式给了这本图册一种罕见的不正式和私密的感觉，仿佛它的创作是为了自我修养和自我表达，而不是给园主的馈赠。另一个异常之处是文徵明对景点位置给予的特别关注。这一方面可能由于文徵明在园林题材上的保守画风，[14] 另一方面由于这个图册或许被用作导览手册。园林画通常必须包括一些建筑、道路和自然地标，以帮助观者识别其场地。在文徵明的图册中，这种环境识别功能至少部分地通过使用说明性的注记来实现。与沈周的图册不同的是，文徵明的册页体现了一种将天空和地面精简成浑然虚空的倾向，它们交融在不可见的远方某处（图3；图4）。这种空间感有助于文徵明试图表达的避居感，但它同样可能会干扰我们将画面识别为真实的场所，而注记提供的清晰和客观的信息则可以作为补偿。

柯律格（Craig Clunas）准确地指出了园林文化从道德优越的生产性景观向以品味和奢侈为特色的美学性景观的转变。[15] 东庄和拙政园均体现了一种避世的景观——它以乡村景致和丰硕果园为特色，并关注于对农艺的隐喻及其道德魅力。它们有别于16世纪晚期的园林，那时典故、假山和奇花异草成为了一个园林合乎时宜的必要特征，同时美学上的优越在紧张的地位和权力竞争中成为造园的关注点。[16] 尽管拙政园可以被视作

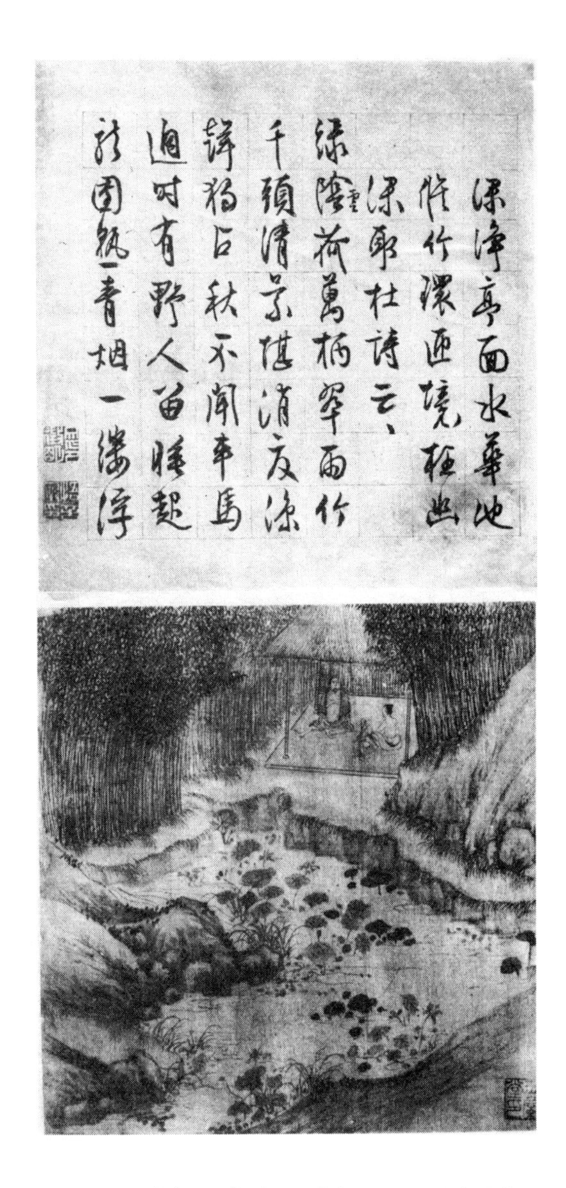

图 1. 文徵明《净深亭》（1533 年），册页，绢本设色，26.4 × 30.5 厘米。副页书法采用行书，包括一句注记和其后的律诗。注记写道：“深净亭（注：园记中为净深）面水花池，修竹环匝，境极幽静，取杜诗云。”

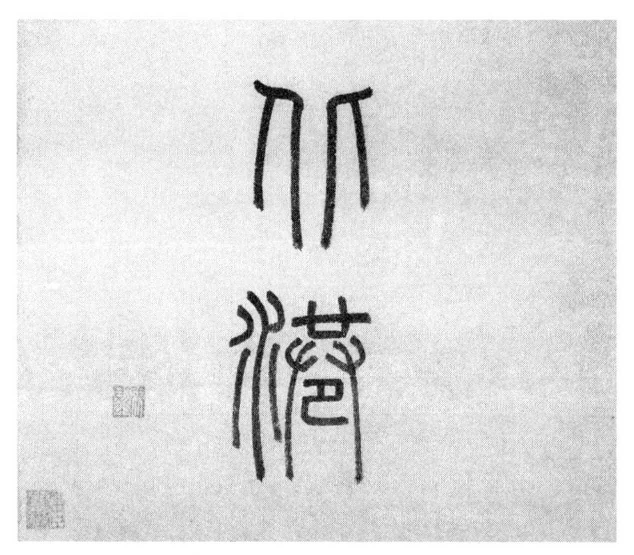

图 2. 沈周《北港》（约 1470—1480 年代），册页，纸本设色，28.6 ×33 厘米。副页书法题名由李应祯用篆书书写。

图 3. 文徵明《水花池》册页。副页书法采用行书。
注记写道：“水花池在西北隅，中有红白莲。”

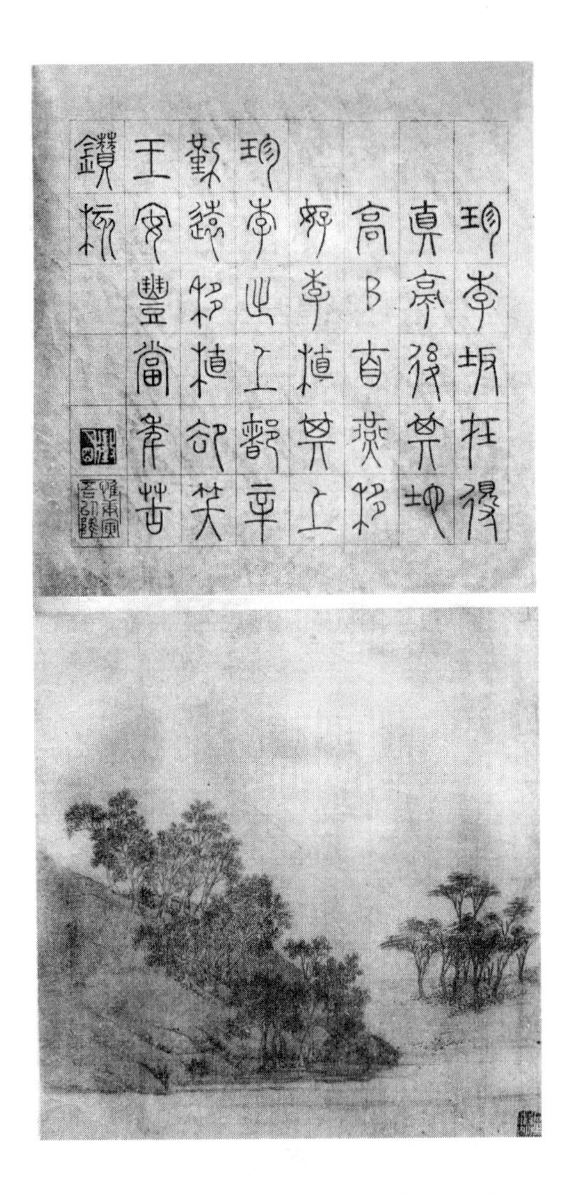

图 4. 文徵明《珍李坂》册页。副页书法采用篆书。
注记写道："珍李坂在得真亭后，其地高阜，
自燕移好李植其上。"

一个“硕实园林”（fruitful garden）的例子，但有趣的是它如何受到失意文人圈子中日益加深的一种孤凄和萧索的避居文化的影响，无论是文徵明还是园主王献臣都属于这个圈子。很显然文徵明的避居理想有别于上一代文人那种悠闲和舒适的园居理想。

本文试图从两个角度来解析文徵明图册中的避居景观。首先，通过对园记和注记的分析，我试图说明避居是包含在拙政园的空间组织之中的，而文徵明对该园的认知组织将这个避居空间展示为一种理想景观。其次，通过对画和诗的分析，我试图说明这种对避居进行表达的诉求产生了一种新的、个人化的和心理化的场所感。尽管避居文化在 1570 年代之后迅速消退，这种人与场所的亲密性，作为它最重要的遗产之一，预示了在后来园林中主导的意境美学。[17]

壹：交织的旅程：对文徵明园记的研究

记是旅行文学的一种确定体裁，它灵活、多变，因此适合随意和个人的写作目的。自唐代起，记就被用于描写园林，而文徵明采用的“游”的叙述顺序早在李格非的《洛阳名园记》（1095 年）中即已被采用。[18] 文徵明的园记包括两部分：描述性的前半部分引导读者沿着一条路线遍览全园，而后半部分则赞扬和推崇了园主的园居生活。本文主要讨论第一部分。

园记开篇即通过两处理应为读者所熟悉的城市地标对园址进行定位（“在郡城东北界娄、齐门之间”）。接着介绍了基地的条件“居多隙地，有积水亘其中”。随后介绍了园主通过疏浚、导流及植栽对基地施加的改善。因此正如柯律格准确指出的，“在具体的园主和基地之间建立起密切的个人关联”。[19]

而接下来的句子就其空间关注而言显得尤为有趣。“（园主）为重屋其阳（北），曰梦隐楼；为堂其阴（南），曰若墅堂。”这句话一方面延续了园主的在场，同时将读者顺畅地引入园中，从城市尺度的对基地的俯瞰聚焦至池上的主要建筑，而它们证实了园主的经营之功。之所以在开篇就对主要建筑进行定位，有着社会的和空间的原因。作为雅集的场所，园林中主要建筑的位置大多临近园门，面向宽敞的庭院，并常常可以环顾周边景色。[20] 在文徵明的图册中，尽管大多数场所都相当私密并隔离于其他场所，梦隐楼和若墅堂却被有意地面对面放置，构成了该园的村野景观中仅有的一组强烈视觉联系（图 5）。[21] 因此，它们既是进一步游园的天然出发点，又是该园空间布局中的地标。

读者被引入园中之后，接着随着叙述遍览整个园林。31 处景点被一条隐含的路径悉心编织起来，除了少数几处是通过沿路所见的景色而松散地联系上的。这条路径从若墅堂出发（图 6：场所 2）：

“堂之前为繁香坞（3），其后为倚玉轩（4）。轩北直梦隐（1），绝水为梁，曰小飞虹（5）。逾小飞虹而北，循水西行，岸多木芙蓉，曰芙蓉隈（6）。又西，中流为榭，曰小沧浪亭（7）。亭之南，翳以修竹。经竹而西，出于水澨，有石可坐，可俯而濯，曰志清处（8）。”

这段从场所 4 至场所 8 的旅途叙述，使用动作动词来建立一种基于出现先后的次序。但是它并未全部使用“路径视角”，[22] 否则在描述时应该使用游客的内在参照系统，即“左－右－前－后”；相反，文徵明在园记中引入了一种外在的“东－南－西－北”参照系统，这种系统从上方的固定视点来描述运动，例如“经竹而西”。这种叙述风格同时提供了行进式的和地图式的空间线索，它们在引领读者前行的同时又从一个高空视点观察着他的运动。如果迄今的游赏仍然是一段连续运动的话，那么下面的旅程则在空间上令人迷惑。园记接着这样写道：

图 5. 文徵明《小飞虹》册页。一桥横跨水池连接着左侧的梦隐楼和右侧的若墅堂。

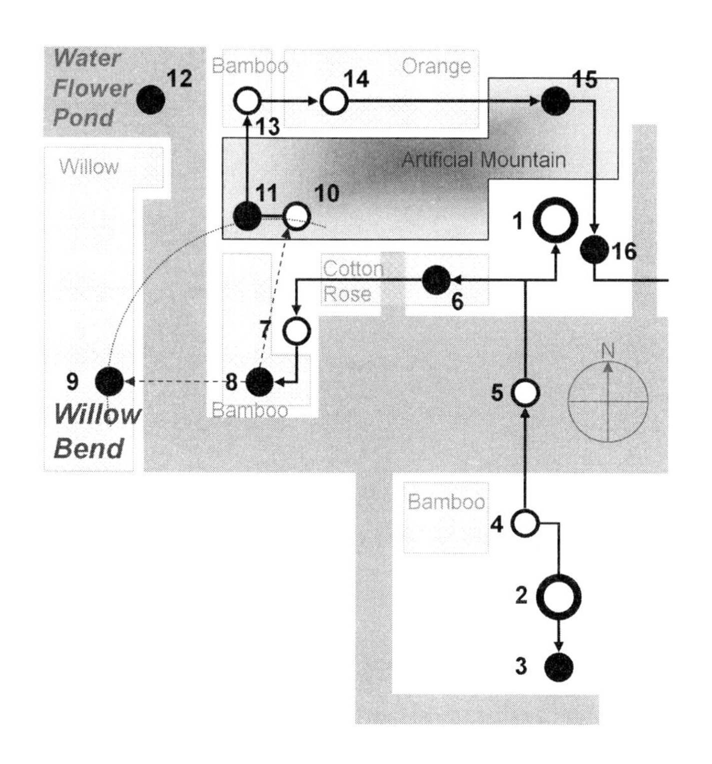

图 6. 旅途前半部分的示意地图。实心圆点表示自然景致；空心圆点表示包含建筑物的景点。

“至是，水折而北，滉漾渺弥，望若湖泊，夹岸皆佳木，其西多柳，曰柳隩（9）。东岸积土为台，曰意远台（10）。台之下植石为矶，可坐而渔，曰钓䂬（11）。”

这些景点并未涉及身体的行进，而是顺着从场所 8 所见的环景展开，在那里，我们的视线顺着折而北的水道看向其两岸的景致。我们同样无 法确定意远台的位置。但是在对意远台册页（图 7）的注记中提供了一条重要的空间线索：“意远台在沧浪西北”。有趣的是，在园记中意远台是通过与它西侧水道的关系来介绍的，而在册页的注记中它却被相对于园林的整体布局 —— 即通过与中央水池的关系 —— 来定位。

和前一段相似的是，这段叙述也不符合任何单一的空间视角，否则它应该从观者视点的左和右来描述各个景点。相反它同样诉诸一个外在的“东 – 南 – 西 – 北”参照系统并暗示着一个来自上方的地图视角。从前一段基于路径的叙述到这一段基于环景的叙述的跳跃，干扰了园林描述的空间整体性。但在介绍过钓䂬（11）之后，叙述又改回路径模式：

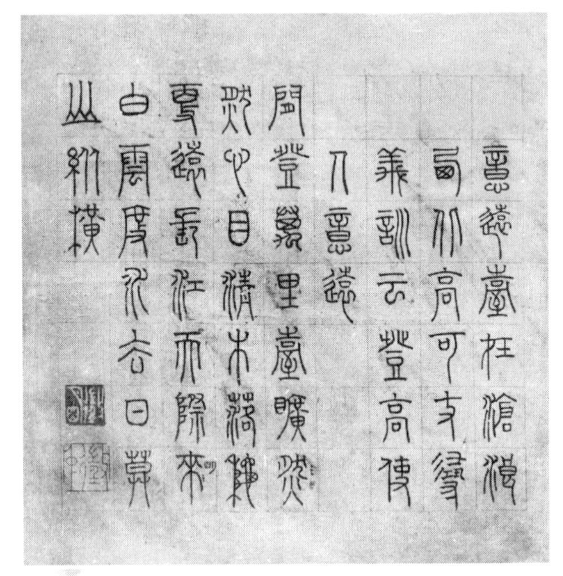

图 7. 文徵明《意远台》册页。副页书法采用篆书。注记写道：“意远台在沧浪西北，高可丈寻，义训云：‘登高使人意远’。”

“遵钓砻（11）而北，地益迥，林木益深，水益清驶，水尽别疏小沼，植莲其中，曰水花池（12）。池上美竹千挺，可以追凉，中为亭，曰净深（13）。循净深而东，柑橘数十本，亭曰待霜（14）。又东，出梦隐楼之后，长松数植，风至泠然有声，曰听松风处（15）。自此绕出梦隐之前，古木疏篁，可以憩息，曰怡颜处（16）。”

在怡颜处，读者被再次带回到彼此视觉关联的梦隐楼和若墅堂之间主要社交区域。迄今为止的旅程构成了一个环状路线。这是一次从主要区域前往被隔绝的边缘场所的探索之旅，然后突然之间，游客“绕出”并且回到出发前的所在。这一环形路线的形成可能受到了假山的影响。场所 1、10、13 和 15 的册页图将这些场所描绘为坐落于山脚下。

与此不同的是，之后的旅途构成的是一条走向园林深处的线性路线（图 8）：

“又前循水而东，果林弥望，曰来禽囿（17）。[23] 囿缚尽四桧为幄，曰得真亭（18）。亭之后为珍李坂（19），其前为玫瑰柴（20），又前为蔷薇径（21）。”

此处叙述再次从路径模式转向环景模式，这导致读者在阅读下面句子时会遇到空间认知的困难：

“至是，水折而南，夹岸植桃，日桃花沜（22），沜之南，为湘筠坞（23）。又南，古槐一株，敷荫数弓，[24] 曰槐幄（24）。”

由于桃花沜包括了折而南的水道两岸，因此我们不清楚场所 23 和 24 究竟位于溪流的哪一侧。这个谜直到叙述重新回到路径模式才得到解决：

“其下跨水为杠。逾杠而东，篁竹阴翳，榆槐蔽亏，有亭翼然，西临水上者，槐雨亭也（25）。亭之后为尔耳轩（26），左为芭蕉槛（27）。凡诸亭槛台榭，皆因水为面势。自桃花沜（22）而南，水流渐细，至是（25）伏流而南，逾百武，[25] 出于别圃丛竹之间，是为竹涧（28）。竹涧之东，江梅百株，花时香雪烂然，望如瑶林玉树，曰瑶圃（29）。

圃中有亭，曰嘉实亭（30），泉曰玉泉（31）。”

很明显，旅程是从溪流西侧的槐幄（24）重新开始的。然而在我们改为环景模式前，叙述抵达的是水东侧的蔷薇径（21）。因此读者不得不在脑海中跨越了溪流。

玉泉（31）标志着文徵明结束了对该园的导游。而在园记开始对园主和他造园因由进行讨论之前，叙述“以园中建筑清单的形式，将读者从地面拉回到可以环视全园的高度”：[26]

“凡为堂一，楼一，为亭六，轩、槛、池、台、坞，涧之属二十有三，总三十有一，名曰拙政园。”

这个拉回的效果对应着园记开篇将读者直接拉近至北侧梦隐楼和南侧若墅堂间的池面的聚焦效果。这个非凡的开场将我们直接置于园林的中心，而没有提供任何关于该园入口或者边界的线索。文徵明显然试图将该园描绘为一座坐落于山野景观间的别墅，正如他在对若墅堂命名的注记中所说的：

“园为唐陆鲁望（陆龟蒙）故宅，虽在城市，而有山林深寂之趣。昔皮袭美（皮日休）尝称，鲁望所居不出郛郭、旷若郊墅，故以为名。”

贰：对册页注记的空间分析

正是将园林视作自维持的世界，因此很自然地会首先引入一个“中心”，尔后，部分由于对边界的漠视，将园中的场所按照与这个想象的中心之间的关系来布置。这种向心的空间布局通过对册页注记的进一步分析变得更为明显。

文徵明的图册中提供了不同类型的空间信息。园记描述了一次遍历全园的游览，并且将基于路径的和基于环景的信息与外在参照系统（“东－南－西－北”）结合起来。园记同样可以引导观者从一幅册页翻到下一幅，并建立一种想象的游园体验，因为这31幅图是按照园记的叙述顺序排列的。但是仅凭园记并不足以帮助我们了解该园空间的整体图景，而绘画和注记则提供了补充性的空间线索。虽然绘画不能像透视图那样准确地

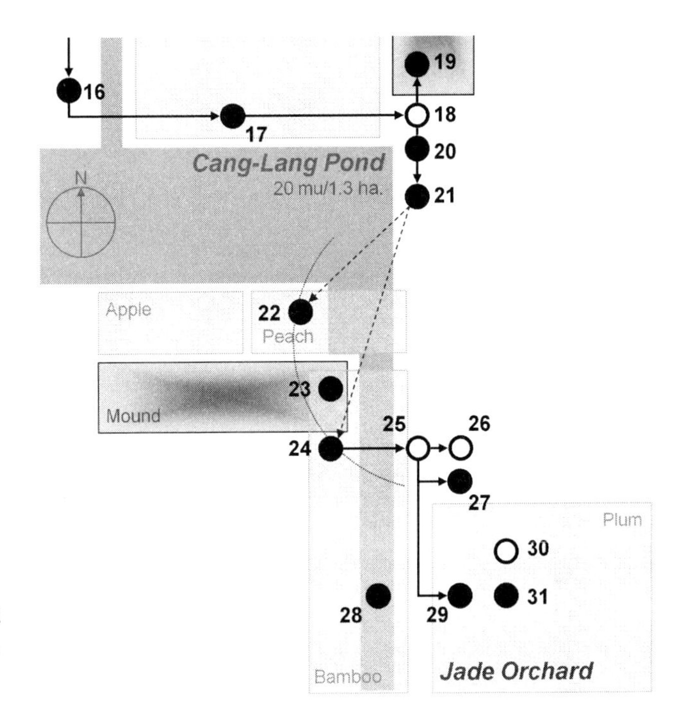

图8. 旅途后半部分的示意地图。实心圆点表示自然景致；空心圆点表示包含建筑物的景点。这幅图中的数字标记和位置均接着图6右侧。

表现尺度、距离和朝向，但它们可以提供大致的地形信息，例如水面和假山。而或许更为重要的信息则是由常常遭到忽视的注记所提供的。在31个景点注记中有30个对景点的位置提供了简明而清晰的说明。[27] 这些注记提供了三种不同类型的空间线索（部分注记包括了一种以上）：东－南－西－北的外在参照系统，例如“柳隩在水花池南”；左－右－前－后－上－下的内在参照系统，例如“蔷薇径在得真亭前”；以及使用八卦的外在参照系统来表达与想象的园中心相应的八个方位（图9），例如“瑶圃在园之巽隅”。

一共有六个注记在介绍场所位置时，用与想象园中心的关系来定位——其中五个使用了八卦，另一个使用了常规的方向：

“芙蓉隈（6）在坤隅（西南）”；[28]
“水花池（12）在西北隅”；
“待霜亭（14）在坤隅（西南）”；
“得真亭（18）在园之艮隅（东北）”；
“瑶圃（29）在园之巽隅（东南）”；

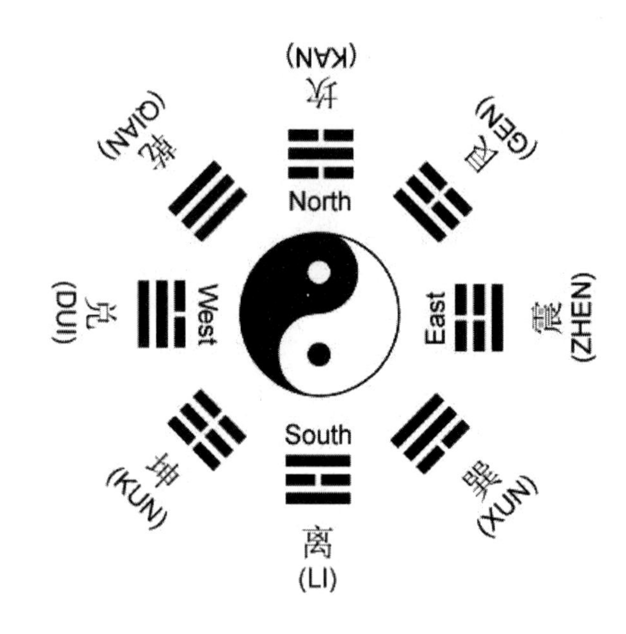

图 9. 后天八卦与罗盘方向的关系。

“及是得泉（31）于园之巽隅（东南）……” 。

这 31 个注记提供了丰富的空间线索，从中我们甚至可以在不考虑园记、绘画和韵诗的条件下，将所有的景观组织成一个完整的网络。其中有七处场所使用沧浪池（梦隐楼和若墅堂之间的主要水面）作为参照点，包括小飞虹（5）。[29] 上段列出的六处场所则是通过东 – 南 – 西 – 北或者后天八卦定位于想象的园林中心。同样定位于园中心的是按照其注记所说“在拙政园之中” 的若墅堂（2），而它又是另外两处场所的参照点。在上述场所中，有些成为供其他场所定位的次级参照点（图 10）。如果我们将沧浪池视作“园林中心”整体概念的一部分的话，这一等级结构会变得更为清晰（图 11）。

在这个网络中，我们可以发现七处次级参照点。其中两处值得讨论：水花池（12）和桃花沜（22）。虽然园记和绘画均将它们描绘为远景，并且没有提供如何达到它们的线索（见图 3），它们却不止一次在其他注记中被用作参照点。水花池位于该园西北角，基地西半部的最远点，因此或许作为认知地标（cognitive landmark）供其他场所定位。[30] 而位于园东北角的得真亭（18）和位于东南角的瑶圃（29）可能是同样的情况。与此类似，桃花沜（22）位于中部水池向南拐弯处的岸边，因此或许可以为隔离于主要水面的场所提供地标，例如槐雨亭（26），而后者本身就是一个重要的空间节点，因为它被用于定位另外五处景点。如果我们将这一空间格局按照地图结构来绘制，它将更为清晰（图 12）。

如果我们将来自园记和注记的空间信息综合起来，就可以得到更全面的关于拙政园的示意图（图 13）。这样一种向心的、自维持的、与外部世界隔绝的园林形态，符合文徵明的时代对园林的概念——“一处城市或者郊野的地产，其上种植着果树和有木料价值的树，它们环绕着放养着鱼的池塘。”[31] 基于这样一个向心的空间布局，文徵明将 31 处景点配置为一个混合的序列，而这一序列对叙事的影响需要进一步分析。

叁：避居景观的空间组织

无论园主王献臣还是他的友人画家文徵明，都将他们自己视作拙于为政者。他们失意于恶劣的政治斗争，并且自愿退隐园林以保持自身道德的纯净和高洁。在园记的第二部分中，文徵明引用了园主的辩解之辞：

> “昔潘岳氏仕宦不达，故筑室种树，灌园鬻蔬，曰：‘此亦拙者之为政也。’余自筮仕抵今，馀四十年，同时之人，或起家至八坐，登三事，而吾仅以一郡倅老退林下，其为政殆有拙于岳者。”

但文徵明不同意这一比较。在园记的剩余篇幅中，他批评潘岳是一个伪君子，而赞扬了王献臣放弃官位、避居园林逾二十年的品德。很明显，避居在一个政治昏暗的时代中被视为崇高品德的有力象征。

文徵明的说辞既适用于园主，也适用于他自己。在 16 世纪早期，通过每三年一次的科举考试变得极为困难。文徵明自己，尽管已是声誉卓著的文人，依然在 1495 年至 1522 年间的十次科举考试中失意。而在 1523 年通过地方举荐贡士而获得官职（翰林待诏）后，他意识到如果不曲事权贵，自己的政治生涯难有寸进，因而很快就在 1527 年辞官。文徵明的从政经历并非罕见，从中我们可以理解为何“避居山水”的画风会在江南地区的文人阶层间流行。在 1527 年归隐苏州之后，直到 1559 年去世，文徵明是这一艺术运动的实际领袖。

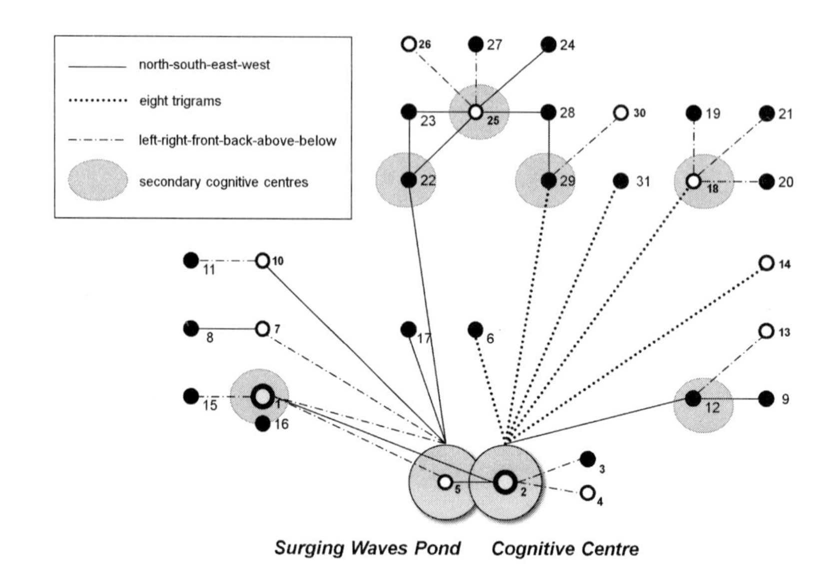

图 10. 文徵明 1533 年图册中的注记提供的空间线索网络图。

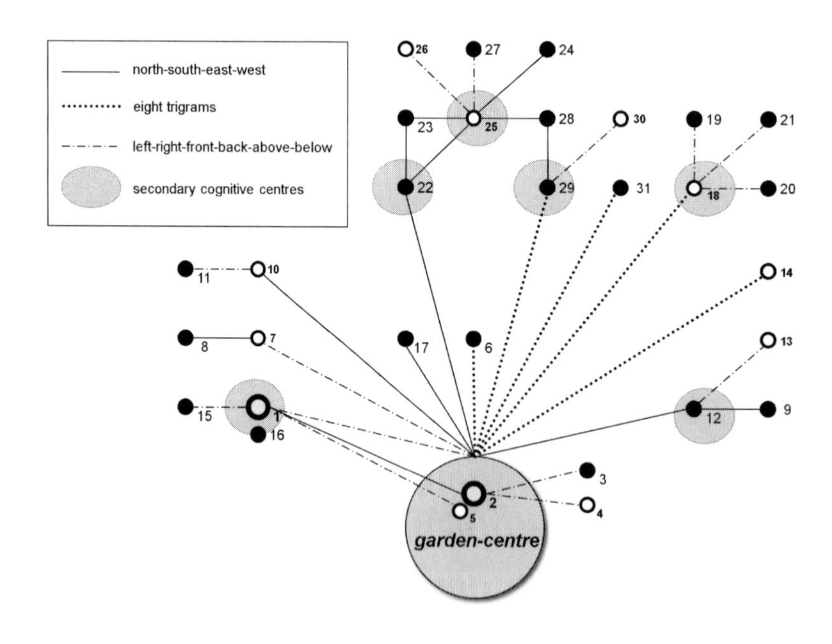

图 11. 调整后的注记空间线索网络图。

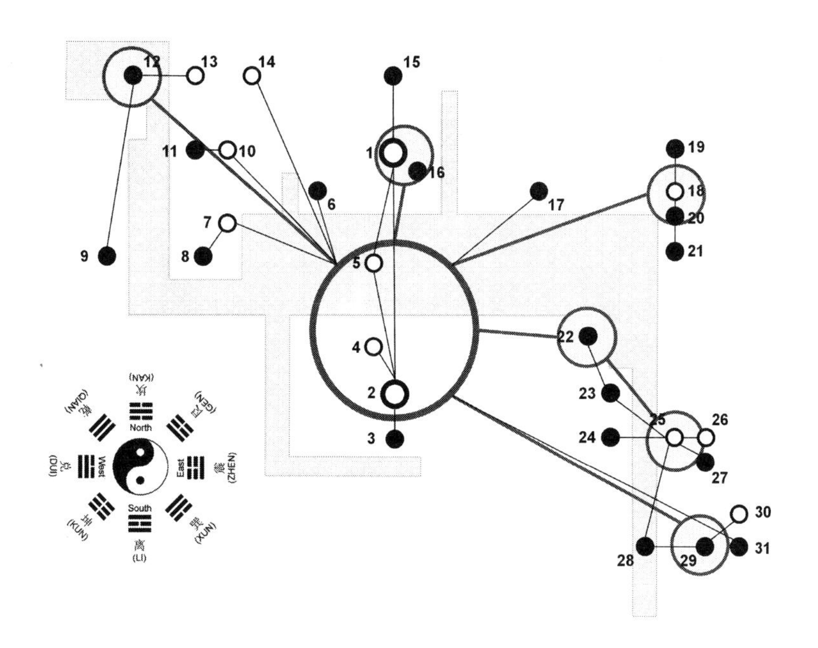

图 12. 按照地图配置的注记空间线索示意图。

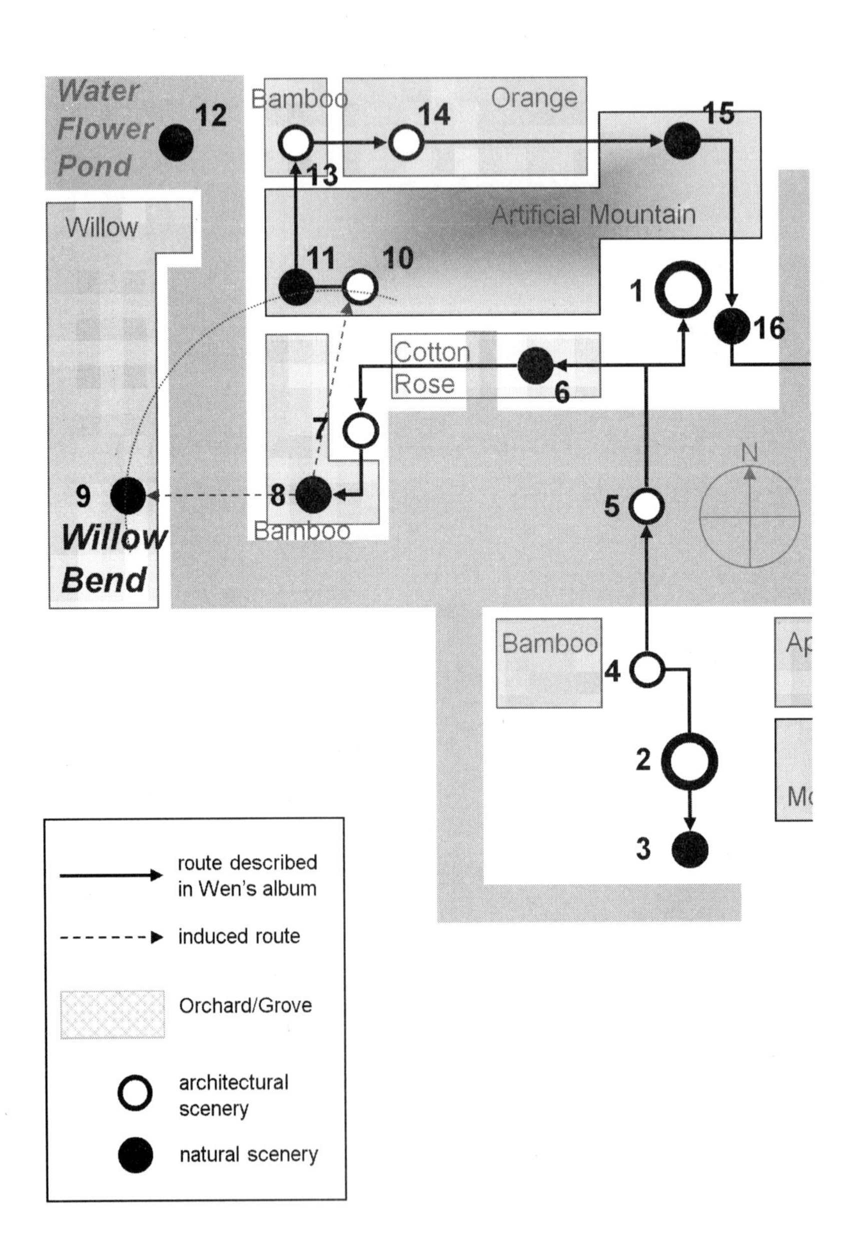
Water
Flower
Pond
12
Bamboo
14
Orange
15
13
Willow
Artificial Mountain
11
10
1
16
Cotton
Rose
6
7
N
9
8
5
Willow
Bend
Bamboo
Bamboo
4
2
3
route described
in Wen's album
induced route
Orchard/Grove
architectural
scenery
natural scenery

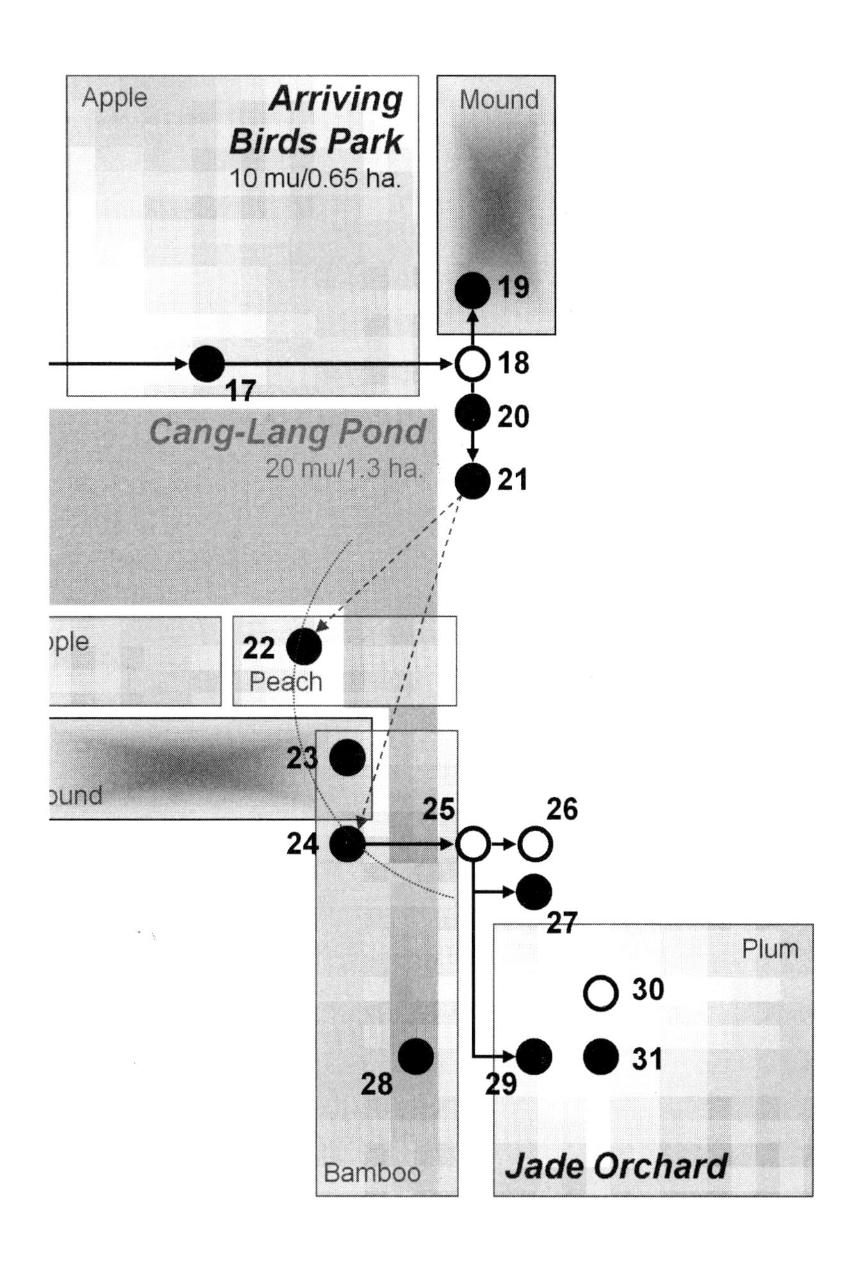

图 13. 文徵明 1533 年图册再现的拙政园及其三十一景示意地图。

文徵明的“避居山水画”提供了一种可以与拙政园相比较的有趣的例子，因为二者虽然使用不同媒介，却都创造了一种相似的理想景观。文徵明的避居风格的挂轴使用了一种极端狭长、宽高比达到 1:4 的新构图（图 14）。画面几乎填满了不计其数的岩石、沟壑和树木的小单元。这些互相咬合的单元被向内弯曲，以形成一条蜿蜒伸向后退着的群山深处的中轴线。自画面下方向上看，观者不仅在抬升自己的视平线，同时被吸引入无尽的荒凉之中。但这种空间深度和荒凉感在城市园林中是无法实现的，同样这种垂直构图也无法用于园林中任何一处景观。然而造园艺术却可以通过游客的切身参与来唤起避居的体验。

文徵明的园记中描述的旅程包括两部分，一段是环形的，另一段是单向的（图 15）。旅程始于园林宽敞的中部，这里主要水池边的两座主要建筑彼此相对。接下来，旅程向西并绕着假山展开。在转而向北后，空间变得“益迥（僻远）”，而且“林木益深”，同时溪流也变得“益清（清澈）驶（湍急）”。从园记中的这些描述，我们似乎看到读者到达了山中深处的一些偏僻地区。而随着旅程转而向东穿过一片橘林，游客抵达了假山阴翳的北坡，一处松树飒然摇曳的荒僻场所。而后突然间，游客绕出山前。这样的布置有别于大多数将环形路径围绕中央水池、因而沿途视觉通畅的园林。它创造了一种避居入深山的体验。

而旅程的后半部分则较为平静，它顺着水流的转折并逐渐消失而展开。“水”在整个旅程中被不断提及：“循水而东”，之后“水折而南”，“水流渐细”并且“伏流而南”了一段距离。此外，在旅程的记叙中还被插入了一句颇不协调的话，它有趣地声明所有的建筑“皆因（顺应）水为面势（正面朝向）”，这提醒我们水在该园布局中起到的核心作用。离开中央水池后，游客被蜿蜒的溪流引领着，穿过密植的竹涧（28），抵达园东南角的一片梅林。这一单向的旅程同样创造了一种避居的体验：不再是荒僻的山居，而更像是文徵明的侄子文伯仁所描绘的那种渔隐（图 16）。

是否有可能文徵明将他自己避居式的视角强加于拙政园之上，而将一个普通、愉悦的园林描绘成一种避居山水呢？我认为这不太可能。避居除了反映在路径结构与山和水的配置关系之外，同样隐藏在该园的空间组织中。基于前面的示意地图（图 13），我们可以推导出景点之间的渗透性示意图（permeability graph）[32]（图 17）。这幅示意图使用小飞虹（5）作为其外部节点（outside node），因为小飞虹横跨着主要水池，而这个水面是读者被园记引领着从空中进入园林后首先介绍的，此外它也被两座主要建筑用来

图 14. 文徵明《千岩竞秀》（1548−1550），图轴，纸本设色，132.6× 34 厘米，台北故宫博物院藏。

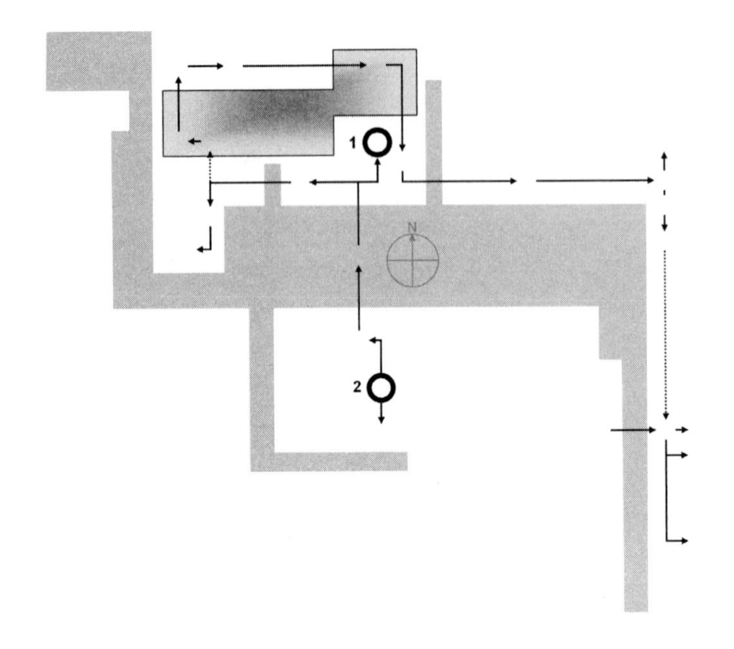

图 15. 避居景观的空间组织。

定位。

文徵明的园记两度偏离了行进的顺序，而其结果是留下了两处空间脱节：一处在场所 6 和场所 10 之间，另一处在场所 21 和场所 25 之间。在这两次脱节之后的区域因而显得隔绝于该园主要的易达区域。此外，只有 12 处景点有建筑物，它们被其他以植物为主的场所分隔开来。这明显有别于后来的美学化的园林，它们有着高得多的建筑密度，并且通过曲廊加以连接。[33] 再者，有 13 处景点位于边缘，而不在主要的交通路线上（图 18）。它们或是位于路径尽端，或是无法走进其中。这些边缘场所被通过支线附加在主要路径上，从而将整体结构变成一种树状图式。在这样一种结构中，游客反复抵达一些尽端而不得不返回到主要路径上才能继续向前探索。像志清处（8）这样的场所可能得益于这种尽端体验以增强它的避居的感受。

肆：心的场所：对图册中画和诗的研究

31 幅册页被按照园记的叙述顺序来排列，唯一的例外是将若墅堂排在最前面，而不是梦隐楼。若墅堂的册页描绘了园主在堂前庭园等待他的客人：他正看向竹篱上的入口

图 16. 文伯仁《花溪渔隐》（1569），图轴，纸本设色，126 × 33.2 厘米，上海博物馆藏。

处；而在画的右上角，一段远方的城墙暗示了园林位于城中（图 19）。配属的诗赞美了“市隐”的理念 —— 位于城市中却带有郊野风情。这幅开篇的册页将若墅堂描绘为一个聚集之所，以及一个通往其后隐秘园林的入口。在这里，观者受到主人的欢迎，并且在迷失于一个又一个景点前最后一次向城市进行定位。而下一页梦隐楼似乎不属于整个神游的顺序，因为它并非与若墅堂相邻的场所。将它作为第二页反映了一种优先介绍主要建筑的企图，这和园记中很相似。梦隐楼的册页在画面中部和左侧绘制了巨大的山体，而在右侧绘制了一组相形见绌的建筑物（图 20）。它在注记中告诉我们：“其高可望郭外诸山。”这两页均描绘了园外的景物，这不同于余下那些未提供任何外界线索的册页。[34]

余下的册页使用了一种类似的构图 —— 从空中向下俯瞰单个场所并且场所中常常绘有园主的人物形象（图 21）。这种高视点可能暗示着社会的和道德的优越性，[35] 但它同样需要一种代入式的（vicarious）观察空间的方式，[36] 一种观者需要通过综合观看模

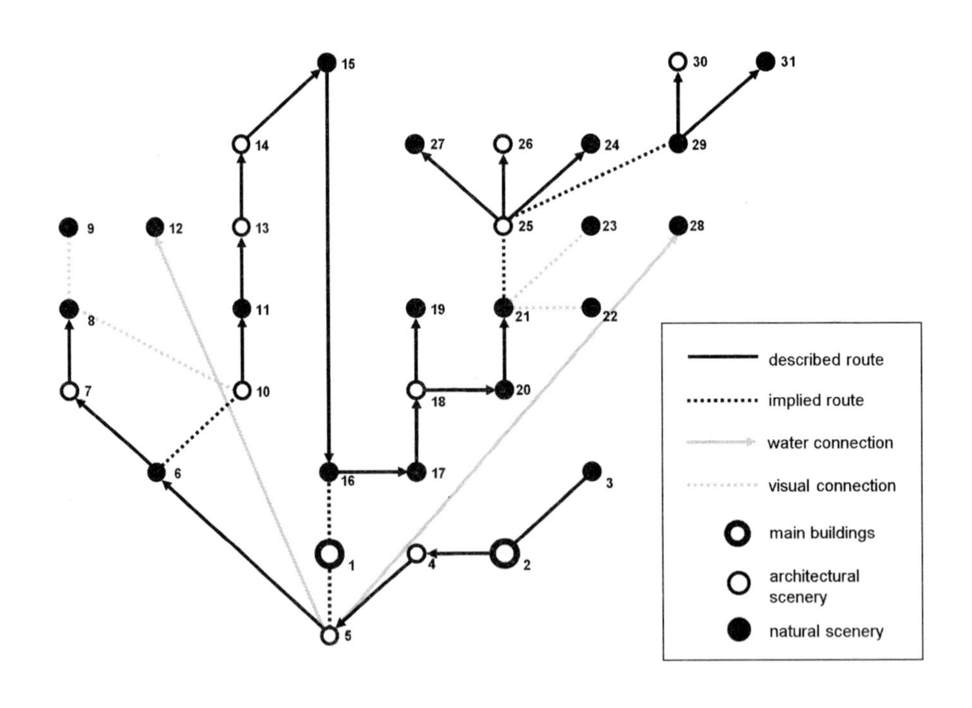

图 17. 基于文徵明园记描述的游览的连接关系的渗透性示意图。

式和体验模式而得以一种沉浸式的、“有我的”方式来感受场所的机制。韵诗被用来补充对人物形象的使用，它们常常从身在场所内的“我”的视角来描述感受和情绪。通过这种形式，观者被引导着“将他自己认同为画中的人物，从而被引入画面之中”。[37] 这种技巧及其沉浸式的理念在文徵明的时代是新近出现的，它们在文徵明 1533 年图册所体现的造园艺术中得到回应。

册页中的绝大多数可以基于命名的方式被分为三类。有 14 处景点被命名为植栽场地：其中 10 处以地貌特征命名，例如珍李坂；另外 4 处虽然有人为设施，但仍然以植物为主，例如玫瑰柴。它们体现了生产性景观的那种自然美学。而第二类包括 12 处景点，它们以不同的建筑类型为特征：其中 9 处的命名对历史、文学或者个人经历加以引述；[38] 另外两处则引述了诗意的意象；[39] 唯一例外的是意远台，它的名称指涉了现场体验。我在第二类中包括了得真亭，这可能会有争议，因为园记中说它是通过将 4 株桧树捆扎成帐幕的形状而成，[40] 而园记中同样总结道共有“亭六”，其中又明显包括了这一粗陋的

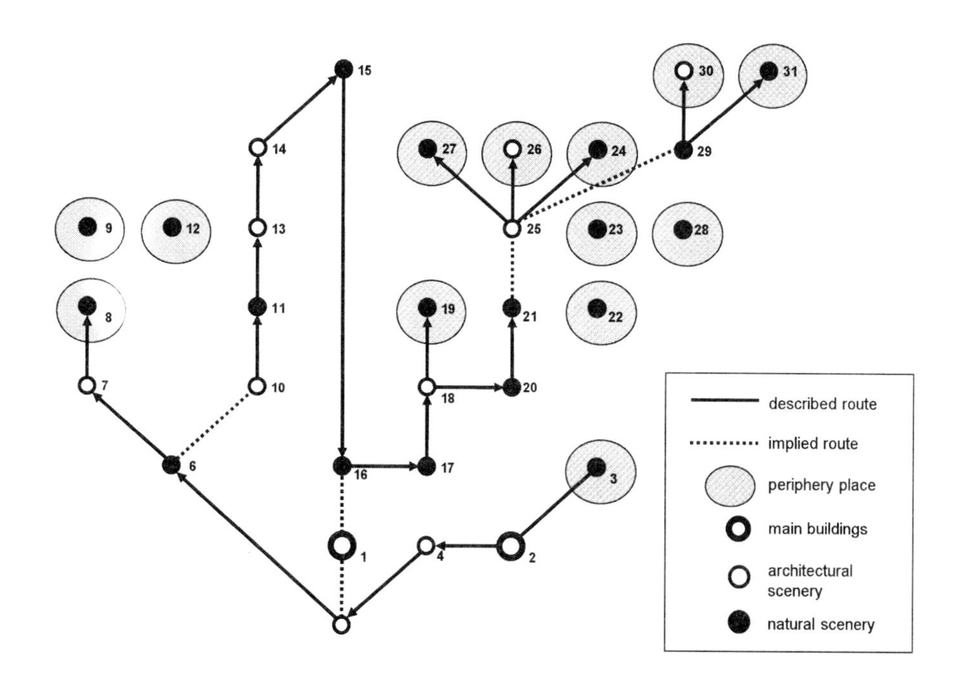

图 18. 标示出边缘景点的渗透性示意图。

图 19. 文徵明《若墊堂》册页。

图 20. 文徵明《梦隐楼》册页。

结构。第三种类型仅仅包括三处以“处”来命名的景点，即志清处、听松风处和怡颜处。

这第三种类型对避居景观而言尤为有趣。“处”这个词在之前的园林景点命名中很少使用。它的字形显示了人碰到桌几以表示停止的意思，[41] 而其字义被引申为表达一个场所或者在场所中的停留或居住。作为一种精神交流场所的“处”的概念很早就出现了。一则 5 世纪的典故记叙了简文帝在游览华林园时，对侍从说：

“会心处不必在远，翳然林水，便自有濠、濮间想也，觉鸟兽禽鱼自来亲人。”[42]

这种会心处的概念在明代的园林文学中被频繁引述。但是在文徵明 1533 年的画册中，它在景点命名中被用来替换场地特征和建筑类型。此时，它成为一种空间类型，以支持一种人与园林场所间的精神交流。为了澄清这种新的场所概念，我将详细分析两个例子。

在注记中，志清处被描述为一块俯临着宽而深的水面的石头，它的背后是一片竹林，它的名称来自对字义的解释（义训）：“临深使人志清。”这个场所的册页描绘了一个孤寂的场景，一个人独坐在池边洗脚（图 22）。位于画面左下方的人物向右上方看去，

图 21. 文徵明《槐雨亭》册页。“槐雨”既指附近的树木，又指园主的号。

那里水波和植物淡为一片朦胧。相配的诗写道：

爱此曲池清，时来弄寒玉。
俯窥鉴须眉，脱履濯双足。
落日下回塘，倒影写修竹。
微风一以摇，青天散灵渌。

这首诗描绘了对池水之“深”的切身体验：首先是俯看，然后将双足伸入水中，而后抬头看向由落日、修竹和溶化在水中的天空构成的荒凉景色。通过在身体上和精神上同时融入这片“寒玉”，心志得以净化。其画面将观者的注意力引向画中人物，而配诗则生动地从一个主观视角对场景加以陈述，它们共同邀请我们进行代入式想象，从而沉浸入场所中。

与此类似，在听松风处的册页图中，文徵明将画面左半部分留白，并在右半部分画了五株挺拔的松树以及坐于其间的一个人物（图 23）。配属的诗将这个人物在松风中的沉溺与高道陶弘景（456—536）联系起来。传说中陶弘景在自己的庭院中植松来满足自己听松的癖好。这一偏僻的场所坐落于假山背面的山坡上，并且与山前的梦隐楼相分

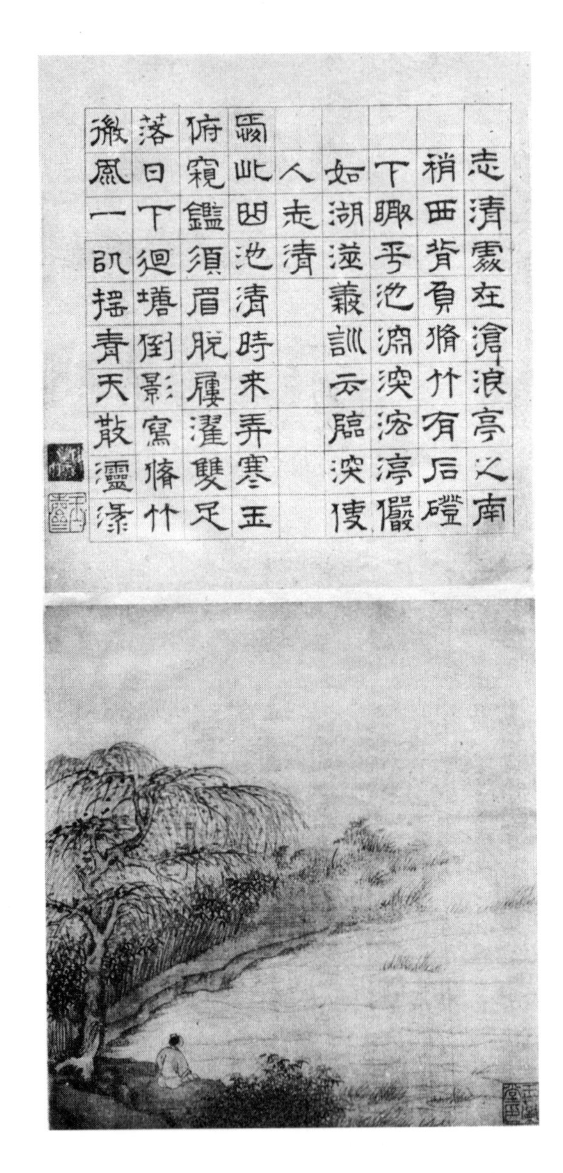

图 22. 文徵明《志清处》册页。副页书法采用篆书。

图 23. 文徵明《听松风处》册页。副页书法采用篆书。

隔。[43] 诗中描述了这一场景：

疏松漱寒泉，山风满清厅。
空谷度飘云，悠然落虚影。

这类场所的特别之处在于，画中人物在对场所的表现中所起的决定性的作用。这两个场所都是完全荒芜的，如果没有坐于其中的人物的话，它们几乎无法辨识。它们，仿佛孩童的秘密场所，是被他发现且仅为他所知的。它们包含了一种新的塑造场所的方式，它完全依赖于与环境间的个人参与。

然而这些场所并不仅仅是私密之所，而是有着强烈的沉浸感。在志清处，水以微妙的方式整合和回应着落日、修竹、天空（通过倒影）以及吹起波纹的微风。而在听松风处，松树吸收着泉水，在风中飒然作响，并且覆盖着云影。这些自然元素以自己的方式存在，或者说“自然”。通过对水和松树的亲密参与，人将他自己同化到浑然一体的自然之中，那个他早已失落的自然。从这个角度来说，这个沉浸式场所的概念同样涉及一种瞬间启示的时间性，在自我和世界之间获得短暂一致的瞬间。这个场所的概念不是由基地所提供的“场所精神”（*genius loci*），而是一种通过自己亲密地切身处于其中所揭示的意境。

结论

本文试图解析文徵明 1533 年为拙政园绘制的详细图册中表现的避居景观。拙政园在造园艺术从生产性景观向美学化景观的转变期中，是一个特殊的案例。它受到了当时的避居文化的强烈影响。文徵明的图册通过精心综合四种媒介 —— 散文、绘画册页、韵诗和说明性的注——来记录其避居景观。对园记和注记的空间分析显示，该园被视为一个向心的、自维持的世界，而避居是隐含在景点的空间组织之中的。园记记叙了一个交织的旅程，它混合了行进模式和环景模式，并且由两段避居之旅组成。而每一个场所的避居感则通过两种媒介的叠加来表现：绘画俯瞰着身在场所之中的人物，而诗则描述了主观的、亲临其境的体验。这种沉浸式的形式帮助文徵明表达着场所的避居感，通过对人与自然间本初的浑然一体的暂时揭示，而建立一种亲密参与的场所。这样，避居景观在微观层面体现为私密的意境，同时在整体层面体现在景点的空间组织以及游览它们的理想路线之中。

鲁安东：剑桥大学沃夫森学院研究院士、建筑系研究员

注释：

1. 柯律格（Craig Clunas）从园林文化——即围绕“园林”这个概念的话语实践——的角度描绘了这个整体图景。见 Craig Clunas, *Fruitful Sites* , Duke University Press, 1996。柯律格认为“园林”作为一种文化范畴出现于 1520 年代。（见该书 67 页）

2. 尽管文徵明自 1489 年起就师从沈周学画，并贯穿整个 1490 年代，绘画在当时对他而言只是个人雅趣，不如史学、文学以及通过科举考试进而在官场等级体系中获得一个位置那样重要。Anne de Coursey Clapp, *Wen Cheng-Ming: the Ming artist and antiquity* ，Ascona: Artibus Asiae, 1975。

3. 石守谦，《风格与世变》，北京大学出版社，2008 年。第 297—334 页。

4. 玉磬山房建于 1527 年文徵明致仕回到苏州后不久。这座庭园位于由文徵明的父亲文林自 1492 年起营建的家族宅园停云馆中。园中还有悟言室、玉兰堂和歌斯楼。

5. 王献臣曾经两度担任御史，在罢官前担任永嘉知县。1510 年他罢官归隐，这大约是他开始营造拙政园的时间。文徵明和比他大 10 岁的王献臣之间，在造园开始前很久就建立了友谊。在 1490 年文徵明 21 岁时，他给苏州地方文人送给王献臣的诗集写了序。

6. 刘敦桢，《苏州古典园林》，中国建筑工业出版社，1979 年。

7. 文徵明至少 5 次画过拙政园，分别在 1513、1528、1533（图册）、1551（图册）和 1558 年。

8. 现存中部园林主要始于 1871 年，并在 1887 年有过一次较大的修整；西部在 1879 年被张履谦重新经营；东部很久之前已荒废。

9. 1533 年图册目前下落不明，见 Kate Kerby, *An Old Chinese Garden*，上海：中华书局，1922 年（珂罗版）。该园另一套现存的画册绘制于 1551 年，包含 8 幅册页，与 1533 年画册相比其景致不同，但诗和注记只是被稍加调整。1551 年画册现藏纽约大都会博物馆，见 Roderick Whitfield, *In Pursuit of Antiquity* ，Princeton, 1969, pp. 66—75。

10. 文徵明使用了多种诗歌体裁：其中 13 首诗为律诗，9 首为绝句，8 首为古诗，1 首为每行 4 个字的古风。

11. 这反映了在园主和园林之间密切的自居作用。高居翰（James Cahill）认为，“中国文人经常用书房的名称来自称，并被他人以这个名称来称呼”。 James Cahill, *Parting at the Shore* ，Weatherhill, 1978, p. 78。

12. 文徵明常常以成功地结合诗、书、画三种艺术而为人称道。但是他的老师沈周和友人唐寅也同样以精于“三绝”而闻名。

13. 文徵明的《芙蓉隈》图模仿了沈周的《曲池》图，文徵明的《净深亭》图模仿了沈周的《北港》图。沈周的《东庄图册》包括 24 幅册页（其中 3 幅遗失），每幅配以由书法家李应祯书写的景点名称，其后有沈周自己写的一篇跋（已遗失）。该图册现藏南京博物院，见董寿琪，《苏州园林山水画选》，上海三联书店，2007 年。第 20—43 页。

14. Anne de Coursey Clapp 认为，文徵明的保守画风在 1520 年代早期已全面形成，在这种画风下，“稳定性和永久性对一幅基本的园林画而言是必须的，不允许任何东西干扰它们安静、固定的线条。这部分是由于园主对于获得‘一幅实际园林的可识别的图像’的需求。” Clapp（见注释 2），pp. 45—49。

15. Clunas（见注释 1），pp. 94—103。

16. “实际发生的情况是，人们更少地关注拥有什么，而更多地关注它以什么形式被拥有，特别是对于拥有之物涉及的引用体系。”同上，pp. 90—91。

17. 现代美学家认为意境是整个中国美学、特别是园林美学的核心概念，见宗白华，《美学散步》，上海人民出版社，1981 年；叶朗，《中国美学史大纲》，上海人民出版社，1985 年。意境被简要地定义为自然感受（情）与现场环境（景）的交融。随着 1980 年代重燃的意境美学热，园林理论家和园林美学家开始将这个概念作为传统造园的设计目标，见金学智，《中国园林美学》，中国建筑工业出版社，1990 年；以及作为中国园林的根本特征，见周维权，《中国古典园林史》（第二版），清华大学出版社，1990 年，第 18—20 页。

18. 李格非《洛阳名园记》，录于陈植、张公驰选注，《中国历代名园记选注》，安徽科学技术出版社，1983 年，第 38—55 页。

19. Clunas（见注释 1），p. 140。

20. “凡园圃立基，定厅堂为主。先乎取景，妙在朝南，倘有乔木数株，仅就中庭一二。筑垣须广，空地多存……”计成，《园冶》（1631 年），陈植注释，《园冶注释》（第二版），中国建筑工业出版社，1988 年，第 71 页。

20. 文徵明在园记中介绍倚玉轩道“轩北直梦隐”；而在梦隐楼的注记中，文徵明告诉我们该楼“南直若墅堂”。“直”是一个很强的动词，意指正面面对，它在整个图册中只用于上述两处。

22. 语言学对空间描述的研究认为，人使用三种基本的“视角”（凝视视角、路径视角，以及俯瞰视角或地图视角）来组织空间中的元素和关系，以及来突出场景或经验中的不同因素。每种视角都对应着一种自然的空间体验模式。路径视角基于游客在环境中不断变化的位置来描述地标。Barbara Tversky, “Narratives of space, time, and life”, *Mind and Language*, 19/4, 2004, pp.380—392。

23. 来禽是沙果（*Malus prunifolia*）的传统名称。

24. 弓是古代长度计量单位。1 弓等于 5 尺，按明尺约合 1.63 米。

25. 武（半步）是古代长度计量单位。1 武等于 3 尺，按明尺约合 0.98 米。

26. Clunas（见注释 1），p. 142。

27. 唯一的例外是怡颜处的注记，而根据园记，怡颜处位于梦隐楼之前。

28. 坤卦（在后天八卦中）指西南。使用坤卦的两处注记（场所 6 和场所 14）与其他关于其位置的空间线索相冲突。画家戴熙（1801—1860）在 1836 年同样发现了这一问题，当时他试图依据文徵明的图册补绘一幅园林总图。戴熙在总图的跋中写道：“待霜亭（14）绎其文势，画次或不当在坤隅，遂不从也。”戴熙绘拙政园图及跋被收入影印版的文徵明《拙政园图册》（见注释 9）。

29. 小飞虹的注记中将其描述为：“在梦隐楼之前，若墅堂北，横绝沧浪池中。”

30. 认知地标是指那些由于唯一性、显著性、意义性或者原型性而从环境中凸显出来的支撑节点，它被用于组织空间信息以及帮助空间导向。见 Kevin Lynch, *The Image of the City* ，MIT, 1960。水花池由于其在空间结构中的显著位置，因而被视作一个地标。

31. Clunas（见注释 1）, p. 51。

32. 渗透性示意图是一种环境布局中的连通关系的结构示意图，它基于从外部开始的分级深度（step depth）。见 Hillier B. and Hanson J., *The Social Logic of Space* ，Cambridge University Press, 1984。

33. 例如，今天的拙政园在总面积 31 亩（约 2.07 公顷）的园中部和西部包括 32 座亭子、厅堂和楼阁，而文徵明时代的拙政园在总面积 62 亩（4.13 公顷）的基地上只有 12 座建筑物。

34. 唯一可能的例外是意远台（10）的册页，它绘上了远方的一条山脉，但是这似乎是想象的景观，而不是实际景色。

35. Clunas（见注释 1）, pp. 150—151。

36. 我从叙述学（narratology）中借用了“代入式想象”的概念，它是指一种对我们之外其他人在不同时间、场所和条件下的主观视角进行理解的心理机制。正如 Marshall Gregory 指出的，“故事将我们带入其他场所，使它在我们的脑海中生动地实现，我们知道其整个环境的细节、它的芬芳气味以及触觉的和情绪的感觉。这种机制叫做代入式想象。”见 Marshall Gregory, “Ethical criticism: what it is and why it matter”, Stephen K. George. ed. *Ethics, Literature, and Theory* ，Rowman & Littlefield, 2005, p. 56。

37. Mary Tregear, *Chinese Art* ，Thames & Hudson, 1997, p. 157.

38. 对历史的引述，包括场所 2 和 7；对文学的引述，包括场所 13、14、18 和 30；对个人经历的引述，包括场所 1、25 和 26。

39. 倚玉轩（4）和小飞虹（5）。

40. 需要注意的是，在现存的文徵明 1533 年图册的影印本中，《得真亭》和《玫瑰柴》的副页似乎应互换。

41. 许慎，《说文解字》，中华书局，1963 年，第 299 页。“処，止也。得几而止。”

42. 刘义庆，《世说新语》，上海古籍出版社，1982 年。

43. 园记中说，这个场所是通过“又东，出梦隐楼之后”到达的，而后以“绕出梦隐之前”离开。因此这个场所就像是前往朝北隐蔽的山背后的一次绕行。

Lu Andong

Deciphering the reclusive landscape: a study of Wen Zhengming's 1533 album of the Garden of the Unsuccessful Politician

Introduction

The 16th century was a period of transition in both art and gardenmaking in China. The productive landscape of agriculture characterizing the early- and mid-Ming gardens was gradually substituted by the aesthetic landscape of consumption of the late Ming period.[1] The corrupt reign of Jiajing (1522-1566) saw the great expansion of garden culture, epitomized by the increasing number of works of literature and art celebrating newly made gardens. Wen Zhengming (1470-1559) was a leading painter, calligrapher and scholar of this period, whose career as a renowned artist began in 1527 when he retired from the short-lived political career to settle in his hometown of Suzhou.[2] In the following decades, he led the art circle of Suzhou and developed a painting style of 'eremitic landscape', which was widely appreciated among the elite class in the Jiangnan region.[3] This acceptance corresponds to a change of intellectual climate, in which new generations of unsuccessful literati sought expression of their depression and aversion to the harsh and turbulent political condition of the time. It seems quite natural that this reclusive culture made garden its ideal subject, associated with lofty, insular life and social gatherings of carefully screened coterie. Like most scholar-artists of the time, Wen Zhengming was an enthusiast of drawing and making gardens. Paintings and poems of both fabled gardens of antiquity and real gardens of his own day comprised a sizeable portion of his oeuvre, and Wen created for himself the Jade Chime Mountain Lodge (Yu qing shan fang) within his family residence.[4]

As a close friend of Wang Xianchen,[5] the owner of the Garden of the Unsuccessful Politician (Zhuo zheng yuan), Wen Zhengming had a long-term fruitful engagement with the garden.

Since its initiation sometime between 1509 and 1513,[6] Wen continually produced poems and paintings of the garden over a span of four decades,[7] with only the exception of the period 1523-27 when he was away from Suzhou. He was also involved in the daily life of the garden, e.g. he was granted the use of a studio in the garden where his friends and students could congregate and was, at a time, acting as sponsor at the 'capping' (coming-of-age) ceremony for Wang's son. Despite the abundant materials of Wen's involvement with the garden, his exact role in the garden-making is still uncertain. This is partly due to the fact that the garden underwent many alterations and reconstructions and the original features recorded by Wen were no longer discernible in the existing garden that mostly dates from the 1870s.[8] Although there is no way to identify the original appearance of the garden, Wen's 1533 album of the garden provides a window for us to look into its underlying landscape.[9]

This album includes a prose record and thirty-one paintings, on separate sheets, of discrete scenic places within the garden. Each painting is supplemented by a separate leaf of a brief descriptive note and a rhyming poem.[10] These various forms of documentation provide different kinds of information about the garden. The record instructs the reader to travel through the garden and praises the morality of the owner's garden dwelling. The paintings adopt a semi-topographical scheme that tilts the ground plane to facilitate better recognition of individual scenic places, but Wen made no attempt to survey the entire garden from one hovering viewpoint. These paintings fragment the site into distinctive experiential units and provide the viewer with little clue to the relationship between those units. Many of them show the garden owner within the scene and therefore are like a kind of portraiture.[11] The rhyming poem accompanying each painting carries crucial heuristic commentary of the place, including its characteristic features, feelings and imaginative associations, and necessary references or allusions. A descriptive note was also written before each poem and tells, in an objective style, the name of the place as well as its location in relation to nearby places or to the whole garden. This combined effort of using paintings and poems to articulate individual places and a narrative of visitation and notes on locations make this album an extraordinary attempt of garden representation.

Representing a garden with an album of literary and pictorial materials was not new for Wen

Zhengming.[12] He was clearly influenced by his teacher Shen Zhou's album of the Eastern Estate (ca. 1470s-80s), since at least two leaves in this album explicitly imitate the composition technique of his teacher (figure 1, 2).[13] However, a closer study of Wen's album reveals something special: he utilizes three different styles of calligraphy, with nine leaves in the seal style (Zhuan), nine in the regular style (Kai), and the remaining thirteen in the running style (Xing). This inconsistent format grants the album an unusual sense of informality and intimacy, as if it were for self-cultivation and self-expression rather than a gift to the owner. Another exceptional feature is Wen's extra attention paid to the location of the scenic places. This could be a result both of Wen's conservative style of garden painting[14] and of the album's probable use as a guidebook. Paintings of gardens often have to include buildings, paths and natural landmarks that enable the viewer to recognize the sites. In Wen's album, this orientation function is at least partially fulfilled by the use of descriptive notes. In contrast to Shen's album, Wen's paintings show a tendency of reducing sky and ground into an indeterminate void merging somewhere in the invisible distance (figure 3, 4). This spaciousness contributes to the reclusiveness that Wen sought to express, but it might also obscure the identification of the scenes to real places, for which the clear and objective information provided by the notes could compensate.

Craig Clunas rightly identified the shift in garden culture from productive landscapes of moral good to aesthetic landscapes of taste and luxury.[15] Both the Eastern Estate and the Garden of the Unsuccessful Politician show a-social landscapes of rustic scenes and fruitful groves with a focus on agronomic references and their moral appeals. They contrast with gardens at the end of the 16th century, in which allusions, artificial mountains and rare plants became essential features of a fashionable garden, and aesthetic excellence became the focus in the stressful competition for status and power.[16] Although the Garden of the Unsuccessful Politician may be identified as a case of 'fruitful garden', it is interesting to see how the garden was influenced by the rising reclusive culture of desolation and depression within the elite circle of unsuccessful literati, to which both Wen Zhengming and the garden owner Wang Xianchen belonged. It is obvious that Wen's ideal of reclusion differs from that of his previous generation, which is associated with leisure and ease.

This study deciphers the reclusive landscape of Wen's album in two ways. First, by analyzing the record and notes, I shall argue that the reclusion was embedded in the spatial configuration of the garden, and Wen's mental formulation of the garden reveals this reclusive space as an ideal landscape. Second, by analyzing the paintings and poems, I shall argue that the expressive pursuit of reclusion generated a new, personal and psychic sense of place. Although the reclusive culture decreased rapidly in the 1570s, such intimacy, as one of its most important legacies, forecasts the overwhelming aesthetic of ideational realm[17] (Yi Jing) in later gardens.

1. A hybrid journey: a study of Wen Zhengming's garden record

Record (Ji) is an established style of travel-literature which is flexible and amorphous and therefore suitable for casual and personal purposes. Record has been used in writing about gardens since the Tang period (618-906); and Wen Zhengming applied the narrative order of 'stroll' that was already adopted by Li Gefei in his Record of Famous Gardens of Luoyang (1095).[18] Wen's garden record is comprised of two parts: the first descriptive part walks the reader through the garden in one itinerary; the second part praises and admires the owner's garden dwelling. Here I shall focus on the first part.

The record begins by situating the garden site in relation to two urban landmarks ('between the Lou and Qi gates'), which the reader is presumed to be familiar with. It follows by introducing the condition of the site: 'abundant residual lands with water-flood extending inside'. The site was then cultivated by the owner's dredging, channelling and planting efforts. Thus, as Craig Clunas rightly put, 'a close personal relationship is established between a single named owner and the site'.[19]

The next sentence is of particular interest for its spatial concerns. 'He built a storied structure to its [the pond's] north [Yang] and named it the Tower for Dreaming of Reclusion; he built a hall to its south [Yin] and named it the Hall Like a Villa'. While keeping the presence of the owner 'he', this sentence draws us fluidly into the garden, from a bird's view of the site on an urban scale to the main buildings above the pond, which evidenced the owner's cultivation efforts. The reason for siting the main buildings at the start is both social and spatial. As places for elite gatherings, they are often located adjacent to garden entrance, open to a spacious front court, and normally provided with panoramic view of surroundings.[20] In Wen's album, while most places are intimate and secluded from others, the Tower and the Hall are intentionally sited facing each other, forming a strong visual connection within the rustic landscape of the garden (figure 5).[21] As such, they are both natural departure points for further garden strolls and landmarks in its spatial layout.

Having been drawn into the garden, the reader continues to follow the narrative and to travel through the garden. The thirty-one scenic places were carefully knitted into an implied route, though a few are only loosely attached to it by views. The route starts from the Hall Like a Villa (figure 6, no. 2).

'In the front of the Hall is located the Many Fragrances Valley [no. 3], in its back the Leaning Jade Gallery [no. 4]. The gallery faces straight northward to the Tower for Dreaming of Reclusion [no. 1]. A bridge crosses the water, named the Little Flying Rainbow [no. 5]. Go across the Little Flying Rainbow and head north, then follow the water and go west. Along the bank grows many cotton roses, hence the name Cotton Rose Bend [no. 6]. Further to the west and in the middle of the stream is a gazebo named Little Surging Waves [no. 7]. The south of the pavilion is concealed by tall bamboos. Walk through the bamboos and turn westward, and then come out at the waterside. There is a rock for sitting. Here one can overlook the water and wash one's feet, and it is named Purifying Will Place [no. 8].'[22]

This narration of the journey from place no. 4 to place no. 8 utilizes verbs of action to build up an order of occurrence. However instead of using a consistent route 'perspective',[23] which would otherwise have described the journey in terms of the traveller's intrinsic reference system, i.e. left, right, front and back, Wen's garden record introduces an extrinsic reference system, the north-south-east-west, that describes movement from a stationary viewpoint from above, e.g. 'walk through the bamboos and turn westward'. Such narrative style provides both processional and map cues of space that simultaneously pull the reader forward and inspect his movement from a high vantage point. If the stroll so far is a continuous travel, the following journey becomes spatially problematic. The record reads:

'From here, the water turns northward. This vast expanse of rolling water looks like a lake. Fine trees grow along its banks. On the west there are many willow trees, hence the name Willow Bend [no. 9]. On the east, earth has been piled up to form a terrace, named the Thoughts of Afar Terrace [no. 10]. Below the terrace, a rock is set to form a crag where one can sit and angle, and it is named the Angling Rock [no. 11].'

These scenic places involve no relation of bodily procession and unfold in a panoramic view from Place no. 8, where one's sight follows the northward turn of the water course onto the features on its banks. It is also uncertain about the location of the Thoughts of Afar Terrace. However the note to the album leaf of the Terrace (figure 7) provides an important spatial clue: 'The Thoughts of Afar Terrace is in the northwest of the Surging Waves Pond [central pond]'. It is interesting that while in the record, the Terrace is introduced in relation to the water on its west; in the scenery note it is located against the overall scheme of the garden — in relation to the central pond.

Similar to the previous paragraph, this one does not comply with a single spatial perspective, which would depict the places in terms of left and right from the viewer's viewpoint. Instead it also resorts to extrinsic reference system of north-south-east-west that cues a map perspective from above. This shift from the route-based narration of the previous paragraph to the panorama-based narration complicates the spatial consistency in the telling of the garden. However, after introducing the Angling Rock (no. 11), the narration switches back to the route mode:

'Following the Angling Rock [no. 11] and going north, the area is more remote, the groves deeper, and the water more limpid and speedy . In the end of the stream, another little pond has been dredged, with lotus planted inside, and named Water Flower Pond [no. 12]. Above the pond are thousands of fine bamboo poles, where one can withdraw to enjoy the cool. A pavilion has been built in the middle and named Bamboo Torrent [no. 13]. Along the Bamboo Torrent and going east, there are several tens of orange trees and a pavilion named Waiting Frost [no. 14]. Going further east and emerging at the rear of the Tower for Dreaming of Reclusion [no. 1], there are several tall pine trees. When wind blows, they rustle and make clear sounds, hence the name Listening to Windblown Pines Place [no. 15]. From here, go around [the hill] and emerge at the front of the Tower. There are ancient trees and sparse bamboos where one can have a rest, and hence the name Flushed with Pleasure Place [no. 16].'

From here, the reader is taken back to the main social area between the visually connected Tower and Hall. The journey so far formulates a circular route, an exploration from the main area into the secluded outlying places and then, all of a sudden, the visitor 'goes around' and finds his way out. The formation of this circular route is probably influenced by the artificial mountain. The painting leaves of scenic places nos. 1, 10, 13 & 15 also depict them as being located at the foot of a hill.

The second half of the journey formulates a linear route heading deep into the garden (figure 8):

'Go forward, follow the water, and head eastward. The view is filled with a fruit orchard named Arriving Birds Park [no. 17].[24] In the end of the park, four juniper trees are bound together to form a tent, which is named Pavilion of Obtaining Essence [no. 18]. The Precious Plum Slope [no. 19] is located behind the pavilion; and the Rose Fence [no. 20] in its front, and further forward is the Rosebush Footpath [no. 21].'

Here the narration shifts once again from the route mode to the panorama mode, which causes problems for spatial orientation in reading the follow-on sentences:

'From here, the water turns toward the south. Peach trees are planted along its both banks, hence the name Peach Blossom Bank [no. 22]. To the south of the Bank locates the Xiang Bamboo Valley [no. 23]. Further south, there is an ancient scholar-tree, casting its shades measuring several Gongs [bows],[25] and it is named Scholar-Tree Tent [no. 24].'

Since the Peach Blossom Bank (no. 22) refers to both banks of the south-heading water, it is unclear on which side of the stream the places nos. 23 & 24 are located. This puzzle is only solved when the narration shifts back to route mode:

'Below the Scholar-Tree Tent [no. 24], a bridge spans the stream. Cross the bridge and go east. Under the shades of bamboos and partially concealed by the elm tree and scholar-tree, a pavilion stands like a bird spreading its wings above the water on its west. This is the Scholar-Tree Rain Pavilion [no. 25]. Behind the pavilion is located the So-So Gallery [no. 26], on its left the Plantain Balustrade [no. 27]. All the above pavilions, balustrade, terrace and gazebo, have the form of their front side composed in relation to the water. From the Peach Blossom Bank [no. 22] and southward, the stream has been gradually narrowed. From here [no. 25], it prowls southward for more than a hundred Wus [half-steps],[26] and comes out in another orchard and among a bamboo grove; this is the Bamboo Gully [no. 28]. To the east of the Bamboo Gully, there are a hundred plum trees. In the blossom season, these fragrant snows shine and look like an orchard of jade trees, and named Jade Orchard [no. 29]. There is a pavilion in the orchard named Fine-Fruit Pavilion [no. 30], and a spring named Jade Spring [no. 31].'

It is clear that the journey resumes from the Scholar-Tree Tent (no. 24) on the west bank of the stream. But before switching to the panorama mode, the narration arrives at the Rosebush Footpath (no. 21) on the east side of the water. Therefore the reader has to perform a mental shift across the stream.

The Jade Spring (no. 31) marks the end of Wen's introductory tour of the garden, and before the record moves on to discuss the owner and his justification for building it, the narration pulls the reader 'back from ground level to a height where a complete panorama is visible, in the form of an inventory of garden structures':[27]

'In all there are one hall, one tower, six pavilions, and twenty-three in the categories of gallery, balustrade, pond, terrace, valley, and gully, making a total of thirty-one, by name the Garden of the Unsuccessful Politician.'

This pulling back effect corresponds to the zoom-in at the beginning of the record, when the reader is drawn immediately to the pond defined by the Tower to its north and the Hall to its south. This extraordinary beginning shifts us directly to the garden centre without any clue of the entrance or boundary of the garden. Wen Zhengming clearly intends to portray the garden as a country villa amidst wild landscape, as he explains the naming of the Hall Like a Villa in its note:

'The garden was built on the site of the dwelling of Lu Luwang (– ca. 881). Though it is located within the city, it has a deep and solitude flavour of mountain forest. Pi Ximei (ca. 834-883) used to say that Lu's dwelling was not outside the walls and ramparts, yet was spacious like a villa in the suburbs. So I use these words as its name.'

2. A spatial analysis of the scenery notes

Seeing the garden as a self-sustaining world, it is only natural first to introduce a 'centre' and then, partly owing to the indifference to boundaries, to arrange garden loci in relation to this conceived centre. This centralized spatial scheme becomes evident through further analysis of the scenery notes.

Wen's album provides various kinds of spatial information. The record describes a stroll through the garden and combines route-based or panorama-based knowledge with extrinsic references (north-south-east-west). The record may also guide the viewer from one painting leaf to the next to build up an imagined tour, since the thirty-one leaves are ordered according to the narrative sequence of the record. But the record alone is not sufficient for us to draw a full picture of the garden space; instead the paintings and notes provide supplementary spatial cues. Although the paintings give no accurate representation of the scale, distance and orientation as perspectival paintings would, they provide gross topographical information, e.g. the ponds and the artificial hills. Perhaps more important is the information provided by the often overlooked scenery notes. Thirty out of thirty-one scenery notes give concise yet explicit descriptions of the location of the scenic places.[28] These notes supply three different types of spatial cues (some notes involve more than one type): extrinsic reference system of north-south-east-west, e.g. 'the Willow Bank is located in the south of the Water Flower Pond'; intrinsic reference system of left-right-front-back-above-below, e.g. ‘the Rosebush Footpath is located in the front of the Pavilion of Obtaining Essence’; and extrinsic reference system of the Eight Trigrams (Ba gua) symbolizing the eight directions in relation to the conceived centre of the garden (figure 9), e.g. ‘the Jade Orchard is located in the Xun-corner’.

In all, there are six notes that introduce their locations in relation to the conceived centre of the garden — five of them use the Eight Trigrams, the other uses compass direction:

‘The Cotton Rose Bend [no. 6] is located in the Kun-corner [southwest]’.[29]
‘The Water Flower Pond [no. 12] is located in the northwest corner’.
‘The Pavilion of Waiting Frost [no. 14] is located in the Kun-corner [southwest]’.
‘The Pavilion of Obtaining Essence [no. 18] is located in the Gen-corner [northeast]’.
‘The Jade Orchard [no. 29] is located in the Xun-corner [southeast]’.
‘After finding a spring [no. 31] in the Xun-corner [southeast] of the garden …’.

The thirty notes provide abundant spatial clues from which we can even arrange all the scenic places into one comprehensive network without resorting to the record, paintings or poems. There are seven places with reference to the Surging Waves Pond (the main pond between the Tower and the Hall), including the Little Flying Rainbow (no. 5).[30] There are six places as listed above oriented to the conceived centre of the garden by north-south-east-west or the manifested Eight Trigrams, excluding the Hall Like a Villa (no. 2), which is described in its note as ‘located in the centre of the garden’, to which two other places are related. Among the above places, some become secondary reference points for other scenic places to orient (figure 10). This hierarchical structure becomes even clearer if we consider the Surging Waves Pond as part of the general idea of the ‘garden-centre’ (figure 11).

We can identify in this network seven such secondary reference points. Two of them are worth discussion: the Water Flower Pond (no. 12) and the Peach Blossom Bank (no. 22). Although the record and the painting leaves portray them as distant landscapes without any clue of accessibility (figure 3), they are referenced more than once in the scenery notes. The Water Flower Pond is located in the northwest corner of the garden, the furthest point in the west half of the site, and might have served as a cognitive landmark for other places to orient.[31] It may be the same case for the Pavilion of Obtaining Essence (no. 18) in the northeast corner and the Jade Orchard (no. 29) in the southeast corner. Similarly, the Peach Blossom Bank (no. 22) is located at the bend where the central pond turns southward, and therefore might also act as a landmark for places segregated from the main pond, such as the Scholar-Tree Rain Pavilion (no. 26), which itself is a crucial spatial node, since it is used for orienting another five scenic places. This spatial programme is more evident when schematized into a map structure (figure 12).

Combining the spatial information from the record and the scenery notes, we can derive a comprehensive diagram of the garden (figure 13). The formation of a centralized, self-sustaining garden secluded from external world conforms to the idea of garden in Wen Zhengming's time — 'a piece of urban or suburban real estate, covered with fruit trees and with valuable timber clustering around a pond stocked with fish'.[32] Against this centralized spatial scheme, Wen plots the thirty-one scenic places into one hybrid sequence, whose narrative consequence needs further analyses.

3. Spatial configuration of reclusive landscape

Both the garden owner Wang Xianchen and his artist friend Wen Zhengming saw themselves as unsuccessful politicians who had failed in the vicious political infighting and willingly retreated to the garden to retain their moral pureness and loftiness. In the second part of the garden record, Wen cites the owner's allegation that:

'In the past, Master Pan Yue's official career did not advance, therefore he built studios and planted trees, irrigated a garden and sold vegetables, claiming that this was also politics, but of the unsuccessful [...] My politics is even more unsuccessful than that of Pan.'

But Wen disagrees with this comparison. In the rest of the record, he criticizes Pan as a hypocrite and praises the morality of Wang in abandoning office for a life of garden reclusion for over twenty years. Reclusion is obviously regarded as a potent symbol of moral eminence in a time of political decay.

Wen's words address both the owner and himself. In the beginning of the 16th century, it became extremely hard to get through the imperial examinations every three years. Wen himself, as a reputable scholar, had failed the examination ten times between 1495 and 1522. After obtaining an official position through local recommendation in 1524, he couldn't foresee any progress in an official career without fawning on the influential, so he resigned shortly in 1527. Considering this not uncommon experience, we can understand the popularity of the style of 'eremitic landscape' among the literati class in the Jiangnan area. Wen was the defacto leader of this artistic movement after he retired to Suzhou in 1527 until his death in 1559.

Wen's eremitic landscape paintings provide an interesting case for comparison with the Garden of the Unsuccessful Politician, as both create a similar ideal landscape, though in different mediums. Wen's eremitic-style hanging scrolls applied a new format that is extraordinarily narrow, with a width to height ratio of 1:4 (figure 14). The surface of the painting is almost filled with countless units of cliffs, ravines and trees. These interlocking units are warped inwards to extrude a winding central axis extending into the depth of the remote and backward mountains. Viewing from the bottom to the top, the viewer not only raises the eye level, but also gets absorbed into the infinite wilderness. Such spatial depth and wilderness are impossible to achieve in an urban garden, and neither can the vertical composition be applied to any single view within the garden. Instead garden-making draws upon the visitor's embodied engagement to prompt the experience of reclusion.

The journey described in Wen's record is comprised of two parts, one circular, the other one-way (figure 15). The journey starts from the spacious central area of the garden, with two main buildings facing each other over the main pond. The journey goes west and deploys around the artificial mountain. After turning northward, the space becomes 'more remote' and 'groves deeper'; meanwhile the stream becomes 'more limpid and speedy'. From these descriptions in the record, it seems that the visitor has arrived at some secluded area lying within the mountains. After turning eastward and through an orange grove, the visitor reaches the shady north slope of the artificial mountain, a wild place with windblown pines. Then suddenly, the visitor goes round it and emerges. This arrangement contrasts with most gardens that are deployed along a ring route around the central pond with a visibility all along the route. It creates an experience of reclusion into the mountains.

The second half of the journey is more tranquil and is deployed along the water as it turns and diminishes. The 'water' is explicitly referred to throughout the journey: 'follow the water and head eastward', then 'the water turns toward the south', 'gradually narrowed' and even 'prowls southward' for some distance. Moreover, a discordant sentence has been inserted into the account of the journey, interestingly stating that all structures 'have the form of their front side composed in relation to the water', which reminds us of the central role of the water in the laying out of the garden. From the central pond, the visitor is led by the meandering stream, through the densely planted Bamboo Gully (no. 28), into a plum orchard in the southeast corner of the garden. This one-way journey also creates an experience of reclusion: not as a deserted mountain reclusion, but more in the fashion of a fisherman's reclusion (Yu yin), as depicted by Wen Boren, the nephew and follower of Wen Zhengming (figure 16).

Could it be possible that Wen Zhengming brought his own reclusive eyes into the garden and portrayed a normal, delightful garden as a reclusive landscape? I'd argue that it is unlikely to be the case. Besides the deployment of a route structure in relation to mountain and water, the reclusion is also embedded in the spatial configuration of the garden. Based on the schematic map (figure 13), we can deduce a permeability graph[33] of the scenic places (figure 17). This graph uses the Little Flying Rainbows (no. 5) as the outside node, because it stretches across the main pond, which is the first feature after the record has drawn the reader from the air into the garden and to which the main buildings are fixed.

Wen's record has twice shifted away from the processional order and as a result left two spatial gaps: one between place no. 6 and place no. 10, the other between place no. 21 and place no. 25. The regions beyond these gaps therefore seem to be secluded from the main accessible area of the garden. Moreover there are only twelve scenic places that involve buildings and they are segregated by the other plant-dominated places. This sharply contrasts with later aesthetic gardens that have much higher density of buildings connected by winding corridors.[34] Furthermore there are thirteen scenic places located on the periphery other than the main circulation (figure 18). They are either in the end of the route or totally inaccessible to feet.

These periphery places are annexed to the main route by side branches and turn the whole into a tree pattern. In this formation, the visitor repeatedly comes to dead ends and has to return to the main route in order to explore forward. Scenic places like the Purifying Will Place (no. 8) would benefit from the dead-end experience to enhance its reclusive feeling.

4. The mind's places: a study of the album paintings and poems

The thirty-one painting leaves are sequenced following the narrative order of the record, except that they begin with the Hall Like a Villa other than the Tower for Dreaming of Reclusion. The painting leaf of the Hall shows the owner waiting for his guests in the front court of the Hall: he is looking toward the entrance in the bamboo fence; on the upper right corner, a distant city wall that alludes to the urban location of the garden (figure 19). The accompanying poem eulogizes the idea of 'city reclusion' (Shi Yin) — located within the city but with a rural flavour. This opening leaf depicts the Hall as a gathering place and the entrance to the intimate garden lying behind it. Here the viewer is welcomed and, for the last time, oriented to the city before getting lost in individual scenic places. The next leaf of the Tower seems out of place in the sequence of an imaginary stroll, since it is not the scenic places adjacent to the Hall. Its placement as the second leaf reflects the attempt to foreground the main buildings, similar as in the record. The painting shows massive hills in the middle and left of the canvas, and a group of buildings, dwarfed by the hills, in the right (figure 20). Its note informs us that 'it is tall enough to view the hills beyond the city wall'. Both leaves show external features and contrast with the rest painting leaves that give no clue of the outside.[35]

The remaining leaves use a similar composition — downward from the air upon the discrete places, often inhabited by the figure of the owner (figure 21). The height of the viewpoint may imply social and moral eminence,[36] but it also requires a vicarious way of seeing space,[37] a mechanism in which the viewer has to combine seeing and experiencing modes to make sense of the place in an immersed, subjective way. The use of the human figure is complemented by rhyming poems that often describe sensations and emotions from a subjective vantage point within the place. In this format, the viewer is cued to 'identify himself with the figure and so become drawn into the picture'.[38] This technique and its immersive idea was a recent custom in

Wen's time and was echoed in the garden-making epitomized in Wen's 1533 album.

The majority of the painting leaves can be sorted into three categories based on the way they are named. There are fourteen scenic places named as sites of growing plants: ten of them are named after their topographical land features, e.g. Precious Plum Slope; the other four involve artifacts but concerning plants, e.g. Rose Fence. Together they epitomize the natural aesthetic of productive landscape. The second category is comprised of twelve scenic places that are characterized by different building types: nine of them are named with historical, literary or personal references,[39] two others with poetic figuration,[40] except the Thoughts of Afar Terrace, which indicates in-situ experience. The inclusion of the Pavilion of Obtaining Essence in this category is arguable, since the record says that it is made by binding four trees into a tent form, but the record also summarizes that there are all together six pavilions, which obviously include this rustic structure. The third category contains only three scenic places that are named as Chu (place), i.e. Purifying Will Place, Listening to Windblown Pines Place, and Flushed with Pleasure Place.

The third category is of particular interest in regard to the reclusive landscape. Chu (place) is a term seldom used in the naming of garden sceneries. Its hieroglyphics shows a man meeting a bench (処) to signify a stop,[41] and its meaning is extended to refer to a place or the action of staying or dwelling in a place. The idea of a place of psychic engagement has for long been available. A fifth century anecdote said that when Emperor Jianwen visited the Flowery Grove Park (Hua lin yuan), he remarked to his attendants:

'The spot [Chu] which suits the mind isn't necessarily far away. By any shady grove or stream one may quite naturally have such thoughts (as Chuang-tzu had) by the rivers Hao and Pu, where unselfconsciously birds and animals, fowls and fish, come of their own accord to be intimate with men.'[42]

Such idea of a place suiting the mind (Hui Xin Chu) was frequently alluded to in Ming writings on gardens. However in Wen's 1533 album, it became a substitute for site features and building types in the naming of sceneries. It was now a spatial category that underpins mental engagement with garden loci. To clarify this new idea of place, I shall study two cases in detail. The Purifying Will Place is described in the note as a rock overlooking a deep and broad pond and with a bamboo grove on its back, and its name is derived from the etymological meaning of 'facing the deep purifies man's will'. The painting leaf of the place depicts a scene of solitude, of a figure sitting alone by the pond and washing his feet (figure 22). The figure in the lower left corner of the painting looks towards the upper right, where the waves and plants fade into obscurity. The complementary poem reads:

'[I] love this winding pond so limpid, now and then [I] come to play with this cold jade.
Seen from above, it reflects [my] beard and eyebrows, take off shoes and wash [my] feet.
The sun sets below the winding pool, tall bamboos reflect on it like a painting.
When a gentle breeze waves, the blue sky dissolves in the chilly, clear water.'

The poem depicts intimate experience of the deepness of the pond: first oversee it, then plunge the feet into it, and then look up at the wild scene of setting sun, bamboos, and the dissolving sky in the water. By immersing oneself into this 'cold jade' both mentally and physically, the mind gets purified. The painting draws the viewer's attention to the figure and the poem vividly presents the scene from a subjective point of view. Together they invite us to perform vicarious imagination so as to immerse into the place.

Similarly in the painting of the Listening to Windblown Pines Place, Wen keeps the left half of the canvas void and draws on the right half five tall pines with a figure sitting among them (figure 23). The accompanying poem associates his indulgence in the rustle of pines with Taoist master Tao Hongjing (456-536), who allegedly planted pines in his courtyard to gratify himself with their rustling tones. This remote place is located on the back slope of the artificial mountain and secluded from the Tower for Dreaming of Reclusion in the front.[43] The poem describes the scene:

'Sparse pines absorb cold spring, my ears are filled with pure sounds of the mountain wind.
Flowing clouds drift pass the empty valley, so gently they leave delicate shades.'

What distinguishes these scenic places is the definitive role of the figure in the representation of the loci. Both places are in complete wildness and would be almost indiscernible without the sitting figure. They, like a child's secret places, are discovered by him and known only to him. They embody a new way of place-making that depends solely on personal engagement with the environment.

However these places are more than intimate loci, but have a strong sense of immersion. In the Purifying Will Place, the water subtly unifies and responds to the setting sun, bamboos and sky (through reflection) and the breeze that ripples it. In the Listening to Windblown Pines Place, the pine trees absorb the spring, rustle in the wind and are covered with shades of the clouds. These natural elements are so by virtue of their own, or 'self-so' (Zi Ran). Through intimate engagement with the water and pines, man assimilates himself to the original unity from which he has for long been detached. In this regard, this immersive idea of place also involves a temporality of moment of revelation, the moment of temporary unity of the self and the world. This idea of place is not an offering of the site (genius loci), but a realm revealed by the self intimately situated within it.

Conclusion

This paper tries to decipher the reclusive landscape of the Garden of the Unsuccessful Politician represented in Wen Zhengming's comprehensive album of 1533. The Garden of the Unsuccessful Politician is an exceptional case made during the transitional period of garden-making from productive landscape to aesthetic landscape. It was strongly influenced by the reclusive culture of the time. Wen's album documents the reclusive landscape through careful combination of four mediums — prose record, painting leaves, rhyming poems and descriptive notes. A spatial analysis of the record and notes shows that the garden was seen as a centralized, self-sustaining world and the reclusion was embedded in the spatial configuration of scenic places. The record narrates a hybrid journey that mixes processional and panoramic modes and is composed of two reclusive walks. The reclusiveness of individual scenic places is represented by juxtaposing two mediums: the painting overseeing human figure in place and the poem describing subjective in-situ experience. This immersive form enables Wen to deliver the reclusive sense of place, the place of intimate engagement through momentary revelation of the original unity between man and nature. As such, the reclusive landscape is manifested both on the local level as intimate realms and on the global level in the spatial configuration of the scenic places and the ideal routes to explore them.

Notes

1. Craig Clunas painted this broad picture from the perspective of garden culture, i.e. the discursive practices surrounding the idea of garden; Craig Clunas, *Fruitful Sites* (Duke University Press, 1996). Clunas argues that the cultural category of 'garden' evolved from about 1520s; ibid., p. 67.
2. Although Wen studied painting with Shen Zhou from 1489 and throughout the 1490s, painting by then was only his casual leisure pursuit, secondary to history and literature and to the task of passing the civil examinations and winning a position in the hierarchy of government; Anne de Coursey Clapp, *Wen Cheng-Ming: the Ming artist and antiquity* (Ascona: Artibus Asiae, 1975).
3. Shih Shou-Chien, *Fengge yu shibian* (Style in transformation) (Peking University Press, 2008), pp. 297-334.
4. The Jade Chime Mountain Lodge was built in 1527 shortly after Wen's retirement to Suzhou. It was a courtyard within the family residential garden Halting Clouds Studio (Ting yun guan) developed by his father Wen Lin since 1492, which also included the Living-Room of Direct Speech (Wu Yan Shi), the Magnolia Hall (Yu Lan Tang) and the Singing So Tower (Ge Si Lou).
5. Wang Xianchen was twice an imperial censor and ended his political career as a provincial magistrate of Yongjia County. He gave up office in favour of a life of gentleman of leisure in 1510, about the time when he began creating the Garden of the Unsuccessful Politician. Wen Zhengming's friendship with the ten-year-older Wang started much earlier than the creation of the garden. In 1490 when Wen was 21 years old, he supplied a preface to a body of poems by the local elite of Suzhou presented to Wang.
6. Liu Dunzhen, *Suzhou gudian yuanlin* (Classic gardens of Suzhou) (China Architecture and Building Press, 1979).
7. Wen painted the garden for at least five times, in 1513, 1528, 1533 (album), 1551 (album) and 1558.
8. The middle part of the present garden can be dated to 1871 with another major renovation in 1887; the west part was redeveloped by Zhang Lüqian in 1879; the east part had for long been dilapidated.
9. For the 1533 album, now missing, see Kate Kerby, *An Old Chinese Garden* (Shanghai: Chung Hwa Book Company, 1922) (printed in collotype). Another extant album of the garden was produced in 1551. It is comprised of eight leaves, with different views but slightly adjusted poems and notes as in the 1533 album. For the 1551 album now in the Metropolitan Museum of Art, New York, see Roderick Whitfield, *In Pursuit of Antiquity* (Princeton, 1969), pp. 66-75.
10. Wen used various poetic styles: 13 poems were written in regulated verse (Lü shi, eight lines in set tonal pattern with parallelism between the lines in the second and third couplets); 9 poems in quatrain (Jue ju, four lines following the tonal pattern of the first half of the regulated verse but without parallelism); 8 poems in the 'old poetry' style (Gu shi, eight-line rhyming poem without set tonal pattern); and 1 poem in ancient style of 4-character lines.

11. This reflects the close identification between the owner and his garden. According to James Cahill, 'Chinese scholars regularly used their studio names to designate themselves and are called by these names'; James Cahill, *Parting at the Shore* (Weatherhill, 1978), p. 78.

12. Wen was often praised for successfully combining the three arts of poetry, calligraphy and painting. But his teacher Shen Zhou and his friend Tang Yin were also renowned as masters of these three accomplishments (San Jue).

13. Wen's painting of the Cotton Rose Bend imitates Shen's painting of the Winding Pond, and Wen's Pavilion of Bamboo Torrent imitates Shen's North Harbour. Shen Zhou's album consists of 24 leaves (3 missing), each with a supplementary leaf of scenery name written by calligrapher Li Yingzhen, and a postscript by Shen Zhou himself (missing). For the album now in the Nanjing Museum, see Dong Shouqi, *Suzhou yuanlin shanshuihua xuan* (A selection of landscape paintings of Suzhou gardens) (Shanghai: SJPC, 2007), pp. 20-43.

14. According to Anne de Coursey Clapp, Wen's conservative style was fully evolved by the early 1520s, in which 'stability and permanence are essential to the fundamental meaning of the garden pictures and nothing is permitted to interrupt their quiet, static lines'. This was caused in part by the garden owner's desire for 'a recognizable image of the actual garden'. Clapp (see note 2), pp. 45-49.

15. Clunas (see note 1), pp. 94-103.

16. 'It came to be the case that less attention was paid to what was owned, and more to the way it was owned, in particular to the structure of references within which the possession was enmeshed'. Ibid, pp. 90-91.

17. Modern aesthetic philosophers claim the ideational realm (Yi Jing) as the central concept of Chinese aesthetics in general and of garden aesthetics in particular; Zong Baihua, *Meixue sanbu* (Peripatetics in aesthetics) (Shanghai People's Publishing House, 1981[1943]) and Ye Lang, *Zhongguo meixueshi dagang* (An outline of the history of Chinese aesthetics) (Shanghai People's Publishing House, 1985). The ideational realm is defined in short as the coalescence of natural feeling and the reality of things. Following the renewed upsurge of Yi-Jing aesthetics in the 1980s, garden theorists and historians began to establish the concept as the design objective of traditional gardenmaking; Jin Xuezhi, *Zhongguo yuanlin meixue* (Aesthetics of Chinese gardens) (China Architecture and Building Press, 1990) and the definitive characteristic of Chinese Garden; Zhou Weiquan, *Zhongguo gudian yuanlin shi* (History of classical Chinese gardens), 2nd ed. (Tsinghua University Press, 1999), pp. 18-20.

18. Philip Watson, 'Famous Gardens of Luoyang, by Li Gefei', *Studies in the History of Gardens and Designed Landscapes*, 24/1, 2004, pp. 38-54.

19. Clunas (see note 1), p. 140.

20. Ji Cheng, *Craft of Gardens* (1631), trans. Alison Hardie (Yale University Press, 1988)

21. Wen's record said that the Leaning Jade Gallery 'faces straight northward to the Tower for Dreaming

of Reclusion'; and in the note to the Tower, Wen told us that the Tower 'faces straight southward to the Hall Like a Villa'. 'Face straight' (Zhi) is a strong term that denotes direct confrontation and was only used in the above two cases in the whole album.

22. All translations are by the author unless otherwise cited.

23. Linguistic studies on spatial description suggest that people utilize three basic 'perspectives' (i.e. gaze, route, survey [or map]) to schematize spatial elements and relations and to highlight different aspects of a scene or experience. Each perspective corresponds to a natural mode of experiencing space. A route perspective describes landmarks with respect to the changing position of a traveler within the environment. Barbara Tversky, 'Narratives of space, time, and life', *Mind and Language*, 19/4, 2004, pp.380-392.

24. Arriving Birds is the Chinese name of pear-leaf crabapple (Malus prunifolia).

25. Gong (bow) is an ancient measurement of length. 1 Gong equals 5 Chi (ruler), approx. 1.63 metre.

26. Wu (half-step) is an ancient measurement of length. 1 Wu equals 3 Chi (ruler), approx. 0.98 metre.

27. Clunas (see note 1), p. 142.

28. The only exception is the note to the Flushed with Pleasure Place, which according to the record is located in front of the Tower for Dreaming of Reclusion.

29. The trigram Kun indicates southwest. The two notes (place no. 6 & 14) that use the trigram Kun conflict with other spatial clues about their locations. Painter Dai Xi (1801-60) made similar observation in 1836, when he tried to draw an overview painting of the garden from Wen's album. Dai Xi wrote in his postscript that the Pavilion of Waiting Frost (no. 14) shouldn't be located in the Kun-corner. Dai Xi's painting (and postscript) was included in the printed version of Wen's 1533 album; Kerby (see note 9).

30. The note to the Little Flying Rainbow describes it as: 'located in front of the Tower for Dreaming of Reclusion, in the north of the Hall Like a Villa, and stretching across the middle of the Surging Waves Pond'.

31. A cognitive landmark is an anchor point standing out of its surroundings because of its singularity, prominence, meaning or prototypicality for organizing spatial knowledge and facilitating spatial navigation. Kevin Lynch, *The Image of the City* (MIT, 1960). The Water Flower Pond is regarded as a landmark because of its prominent location in the structure of space.

32. Clunas (see note 1), p. 51

33. Permeability graph is a diagram of the connectivity structure of the layout of an environment based on step depth from the outside. Hillier B. and Hanson J., *The Social Logic of Space* (Cambridge University Press, 1984).

34. For example, the present Garden of the Unsuccessful Politician includes thirty-two pavilions, halls and towers in the middle and west parts covering a total area of 31 mu (equivalent to 2.07 hectare), while the garden in Wen's time contained only twelve buildings on a site of 62 mu (4.13 hectare).

35. The only possible exception is the painting of the Thoughts of Afar Terrace (no. 10) that shows a mountain range in distance, but it seems to be an imagined landscape other than actual view.
36. Clunas (see note 1), pp. 150-151.
37. I borrow the concept of 'vicarious imagination' from narratology, which is a psychological mechanism to make sense of other selves in times, places and conditions not our own. As Marshall Gregory put it, 'stories take us to other places that get vividly realized in our heads, places about which we know the details, their aromatic essence, the tactile and emotional feel of the total environment. The mechanism for this is the vicarious imagination'; Marshall Gregory, 'Ethical criticism: what it is and why it matter', Stephen K. George. ed. *Ethics, literature, and theory* (Rowman & Littlefield, 2005), p. 56.
38. Mary Tregear, *Chinese art* (Thames & Hudson, 1997), p. 157.
39. Historical references, scenic places nos. 2, 7; literary references, places nos. 13, 14, 18 & 30; personal references, places nos. 1, 25 & 26.
40. Leaning Jade Gallery (no. 4) and Little Flying Rainbow (no. 5).
41. Xu Shen, *Shuowen jiezi* (Explaining characters) (Zhonghua Book Company, 1963), p. 299.
42. Liu Yiqing (403-444), *Shishuo xinyu* (New account of tales of the world), trans. Richard B. Mather, 'The fine art of conversation: the Yen-yu pien of the Shih-shuo hsin-yu', *Journal of the American Oriental Society*, 91/2, 1971, pp. 222-275.
43. The record said that this place is accessed by 'going further east and emerging at the rear of the Tower for Dreaming of Reclusion' and departed by 'go round and emerge at the front of the Tower'. Therefore this place is like a detour into the secluded north-facing rear side of the hill.

关键词

诸葛净

营造 / 建筑

引子

雷蒙·威廉斯（Raymond Williams）通过对一系列相关词汇的记录、质询与探讨，展开了对文化与社会的研究。艾得里安·福蒂（Adrian Forty）在《词语与建筑：现代建筑的语汇文选》中探讨了语言和建筑的关系，并指出对于（欧洲）建筑，谈论建筑的语言“自身就构筑了一个现实，成为一个与建筑物等量齐观的自为的体系”。[1]这两本著作的意义不仅仅在于提供了理解文化与社会或现代建筑的关键途径，同时也提供了重要的思考方向。那么，在古代中国，是否存在着一套与建筑相关的词汇？如果有，这些词汇的含义在历史的时空中如何变化？如果没有，我们又是否能找到一些词语，但同时又能摆脱现代建筑的词汇（例如福蒂所总结的“空间”、“形式”、“设计”、“结构”、“秩序”等），来谈论中国的古代建筑？这是开始本系列研究的初衷。

然而本系列并非要亦步亦趋模仿威廉斯或福蒂，从词语入手讨论词汇与中国建筑的关系。而是一方面尝试追索古代中国人的思想文字，从中勾勒古人心中变化的建筑观；另一方面尝试通过对古代建筑的研究提出能够揭示中国古代建筑本质的一系列关键词，而这些词汇未必是古代中国人有意识地用来谈论建筑的。因此，本研究最终是由两个系列的词汇并置构成的两重奏。

当笔者着手这一系列的时候，意识到“建筑”一词本身就构成了问题。如果“建筑”是外来词，那我们的讨论对象到底在哪里？“营造 / 建筑”的梳理在某种意义上便也可视为本研究的前导。

营造 / 建筑

1930 年，朱启钤创立了中国第一个专门研究中国古代建筑的学术机构——营造学社，在阐明学社成立宗旨的两篇文章“中国营造学社缘起”和“中国营造学社开会演词”里，在以“营造”为核心展开的论说中，间或又出现了“建筑”，比如：

“营造所用名词术语，或一物数名，或名随时异。……凡建筑所用，一甓一椽，乃至冢墓遗文……”[2]

“夫所以为研求营造学者，岂徒为材木之轮奂，足以炫耀耳目而已哉。吾民族之文化进展，其一部分寄之于建筑。建筑于吾人生活最密切，自有建筑，而后有社会组织……”[3]

然而，何为“营造”，何为“建筑”，为何在此又并置或混用？

1

在中国，很长一段时间中，“建筑”都被认为是传自日本的外来语。[4]徐苏斌已正确指出中文“建筑”作为一个词，并非来源于日本，但含义与今日“建筑”（Architecture）并不相同，并且通常用作动词。[5]

“建”字从聿，本意为立或树立。[6]“筑”从木，本意为捣土的杵。[7]作为动词则表示捣土使坚实，亦即夯土。[8]

“建筑”连为一词初见于唐，广泛使用则始于宋，为动词或动名词，绝大多数情况下用来指修筑城墙、墙垣，亦用于坛壝、台的建造。如：

《元和郡县志》卷35：“州城步骘所筑也。骘为交州刺史，登台远望，乃曰：斯诚海岛膏腴之地，宜为都邑。遂迁州于番禺，建筑城郭焉。”

《太平寰宇记》卷105:“金陵记云，姑熟之南，淮曲之阳，置豫州，六代英雄遂居于此，以斯地为上游，广屯兵甲，建筑墙垒，基址犹存。”

宋人文集，特别是元祐以后，文章中尤其多见“建筑”一词，通常指建筑城堡。[9]如：

毕仲游（1047—1121）《西台集》卷13“朝请大夫孙公墓志铭”：“公方趣州在道，因奏言，臣去渭久，愿至渭，徐度所宜即所建筑城堡，居要害地屯戍粮饷，可以久矣。则臣固无私见，屯戍粮饷不可以久，而建筑之城非其要，则臣不敢同众人而败国事…”

其他编撰于宋代的著作，如《续资治通鉴长编》、《东都事略》等都有类似的用法。

在胡寅（1098 – 1156）的“论衡州修城札子”中，“建筑”明确用于以土夯筑的工程，与砖甃相对。这可说是“筑”的本意：

“窃见衡州濒江，地夹沙石，城壁自来只用砖甃，不可建筑，而知州裴廪信任衡阳县令仇颖之谋，乞降度牒，修立外城凡十余里……大兴五县丁夫，令自备粮饷，更番充役，隔潇湘大江，船运新土，鸡鸣而役，见星而罢，差监筑官四员以提举为名……”[10]

随着火器的广泛使用，砖砌城墙渐成主流，明代开始“建筑”不再仅指土筑，而是延伸至砖砌墙垣。[11]至清代，官方文献中“建筑”的用法愈加宽泛，除已有的土筑、砖砌工程，又扩展至一般性的房屋建造。明清时“建筑”也广泛见用于水利工程之堤坝与海塘石工。这一趋势似乎与砖在地面建筑中的普及有着某种关联性。

因此，综上所述，中文中“建筑”作为动词使用，其意本出于以土夯“筑”的延伸，主要用于指土、石，并可能随用砖的逐渐普及，而扩展至砖石工程类以至一般房屋的建造。

2

“营造”连为一词，目前最早见于汉魏六朝，直至隋唐均作动词，凡乐器、舟车、铠甲等器物制作，以及宫室、宅第、宗庙的建造都可用“营造”。如：

《三辅黄图》卷2：“建章宫。武帝太初元年……于是作建章宫……帝于未央宫，营造日广，以城中为小，乃于城西跨城池作飞阁通建章宫……”[12]

（梁）沈约（441—513）编《宋书》卷53：“茂度子永，……永涉猎书史，能为文章，……又有巧思，益为太祖所知。纸及墨皆自营造，上每得永表启，辄执玩咨嗟，自叹供御者了不及也。”

（梁）沈约《宋书》卷74沈攸之传：“……赋敛严苦，征发无度，缮治船舸，营造器甲。”

（唐）李百药《北齐书》卷21：“七年，改授合州刺史。……兼在州器械，随军略尽，城隍楼雉，亏坏者多。子绘乃修造城隍楼雉，缮治军器，守御所须毕备，人情渐安。寻队于州营造船舰，子绘为大使，总监之。”[13]

（唐）魏征等《隋书》卷68：“大业初炀帝将幸扬州，谓稠曰，今天下大定朕承洪业，服章文物阙略犹多，卿可讨阅图籍，营造舆服羽仪送至江都也。”

“营造”的用法在唐宋之间是一个重要转折期。唐五代以后，普遍以“营造”专指房屋、城郭建设。[14]《营造法式》刊行前的宋人文集中，营造已多用于房屋建造。但在民间，“营造”似乎还未获得这么专门的含义，北宋初喻皓（?—989）所著关于房屋建造的技术书籍只以《木经》为名。至宋熙宁中（1068—1077）朝廷命令编订《营造法式》[15]，及至崇宁二年（1103）李诫编《营造法式》刊行，至少在官方文件里“营造”所指已经相当明确。这部关于“营造”的规范涉及了宫阙、殿堂、亭台、城郭等的建造制度、功限与材料。

因此大致说来，“营造”所指的对象以唐五代为界可分为两个阶段。前期乐器、甲仗等器物制作与房屋建造都可以用同一个词“营造”来描述，强调了房屋与器物都是被工匠制作出来的这一共同之处。

在现存最早的述及建筑的手工业专书《考工记》中，营造宫室的“匠人”与制作各种器物的官职一起，属于百工之一，这些器物房屋都是人生日用饮食必不可少的重要事物。[16]这些器物的制作需要处理特定的材料，掌握特定的技艺，这成为百工的归类标准。

宋以后“营造”一词使用的逐渐专门化显示出古代中国人在房屋建造与器物制作之间作出的一定区分。而目前一般研究公认中国古代建筑，尤其是官式建筑的木结构体系正是在唐宋间逐渐完善成熟，房屋的建造成为相当专门的技能，有特定的规则、专门的术语体系，工匠必须经过几年的培训，并需要综合不同的工种才能完成。唐柳宗元的《梓人传》生动刻画出一位不会自己修理床足，但却擅长设计房屋的大木匠师的骄傲姿态。技术的发展与语词使用的变化间显示出某种相关性。

中央官职的设置也反映出这种区分的逐步出现。汉代皇家的各项建设由将作少府或将作大匠负责，不过《汉书》与《后汉书》对将作少府或将作大匠的职责记载比较简略。[17]

唐代设工部，“掌天下百工、屯田、山泽之政令……其属有四：一曰工部，二曰屯田，三曰虞部，四曰水部”，其中工部“郎中、员外郎之职，掌经营兴造之红务。凡城池之修浚，土木之缮葺，工匠之程序，咸经度之。”如果是京师或东都的营缮则交给少府监、将作监。将作监大匠“掌供邦国修建土木工匠之政令，总四署三监百工之官署”，从将作监下属四署三监的职能看，不仅宫室、桥梁等的建造，凡皇室所需的乐器、兵仗、器械等物也均由将作监下属各机构提供，四署大体是按照木、土、石等材料进行分工，对应于材料准备、储藏与相关器物制作的管理。[18]

北宋宫廷营建之事极多，元丰官制改革，使将作监专职“宫室、城郭、桥梁、舟车营缮之事”，因而将作监的职责范围既包括建、构筑物，也包括船只车辆的建造、制作与修缮，以及与之相关的管理事务：如工程预算、材料储备和发放、工匠管理与培训。《营造法式》直接涉及的正是这一机构的工作。宣和五年（1123）将营缮所归并入将作监后，将作监新设的各下属机构都围绕建造活动而设置。和唐代相比，宋代官制改革后与祭祀等有关的各项管理事务以及器物制作均不再属于将作监管辖，而归于少府监。[19]技术的复杂与专门化使建、构筑物的建造与器物制作首先在管理上逐渐分离。而《营造法式》的刊行及其在北宋以后的流传，无疑对于自上而下推进这一技术知识专门化的观念起了重要作用。

明洪武二十九年（1396）朱元璋调整了中央的行政机构设置，其中工部设“营缮、虞衡、都水、屯田四清吏司”。四司的设置和名称基本继承自唐宋，而专设营缮司：“典经营兴作之事。凡宫殿、陵寝、城郭、坛场、祠庙、仓库、廨宇、营房、王府邸第之役，鸠工会材，以时程督之。凡卤簿、仪仗、乐器，移内府及所司……”[20]

与唐宋时相比，明代营缮司的职责更为专门化，也更为细致，从宫殿到王府宅邸，明确列举了 9 种房屋或构筑物类型，营缮司负责这些工程的施工、材料和工匠的管理。至于桥梁、舟车的建造和制作划拨给了都水司，卤簿、仪仗等则属于内府管辖，分工非常明确。

清代的工部继承了明代制度，同样设营缮、虞衡、都水、屯田四清吏司。“营缮掌营建工作，凡坛庙、宫府、城郭、仓库、廨宇、营房，鸠工会材，并典领工籍，勾检木税、苇税。”[21] 与明代相比差异在于陵寝归屯田司负责——屯田司“掌修陵寝大工”，其中原因还有待进一步探讨。

因此可以认为，至迟到明代，从技术分工的角度，房屋建造是有别于器物制作的专门技艺这一认识已经确立。

在民间，明代以后“营造”的专门含义也为大众所接受。“营造”成为相关职业的代称：《古今图书集成》考工典木工部第 7 卷杂录页 2 引明代杨穆的《西墅杂记》：“……

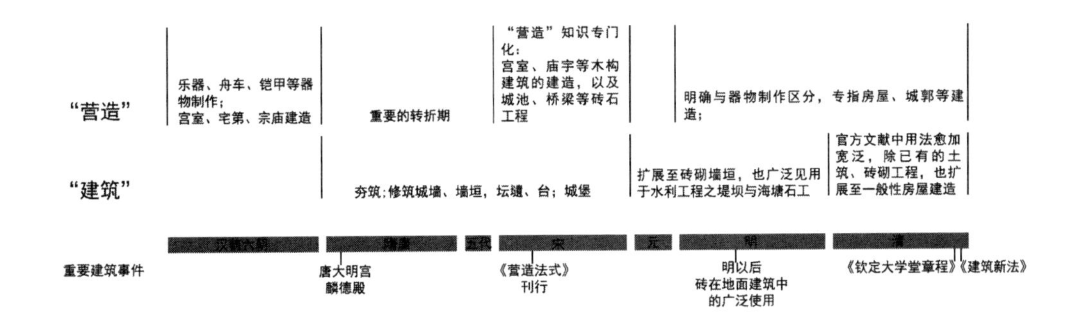

“建筑 / 营造”词义演变图（绘图：吴静明）

又皋桥韩氏从事营造，……凡梓人家传未有不造魇镇者，苟不施于人，必至自孽，稍失其意，则忍心为之。此则营造所当知也。”

《鲁班营造正式》这类民间工匠间流传的建筑技术书籍也反映出唐宋以来“营造”含义在民间的普及。[22]

至此，对于中文中的“建筑”与“营造”，已可粗略勾勒出其演变轨迹。

显然，在古代中国人的用语中，“建筑”并非与“营造”并列的用词，围绕“筑”有特定的使用范围。相形之下，营建、营缮、修缮等使用更为普遍。而在唐宋以后“营造”则从泛指器物制作转变为专指建、构筑物建造的用词。“营造”一词使用的专门化，既是官方用语的推动，也反映出建筑技术的日益成熟与复杂所带来的管理制度的专门化与技术知识的分化。

3

对“营造”的解读，是我们理解古代中国人如何思考与理解今日所谓之建筑的关键之一。

“营”字从宫，宫即高大的房屋。营本义为四周垒土而居，是对一种状态的描述。“营”至春秋秦汉时已有数种含义，如度量。《考工记》中“匠人营国”之营，《周礼注疏》的解释就是“丈尺其大小”。“营”字后来的经营规划之意应是从此延伸而来。

“造”字从辵，辵为走走停停之意。造之本意为往某地去。但“造”之古文又作艁，从舟。后假借为“作”，又有创立的意思。《礼记·玉藻》：“大夫不得造车马。”郑玄注：“造，谓作新也。”强调具体物品的创制。

与营造相关的还有“建”字。建的用法更偏重于抽象制度、体系的设置与成立，强调从无到有，渐渐也带有具体事物创立的含义。因此也用到了建筑相关事物上，如《考工记》之“匠人建国”。

今天营造、营建、建造均可连用，且意义类似。而在古代汉语中，“营建”是非常普及的用于房屋建造的词汇。“建造”连用近似于含义相近的两字叠用，该词早期的用法接近于建的本意，大约到北宋时才带有营建的意涵。

就与建筑相关的层面来说，《考工记》中的“营”、“建”与“匠人”是最先出现的一组相互关联的字词，描述了一种职业的工作范围。作为职业称呼的“匠”的字形为放在筐里的斧，强调了匠人所使用的工具的特征。

“营”“造”连用，前者取度量经划之意，后者为物品创制，被用来泛指各种器物的制作。这类工作的特点是以手操作，使用特定的材料，需要经过一段时间培训、掌握特定手艺的工匠才能完成。对这些工作的分类，首先是以所处理的材料种类来进行区分。《考工记》中对百工的解释就是“审曲面执，以饬五材，以辨民器，谓之百工。”百工包括攻木之工，攻金之工等。然后在每类内部根据制造器物的不同再细分，“匠人”是攻木之工的一种。在管理层面上，直至唐代，属于工部管辖的各机构仍然是按照这样的思路进行组织。

北宋的《营造法式》反映出营建活动兴盛并且技术成熟时期的建筑制度，《营造法式》中专业内部分工仍以所处理材料的种类为主要出发点，只是与《考工记》时代的“匠人”相比，此时建筑相关的工种细化为石作、大小木作、砖作等十三类。[23]

因此，尽管“营造”的用法发生了变化，但“营造”的意涵并未根本改变。宫室庙宇的建造与笔墨车船的制作被视为具有共同特点的工作，以及首先根据材料种类来对这些工作进行细致分类的思路，揭示出古代中国人对工艺问题的关注，即将原材料加工成产品的技术。好的工匠必须了解材料的性质并能充分运用，强调技术的纯熟与技艺的精巧。民间关于瓦石木匠祖师鲁班的传说也清晰地表现了一般人心目中对于从事这项职业的工匠优秀与否的评价标准：包括工具的发明、技术难题的解决以及快速的建造。

相对而言，虽然法式“总释”以及各种类书里都提到不同的建筑类型，如宫、阙、殿、堂等，但始终没有一个总称，各类建筑的定义也往往重复与模糊。这一对比使我们了解古代中国人对建筑问题的关注重点在于如何实施建造，而没有将各种被建造物视为具有共性、可以独立推敲研究的对象。如何建造——选材、下料、构架、构造——是古代中国人主要关心的建筑问题。梁思成一开始研究中国古代建筑，就注意到（木）结构体系是最能体现中国建筑特征的因素。中国古代建筑最终形成以模数化、可以快速大量复制、使用上极具灵活性为特征的建造体系，应该说这一观念起了重要的作用。这个体系可以适应任何“功能”，建筑类型可以因时因事消长而不必对如何建造作革新。可以想象，如果没有所谓现代建筑的介入，中国的建造体系仍会一如既往地想办法适应各种变化的需求。

4

根据路秉杰的考订，“建筑”从土木工程含义的动词转化为 architecture 意义上的名词“建筑”是在日本完成的。[24]

最初“日本享保年间（1716—1735 年，清康熙五十五年—雍正十三年）在翻译‘兰和辞典’时，将和砌筑石墙或夯筑土墙有关的荷兰词汇：bouwen 和 metzelen 二字译成‘筑キ建ル’、‘筑建ル’和‘筑建’”。[25] 这一作为动词使用、并与石墙土墙砌筑相关的“筑建”，正是中文词“建筑”的本意。之后到 1894 年，在伊东忠太的提议下，日本将这一学科统称为建筑。

同时期中国最早的英汉辞典中，architecture 的译词使用了“工务匠、造宫之法、起造之法”[26] 以“造”为核心解 architecture，是“造”房屋的“法”——方法，法式——这一中英文的对译事实上是准确的，符合中国文化对房屋建造的理解与定位。

然而，1902 和 1903 年，在张百熙[27]、张之洞主持下，清廷照搬日本的大学教育，包括学制、科目与课程。[28]1902 年的《钦定大学堂章程》中大学堂的专业被分为七科，在工艺科中设置了建筑学。[29]1903 年《奏定大学堂章程》改为八科，其中建筑学门是工科九门之一[30]。

尽管主持清末教育改革的这些官员们未必有如此自觉和清晰的想法，但这一科目的设置客观上建立了以“建筑”为独立学科（disipline）的概念，也使“建筑”一词在中国被重新认识和使用。但这一时期对“建筑”的理解更多的仍在房屋建造的层面。正如 1910 年出版的中国近代第一部“介绍新式建筑结构、构造和设计方法的重要著作”《建筑新法》的英文名称“Building Construction”所显示的，[31]“建筑”的方法就是“房屋建造”的方法。而这本是“营造”的含义。

回到 1930 年的朱启钤，他在“中国营造学社缘起”的第一句话中就提出了“中国之营造学”。众所周知，营造学社的成立以《营造法式》的发现与研究为契机，因此，朱启钤关于营造学社目标的设想紧密围绕着“营造”而展开：比如纂辑营造词汇，辑录古今中外营造图谱，编译古今东西营造论著，等等。[32] 但对“营造”的确切含义并未作出界定，看上去是直接延续了《营造法式》的“营造”之意，并在文中数次出现“建筑”与“营造”的并列使用[33]，然而在“中国营造学社开会演词”的最后，出现了一段尝试对“建筑”与“营造”作出区分的表述：

本社命名之初，本拟为中国建筑学社。顾以建筑本身，虽未吾人所欲研究者，最重要之一端，然若专限于建筑本身，则其于全部文化之关系，仍不能彰显，故打破此范围，而名以营造学社，则凡属实质的艺术，无不包括。由是以言，凡彩绘、雕塑、染织、髹漆、铸冶、培埴、一切考工之事，皆本社所有之事……

在这段表述中“建筑”代表了建、构筑物意义上的对象，而“营造”回归了《考工记》的观念，即包含各种工艺在内的“一切考工之事”，从而使中国文化中的“营造”成为将来自东洋、西洋的“建筑”（architecture）包容在内的宏大领域，在言词中完成了一次“营造”对“建筑”的胜利。

尽管朱启钤所设想的“营造”在向着现代化努力的中国并未能与“建筑”抗争，但由于营造学社在中国传统建筑研究领域的巨大影响，“营造”一词逐渐成为带有民族主义色彩的，专指中国传统建筑技术的用词，渐渐又回到我们的视线之中。这一个世纪以来“建筑”与“营造”二词的纠结过程，将是另一个值得进一步探讨的有趣话题。

诸葛净：东南大学建筑与城市规划学院副教授

注释：

1.《词语与建筑：现代建筑的语汇文选》翻译稿。

2. 朱启钤，中国营造学社缘起，营造学社汇刊，第一卷第一期，1。

3. 朱启钤，中国营造学社开会演词，营造学社汇刊，第一卷第一期，3。

4. 路秉杰，“建筑”考辨，时代建筑，1991（4）：27—30。

5. 徐苏斌，中国建筑归类的文化研究——古代对“建筑”的认识，城市环境设计，2005（1）：80—84。

6.《逸周书·作雒》：“乃建大社于国中”。汉张衡《东京赋》：“楚筑章华于前，赵建丛台于后”。

7.《史记·鲸布列传》：“项王伐齐，身负板筑，以为士卒先。”

8.《仪礼·既夕礼》：“甸人筑坅坎，隶人涅厕。”郑玄注：“筑，实土其中，坚之。”也引申为修建。《诗·豳风·七月》：“九月筑场圃，十月纳禾稼。”

9. 偶尔也用于指一般的建筑物。如刘攽（1023—1089）《彭城集》卷24“舍人院奏乞再建紫微阁状”：“……自重修三省，紫微阁隳折，御篆无所张挂，伏以本朝建筑省阁，上法天垣，前圣有作，自难减损……”

10. 胡寅（1098－1156）《斐然集》“论衡州修城札子”。

11.（明）夏言《南宫奏稿》卷4“公务疏”：“……南京礼工二部各委堂上官一员并钦天监熟知地理风水官员，亲诣凤阳府精加相度，如果便利无碍，相应建筑砖城，就行定拟阔狭远近，并兴造规模画图贴说……”

12. 根据陈直的研究，《三辅黄图》成书于东汉末曹初。

13.《北齐书》成书于唐贞观年间，但据研究《北齐书》确为原书者仅17卷，其余都补自《北史》和其他相关文献。而其最早的刻本是北宋政和年间的。如果从研究词语的角度言，来自原书的17卷应确实反映了《北齐书》成书年代的语言习惯。此处摘引之卷21来自原书。他人所补各卷中也有4处使用“营造”一词，用于指第宅园林的建造。

14. 与“营造”一词含义相近也很常用的词还有“营建”与“营缮”，“建”强调立新，“缮”强调修补修缮。

15. 见《营造法式》“札子”。

16. 宋林希逸撰《考工记解》言：“考工者考试百工之事而记之也。人生日用饮食，百工所为必备，阙一不可。宫室舟车等制，十三卦所象，皆圣人所作也。生民之初橧巢营窟而已。圣人既处之以宫室，衣毛之俗又易而衣裘，百工之事自此愈多矣。”

17.（唐）颜师古，《汉书》，北京：中华书局，2010，733；（南朝宋）范晔撰，（唐）李贤等注，《后汉书》，北京：中华书局，2010，3610。

18.（后晋）刘昫，《旧唐书》，北京：中华书局，1975，卷44。

19.（元）脱脱等，《宋史》，北京：中华书局，1985，卷163，卷165。

20. （清）张廷玉等，《明史》，北京：中华书局，1974，1760。

21. 赵尔巽等，《清史稿》，北京：中华书局，1977, 3292。

22. 根据郭湖生研究，《鲁班营造正式》至迟成书于元代。见郭湖生，关于《鲁班营造正式》和《鲁班经》，科技史文集（第7辑），上海：上海科学技术出版社，1981，98—105。

23. 《营造法式》中也出现了“造”的名词用法，张十庆已有专文论之。见张十庆，古代营建技术中的“样”、“造”、“作”。

24. 路秉杰，“建筑”考辨，时代建筑，1991（4）：27—30。

25. 同上。

26. 路秉杰：较之略迟但却是中国最早的英汉辞典，architecture 的译词，仍然沿用：“工务匠、造宫之法、起造之法”，既无“筑建”亦无“建筑”的痕迹（1866年版，W. Lobscher著，English and Chinese Dictionary）。

27. 张百熙（1847—1907）字埜秋，一作冶秋，号潜斋。室名退思室、退思轩，谥号文达，湖南省长沙县人。清同治十三年（1874年）甲戌科进士，选翰林院庶吉士，散馆授编修。历任山东、广东学政，迁内阁学士，礼部侍郎，左都御史，工部、礼部、吏部、户部尚书，邮传部大臣，派充督学大臣等。工诗，善书法。京师大学堂（今北京大学，中国最早成立的新式大学之一）创办人，首任总教习（校长）。近代教育改革的先驱者，著名教育家、思想家。http://baike.baidu.com/view/220975.htm，2010.3.13。

28. 钦定京师大学堂章程（1902），中国近代教育资料史2，544—561。

29. 钦定京师大学堂章程（1902），中国近代教育资料史2，546：“政治科第一，文学科第二，格致科第三，农业科第四，工艺科第五，商务科第六，医术科第七。……其中工艺科之目八：一曰土木工学，二曰机器工学，三曰造船学，四曰造兵器学，五曰电气工学，六曰建筑学，七曰应用化学，八曰采矿冶金学。”

30. 奏定大学堂章程（1903），中国近代教育资料史2，573。

31. 赖德霖，清末“新政”时期建筑研究二题，见赖德霖，中国近代建筑史研究，北京：清华大学出版社，2007：87—100。

32. 中国营造学社缘起，营造学社汇刊第一卷第一期，3。

33. 参见注解1，2。

34. 朱启钤，中国营造学社开会演词，营造学社汇刊，第一卷第一期，9。

《建筑文化研究》稿约

一、《建筑文化研究》是南京大学建筑与城市规划学院和南京大学人文社会科学高级研究院共同主办的一份建筑文化研究辑刊，主要刊发国内外关于建筑文化研究的学术成果。欢迎海内外学术同仁赐稿。

二、本刊以研究性论文和译文为主。来稿字数在10000－20000字上下为宜。也欢迎精简之短文书评。

三、凡在本刊发表的文章并不代表编辑部的观点，作者文责自负。稿件凡涉及国内外版权问题，均遵照《中华人民共和国版权法》及有关国际法规。

四、凡在本刊发表的文章，简繁体纸质版权与电子版权均归南京大学建筑与城市规划学院、南京大学人文社会科学高级研究院和中央编译出版社所有。未经书面允许，不得转载。

五、本刊采用匿名评审制，请勿一稿多投。稿件寄出3个月后未收到刊用通知，可自行处理。来稿一经采用，本刊将赠当期刊物两本并奉以薄酬。

六、投稿格式参考本刊已出刊物，来稿请附上作者真实姓名、学术简介、通讯地址、电话、电邮地址，以便联络。

七、投稿地址：210093，南京市汉口路22号，南京大学建筑与城市规划学院《建筑文化研究》编辑部，或电子信箱：jzwhyanjiu@yahoo.cn。

《建筑文化研究》编辑部

图书在版编目（CIP）数据

建筑文化研究．第3辑/丁沃沃，胡恒主编．—北京：
中央编译出版社，2011.8
ISBN 978-7-5117-0976-9

Ⅰ．①建… Ⅱ．①丁… ②胡… Ⅲ．①建筑-文化-
文集 Ⅳ．①TU-8

中国版本图书馆CIP数据核字(2011)第176400号

建筑文化研究（第3辑）

出 版 人 和　龚
策 划 人 谭　洁
责任编辑 王忠波
版式设计 刘　玮
责任印制 尹　珺
出版发行 中央编译出版社
地　　址 北京西城区车公庄大街乙5号鸿儒大厦B座（100044）
电　　话 （010）52612345（总编室）　（010）52612337（编辑室）
（010）66130345（发行部）　（010）52612332（网络销售部）
（010）66161011（团购部）　（010）66509618（读者服务部）
网　　址 http://www.cctpbook.com
经　　销 全国新华书店
印　　刷 北京佳信达欣艺术印刷有限公司
开　　本 787×1092毫米 1/16
字　　数 378千字
印　　张 22
版　　次 2011年8月第1版第1次印刷
定　　价 72.00元